Inhalt

AF834131

Vorwort

Vorwort zur ersten Auflage 2003

Schmetterlinge sind, anders als die meisten übrigen Insekten, allgemein beliebt, sicher wegen ihres attraktiven Erscheinungsbildes und ihres irgendwie unbeschwert wirkenden Auftretens. Entsprechend zahlreich ist die schon vorhandene Literatur über diese schöne Insektenordnung. Anders als die übrigen Schmetterlingsbücher will sich dieses Buch aber nicht nur mit den Schmetterlingen selbst und ihren Raupen befassen, sondern gleichzeitig auch die wichtigsten Nahrungspflanzen vorstellen. Auf diese Weise soll es möglich sein, nicht nur einer gefundenen Raupe den entsprechenden Falter zuzuordnen, sondern beispielsweise auch bei einem beobachteten Falter über die typische Fraßpflanze zum Auffinden der Raupe führen. Nun gehören zu den Schmetterlingen aber nicht nur die allbekannten Tagfalter, die in Deutschland mit etwa 180 Arten vertreten sind, sondern daneben ein sehr viel größeres Heer vorwiegend nachtaktiver Arten, denen wir viel seltener begegnen. Mit ihnen erhöht sich die Artenzahl im gleichen Gebiet auf etwa 3 500, also auf fast das Zwanzigfache. Früher war es üblich, die Schmetterlinge zunächst in Klein- und Großschmetterlinge und Letztere dann wieder in Tag- und Nachtfalter einzuteilen. Mittlerweile ist aber nach Analyse der tatsächlichen Verwandtschaftsverhältnisse klar, dass viele der bisher als Großschmetterlinge betrachteten Familien, etwa die Widderchen, typischen Kleinschmetterlingsfamilien viel näher stehen als den meisten übrigen Großschmetterlingen und die Tagfalter nicht als die am höchsten entwickelten Schmetterlinge gelten können. Einzig die Tagfalter sind aber tatsächlich eine durch verwandtschaftliche Beziehungen begründete systematische Einheit. Leider blieben bis in die jüngste Vergangenheit diese schon seit geraumer Zeit bekannten Verhältnisse bei den gängigen Bestimmungswerken weitgehend unberücksichtigt.

In diesem Buch wird dagegen versucht, die Familien nach den derzeit bekannten Verwandtschaftsverhältnissen zu ordnen. Aus layouttechnischen Gründen war dies allerdings nicht in allen Fällen möglich. So hätten z. B. bei korrekter Reihung die Faulholzmotten den Gespinstmotten folgen müssen. Ein weiteres Ziel war es, möglichst viele Schmetterlingsgruppen mit Raupen und Faltern vorzustellen, dabei die häufigsten Arten zu betonen, doch auch die besonderen Kostbarkeiten der heimischen Fauna und nicht zuletzt Falter mit etwas ausgefallener Lebensweise exemplarisch hervorzuheben.

Dies alles auf einmal auf dem verfügbaren Raum unterzubringen, war schlichtweg ein unrealistisches Vorhaben, und Schwierigkeiten beim Aufspüren der vorgesehenen Objekte trugen ein Weiteres dazu bei, dass dieses Buch wie so oft einen Kompromiss darstellt. Es präsentiert naturgemäß nur eine Auswahl von Arten aus den wichtigsten heimischen Schmetterlingsfamilien und auch einige auffallende Vertreter aus dem Mittelmeerraum. Die unscheinbareren, mehr im unteren Bereich des Systems stehenden Familien wurden dabei weniger berücksichtigt als etwa die auffälligen Tagfalter und Bärenspinner.

Das letztlich vorliegende Ergebnis war aber nur möglich durch die tatkräftige Unterstützung zahlreicher Freunde und Kollegen, die mir mit Fundortangaben, Führungen im Gelände oder die bereitwillige Überlassung von Zuchtmaterial und eigenen Fotos unschätzbare Dienste erwiesen haben. Namentlich besonders hervorheben möchte ich hier Alexander Beiter, Karel Cerny, György Csoka, Richard Heindel, Gabriel Herrmann, Jochen Köhler, Michael Leipnitz, Hans G. Lussi, Elfi und Jürgen Miller, Heinz Schrempp, Axel Steiner, Roland Steiner, Wolfgang Wagner und Werner Zepf, schließlich und nicht zuletzt auch meine Frau Irene, die mich auf sehr vielen Ausflügen begleitet und mir so manchen überraschenden Fund präsentiert hat.

Heiko Bellmann

Raupentypen erkennen und einordnen

Tagfalter

1 Dunkler Dickkopffalter	*Erynnis tages*	> Seite 108
2 Hochalpen-Apollo	*Parnassius sacerdos*	> Seite 116
3 Kleiner Kohlweißling	*Pieris rapae*	> Seite 126
4 Himmelblauer Bläuling	*Polyommatus bellargus*	> Seite 156
5 Zwergbläuling	*Cupido minimus*	> Seite 146
6 Brombeer-Perlmuttfalter	*Brenthis daphne*	> Seite 166
7 Eschen-Scheckenfalter, Maivogel	*Euphydryas maturna*	> Seite 178
8 Berghexe	*Chazara briseis*	> Seite 206

Einleitung

Leben für die Schmetterlinge ...

Die Bestimmungsbücher von Dr. Heiko Bellmann sind bis heute ein wichtiges Standbein des KOSMOS Naturführerprogramms. Sie helfen unzähligen Naturfreunden dabei, Heuschrecken, Bienen, Wespen, Ameisen und Spinnen kennen zu lernen, besser zu verstehen und natürlich sie auch noch beim Namen nennen zu können. Neben den umfassenden und gut verständlichen Texten sind es dabei auch seine großartigen Aufnahmen dieser Tiere, die seine Leser nur allzu oft dazu anregen, sie nicht nur bestimmen zu wollen. Mit Genuss stöbern sie in den Büchern weiter und machen sich dabei auch noch mit den anderen Vertretern der Gattung im Buch vertraut. Kaum eine Art, die nicht in seinem riesigen Fotoarchiv, mit zuletzt fast 70.000 Aufnahmen, zu finden gewesen wäre. Und sollte er tatsächlich mal von einer Libelle, einer seltenen Spinne oder einem kaum zu entdeckenden Nachtfalter kein eigenes Foto haben, so kannte er stets jemanden, der ihm gerne eine eigene Aufnahme zur Verfügung stellte. War es doch fast schon ein Ritterschlag, in einem „Bellmann" mit einem Bild aus der eigenen Sammlung vertreten zu sein.
Heiko Bellmann studierte Biologie in Göttingen und folgte nach seiner erfolgreich abgelegten Doktorprüfung seinem Doktorvater an die Universität Ulm, um dort über Insekten zu lehren und zu forschen. Eine ganze Generation von Studenten kannte, schätzte und nutzte dabei seine Bücher, folgte seinen Exkursionen und genoss seine Vorträge. Als gelungene Mischung aus umfassenden und fundierten wissenschaftlichen Inhalten und ausgezeichneten Fotos waren sie zudem für jeden Naturbegeisterten etwas ganz besonderes. Und das nicht nur in Deutschland. Viele seiner Werke erschienen auch im europäischen Ausland, so z.B. in Frankreich, Spanien, Polen und den Niederlanden.
Die erste Neuausgabe seines Schmetterlingsführers im Jahr 2016, der nicht nur die Schmetterlinge vorstellt, sondern auch die Raupen und ihre Nahrungspflanzen zeigt, konnte Heiko Bellmann nicht mehr selbst überarbeiten. Er starb völlig unerwartet im März 2014.

Seit über 50 Jahren dreht sich bei Rainer Ulrich (fast!) alles um Schmetterlinge!
Mittlerweile hat er weit über 100 wissenschaftliche Veröffentlichungen und Gutachten über Tagfalter verfasst. Im KOSMOS Verlag hat Ulrich drei Bücher über Schmetterlinge geschrieben:

> 2015 das wunderbare Buch „**Schmetterlinge – entdecken und verstehen**", ein ganz besonderes Bestimmungsbuch mit vielen persönlichen Erlebnissen.
> 2018 erschien sein wichtigstes Buch, das Grundlagenwerk „**Tagaktive Nachtfalter**". Es ist das erste Bestimmungsbuch für diese Schmetterlingsgruppe in ganz Mitteleuropa. Das Buch wurde 2020 auch in Frankreich veröffentlicht! Nun können die vielen Naturliebhaber endlich auch die rund 400 tagaktiven Nachtfalterarten bestimmen, die sie tagsüber draußen zusammen mit den Tagfaltern beobachten. 2024 gab es von dem Buch eine erweiterte und aktualisierte Neuausgabe.
> Das 2022 erschienene dritte Buch von Ulrich, „**Wer flattert hier?**", wurde insbesondere für Neueinsteiger konzipiert: Die Arten sind hier zur schnelleren Bestimmung nach sechs Flügelfarben geordnet. Überall im Text bekommen Schmetterlingsfreunde wertvolle Tipps, wie sie die betreffenden Falterarten im eigenen Garten ansiedeln und schützen können.

Wie schon bei der ersten Neuausgabe im Jahr 2016 überarbeitete und aktualisierte Rainer Ulrich den gesamten Text und brachte die Nomenklatur bei Faltern und Pflanzen sowie deren Gefährdungseinstufungen auf den neuesten Stand. Darüber hinaus passte er alle Flug- und Raupenzeiten sowie die Angaben über die Falterhäufigkeit und ihre Verbreitung an. Er ersetzte auch über 200 der „in die Jahre gekommenen" analogen Fotos und schrieb das Kapitel „Fotografie" neu.
Drei hilfreiche Zusatzinformationen finden Sie in der neuen Auflage:

> Nachtfalter und Kleinschmetterlinge, die tagsüber fliegen, wurden mit „tagaktiv" gekennzeichnet.
> Pflanzen, deren Blüten wichtige Nektarquellen für die Falter darstellen, wurden hervorgehoben.
> Zusätzlich wurden die Angaben um die europaweit geschützten Arten der Fauna-Flora-Habitat-Richtlinie (FFH-Arten) erweitert.

Sehr schön hat ein Redakteur der lokalen „Saarbrücker Zeitung", Rainer Ulrichs Wirken in einem Artikel zusammengefasst: „Rainer Ulrich liebt die Tänzer im Wind. Er ist ein Forscher mit großer Leidenschaft. Es wird behauptet, er kenne jeden Schmetterling im Saarland. Er ist der, der mit den Schmetterlingen tanzt."

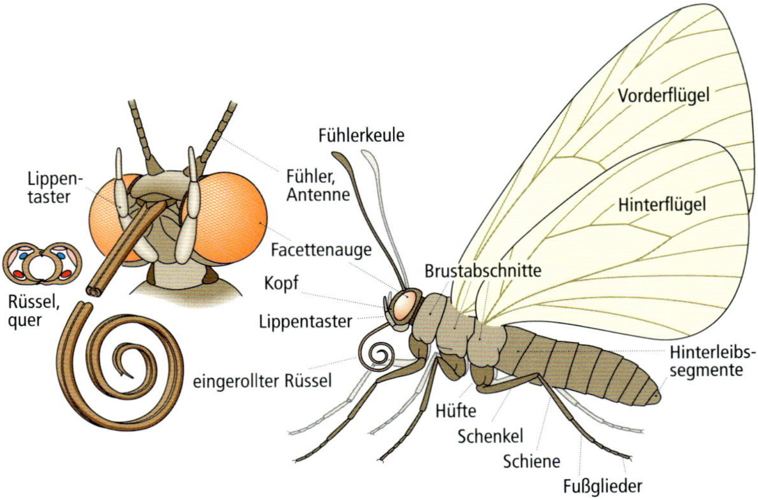

Abb. 1: Körperbau und Kopf eines Schmetterlings

Körperbau der Schmetterlinge

Der Schmetterlingskörper besitzt wie alle Insekten ein äußeres Skelett aus Chitinplatten, die jeweils in Ringen angeordnet und untereinander durch Gelenkhäute miteinander verbunden sind. Auch die verschiedenen Anhänge, etwa die Fühler und Beine, sind aus solchen Ringen zusammengesetzt. Der Körper ist, wie bei den Insekten üblich, in die drei Abschnitte Kopf (Caput), Brustabschnitt (Thorax) und Hinterleib (Abdomen) gegliedert.

DER KOPF

Er trägt als paarige Anhänge die Fühler (Antennen) und Mundwerkzeuge.
Die Fühler sind je nach Schmetterlingsgruppe und vielfach auch bei beiden Geschlechtern verschieden gestaltet, im einfachsten Fall fadenförmig (Abb. 2a), bei Tagfaltern am Ende gekeult (Abb. 2b). Sie sind vor allem Träger des Geruchssinns. Der Reizaufnahme dienen dabei besonders entwickelte Haare, die in großer Zahl über die Fühleroberfläche verteilt sind. Zur Verfeinerung des Geruchssinns ist die Fühleroberfläche besonders bei männlichen Faltern oft stark vergrößert, meist indem die Fühlerglieder durch beidseitige, lange Fortsätze gefiedert bzw. gekämmt sind (Abb. 2d). Eine geringere Oberflächenvergrößerung ergibt sich aus einer einseitigen Erweiterung durch sägezahnartige Fortsätze, wie sie oft bei weiblichen Faltern festzustellen ist (gesägte Fühler, Abb. 2c).
Die Mundwerkzeuge sind im Vergleich zu anderen Insekten stark abgewandelt. Die Oberkiefer (Mandibeln) sind fast immer vollständig zurückgebildet, nur bei den hier nicht weiter behandelten Urmotten sind sie noch als Beißwerkzeuge ausgebildet. Die Unterkiefer (Maxillen) sind zu zwei biegsamen Halbrohren umgewandelt, die über Falznähte miteinander verbunden werden und dann ein Saugrohr bilden. Dieser Rüssel gestattet nur die Aufnahme flüssiger Nahrung (vor allem Blütennektar) und wird in Ruhelage spiralig eingerollt; er ist aber bei vielen Schmetterlingen mehr oder weniger zurückgebildet. Solche Falter können keine Nahrung mehr aufnehmen. Vom dritten Paar der Mundwerkzeuge, das bei den Insekten zur unpaaren Unterlippe (Labium) verschmolzen ist, sind nur die beiden Lippentaster (Labialpalpen) übrig geblieben.
Am Kopf liegen außerdem die paarigen Facettenaugen, die sich aus zahlreichen sechseckigen Einzelaugen (Ommatidien) zusammensetzen. Jedes Ommatidium lässt dabei einen einzelnen Bildpunkt entstehen, sodass der Falter seine Umwelt wie auf einem grob gerasterten Zeitungsbild wahrnehmen dürfte. Viele Schmetterlinge besitzen außerdem zwei einfache Stirnaugen (Ocellen), die aber offenbar nicht dem Gesichtssinn, sondern ähnlich wie bei vielen anderen Insekten der Steuerung der Tagesaktivität dienen dürften.

Einleitung

DER BRUSTABSCHNITT

Er setzt sich aus drei Segmenten zusammen und trägt alle Bewegungsorgane. An jedem Ring setzt jeweils ein Beinpaar an. Die Beine gliedern sich – vom Körper ausgehend – in die Abschnitte Hüfte (Coxa), Schenkelring (Trochanter), Schenkel (Femur), Schiene (Tibia) und Fuß (Tarsus). Letzterer ist wiederum aus meist fünf Gliedern zusammengesetzt und trägt am Ende zwei Krallen. Bei vielen Tagfaltern ist das erste Beinpaar zu einer zum Laufen ungeeigneten Putzpfote umgewandelt und wird normalerweise angewinkelt unter dem Kopf getragen.

Die beiden hinteren Brustsegmente tragen auf der Rückenseite als weitere Anhänge die Flügel. Diese sind bei fast allen Schmetterlingen die bei weitem wichtigsten Bewegungsorgane. Die normalerweise getrennten Vorder- und Hinterflügel werden bei den meisten Schmetterlingen im Flug durch einen besonderen Kuppelungsmechanismus zusammengehalten (Abb. 3). Bei den primitivsten Schmetterlingsfamilien, die im Tafelteil aber nicht berücksichtigt sind, greift ein fingerartiger, beborsteter Fortsatz am Hinterrand des Vorderflügels, das Jugum, unter den Vorderrand des Hinterflügels. Bei den höher entwickelten Familien stehen am Vorderrand des Hinterflügels ein oder mehrere starre Borsten, die als Frenulum bezeichnet werden. Diese schieben sich in eine

Abb. 3: Flügelkopplung:

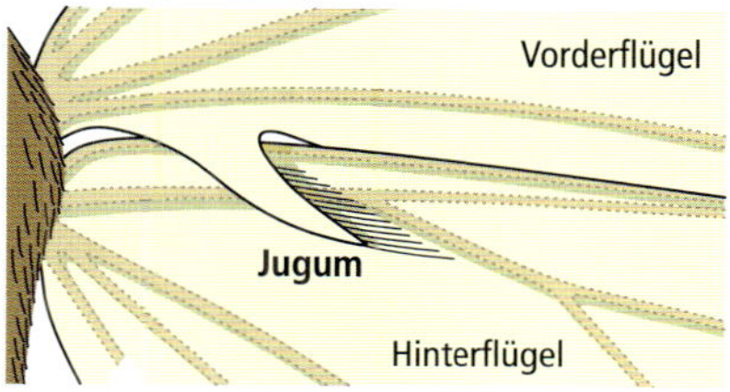

Typ A bei den primitivsten,

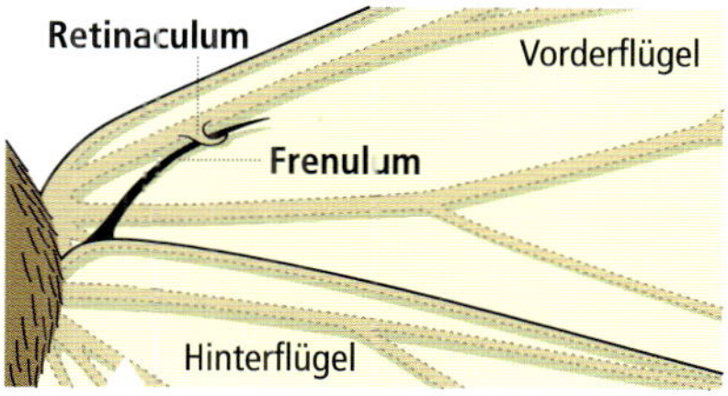

Typ B bei den höher entwickelten Schmetterlingen

Öse, das Retinaculum, auf der Unterseite des Vorderflügels und stellen so eine stabile Verbindung her. Bei einigen Schmetterlingsfamilien, insbesondere den Tagfaltern, fehlt aber eine solche Bindevorrichtung. Über die Flügel läuft ein oft von Art zu Art etwas verschiedenes Muster an Flügeladern. Diese sind letztlich Zeugen der Entwicklung zum fertigen Falter: Nach dem Schlüpfen aus der Puppe hängen die Flügel zunächst als unförmige Lappen herunter; sie werden durch Einpumpen von Blutflüssigkeit in die Flügeladern in ihre endgültige Form gebracht. Nach dem Abtrocknen der Flügel besitzen diese Adern keine Funktion mehr. Eine Besonderheit der Schmetterlingsflügel sind die Schuppen. Sie stellen letztlich stark abgeflachte Haare dar, die durch Einlagerung von Farbpigmenten oder durch besondere Oberflächenstrukturen gefärbt sind und den Flügeln ihr arteigenes Muster geben.

Die einzelnen Schuppen sind dabei jeweils einfarbig. Die Farben der blauen Schuppen vieler Bläulinge und auch der Schillerschuppen männlicher Schillerfalter entstehen nicht durch Pigmente, sondern durch rippenartige, sehr feine Oberflächenstrukturen (Strukturfarben). Die Schuppenform kann stark variieren; meist ist sie breit schildförmig mit drei bis fünf Spitzen und an der Basis einem schmalen Stiel. Es gibt aber auch lanzettförmig zugespitzte bis nahezu kreisförmige Schmetterlingsschuppen. Viele Falter besitzen

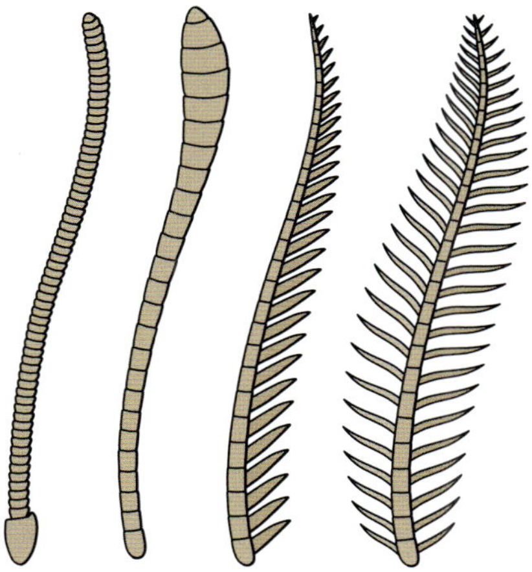

a b c d

Abb. 2: Fühlertypen bei Schmetterlingen:
a fadenförmig, **b** gekeult, **c** gesägt, **d** gefiedert

Abb. 4: Schuppen auf dem Hinterflügel des Erdbeerbaumfalters (*Charaxes jasius*) (Unterseite); stark vergrößerte Aufnahme des auf der Puppenhülle sitzenden, frisch geschlüpften Falters (vergl. Bild 192/2b)

auf ihren Flügeln spezielle Duftschuppen, die meist zu größeren Gruppen vereint sind und aus Poren einen für den Geschlechtspartner betörenden Duft verbreiten. Entgegen einer weit verbreiteten Meinung benötigen Schmetterlinge ihre Schuppen nicht, um fliegen zu können.
Im hinteren Teil des Brustabschnitts befindet sich bei den Vertretern der höchstentwickelten Schmetterlingsfamilien, insbesondere bei den Eulen und Bärenspinnern, ein paariges Hörorgan, das insbesondere für Töne im Ultraschallbereich empfindlich ist. Mit ihm können die meist nachtaktiven Tiere die Ortungslaute von Fledermäusen wahrnehmen und sich bei deren Annäherung z. B. einfach aus dem Flug zu Boden fallen lassen.

DER HINTERLEIB

Er ist vor allem Träger der inneren Organe, die letztlich für die Aufrechterhaltung der Lebensfunktionen und die Belange der Fortpflanzung zuständig sind.
Er enthält daher außer dem schlauchförmigen Herzen sowie Teilen des Darmtrakts und des Nervensystems vor allem die Fortpflanzungsorgane sowie verschiedene Drüsen, in denen beispielsweise Duftstoffe zur Anlockung und Stimulation des Geschlechtspartners produziert werden. Solche Lockstoffe können aber auch in anderen Körperabschnitten abgesondert werden, etwa an den Beinen oder, wie bereits erwähnt, auf den Flügeln.

Abb. 5: Wunderschön – das winzige Ei des Gartenbläulings (*Celastrina argiolus*).

Entwicklung der Schmetterlinge

Die aus starren Platten zusammengesetzte Außenhülle lässt sich nur in begrenztem Umfang dehnen. Um wachsen zu können, müssen sich daher alle Insekten von Zeit zu Zeit häuten und dabei eine jeweils etwas größere Hülle zulegen. Während die primitivsten Insekten dabei Schritt für Schritt einfach nur größer werden, ist die Entwicklung der höheren Insekten gleichzeitig mit einem Gestaltwandel, der Metamorphose, verbunden. Schmetterlinge zeigen dabei wie z. B. auch die Käfer und Zweiflügler nach dem Verlassen der Eischale nicht nur einen Wandel von mehreren unfertigen Stadien, den Larven, in das ausgewachsene Insekt, die Imago, sondern dazwischen als Übergangsstadium die weitgehend unbewegliche Puppe. Ein derartiger Verwandlungstyp mit zweifachem Gestaltwandel wird als vollständige Metamorphose bezeichnet, im Gegensatz zur unvollständigen Metamorphose etwa der Libellen und Heuschrecken. Die Entwicklung vom Ei zum Schmetterling wird im Tafelteil beispielhaft am Tagpfauenauge (*Inachis io*) dargestellt (S. 170).

DAS EI

Schmetterlingseier sind ausgesprochen vielgestaltig. Sie übertreffen die bei den übrigen Insektenordnungen übliche Formenvielfalt; lediglich die in wärmeren Ländern heimischen Gespenstschrecken (bekannt vor allem durch die ausgesprochen schmal gebauten Stabheuschrecken) können hier mit einer vergleichbaren Formenfülle aufwarten. Die Form schwankt zwischen schmal spindelförmig, oval, kugelig, halbkugelig, linsenförmig und flach zylindrisch. Längliche Eier sind z. T. mit der Schmalseite, also stehend, an der Unterlage befestigt, z. T. werden sie mit der Breitseite, also liegend, an das Substrat geklebt. Der Durchmesser bzw. die Länge schwankt zwischen etwa 0,5 und 2 mm, vereinzelt gibt es auch etwas größere und kleinere Eier. Die ziemlich harte Eischale kann vollkommen glatt sein, ist meist aber in vielfältigster

Weise strukturiert. Viele Schmetterlingseier tragen Dellen, rippenartige Vorsprünge, sternförmige Ornamente oder zahn- bis haarförmige Fortsätze. Diese Strukturen bilden dabei fast immer ein sehr regelmäßiges Muster. Am oberen Pol ist meist eine abweichende, oft nabelförmige Struktur, die Mikropyle, zu erkennen. Sie bildet bei der Befruchtung die Eintrittsöffnung für die Spermien.

Auch die Färbung ist recht unterschiedlich; oft wechselt sie während der Entwicklung des Keimes. So bildet sich bei vielen Eiern nach und nach eine unregelmäßige, dunkle Bindenzeichnung aus, die sich später oft nach und nach als Teil der durchscheinenden Raupenfärbung erweist. In vielen Fällen sind die Eier zunächst schneeweiß und werden kurz vor dem Schlupf der Larve sehr dunkel, oft schwarz oder dunkelblau.

Viele Schmetterlinge legen ihre Eier stets einzeln ab, andere ordnen sie in kleinen oder größeren Gruppen an, im Extremfall kann ein Weibchen seinen gesamten Eivorrat (der je nach Art zwischen etwa 20 und über 1000 liegen kann) in einem einzigen Gelege vereinen. Die Anordnung innerhalb des Geleges ist oft ganz unregelmäßig, z. B. in völlig ungeordneten, mehrschichtigen Haufen. Es gibt aber auch Arten, die ihre Eier immer in sehr regelmäßigen Gelegen an die Unterlage kleben, etwa in flachen Eispiegeln, in geraden Reihen oder in Ringform um dünne Pflanzenteile. Bei einigen Arten wird das fertige Gelege noch mit einer dichten Schicht wolliger Haare überzogen, die der Falter von seinem Afterbusch abreibt und mit einem Sekret auf die Eier klebt. Manche Falter lassen ihre Eier auch einfach auf den Boden fallen. Meist aber erfolgt die Eiablage direkt an der Nahrungspflanze, sodass die schlüpfende Raupe sofort die passende Nahrung vorfindet. Die Eientwicklung dauert unter Freilandbedingungen durchschnittlich zwei bis drei Wochen. Sie kann aber bei bestimmten Arten schon nach weniger als einer Woche abgeschlossen sein.

Oft stellen die Eier das Überwinterungsstadium dar; dann kann es vorkommen, dass die Raupen erst nach über einem halben Jahr die Eihüllen verlassen. Nicht selten sind sie aber bereits vor Winterbeginn fertig ausgebildet, schlüpfen aber erst im Frühjahr.

DIE RAUPE

Schmetterlingsraupen besitzen wie die meisten Larven der Insekten mit vollständiger Verwandlung einen weitgehend gleichmäßig gegliederten Rumpf, der sich aus dem Kopf und 14 Segmenten zusammensetzt. Die drei letzten Ringe sind aber meist zu einem einheitlichen Analsegment verwachsen.

Abb. 6: Eigelege der Violett-Gelbeule (*Xanthia togata*)

Der Kopf ist stärker chitinisiert als der übrige Raupenkörper. Er trägt unten an jeder Seite meist sechs winzige Punktaugen, die Stemmata, außerdem ein Paar stummelförmige Fühler und beißende Mundwerkzeuge.

Die ersten drei Rumpfringe, die Brustsegmente, tragen jeweils ein deutlich gegliedertes Beinpaar, das aus den gleichen Elementen zusammengesetzt ist wie beim fertigen Falter, allerdings in stark gestauchter Form. Das erste Segment ist am Rücken oft mit einer stärker chitinisierten Platte, dem Nackenschild, und seitlich außerdem jeweils mit einem Stigma ausgestattet. Die Stigmen sind porenartige Öffnungen, die in das röhrenförmige, stark verzweigte Tracheensystem führen, das die einzelnen Organe mit Sauerstoff versorgt. In seltenen Fällen besitzen auch die beiden anderen Brustsegmente derartige Öffnungen.

Entwicklung der Schmetterlinge

Die restlichen elf Segmente bilden den vom Brustabschnitt nicht deutlich abgesetzten Hinterleib. Diese Hinterleibssegmente tragen jederseits ein Stigma und einige von ihnen auch Gliedmaßen, bei denen es sich allerdings nicht um echte Beine handelt, sondern um fingerförmige, ungegliederte Hautausstülpungen. Sie besitzen am Ende feine Hakenkränze zum Festklammern an der Unterlage (Abb. 8). Diese Bauchfüße sind meist am 3.–6. Hinterleibssegment entwickelt, also am 6.–9. Rumpfring. Am 10. Hinterleibssegment (dem 13. Rumpfring) befindet sich ein weiteres, meist kräftiger entwickeltes Paar von Beinen, die als Nachschieber bezeichnet werden. Zwischen Brustbeinen und Bauchfüßen liegen normalerweise zwei beinfreie Segmente. Dies ist der auffälligste Unterschied zu den ähnlich gebauten Blattwespenlarven: Bei diesen liegt zwischen Brustbeinen und Bauchfüßen nur ein beinfreies Segment (Abb. 9).

Die sehr urtümlichen, im Tafelteil nicht behandelten Urmotten besitzen allerdings acht Paar Bauchfüße, bei ihnen sind auch die beiden vorderen Hinterleibssegmente „befußt".
Auch bei einigen weiteren Schmetterlingsfamilien gibt es „Abweichler". So sind bei den Spannerraupen in der Regel die vorderen drei Bauchfußpaare zurückgebildet, bei einigen Eulenraupen die vorderen zwei. Noch weiter geht die Reduktion der Beine bei den Schildmotten: Sie besitzen nur winzige Reste der Brustbeine, ihre Bauchfüße und Nachschieber sind dagegen völlig verloren gegangen. Sie bewegen sich ähnlich wie Nacktschnecken auf einer breiten Kriechsohle (Abb. 10).
Die Raupe ist sozusagen das „Fressstadium" des Schmetterlings. In diesem Stadium erfolgt, verbunden mit mehreren Häutungen, eine gewaltige Vermehrung des Körpervolumens. Viele Schmetterlinge nehmen überhaupt nur als Raupe Nahrung auf.

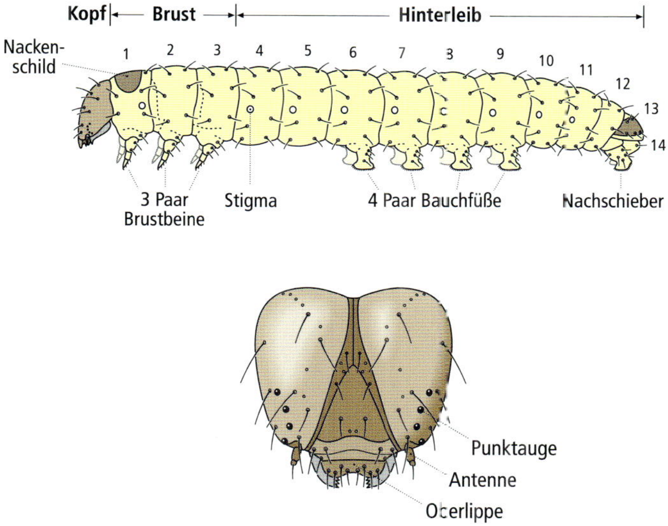

Abb. 7: Schmetterlingsraupe und Raupenkopf

Fotos auf der rechten Seite:
Abb. 8 (oben links): Bauchfüße der Wolfsmilchschwärmerraupe (*Hyles euphorbiae*)
Abb. 9 (oben rechts): Blattwespenlarven (*Croesus septentrionalis*) an einem Birkenblatt. Sie besitzen zwischen Brustbeinen und Bauchfüßen nur ein beinfreies Segment.
Abb. 10 (unten): Die Raupe der Großen Schildmotte (*Apoda limacodes*) kriecht über eine Glasscheibe.

Abb. 8

Abb. 9

Abb. 10

DIE PUPPE

Die Puppe ist ein nur schwach bewegliches Ruhestadium, in dem die Umwandlungsprozesse von der Raupe in den fertigen Schmetterling ablaufen. Schmetterlingspuppen sind in der Regel mumienartig. Die lappenförmigen Flügelscheiden und die stabförmigen Fühler- und Beinanlagen sind durch eine Kittsubstanz mit dem Körper verklebt. Bei den primitivsten Schmetterlingsfamilien können aber einige dieser Anhänge noch etwas bewegt werden. Ansonsten bleibt nur der Hinterleib mehr oder weniger beweglich; er kann seitwärts schwingende und rollende Bewegungen ausführen.
Einige Puppen (etwa die der Glasflügler und Holzbohrer) besitzen an den Hinterleibssegmenten Dornenkränze, mit deren Hilfe sie in den Fraßgängen aufsteigen und sich auf diese Weise schon vor dem Schlupf des Falters ins Freie vorarbeiten können.
Bei den Tagfaltern gibt es 2 verschiedene Puppentypen. Stürzpuppen befestigen sich mit Häkchen an ihrem Hinterende in einem Gespinstpolster, das die Raupen kurz vor der Verpuppung herstellen, und baumeln dann frei nach unten

Abb. 11: Raupe des Schwalbenschwanzes (*Papilio machaon*)

(Abb. 11). Gürtelpuppen werden durch einen gürtelartigen Gespinstfaden etwa um die Körpermitte oder im vorderen Körperabschnitt gehalten. Auch sie verankern sich mit dem Hinterende in einem Gespinstpolster und ruhen meist Kopf aufwärts, manche aber auch in umgekehrter Haltung (Abb. 12). Gürtelpuppen kommen außer bei Tagfaltern auch bei einigen anderen Schmetterlingen vor.
Die Puppen der übrigen, nicht zu den Tagfaltern zählenden Schmetterlingsfamilien liegen sonst entweder frei am Boden oder sind in ein mehr oder weniger dichtes Gespinst, den Kokon, eingehüllt. Die Kokons werden wie die Gespinstpolster der Tagfalterpuppen aus Spinnseide hergestellt. Die Raupen besitzen hierfür Spinndrüsen, die in ihren Mundwerkzeugen ausmünden.
Die Kokons besitzen oft eine sehr feste, pergamentartige Struktur. Um dem schlüpfenden Falter das Verlassen des Kokons zu ermöglichen, ist oft ein kreisrunder Deckel vorgebildet, der von innen aufgedrückt werden kann, oder es findet sich, wie etwa beim Kleinen Nachtpfauenauge, eine Schlupfreuse, die nur ein Passieren von innen nach außen gestattet (S. 86). Andere Schmetterlinge sondern aus der Mundöffnung einen Flüssigkeitstropfen ab, um damit das Gespinst aufzuweichen.
Das berühmteste Beispiel eines Schmetterlingskokons ist der Kokon des Seidenspinners (*Bombyx morio*), der den Grundstoff für die echte Seide liefert. Er besteht jeweils aus einem einzigen Faden, der bei der Seidenherstellung maschinell abgewickelt wird.
Die Puppenruhe beträgt in den meisten Fällen zwei bis vier Wochen. Oft stellt die Puppe aber das Überwinterungsstadium dar und ruht entsprechend länger. Die Puppen einiger Nachtfalter überliegen gelegentlich, d. h. sie können noch ein oder mehrere weitere Jahre ruhen, bevor der Falter schlüpft. Zu den Extremfällen gehört hier der Frühlings-Wollafter (*Eriogaster lanestris*), dessen Puppe manchmal erst nach sieben Jahren den Falter entlässt.
Viele Puppen, insbesondere die der Tagfalter, sind nicht von Kokons eingehüllt und daher schutzlos ihren Feinden ausgeliefert. Sie besitzen aber oft eine perfekt angepasste Form und Färbung, die sie wie ein grünes Blatt oder wie ein vertrockneter Blattrest erscheinen lassen. Manche Arten mit Sommer- und Winterpuppen, etwa der Schwalbenschwanz (*Papilio machaon*), haben im Sommer fast nur grüne Puppen, die sich wenig später zu Faltern häuten, im Herbst dagegen graubraune, die überwintern und im trockenen Laub kaum auffallen.

Feinde und Gegenspieler

Die Schmetterlinge und ihre Entwicklungsstadien sind zahlreichen Feinden ausgesetzt. Zu den wichtigsten Verfolgern gehören, so unpopulär dies klingen mag, Insekten fressende Singvögel. Besonders die beiden häufigsten Meisenarten, Kohlmeise und Blaumeise, sind nicht nur zur Brutzeit, sondern insbesondere auch im Winter in der Lage, den Schmetterlingspopulationen ganz empfindliche Verluste zuzufügen.

So lässt sich beispielsweise während des Winters gut verfolgen, wie die an ihren Ruheplätzen eigentlich perfekt getarnten Raupen der beiden heimischen Schillerfalter (S. 190) nach und nach weniger werden. Es kommt nur selten vor, dass von zehn im Spätherbst gefundenen Raupen im Frühling mehr als ein bis zwei übrig sind. Daher sollte in wertvollen Schmetterlingsgebieten unbedingt auf Winterfütterungen für Vögel, aber auch auf das Aufhängen von Nistkästen verzichtet werden, zumal hierdurch in der Regel nur die ohnehin schon häufigen Vogelarten begünstigt werden.

Die fertigen Falter fallen sehr oft Spinnen zum Opfer. Außer Netzspinnen wären hier insbesondere die Krabbenspinnen zu erwähnen. Sie lauern vielfach auf Blüten, und einige von ihnen können ihre Färbung sogar der Blütenfarbe anpassen. Es ist beeindruckend, wie klein oft die Spinnen im Verhältnis zu ihrer Beute sind (Abb. 13). Neben Schmetterlingen fallen ihnen oft auch so wehrhafte Tiere wie Honigbienen zum Opfer. Offenbar besitzen sie ein sehr wirksames Gift, das ihnen den Jagderfolg ermöglicht. Auch Wespen stellen regelmäßig Schmetterlingen nach. Hornissen jagen z. B. oft ganz gezielt gerade solche Kostbarkeiten wie Trauermäntel, die sie etwa an ihren Saugstellen an blutenden Birken überwältigen.

Bei den bisherigen Beispielen handelt es sich um unspezifische Räuber-Beute-Beziehungen, also um eine mehr zufällige Funktion von Schmetterlingen als Beuteobjekte. Es gibt aber auch Räuber und Parasiten, die ausschließlich Schmetterlingen nachstellen. Zu ihnen gehört die nur etwa 9–12 mm große Schmetterlingsjagende Silbermundwespe (Lestica subterranea). Diese Grabwespe jagt verschiedene Kleinschmetterlinge, lähmt sie durch einen Stich ins Nervensystem und trägt sie als Beute in ihr Nest (Abb. 14). Dieses besteht aus einem verzweigten Gang im lockeren Sandboden, der sich am Ende jeweils zu einer kleinen Höhle erweitert. Jede dieser Kammern enthält mehrere Falter als Nahrung für eine Wespenlarve. Ebenfalls zu den Grabwespen gehören die Sandwespen der Gattung Ammophila. Sie haben sich auf die Raupen von Schmetterlingen spezialisiert. Ihr Nest besteht immer nur aus einer einzigen unterirdischen Brutzelle mit einer Larve, die teils mit nur einer, teils mit mehreren Raupen versorgt wird. Diese Sandwespen zeigen bei Nestbau und Versorgung ihrer Brut sehr hoch entwickelte Verhaltensweisen. Nach und nach stellen sie mehrere derartige Nester her, die sie zwischendurch immer wieder kontrollieren und beim Verlassen jeweils durch genau passende Steinchen perfekt getarnt verschließen.

Während die bisher vorgestellten Räuber-Beute-Beziehungen (vielleicht abgesehen vom ersten Beispiel) in der Regel keinen spürbaren Einfluss auf die Schmetterlingspopulationen ausüben, kommt den parasitischen Insekten oftmals ein sehr bedeutender Einfluss auf die Populationsstärke zu.

Ein ganzes Heer von Schlupfwespen, Brackwespen, Erzwespen und weiteren parasitischen Hautflüglern entwickelt sich als Larve in Eiern, Raupen und Puppen von Schmetterlingen. Teilweise sind die Parasiten dabei eng an bestimmte Wirtsarten gebunden, teilweise können sie auch sehr ver-

Abb. 12: Gürtelpuppe des Schwalbenschwanzes (*Papilio machaon*). Die Flügel sind schon deutlich zu erkennen.

Abb. 13: Veränderliche Krabbenspinne (*Misumena vatia*) mit Dunklem Wiesenknopf-Ameisenbläuling (*Maculinea nausithous*) als Beute

schiedene Wirte zu ihrer Entwicklung nutzen. Manche Parasiten wachsen einzeln in einem Wirt heran, andere nutzen ihn in größerer Zahl. Entsprechend stark kann die Größe der Parasiten variieren; sie schwankt etwa zwischen der Größe des fertigen Falters und einem Bruchteil von einem Millimeter. Als Extrem können in einem einzigen Schmetterlingsei mehrere Dutzend nur 0,3 mm große Wespen heranwachsen. Das Resultat ist aber immer das gleiche: Der Wirt stirbt, bevor er zum Falter wird.

Neben solchen parasitischen Wespen gibt es noch eine ganze Reihe parasitischer Fliegenarten, die eine ähnliche Lebensweise führen. Es gibt aber auch noch so genannte Hyperparasiten, sowohl unter den Wespen als auch unter den Fliegen, die parasitisch in anderen Parasiten leben, und schließlich sogar Tertiärparasiten, die in Hyperparasiten parasitieren.

Insgesamt zeigt sich damit ein äußerst kompliziertes Wirkungsgefüge, das es im Laufe der Evolution geschafft hat, die Populationsstärken aller Arten zu regulieren, sodass keine Art zu sehr überhand nimmt, aber auch keine ausstirbt. Diese Regulation ist aber immer wieder auch mit Schwankungen verbunden.

Abb. 14 (oben): Schmetterlingsjagende Silbermundwespe (*Lestica subterranea*) mit erbeutetem Eichenwickler (*Tortrix viridana*)

Abb. 15 (rechts): Von Brackwespenlarven (Familie Braconidae) parasitierte Raupe des Roten Scheckenfalters (*Melitaea didyma*). Die Wespenlarven haben ihren Wirt getötet und sich auf ihm in weißen Kokons verpuppt.

So kann es vorkommen, dass eine Schmetterlingsart durch besonders günstige Bedingungen stark zunimmt. Erst später werden die Parasiten entsprechend häufiger und drängen den Wirt wieder zurück. Schließlich werden die Parasiten sehr häufig und vernichten nahezu alle inzwischen schon selten gewordenen Wirte. Dann nehmen auch sie stark ab, und die fast verschwundenen Wirte können sich wieder vermehren.

Ein derartiger Massenwechsel ist sehr charakteristisch für viele Schmetterlingsarten und ihre Parasiten. Er ist im Prinzip unproblematisch für beide, solange sich die Umweltbedingungen nicht verändern und solange der Mensch nicht versucht, hier „regulierend" einzugreifen.

Abb. 16: Viele Falter, wie der Große Ameisenbläuling (*Maculinea arion*), enden in den Fängen von Krabbenspinnen.

Beobachtung und Zucht von Schmetterlingen

Schmetterlinge sind praktisch in allen Landlebensräumen zu beobachten, auch in so lebensfeindlichen Regionen wie im Hochgebirge, im Innern von Höhlen oder in den weitgehend ausgeräumten Innenbereichen größerer Städte. Sogar in Seen und Teichen kommen einzelne Schmetterlingsarten oder ihre Entwicklungsstadien vor, und auch über dem offenen Meer werden gelegentlich wandernde Falter gesichtet. Oft muss man sich allerdings besonderer Methoden bedienen, um die in einem Gebiet ansässigen Arten auch tatsächlich zu finden.

Viele Tagfalter geben sich bei günstigen Witterungsbedingungen von selbst zu erkennen. Bei anderen, insbesondere vielen Augenfaltern, muss man schon sehr genau hinschauen, um sie in ihrer Umgebung ausfindig zu machen. So entdeckt man viele Arten mit tarnfarbiger Flügelunterseite oftmals erst dann, wenn man sie unvorsichtigerweise aufgescheucht hat.

Viele nachtaktive Arten bleiben aber selbst bei extremer Annäherung unbeeindruckt sitzen und verlassen sich ganz auf ihre Tarnfärbung. Doch nicht selten sitzen sie auf einem unpassenden Untergrund und sind dann relativ leicht zu entdecken. Oft findet man sie aber erst, wenn man sich einmal die Mühe macht, die niedrigen Zweige an Laubbäumen von der Unterseite her zu betrachten.

Eine gute Möglichkeit, Nachtfalter anzulocken, besteht darin, spezielle Köder auszubringen. Inzwischen gibt es eine Vielzahl oft streng geheimer Rezepte, mit denen unzählige Schmetterlingsfreunde ihre Erfahrungen gesammelt haben. In der Regel werden verschiedene aromatisch riechende Substanzen mit alkoholischen Getränken und Zucker vermischt und aufgekocht und dann oft anschließend einige Zeit stehen gelassen, um Gärungsprozesse in Gang zu setzen. Besonders beliebte Substanzen sind dabei neben Zucker u. a. Malzbier, Rotwein und Pflaumenmus.

Mit der dünnflüssigen bis dickflüssig-klebrigen fertigen Ködersubstanz bestreicht man in der Abenddämmerung Baumstämme, Zaunpfähle und ähnliche Gegenstände oder man taucht getrocknete, an einer Schnur aufgefädelte Apfelscheiben hinein, die man dann als Girlanden aufhängt. Die Köderplätze sollten so gewählt sein, dass die Falter eine möglichst freie Anflugbahn haben, also nicht durch im Weg hängende Zweige o. ä. behindert werden. Am besten ist es, mehrere derartige Köderplätze nahe beieinander zu installieren und sie dann in der Nacht in regelmäßigen Abständen zu kontrollieren. Manchmal behalten die Köderplätze über mehrere Tage ihre Attraktivität, andernfalls müssen sie von Zeit zu Zeit aufgefrischt werden.

Zu den regelmäßigen Besuchern zählen vor allem viele Eulenarten. Pfauenspinner, Glucken und andere Nachtfalter mit reduziertem Saugrüssel gehen dagegen nicht an Köder, da sie als Falter ohnehin keine Nahrung mehr aufnehmen können. Besonders günstig sind fast windstille Nächte insbesondere im zeitigen Frühjahr und im Spätsommer bis zum Herbst, wenn nur wenige Pflanzen blühen.

Eine weitere sehr interessante und oft außerordentlich ergiebige Möglichkeit zum Anlocken nachtaktiver Falter ist der Lichtfang. Hierzu befestigt man an einer möglichst freien, aber etwas geschützten Stelle in etwa 2 m Höhe eine starke Lichtquelle und spannt dahinter ein helles Tuch auf. Als Lichtquellen eignen sich spezielle Leuchtstoffröhren, besonders solche, die sich über eine Autobatterie betreiben lassen. Noch effektiver arbeiten Quecksilberdampflampen, die allerdings normale Netzspannung benötigen. Man kann sie daher entweder nur in Reichweite des Stromnetzes oder über ein Stromaggregat betreiben, was mit einigem Aufwand verbunden ist.

Der Erfolg einer Lichtfangnacht ist in hohem Maße von den äußeren Bedingungen abhängig. Als sehr ungünstig erweisen sich windige Nächte, besonders aber klare Vollmondnächte. Optimal ist dagegen die Situation kurz vor dem Beginn eines starken Gewitters. Dann kann es passieren, dass hunderte von Faltern das aufgespannte Tuch bevölkern.

Angelockt werden Vertreter fast aller nachtaktiver Schmetterlingsfamilien, bei manchen Arten aber ausschließlich die Männchen. Durch den Lichtfang werden die Falter nicht geschädigt. Man kann sich einzelne Tiere etwa für eine Eiablage oder zum Fotografieren herausfangen und anschließend wieder freilassen.

Außer nach Faltern kann man natürlich auch nach den Entwicklungsstadien, also Eiern, Raupen und Puppen suchen. Da diese aber in der Regel noch besser getarnt sind als die fertigen Falter, gehört hierzu insbesondere ein gut geschulter Blick. Schmetterlingseier findet man besonders an der Unterseite von Blättern, vielfach aber auch frei an Zweigen oder Grashalmen. Selbst im Winter kann sich die Suche lohnen. Durch die fehlende Belaubung sind z. B. die überwinternden, ringförmigen Gelege der Ringelspinner jetzt viel leichter zu entdecken als im Herbst oder Frühjahr.

Viele Eier kontrastieren aber auch deutlich mit ihrer Umgebung und sind, wenn man erst einmal das richtige Suchbild entwickelt hat, überraschend einfach zu finden. Die Eier des Nierenfleck-Zipfelfalters sind beispielsweise an Schlehenhecken im Winter fast überall auf Anhieb zu entdecken (S. 140). Man kann den Zweig markieren, etwa mit einer Schleife aus einem bunten Wollfaden, und im Mai dort dann sehr gezielt nach der zwischenzeitlich fast ausgewachsenen Raupe suchen.

Die Raupensuche ist ein ebenfalls zwar oft mühsames, in vielen Fällen aber auch recht erfolgversprechendes Geschäft. Viele Raupen findet man, wenn man sich einmal angewöhnt hat, Zweige an Wald- und Wegrändern grundsätzlich auch von unten her zu betrachten.

Sehr erfolgversprechend ist auch die Orientierung an Fraßspuren. Sehr oft sitzt direkt daneben, nicht selten zwischen zusammengesponnenen Blättern, die dazugehörige Raupe.

Eine weitere erfolgversprechende Methode ist das Klopfen nach Raupen. Man hält hierzu einen Regenschirm (noch besser natürlich einen richtigen, aus weißem Tuch hergestellten Klopfschirm) umgekehrt unter einen Zweig und klopft mit einem Stock leicht gegen die Blätter. Viele Raupen besitzen einen ausgeprägten Fallreflex und lassen sich anschließend leicht vom Tuch absammeln.

Will man Raupen zur Anzucht des Falters mitnehmen, sollte man sie in ausreichend großen, gut belüfteten und kühl aufbewahrten Behältern transportieren und Teile der Nahrungspflanze hinzugeben. Dabei ist es empfehlenswert, die Pflanzenart zu notieren, denn manchmal ist bei der Heimkehr nichts mehr von der Pflanze übrig. Man sollte immer möglichst wenig Tiere mitnehmen, um sich daheim auch ausreichend um sie kümmern zu können. Natürlich sind dabei auch die naturschutzrechtlichen Bestimmungen zu beachten (S. 21).

Grundsätzlich sollte man keine Raupen mitnehmen, die man nicht einer bestimmten Futterpflanze zuordnen kann. Raupen, denen später keine passende Nahrung angeboten wird, gehen unweigerlich zugrunde.

Die meisten Raupen lassen sich am einfachsten in nicht zu stark belüfteten Gefäßen züchten, etwa in Marmeladengläsern mit durchlöchertem Deckel, Pappschachteln, Eisdosen und Ähnlichem. Eine solche Unterbringung hat den Vorteil, dass die Nahrung nicht zu schnell welkt; sie sollte aber trotzdem jeden Tag erneuert werden.

Grundsätzlich sind Raupen verschiedener Arten getrennt und niemals zu viele Individuen einer Art zusammen unterzubringen. Nicht selten kommt es vor, dass eigentlich friedliche Arten sich gegenseitig anknabbern. Viele Schwärmerraupen beißen sich z. B. gegenseitig die schön

Abb. 17: Eine Puppenhäutung, wie hier die eines Tagpfauenauges (*Inachis io*), lässt sich normalerweise nur bei der Zucht beobachten.

gefärbten Hörner ab, ganz zu schweigen von den „Mordraupen", für die Kannibalismus etwas ganz Normales ist (S. 272).

Viele Raupen überwintern in einem früheren oder späteren Stadium. Eine solche Überwinterung ist meist eine ziemlich heikle Angelegenheit. Die meisten derartigen Raupen müssen normalen Wintertemperaturen ausgesetzt sein und dürfen weder zu feucht noch zu trocken aufbewahrt werden. Am besten bringt man sie auf einem Nordbalkon unter und befeuchtet sie von Zeit zu Zeit ganz leicht mit einer Sprühflasche. Für überwinternde Puppen gilt im Prinzip das Gleiche.

Schmetterlingsfotografie

Früher war es allgemein üblich, Schmetterlinge zu fangen und zu präparieren, wollte man sich mit dieser so überaus faszinierenden Insektenordnung näher beschäftigen. Zwischenzeitlich ist dies weitgehend aus der Mode gekommen. Zum einen, weil gesetzliche Bestimmungen diesem entgegenstehen; zum anderen, weil es mit den modernen Methoden der Fotografie auch andere Möglichkeiten gibt, die eigenen Funde zu dokumentieren und so der Nachwelt zu erhalten.
Die Bestimmung der Falter mittels Fotografie stößt aber in vielen Fällen durchaus an ihre Grenzen, und so wird es auch in Zukunft unvermeidbar sein, bei vielen schwer unterscheidbaren Arten mit präparierten Faltern zu arbeiten.
Das Fotografieren von Schmetterlingen war früher schwierig. Oft musste man einen Fotorucksack voller Ausrüstungsgegenstände mitführen. Da kamen dann schnell 10 Kilo und mehr zusammen. Ernsthaft betriebene Schmetterlingsfotografie war in der Regel Schwerstarbeit, die kaum jemand zu würdigen wusste.
Und sie war teuer: Jeder Klick mit dem Diafilm kostete gut 50 Pfennige. Und verändert werden konnte am Bild auch nichts mehr!

Abb. 18: Selten kommt man so nah an die Falter ran. Rainer Ulrich fotografiert einen Goldenen Scheckenfalter.

Heute ist das Fotografieren der Falter dank der ausgefeilten Technik der digitalen Fotoapparate ein „Kinderspiel" – das kann jeder. „Leider", möchte man fast sagen. Denn früher gelangen gute Falterfotos in der Regel nur den Falterexperten mit großem Insiderwissen und viel Geduld. Da war jedes gelungene Foto etwas Besonderes und der Fotograf wurde oft bewundernd gefragt: „Wie hast du das tolle Foto hinbekommen?"
Das ist weitgehend vorbei. Die digitale Technik ist heute so gut, dass Sie zum Fotografieren keine Wechselobjektive mehr brauchen. Der Bearbeiter dieses Buches fotografiert seit 2007 digital und benutzte von Anfang an nur Bridge-Kameras – also solche mit fest eingebautem Vario-Objektiv. Die vielen schönen Fotos im Kosmos-Buch „Schmetterlinge – Erleben und verstehen" sprechen für sich ... Gute Bridge-Kameras bekommen Sie schon für 500 €. Aber immer noch gilt: Ein gutes Foto hängt vom Auge und der Kreativität des Fotografen ab. Und eine teure Ausrüstung ist nicht gleichbedeutend mit guten Fotos.
Schmetterlinge fotografiert man am besten bei etwas bedecktem Himmel. Wenn dann die Sonne für einige Minuten hervorkommt, öffnen sie ihre Flügel – ohne dass sie gleich hektisch weg fliegen. Auch die Abendsonne ist gut geeignet. An heißen Sommertagen, wenn die Falter wuselig umherfliegen, können Sie den Fotoapparat in der Regel zu Hause lassen. In den frühen Morgenstunden sind die gleichen Arten dagegen oft geradezu „handzahm", da sie sich zunächst einmal in der noch tief stehenden Sonne aufwärmen müssen.
Fürs Fotografieren kann man weitgehend auf ein Stativ verzichten. Ein Tipp: Mittlerweile gibt es recht hochwertige Minikameras, die gerade mal so groß sind wie eine Zigarettenschachtel. Die passen in jede Hemd- oder Hosentasche und die Aufnahmen werden trotzdem sehr gut. Der große Vorteil der Minikameras ist, dass man sie (fast) immer dabei haben kann!
Noch ein Hinweis: Es ist wichtig, dass die Falter immer bei ihren natürlichen Verhaltensweisen in ihrem Lebensraum abgebildet werden –authentisch und nicht manipuliert. Sie erkennen naturgetreue Bilder oft daran, dass die Falter ihren Saugrüssel ausgefahren haben, also Nektar trinken. Zu Hause am Computer können dann noch Korrekturen vorgenommen werden. In der Regel sind das nur Ausschnittsvergrößerungen und kleine Veränderungen von Helligkeit und Kontrast. Teure Korrekturprogramme rentieren sich nur für Profis.

Gefährdung und Schutz

Viele Schmetterlingsarten sind heute in unterschiedlichem Maße gefährdet. Ursache hierfür sind in allererster Linie Veränderungen ihrer Umwelt. Etwa durch Entwässerung von Feuchtgebieten, Intensivierung der bisherigen landwirtschaftlichen Nutzung, Aufforstung von Magerwiesen und Ausdehnung der Siedlungs- und Straßenflächen ist in den letzten Jahrzehnten ein erheblicher Teil wertvoller Naturgebiete für immer verloren gegangen. Damit wurde vielen Schmetterlingen der Lebensraum genommen, oft auf dem Umweg über die Vernichtung der spezifischen Nahrungsquellen für Falter und Raupen.
In vielen Fällen führt aber bereits das Nichtstun zu vergleichbaren Verlusten. Viele der typischen Landschaftsformen, die wir für „Natur" halten, verdanken ihre Entstehung einer ganz bestimmten, extensiven Nutzungsform, etwa die einst großflächig ausgedehnten Halbtrockenrasen im Bergland Süd- und Mitteldeutschlands oder die klassischen Heidegebiete in der norddeutschen Tiefebene. Bei beiden handelt es sich um ursprüngliche Waldgebiete, die sich erst unter dem Einfluss menschlicher Nutzung, u. a. als Schafweide, zu ganz andersartigen, aber durchaus attraktiven Landschaftsformen mit einer reichen Flora und Fauna entwickelt haben. Eine Aufgabe der extensiven Weidenutzung führt zwangsläufig zu einer starken Verbuschung und damit zu einem Verlust der besonderen Qualitäten dieser Lebensräume. Diese recht vielschichtigen Veränderungen der Umwelt sind zweifellos die wichtigste Ursache für den starken Rückgang vieler Arten.
Bei vielen Nachtfaltern kommt als weitere wichtige Gefährdungsursache die starke „Verunreinigung" der Landschaft durch künstliche Lichtquellen hinzu. Viele nachtaktive Arten werden geradezu magisch von Straßenlaternen, Leuchtreklamen und Ähnlichem angezogen. Meist setzen sie sich schließlich an einer erleuchteten Fläche ab und bleiben bis zum nächsten Morgen reglos sitzen. Bei Tagesanbruch werden sie dann in der Regel von Vögeln verspeist. Es kann aber auch passieren, dass sie tagelang sitzen bleiben und schließlich eingehen. Weibliche Falter legen

Abb. 19: Der Apollofalter (*Parnassius apollo*) wurde durch Veränderungen seiner Lebensräume bei uns fast ausgerottet.

Abb. 20: Das wunderschöne Esparsetten-Widderchen (*Zygaena carniolica*) fliegt tagsüber auf Trockenrasen.

zwar manchmal zuvor noch Eier ab, doch finden die schlüpfenden Raupen in der unpassenden Umgebung in den meisten Fällen keine Nahrung und sterben ebenfalls.
Weitgehend unklar ist derzeit noch, in welchem Umfang Schmetterlinge durch Umweltgifte gefährdet sind. Bei Schmetterlingszuchten ist öfters zu beobachten, dass Raupen oftmals eingehen, wenn sie mit Pflanzen von Straßenrändern oder intensiv bearbeitetem Grünland gefüttert wurden. Exakte Untersuchungen zu dieser Frage scheinen aber bislang noch zu fehlen.
Oftmals wird auch das Sammeln von Schmetterlingen als wichtige Ursache für den Rückgang vieler Arten angeführt. Dies mag vielleicht vor einigen Jahrzehnten noch eine gewisse, aber sicher nur sehr geringe Rolle gespielt haben. Damals erfreute es sich noch einer gewissen Beliebtheit, Schmetterlinge wie Briefmarken zu sammeln und dabei nach einer möglichst perfekten Vollständigkeit zu streben. Abgesehen von den inzwischen gültigen Schutzbestimmungen hat diese Form der Beschäftigung mit der Natur durch den Artenrückgang, auf der anderen Seite auch durch die Möglichkeiten der Fotografie, nicht zuletzt aber ganz besonders durch die geradezu inflationär angestiegenen Möglichkeiten sinnvoller wie unsinniger Freizeitbetätigungen viel von ihrem einstigen Reiz verloren. Dabei profitieren wir von vielen alten Schmetterlingssammlungen, die uns heute noch zeigen, welche Arten in bestimmten Gegenden einst vorkamen. Solche Sammlungen gehören damit zu den wichtigsten Grundlagen für eine Einschätzung des tatsächlichen Gefährdungsgrades der einzelnen Arten. Auch heute noch ist es notwendig, Schmetterlinge für wissenschaftliche Zwecke zu sammeln, insbesondere bei den immer noch ungenügend erforschten Kleinschmetterlingen, aber auch bei manchen schwer unterscheidbaren Tagfaltern. Ein Einfluss auf die Stärke heimischer Schmetterlingspopulationen kann aber mit Sicherheit ausgeschlossen werden.
Eine Übersicht über den Gefährdungsgrad heimischer Schmetterlinge gibt die Rote Liste der Großschmetterlinge (z. B. Reinhardt & Bolz 2011). Danach sind etwa 3 % der dort berücksichtigten Arten in Deutschland ausgestorben oder verschollen und über 50 % mehr oder weniger stark gefährdet.
Bei den Beschreibungen im Tafelteil wird bei den einzelnen Arten jeweils der Grad der Gefährdung angegeben. Als Konsequenz aus der Gefährdungssituation hat der Gesetzgeber mit der 1987 in Kraft getretenen Bundesartenschutzverordnung eine Vielzahl heimischer Schmetterlinge unter besonderen Schutz gestellt – eigenartigerweise auch einige nicht in Deutschland heimische Arten (siehe www.wisia.de).
Dieser gesetzliche Schutz reglementiert allerdings ausschließlich den Fang und das Sammeln von Schmetterlingen und kann damit auf die tatsächlichen Ursachen des Artenrückgangs keinen Einfluss ausüben. Er behindert aber in ganz erheblichem Umfang die letztlich dem Naturschutz dienliche Beschäftigung mit dieser interessanten Insektengruppe.
Ein Problem ist ferner, dass die Liste der geschützten Arten so umfangreich und unübersichtlich ist, dass eigentlich nur Spezialisten wissen können, welche Arten nun tatsächlich geschützt sind und welche nicht. Im Tafelteil sind die geschützten Arten besonders gekennzeichnet. Hierdurch ist gut zu erkennen, dass es immer noch eine Vielzahl auch attraktiver Arten gibt, die nicht geschützt sind, wie etwa die an Brennnesseln lebenden Edelfalter und viele Schwärmer, um nur einige zu nennen.

Merkmale der wichtigsten Schmetterlingsfamilien

Es ist recht schwierig, Schmetterlinge nach einem Bestimmungsschlüssel zu bestimmen. Meist muss dabei z. B. auf Merkmale des Flügelgeäders, die oft erst nach Entfernen der Schuppen klar erkennbar sind, und auf Besonderheiten in der Beborstung der einzelnen Beine zurückgegriffen werden. Viel leichter ist es in vielen Fällen, sich an Farbabbildungen zu orientieren, doch fällt es oftmals schwer, sich für die richtige Schmetterlingsfamilie zu entscheiden und so angesichts der großen Artenfülle den Kreis der in Frage kommenden Arten etwas einzugrenzen. Zur Erleichterung dieser Entscheidung wird hier eine Kurzcharakteristik der Falter und Raupen der in diesem Buch vorgestellten Schmetterlingsfamilien gegeben.

MINIERMOTTEN (GRACILLARIIDAE, S. 34)

Die Falter besitzen schmal-lanzettliche, am Rand mit langen Fransen besetzte Flügel. Bei den Hinterflügeln sind diese länger als die Flügelbreite. Die Raupen minieren in Blättern und besitzen daher einen extrem abgeflachten Körperbau mit nach vorn gestreckten Mundwerkzeugen. Manche gehen später wieder zu einer frei lebenden Ernährungsweise über. In Mitteleuropa kommen etwa 100 Arten vor.

ECHTE MOTTEN (TINEIDAE, S. 36)

Die Falter sind meist unscheinbar gefärbt und gezeichnet; es gibt aber auch Ausnahmen von dieser Regel (Abb. 18). Kennzeichnend ist ein farblich gut abgesetzter Haarschopf auf der Stirn. Die Raupen sind weißlich mit braunem Kopf und Nackenschild und bauen sich vielfach aus Teilen ihrer Nahrung eine Röhre oder einen transportablen Köcher. Sie ernähren sich von Baumschwämmen oder tierischen Resten wie Haaren, Federn und dergleichen. Bei uns kommen etwa 80 Arten vor.

SACKTRÄGER (PSYCHIDAE, S. 38)

Bei den meisten Arten dieser Familie sind nur die Männchen geflügelt. Bei den Weibchen sind oft auch die Beine vollkommen zurückgebildet; sie sehen aus wie Maden Die Raupen bauen aus Gespinst und Pflanzenteilen oder Erdpartikeln einen transportablen Köcher, in den sie sich bei Gefahr zurückziehen. Zur Verpuppung werden diese Gespinstsäcke an einer Unterlage festgesponnen, und die schlüpfenden Falter verlassen sie durch die hintere Öffnung. Die Weibchen strecken oft nur ihren Vorderkörper aus dem Sack hervor oder bleiben sogar ganz darin verborgen. Aus Mitteleuropa sind etwa 100 Arten bekannt.

GESPINSTMOTTEN (YPONOMEUTIDAE, S. 42)

Die Falter besitzen ziemlich schmale, oft weiße, mit schwarzen Punkten gezeichnete Flügel. Sehr kennzeichnend sind die Raupen, die die von ihnen besiedelten Nahrungspflanzen mit weißen Gespinsten überziehen und dadurch oft schon von weitem kenntlich machen. Die Raupen sind meist hell mit dunkler Fleckenzeichnung. In Mitteleuropa kommen etwa 70 Arten vor.

FAULHOLZMOTTEN (OECOPHORIDAE, S. 64)

Die Falter dieser Familie sind sehr uneinheitlich gefärbt und gezeichnet, besitzen aber meist stark entwickelte Kiefertaster, die sichelförmig nach oben gebogen sind. Die Raupen leben zwischen zusammengesponnenen Blättern, unter Baumrinde oder in morschem Holz. Aus Mitteleuropa sind etwa 100 Arten bekannt. Die hier vorgestellte Art wird neuerdings oft in eine eigene Familie (Chimabachidae) gestellt, zur der noch 2 weitere heimische Arten gerechnet werden.

FEDERWIDDERCHEN (HETEROGYNIDAE, S. 44)

Die Familie ist in Mitteleuropa nur mit einer sehr seltenen Art vertreten. Die Männchen sind normal geflügelt, die Weibchen madenartig. Die Raupen erinnern an die von Widderchen.

Abb. 21: Zu den Echten Motten gehören auch durchaus attraktiv gefärbte Falter, etwa die hier gezeigte Art *Euplocamus anthracinalis*. Ihre Raupe entwickelt sich in Pilzen, die an vermodertem Holz wachsen.

Abb. 22 : Der überall häufige Nesselzünsler (*Pleuroptya ruralis*) entwickelt sich als Raupe an Brennnesseln.

SCHNECKENSPINNER (LIMACODIDAE, S. 46)

Die Falter dieser in Mitteleuropa nur mit zwei Arten vertretenen Familie sind durch kurze, breite Flügel und einen ausgesprochen untersetzten Körperbau ausgezeichnet. Die schildförmig abgeflachten Raupen besitzen statt der Bauchbeine eine Kriechsohle, mit der sie sich wie Schnecken über eine Schleimspur kriechend fortbewegen.

WIDDERCHEN (ZYGAENIDAE, S. 46)

Die Falter besitzen fast immer grün- oder blaumetallisch glänzende Vorderflügel, die meist mit leuchtend roten Flecken sehr auffällig gezeichnet sind. Die meist ziemlich dicken, etwas geschwungenen Fühler erinnern an Widderhörner; sie sind am Ende in der Regel keulenförmig verdickt. Sie ähneln etwas den keulenförmig verdickten Fühlern der Tagfalter. Die Widderchen sind alle rein tagaktiv. Sie fliegen mit den Tagfaltern im Sonnenschein und besuchen wie diese eifrig Blumen, um Nektar zu saugen. Oft kann man mehrere Falter auf einer einzigen Blüte beobachten. Die ziemlich plumpen Raupen sind meist gelblich, grünlich oder bunt gescheckt und kurz beborstet. In Mitteleuropa kommen etwa 30 Arten vor.

GLASFLÜGLER (SESIIDAE, S. 60)

Bei den Glasflüglern sind die Flügel nur am Rand dünn beschuppt und daher ansonsten glasartig durchsichtig, sodass die oft gelb und schwarz gezeichneten Falter stark an Hautflügler erinnern. Die weißlichen, fast nackten Raupen entwickeln sich in Stämmen oder Zweigen von Bäumen und Sträuchern oder im Wurzelstock krautiger Pflanzen. Bei uns kommen etwa 40 Arten vor.

HOLZBOHRER (COSSIDAE, S. 62)

Die großen, robust gebauten Falter besitzen ein recht unterschiedliches Erscheinungsbild.
Sie sind die größten heimischen Kleinschmetterlinge und sind wie viele Kleinschmetterlinge we-

gen ihrer zurückgebildeten Mundwerkzeuge nicht zur Nahrungsaufnahme befähigt. Die meist fast nackten, stark glänzenden Raupen besitzen sehr kräftige Mundwerkzeuge und entwickeln sich in Holz, einige Arten auch in Pflanzenstängeln. In Mitteleuropa kommen nur sechs Arten vor.

WICKLER (TORTRICIDAE, S. 64)
Die Falter besitzen ziemlich breite, in der Ruhelage dachförmig gestellte Flügel, oft auch auf dem Kopf oder am Rücken des Brustabschnitts auffallende Büschel aufgerichteter Haarschuppen. Die Raupen entwickeln sich zwischen zusammengesponnenen Blättern oder im Innern verschiedener Pflanzenteile und besitzen entsprechend ihrer unterschiedlichen Lebensweise einen teils schlanken, teils mehr gedrungenen Körperbau. Bei uns kommen über 500 verschiedene Arten vor.

FEDERMOTTEN (PTEROPHORIDAE, S. 66)
Die Vorderflügel sind bei den Faltern meist in zwei, die Hinterflügel in drei Abschnitte aufgespalten und am Rand mit langen Fransen besetzt, Körper und Beine sind auffallend schmal. Die Raupen sind meist auffallend träge und deutlich behaart. Sie entwickeln sich teils frei auf ihren Nahrungspflanzen, teils bohren sie im Innern von Stängeln oder Blütenköpfen. In Mitteleuropa kommen etwa 60 Arten vor.

ZÜNSLER (PYRALIDAE, S. 68)
Die Falter dieser artenreichen Kleinschmetterlingsfamilie besitzen ein sehr uneinheitliches Erscheinungsbild. Meist sind sie unscheinbar gefärbt und gezeichnet und ruhen mit dachförmig zusammengelegten Flügeln, viele Arten sind aber auch kontrastreich gezeichnet oder setzen sich stets mit flach ausgebreiteten Flügeln (Abb. 22). Allen gemeinsam ist aber ein paariges Hörorgan unten an der Basis des Hinterleibs. Die Raupen besitzen gut entwickelte Brust- und Hinterleibsbeine und führen eine sehr unterschiedliche Lebensweise. Mehrere Arten entwickeln sich unter Wasser. In Mitteleuropa kommen über 300 Arten vor.

GLUCKEN (LASIOCAMPIDAE, S. 70)
Die mittelgroßen Falter sind meist auffallend plump und dickleibig und haben einen verkümmerten Saugrüssel. Sie sitzen mit dachförmig zusammengelegten Flügeln und schieben dabei oft die Hinterflügel unter den Vorderflügeln hervor. Die Raupen sind vielfach recht bunt gefärbt und haben eine sehr feine, in den meisten Fällen ziemlich lange Behaarung. Bei uns kommen etwa 20 Arten vor.

BIRKENSPINNER (ENDROMIDAE, S. 84)
Die Falter dieser bei uns nur mit einer Art vertretenen Familie besitzen ziemlich bunt weißlich und braun gescheckte Flügel, die in der Ruhehaltung dachförmig zusammengelegt werden. Die weitgehend unbehaarte, grüne Raupe ist auffallend plump und nach vorn deutlich verschmälert. Sie sitzt oft mit viertel- bis halbkreisförmig erhobenem Vorderkörper.

PFAUENSPINNER (SATURNIIDAE, S. 84)
Kennzeichnendes Merkmal der Falter ist ein rundlicher, bunter Augenfleck auf jedem Flügel. In der Ruhelage halten sie ihre Flügel meist flach ausgebreitet. Die Männchen haben sehr stark gefiederte Fühler. Die ziemlich plumpen Raupen sind fast unbehaart oder tragen auffallende Borstenbüschel, manche besitzen in der Jugend eine kräftige Bedornung. In Mitteleuropa kommen sechs Arten vor, in Deutschland nur zwei.

WIESENSPINNER (BRAHMAEIDAE, S. 88)
Die Falter dieser Familie, die in Mitteleuropa nur mit zwei seltenen Arten vertreten ist, erinnern sehr an die Glucken. Auch die Raupen ähneln denen dieser Familie; sie besitzen wie diese eine sehr feine, aber ziemlich kurze Behaarung.

SCHWÄRMER (SPHINGIDAE, S. 90)
Die Falter sind durch ihre markante Stromlinienform mit schmalen, langen Vorderflügeln und viel kleineren Hinterflügeln ausgezeichnet. Sie sind die besten Flieger unter den Schmetterlingen und saugen stets im Schwirrflug, ohne sich abzusetzen. Bei einigen Arten ist der Saugrüssel aber auch reduziert. Die nackten, oft sehr bunt gefärbten Raupen besitzen fast immer ein sehr auffälliges, gebogenes Horn kurz vor dem Hinterende. In Mitteleuropa kommen etwa 30 Arten vor.

DICKKOPFFALTER (HESPERIIDAE, S. 108)
Die Falter besitzen einen sehr gedrungenen Körperbau mit auffallend großem Kopf. Viele Arten breiten im Sitzen ihre Hinterflügel flach aus, während sie die Vorderflügel an den Spitzen schräg nach oben ziehen. Auch die Raupen haben meist einen ziemlich plumpen Körperbau. Sie besitzen oft eine feine, flaumige Behaarung oder sind fast nackt und leben meist zwischen zusammengesponnenen Blättern. In Mitteleuropa kommen knapp 30 Arten vor. Die tagaktiven Tiere werden zusammen mit den folgenden 4 Familien, den „Tagfaltern im engeren Sinne", als „Tagfalter im weiteren Sinne" bezeichnet. Als gemeinsames Merkmal besitzen die Falter dieser fünf Familien gekeulte Fühler.

RITTERFALTER (PAPILIONIDAE, S. 116)

Die Falter dieser in Mitteleuropa nur mit sechs Arten vertretenen Familie sind meist auffallend groß und bunt gezeichnet. Die nur schwach behaarten Raupen besitzen eine paarige, orangegelb gefärbte Nackengabel, die sie bei Gefahr hervorstülpen können. Ihr entströmt ein intensiver, unangenehmer Geruch.

WEISSLINGE (PIERIDAE, S. 122)

Die Falter sind durch oberseits weiß oder gelb gefärbte, meist mehr oder weniger schwarz gezeichnete Flügel ausgezeichnet. Die schwach behaarten Raupen sind im Allgemeinen grün gefärbt und leben oft an Kreuzblütlern. Bei uns kommen etwa 15 Arten vor.

BLÄULINGE (LYCAENIDAE, S. 134)

Die kleinen bis mittelgroßen Falter sind in beiden Geschlechtern meist deutlich verschieden gefärbt und gezeichnet. Die Männchen besitzen in der Regel eine leuchtend blaue Flügelfärbung. Die Fußglieder ihrer Vorderbeine sind fast immer miteinander verwachsen und die Klauen reduziert. Bei den Weibchen dagegen sind sie normal entwickelt. Die Raupen sind kurz behaart, meist asselförmig abgeflacht und oft mit Ameisen vergesellschaftet. In Mitteleuropa kommen etwa 45 Arten vor.

EDELFALTER (NYMPHALIDAE, S. 160)

Die Falter sind mittelgroß bis groß. Ihre Vorderbeine sind zu kurzen „Putzpfoten" umgebildet und werden nicht mehr zum Laufen benutzt; die Tiere besitzen daher scheinbar nur vier Beine. Die Flügel sind in sehr unterschiedlicher Weise gezeichnet. Bei der Unterfamilie der Augenfalter finden sich fast immer hell gekernte Augenflecke. Im Sitzen werden die Flügel nach oben zusammengeklappt oder flach ausgebreitet. Die Raupen der meisten Arten, jedoch nicht die der Augenfalter, besitzen meist verzweigte Dorne. Die nur schwach behaarten Raupen der Augenfalter sind nach hinten deutlich verschmälert und tragen am Hinterende zwei kleine Zipfel. In Mitteleuropa kommen etwa 85 Arten vor. Neuerdings werden die Eulenspinner als Unterfamilie zur Familie der Sichelflügler gestellt.

Abb. 23: Viele Eulen, so auch die Lungenkraut-Höckereule (*Euchalcia modestoides*), tragen auf ihrem Körper auffällige Haarschöpfe.

Merkmale Schmetterlingsfamilien

EULENSPINNER (THYATIRIDAE, S. 208)
Die Falter ähneln den Eulen, besitzen aber etwas abgeflachte, oberseits hell, unterseits rötlich oder braun gefärbte Fühler. Sie sitzen mit dachförmig zusammengelegten Flügeln. Die fast unbehaarten Raupen halten sich tagsüber meist zwischen zusammengesponnenen Blättern verborgen.
In Mitteleuropa kommen etwa zehn Arten vor. Neuerdings werden die Eulenspinner als Unterfamilie zur Familie der Sichelflügler gestellt.

SICHELFLÜGLER (DREPANIDAE, S. 212)
Die Vorderflügel der Falter sind fast immer an der Spitze sichelförmig gebogen (Ausnahme: Silberspinnerchen). Bei den nur schwach behaarten Raupen ist das Hinterende in einen schmalen Zipfel ausgezogen. In Mitteleuropa kommen sieben Arten vor.

SPANNER (GEOMETRIDAE, S. 214)
Die meist mittelgroßen, in der Regel nachtaktiven Falter erinnern im Aussehen an Tagfalter, haben aber fadenförmige Fühler. Bei den fast unbehaarten, meist sehr schlanken Raupen sind fast immer die vorderen drei Bauchfußpaare zurückgebildet. Durch die hierdurch entstandene Beinlücke können sie ihren mittleren Rumpfabschnitt nach Art eines Katzenbuckels emporkrümmen und sich in „spannerartiger" Weise sehr schnell fortbewegen. Mit etwa 400 heimischen Arten sind sie die zweitgrößte Familie der Großschmetterlinge.

ZAHNSPINNER (NOTODONTIDAE, S. 236)
Die Falter besitzen am letzten Brustsegment ein paariges Hörorgan. Sie sitzen mit dachförmig zusammengelegten Flügeln. Die Vorderflügel sind oft rindenfarbig und tragen am Hinterrand meist einen zahnartigen Fortsatz. Die meist nur schwach behaarten Raupen besitzen oft eine sehr bizarre Körperform und nehmen nicht selten merkwürdige Haltungen ein, durch die sie kaum noch als Raupe zu erkennen sind. In Mitteleuropa kommen etwa 35 Arten vor.

EULEN (NOCTUIDAE, S. 250)
Die Falter besitzen wie viele Zahnspinner oft ausgesprochen rindenartig gezeichnete Vorderflügel, aber vielfach recht bunte, in der Ruhehaltung darunter verborgene Hinterflügel. Viele Arten sind außerdem durch auffallende Haarschöpfe am Rücken des Brustabschnitts ausgezeichnet. Am letzten Brustsegment befindet sich ein Hörorgan. Die Raupen sind ausgesprochen vielgestaltig, teils sehr bunt und lang behaart, teils tarnfarbig und fast nackt. Diese artenreichste Schmetterlingsfamilie ist mit etwa 600 Arten vertreten.

TRÄGSPINNER (LYMANTRIIDAE, S. 282)
Die Falter dieser Familie sind meist auffallend pelzig behaart. Der Saugrüssel ist stets zurückgebildet, sodass keine Nahrungsaufnahme möglich ist. Die Männchen werden von den Weibchen durch Duftstoffe angelockt, die sie mit ihren stark gefiederten Antennen schon aus großer Entfernung wahrnehmen können. Am letzten Brustsegment befindet sich ein paariges Hörorgan. Die Raupen besitzen in den meisten Fällen sehr auffällige, bunte Borstenpinsel. Neuerdings wird diese Familie zu den Eulen (Noctuidae) bzw. zu der Familie Erebidae gestellt. Bei uns kommen etwa 25 Arten vor.

GRAUEULCHEN (NOLIDAE, S. 292)
Die Arten dieser in Mitteleuropa nur mit etwa 15 Arten vertretene Familie wurden früher teils bei den Eulen, teils bei den Bärenspinnern eingeordnet. Die Falter sind klein bis mittelgroß und überwiegend grau oder grünlich gefärbt. Sie besitzen wie die verwandten Familien am letzten Brustsegment ein Hörorgan. Die Raupen sind borstig behaart oder fast kahl. Ein gemeinsames Merkmal aller Arten ist der kahnförmige, an Blättern oder Zweigen festgesponnene Puppenkokon. Neuerdings wird diese Familie zu den Eulen (Noctuidae) bzw. zu der Familie Erebidae gestellt.

BÄRENSPINNER (ARCTIIDAE, S. 294)
Die Falter dieser Familie besitzen oft kontrastreich hell-dunkel gezeichnete Vorderflügel und völlig anders gefärbte, sehr bunte Hinterflügel, es kommen aber auch unscheinbar gefärbte Arten vor. Wie bei den übrigen hier am Ende angeführten Schmetterlingsfamilien befindet sich am letzten Brustsegment ein paariges Hörorgan. Die Raupen sind fast immer stark und meist auch sehr dicht behaart. In Mitteleuropa kommen etwa 50 Arten vor. Neuerdings wird diese Familie zu den Eulen (Noctuidae) bzw. zu der Familie Erebidae gestellt.

Literatur

Weiterführende Literatur

Bühler-Cortesi, T.: Schmetterlinge – Tagfalter der Schweiz. 238 S. Haupt Verlag, Bern – Stuttgart – Wien.

Carter, D. J., & B. Hargreaves (1987): Raupen und Schmetterlinge Europas und ihre Nahrungspflanzen. Verlag Paul Parey, Hamburg und Berlin.

Ebert, G. (Hrsg., 1991–2005): Die Schmetterlinge Baden-Württembergs, Band 1–10. Ulmer Verlag, Stuttgart.

Kaltenbach, T., & P. V. Küppersbusch (1987): Kleinschmetterlinge – beobachten, bestimmen. Neumann-Neudamm Verlag, Melsungen.

Karsholt, O., & J. Razowski (1996): The Lepidoptera of Europe. A distributional Checklist. Apollo Books, Stenstrup.

Koch, M. (1988): Wir bestimmen Schmetterlinge. Neumann Verlag, Leipzig und Radebeul.

Lepidopteren-Arbeitsgruppe (1987): Tagfalter und ihre Lebensräume. Pro Natura – Schweizerischer Bund für Naturschutz, Basel.

Lepidopteren-Arbeitsgruppe (1997–2000): Schmetterlinge und ihre Lebensräume, Band 2 und 3. Pro Natura – Schweizerischer Bund für Naturschutz, Basel.

Netzwerk Phytodiversität Deutschlands e. V. & Bundesamt für Naturschutz (Hrsg., 2013): Verbreitungsatlas der Farn- und Blütenpflanzen Deutschlands. 912 S., Bonn Bad Godesberg.

Reinhardt, R., Harpke, A., Caspari, S. et al. (2020): Verbreitungsatlas der Tagfalter und Widderchen Deutschlands. Ulmer Verlag, Stuttgart.

Segerer, A., & A. Hausmann (Hrsg., 2011): Die Großschmetterlinge Deutschlands – The macrolepidoptera of Germany. Heterocera Press, Budapest.

Settele, J., Steiner, R., Reinhardt, R., Feldmann, R., & G. Hermann (2015): Schmetterlinge. Die Tagfalter Deutschlands. 3. Auflage, Ulmer Verlag, Stuttgart.

Steiner, A., Ratzel, U., Top-Jensen, M., & M. Fibiger (2014): Die Nachtfalter Deutschlands. Ein Feldführer. 878 Seiten, 76 Farbtafeln, über 1750 Lebendfotos. BugBook Publishing (Oestermarie, Dänemark).

Stettmer, C., Bräu, M., Gros, P., & O. Wanninger (2007): Die Tagfalter Bayerns und Österreichs. Bayerische Akademie für Naturschutz und Landschaftspflege, Laufen.

Tolman, T., &. R. Lewington (2012): Die Tagfalter Europas und Nordwestafrikas. 2. Auflage, 384 S. Kosmos Verlag, Stuttgart.

Ulrich, R. (2015): Schmetterlinge entdecken und verstehen. Kosmos Verlag, Stuttgart.

Ulrich, R. (2018): Tagaktive Nachtfalter. Kosmos Verlag, Stuttgart.

Ulrich, R. (2022): „Wer flattert hier?“ – 132 Schmetterlinge beobachten und bestimmen. – Kosmos-Verlag, Stuttgart.

Wer im Internet stöbern und Falter bestimmen will, hier einige Falter-Links.

Falter-Links

www.lepiforum.de/
www.rote-liste-zentrum.de/de/Suche-51.html
www.schmetterling-raupe.de/
www.euroleps.ch
www.schmetterlinge-d.de/Lepi/
www.lepidoptera.eu/

Weitere wichtige Links

www.wisia.de
Wissenschaftliches **I**nformations**s**ystem zum **I**nternationalen **A**rtenschutz – Artenschutzdatenbank des Bundesamtes für Naturschutz in Bonn

http://deutschlandflora.de/map.phtml
Pflanzen Deutschlands mit Verbreitungskarten

Glossar

Wichtige Fachausdrücke

Ähre Blütenstand aus übereinander angeordneten ungestielten Blüten.

Döldchen Kleine Dolden, die zu mehreren gemeinsam eine größere Dolde bilden.

Dolde Blütenstand aus gleich lang gestielten Blüten, deren unverzweigte Stiele an der Stängelspitze ansetzen, am Ansatz der Stiele oft unterschiedlich geformte Hüllblätter.

Eispiegel Flaches, gleichmäßig verteiltes, meist einschichtiges Eigelege (auch bei gleichmäßig flachen, mehrschichtigen Eigelegen kann man von Eispiegeln sprechen).

Ganzrandig Blattrand ohne Einbuchtungen oder Kerben.

Gefiedert In mehrere, beiderseits einer Achse angeordnete Teilblätter (Fiedern) unterteiltes Blatt; wechseln jeweils größere und deutlich kleinere Fiedern miteinander ab, spricht man von einer unterbrochenen Fiederung; befindet sich am Ende der Achse eine einzelne Fieder, ist die Fiederung unpaarig.

Gegenschattierung Dunkler gefärbter Rücken bzw. heller gefärbter Bauch, sodass die normale Schattenbildung unter einem Körper aufgehoben ist (bei Tieren, die normalerweise mit dem Bauch nach oben sitzen, entsprechend umgekehrt).

Generation Gesamtheit der Tiere einer Population, die zur gleichen Zeit heranwächst und sich dann miteinander fortpflanzt; entwickelt sich nur ein Teil der Population bis zur Fortpflanzungsreife, während der andere eine Wachstumspause einlegt, spricht man von einer unvollständigen Generation.

Gesägt Blattrand mit sägeartigen Zähnen; sind größere derartige Zähne am Rand nochmals feiner gezähnt, spricht man von doppelt gesägten Blättern.

Hülse Zweiklappige, die Samen umschließende Fruchthülle.

Körbchen Aus mehreren ungestielten Einzelblüten zusammengesetzte, oft scheibenförmige und oft mit Einzelblüten verwechselte Blütenstände der Korbblütengewächse.

Hybrid Meist unfruchtbares Kreuzungsprodukt aus zwei verschiedenen Pflanzen- oder Tierarten.

Lanzettlich Nach beiden Seiten gleichmäßig verschmälerte und am Ende zugespitzte Blattform.

Linealisch Schmale, parallelseitige Blattform.

Mimese Nachahmung pflanzlicher oder unbelebter Gegenstände der Umgebung zum Zwecke der Tarnung.

Nebenblätter Meist paarige, häufig hinfällige oder auch flächig verbreiterte und dann oft blattartige Anhängsel an der Basis eines Blattstiels.

Nomenklatur Benennung der Pflanzen und Tiere mit wissenschaftlichen Gattungs- und Artnamen.

Nuss Von einer harten Schale umschlossene Frucht.

Quirl Mindestens zu dritt in gleicher Höhe am Stängel ansetzende Blätter oder Blüten.

Raupenspiegel Gleichmäßig flach und in gleicher Richtung dicht nebeneinander auf einem Blatt angeordnete Raupen, die sozusagen „in Formation" gleichzeitig fressen.

Rispe Aus verzweigten Stielen zusammengesetzter Blütenstand.

Sammelfrucht Aus mehreren Einzelfrüchten zusammengesetzte Frucht.

Schote Zweiklappige, in der Mitte mit einer Scheidewand ausgestattete, Samen enthaltende Hülle.

Traube Blütenstand aus übereinander am Stängel angeordneten, unverzweigt gestielten Blüten.

Trugdolde Flacher, doldenartiger Blütenstand mit verzweigten Stielen.

Farbcode und Symbole

Schmetterlinge

KLEINSCHMETTERLINGE UND WIDDERCHEN

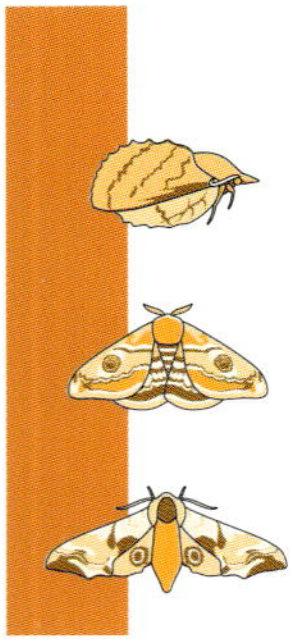

GLUCKEN, SPINNER UND SCHWÄRMER

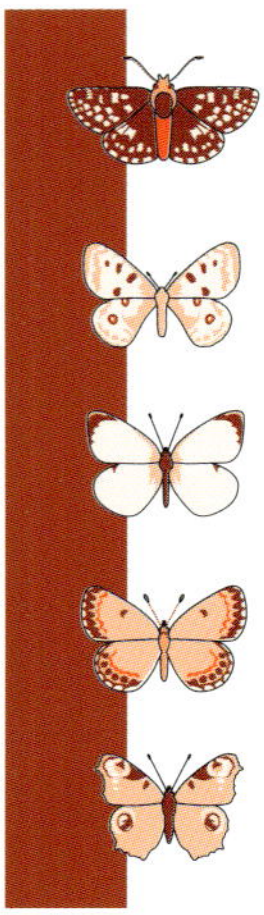

TAGFALTER

EULENSPINNER, SICHELSPINNER UND SPANNER

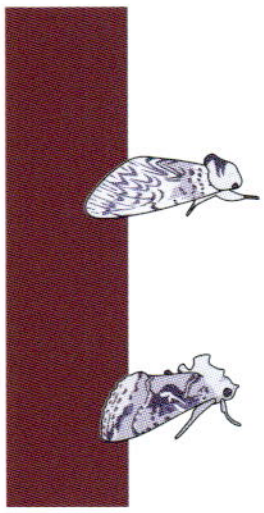

ZAHNSPINNER, EULEN UND VERWANDTE

TRÄGSPINNER UND BÄRENSPINNER

Artnamen: Sowohl im Schmetterlings- als auch im Raupenteil werden der übliche deutsche Artname, der momentan gültige wissenschaftliche Artname und ggf. gängige Synonyme angegeben. Im Anschluss folgt die Nennung des deutschen und des wissenschaftlichen Familiennamens.

Verweiskästen: Im Schmetterlingsteil verweisen die grauen Kästen auf die jeweiligen Nahrungspflanzen der Raupen im Pflanzenteil. Umgekehrt verweisen die grauen Kästchen im Pflanzenteil auf die Falterarten im Schmetterlingsteil, deren Raupen an der jeweiligen Pflanzenart fressen.

Abkürzungen und Kurzangaben

Abkürzungen und Kurzangaben

SCHMETTERLINGE

Sp Flügelspannweite
RL Rote Liste Deutschland, Gefährdungskategorien:
RL 0 Ausgestorben oder verschollen
RL 1 Vom Aussterben bedroht
RL 2 Stark gefährdet
RL 3 Gefährdet
R Extrem selten
G Gefährdung anzunehmen
V Art auf der Vorwarnliste (steht außerhalb der Roten Liste)
FFH Art der Fauna-Flora-Habitatrichtlinie: europaweit geschützte Art
§ Nach der Bundesartenschutzverordnung in Deutschland besonders geschützt
☀ tagaktiver Nachtfalter

MONATSLEISTE

Grüne Unterlegung: Auftreten der Falter
Orange Unterlegung: Auftreten der Raupen
Nektarpflanze: 💧 Gut; 💧💧 Sehr gut;

NAHRUNGSPFLANZEN

Monatsangabe: Blütezeit bzw. Zeit der Sporenreife
Größenangabe: Wuchshöhe der ausgewachsenen Pflanze (in cm bzw. m)
sp.: lat. species (Art nicht genauer bekannt)

Schmetterlinge — und Raupen

1 Buchenminiermotte *Phyllonorycter maestingella* — Miniermotten Gracillariidae

Sp 8–10 mm

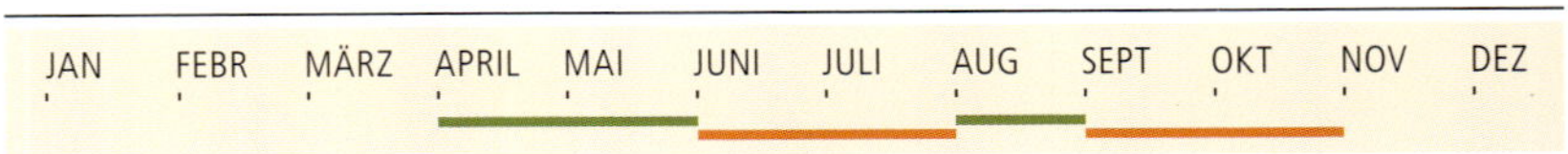

FALTER Vorderflügel goldgelb oder hell bräunlich mit deutlichem Metallglanz, im Basaldrittel mit 2 weißen Längsstreifen, im übrigen Teil mit 4 vom Vorderrand (= Unterrand beim sitzenden Falter) und 3 vom Hinterrand ausgehenden weißen, z. T. dunkel gesäumten Schrägstreifen; Spitzendrittel nach vorn und hinten schräg abgeschnitten und mit langen Haarfransen besetzt. Hinterflügel sehr schmal, beiderseits mit langen Haarfransen **(1a)**.
RAUPE Bis 4 mm lang, weißlich oder hell gelblich, mit deutlich abgeflachtem, nach vorn etwas verbreitertem Körper; 4. Bauchfußpaar zurückgebildet **(1b)**.
NAHRUNGSPFLANZEN Entwicklung offenbar nur an Blättern der Rotbuche (*Fagus sylvatica*).
VORKOMMEN In Buchenwäldern und an anderen Standorten der Rotbuche in Mitteleuropa überall häufig.
WISSENSWERTES Die Art überwintert als Puppe in der Laubstreu. Mit dem Austreiben der Wirtspflanze schlüpfen die Falter und sind kurz darauf an den Stämmen frisch ausgetriebener Buchen zahlreich anzutreffen. Die Eiablage erfolgt an Buchenblättern. Die Raupe stellt an der Blattunterseite eine etwa 1 cm lange, flächige Mine her, die meist genau den Platz zwischen zwei Blattrippen ausfüllt **(1c)**. Auf der Abbildung sind 2 Minen direkt nebeneinander angelegt; durch die halbtransparente Epidermis hindurch sind die beiden winzigen Raupen in ihrem Innern gut zu erkennen. Die Raupe spannt zwischen den Blattrippen Fäden und wölbt so Dach und Boden dieser Mine etwas nach außen, so dass im Innern ein geräumiger Hohlraum entsteht. Die Verpuppung erfolgt in der Mine, und im August schlüpft die zweite Generation von Faltern. Die nachfolgende Raupengeneration entwickelt sich im September und Oktober, verpuppt sich ebenfalls in der Mine und fällt schließlich im Herbst mit dem Blatt zu Boden, wo sie in der Laubstreu überwintert.

Rotbuche > 330

2 Kastanienminiermotte, Biergartenmotte *Cameraria ohridella* — Miniermotten Gracillariidae

Sp 6–8 mm

FALTER Grundfärbung der Vorderflügel orange bis ockerfarben mit Metallglanz, im Basalteil mit kurzem, weißem Längsstreifen, dahinter zwei ebenso gefärbte, schwarz gerandete Querbinden sowie 3 oder 4 Schrägstreifen im Spitzenteil; Flügelspitze abgerundet, nur hinten mit Haarfransen **(2a)**.
RAUPE Bis 4 mm lang, weißlich oder gelblich, noch flacher als die der Buchenminiermotte, zwischen den Segmenten deutlich eingeschnürt **(2b)**.
NAHRUNGSPFLANZEN Die Art entwickelt sich nur an der Gewöhnlichen Rosskastanie (*Aesculus hippocastanum*), nicht dagegen an der Rotblütigen Rosskastanie (*Aesculus carnea*). Sie soll sich angeblich auch an Ahorn-Arten entwickeln können.
VORKOMMEN In Mitteleuropa von Südosten nach Nordwesten in starker Ausbreitung begriffen; inzwischen in Mitteleuropa fast überall und vielerorts massenhaft, sowohl im Siedlungsbereich als auch in der freien Natur.
WISSENSWERTES Die an sich unauffällige Art wurde erst 1986 nach vom Balkan (Ohridsee) stammenden Exemplaren beschrieben [*Cameraria ohridella* Deschka & Dimic, 1986], hat dann aber innerhalb kürzester Zeit weite Teile Mitteleuropas in einem schier unglaublichen Siegeszug erobert. Ihr Vorkommen verrät sich im Sommerhalbjahr sofort durch vorzeitig vertrocknete Kastanienblätter, oft durch einen Totalverlust der gesamten Laubmenge bereits im Juni. Aus den im Falllaub überwinternden Puppen schlüpfen die ersten Falter mit dem Laubaustrieb. Sie belegen die Blätter oberseits mit ihren Eiern, und die Raupen stellen von der Blattoberseite aus rundliche, in der Mitte durch ihren flüssigen Kot gebräunte Minen her. In schneller Folge wechseln jetzt 3–4 Generationen einander ab, deren Falter schließlich in regelrechten Wolken schwärmen können und deren Raupenminen zwischen sich keine unberührte Blattfläche mehr freilassen **(2c, 2d)**. Die Blätter vertrocknen und fallen bereits vorzeitig zu Boden. Bisher gibt es kaum natürliche Feinde, die dieser Entwicklung Einhalt gebieten, doch dürften sich im Lauf der Jahre überall Parasitenpopulationen aufbauen, die auch diese Art eines Tages zurückdrängen werden.

Gewöhnliche Rosskastanie > 352

1A

1B

1C

2A

2B

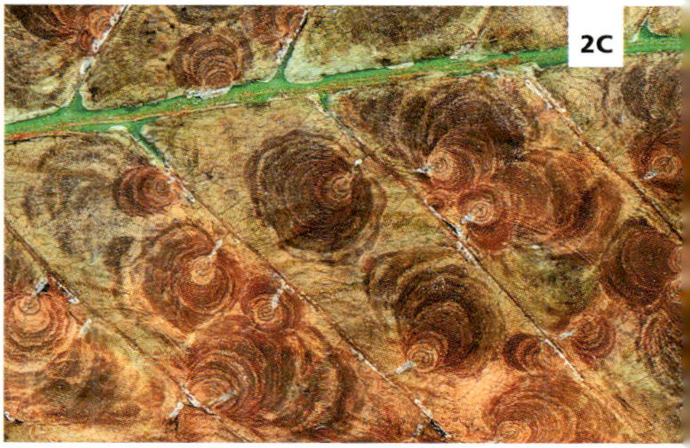
2C

2D

1 | Kleidermotte *Tineola bisselliella* —Echte Motten Tineidae

Sp 12–16 mm

JAN FEBR MÄRZ APRIL MAI JUNI JULI AUG SEPT OKT NOV DEZ

FALTER Vorderflügel wie der ganze Falter einfarbig ockergelb, metallisch glänzend, ohne Zeichnungen, Hinterflügel gelblich grau. Mundwerkzeuge verkümmert **(1b)**.
RAUPE Länge 7–9 mm, weiß mit brauner Kopfkapsel **(1a)**.
NAHRUNGSPFLANZEN Die Raupen entwickeln sich an verschiedenen tierischen Produkten, vor allem an ausgefallenen Haaren und Federn, gelegentlich aber auch an solchen pflanzlicher Herkunft wie etwa Sojamehl oder den aus Holzfasern entstandenen Hüllen alter Wespennester. In Wohnungen besonders an Wolle, Baumwolle, Leinen und Seide.
VORKOMMEN Bei uns überall häufig, im Freiland vor allem in alten Vogelnestern und Bauen von Säugetieren, doch ebenso in Wohnungen.
WISSENSWERTES Die Kleidermotte entwickelte sich ursprünglich vor allem als Verwerter von Abfallstoffen in Tiernestern, hat es dann aber verstanden, sich den Bedingungen der Zivilisation anzupassen und dabei zu einem gefürchteten Schädling zu werden. Sie kann jahrelang in Wohnräumen unentdeckt Generation auf Generation hervorbringen, bis endlich nach starker Vermehrung ihr Vorkommen durch umherfliegende Falter offensichtlich wird. Diese frei sichtbaren Falter sind in der Regel bereits Ausdruck starker Übervermehrung. Bei ihnen handelt es sich ganz überwiegend um männliche Tiere auf Brautschau sowie Weibchen, die ihren Eivorrat bereits abgelegt haben. Normalerweise paaren sich die Weibchen gleich nach dem Schlüpfen und legen die Eier (insgesamt 50–90 Stück) fast an der gleichen Stelle ab. Wegen ihrer zurückgebildeten Mundwerkzeuge sind die Falter nicht zur Nahrungsaufnahme befähigt, können aber etwa 30 Tage leben. Die nach wenigen Tagen aus den Eiern schlüpfenden Raupen fressen Gänge in ihr Nahrungssubstrat und bauen aus Teilen desselben schlauchförmige, beiderseits offene und etwa 2 mm breite Röhren. Diese Röhren sind an der Nahrung festgesponnen und können nicht von der Raupe transportiert werden. Nach etwa 3 Monaten verpuppt sich die Raupe in einem spindelförmigen, ebenfalls mit Nahrungsteilen durchsetzten Kokon **(1a)**, meist etwas abseits der ursprünglichen Fraßstelle. Unter günstigen Bedingungen bilden sich im Jahr 2–4 Generationen nacheinander. Stark befallene Stoffe sind in der Regel nicht mehr zu retten, da sich das Gewebe vollkommen auflöst und zerfällt. Bei leichtem Befall kann es dagegen bereits helfen, die Stoffe gut auszuklopfen (die Eier haften nicht an den Fasern, sondern liegen lose dazwischen) und der Sonne auszusetzen. Außer der Anwendung von teilweise bedenklichen chemischen Stoffen (wie Globol, Schwefelkohlenstoff oder Lindan) eignet sich Lavendel (getrocknet im Kleiderschrank aufgehängt) zur Abwehr eines erneuten Befalls mit Kleidermotten.

2 | Pelzmotte *Tinea pellionella* —Echte Motten Tineidae

Sp 11–17 mm

JAN FEBR MÄRZ APRIL MAI JUNI JULI AUG SEPT OKT NOV DEZ

FALTER Vorderflügel gelbbraun mit Metallglanz, im Spitzendrittel mit auffallendem, dunklem Punkt **(2a)**.
RAUPE Bis 9 mm, weiß oder etwas rötlich mit brauner Kopfkapsel und braunem, durch einen weißen Längsstrich geteiltem Nackenschild **(2b)**.
NAHRUNGSPFLANZEN Raupe wie die der Kleidermotte nicht an lebenden Pflanzen, sondern vorzugsweise an tierischen Produkten, insbesondere an Pelzen, Wolle, Federn und Teppichen.
VORKOMMEN Ursprünglich in Tiernestern, heute vor allem in Wohnungen; überall ziemlich häufig.
WISSENSWERTES Die Pelzmotte ähnelt der Kleidermotte in vielfacher Hinsicht, neigt aber weniger als diese zu ausgesprochenen Massenvermehrungen und tritt daher auch nicht so oft schädlich in Erscheinung. Als Vorzugsnahrung gelten Pelze und Federn, doch werden auch aus Pflanzenfasern hergestellte Stoffe von den Raupen nicht verschmäht. Die Raupen bauen sich im Unterschied zu denen der Kleidermotte aus Teilen ihrer Nahrung einen transportablen, bis etwa 10 mm langen, beiderseits offenen Sack, der in seiner Form an ein Brillenfutteral erinnert.

1A

1B

2A

2B

1 | Kleiner Rauchsackträger *Psyche casta* —Sackträger Psychidae

Sp 10–14 mm

JAN FEBR MÄRZ APRIL MAI JUNI JULI AUG SEPT OKT NOV DEZ

FALTER Männchen **(1a)** mit einfarbig rauchbraunen, metallisch glänzenden Flügeln, Weibchen **(1b)** ungeflügelt, flugunfähig, 4–5 mm lang, gelblich oder hellbraun mit dunkelbraunem Kopf und ebenso gefärbten Rückenplatten; Beine und Fühler normal entwickelt.
RAUPE Bis 10 mm lang, hell rötlich mit dunkelbraunem, hell gestreiftem Kopf. In einem außen in Längsrichtung mit trockenen Halmstücken belegten, 8–10 mm langen Gespinstsack. Diese Pflanzenteile überragen den Sack hinten meist deutlich und weichen nach hinten schräg auseinander **(1c)**.
NAHRUNGSPFLANZEN Die Raupe ernährt sich vorzugsweise von den Blättern verschiedener Bäume und Sträucher wie Hainbuche (*Carpinus betulus*), Rotbuche (*Fagus sylvatica*), Stieleiche (*Quercus robur*), Brombeere (*Rubus fruticosus*), Schlehe (*Prunus spinosa*), Faulbaum (*Frangula alnus*) und Gemeinem Flieder (*Syringa vulgaris*), frisst daneben aber auch an krautigen Pflanzen.
VORKOMMEN In Wäldern und offenem Gelände, auch im Siedlungsbereich fast überall häufig, wohl die häufigste Art der Familie.
WISSENSWERTES Die Entwicklung ist normalerweise einjährig, kann aber auch 2 Jahre dauern. Zur Verpuppung sucht sich die Raupe einen exponierten Platz, z. B. an einer Mauer, einem Verkehrsschild oder einem Laternenpfahl. Nach dem Festspinnen wendet sie sich in ihrem Sack, sodass der Kopf jetzt zum Hinterende zeigt, und wandelt sich zur Puppe. Die flugunfähigen Weibchen schieben sich nach dem Schlüpfen weit aus dem Sack heraus, krümmen ihren Vorderkörper ein und entsenden einen Duftstoff zum Anlocken der Männchen **(1b)**. Oft dauert es nur wenige Minuten, bis ein Männchen erscheint und sich mit dem im Sack bleibenden Weibchen verpaart. Unmittelbar nach der Paarung legt das Weibchen seinen gesamten Eivorrat (bis etwa 400 Stück) ins Innere des Sackes und stirbt wenig später. Die Jungraupen bauen bereits kurz nach dem Schlüpfen eigene Säcke aus dem Material des Gespinstsacks ihrer Mutter.

Hainbuche > 336 | Rotbuche >330 | Stieleiche > 332
Brombeere > 340 | Schlehe > 346 | Faulbaum > 352
Gemeiner Flieder > 358

2/3 | Großer Sackträger *Canephora hirsuta* (= *Canephora unicolor*) — Sackträger Psychidae

Sp 20–25 mm ☀

JAN FEBR MÄRZ APRIL MAI JUNI JULI AUG SEPT OKT NOV DEZ

FALTER Männchen **(2a)** mit einfarbig schwarzen Flügeln. Weibchen flügellos, 13–20 mm lang, mit walzenförmigem Körper, ohne Augen und Fühler, Beine zu winzigen Stummeln reduziert.
RAUPE Bis 16 mm lang, gelblich, Kopf und Brustsegmente braun gezeichnet; in einem mit trockenen Blattstücken und Pflanzenstängeln belegten Gespinstsack. Sack der männlichen Raupe **(2b)** vorn mit langen, schräg abstehenden Stängelstücken und hinten mit langer, nicht verkleideter Endröhre, bei der weiblichen Raupe **(2c)** auf der ganzen Länge mit kürzeren Pflanzenstücken bekleidet.
NAHRUNGSPFLANZEN An vielen verschiedenen holzigen und krautigen Pflanzen, u. a. an Eingriffeligem Weißdorn (*Crataegus monogyna*), Brombeere (*Rubus fruticosus*), Besenginster (*Sarothamnus scoparius*), Wiesensalbei (*Salvia pratensis*) und Spitzwegerich (*Plantago lanceolata*).
VORKOMMEN In lockeren Wäldern und offenem Gelände, auf fast allen nicht bewirtschafteten Wiesen; in Mitteleuropa weit verbreitet und gebietsweise ziemlich häufig, vor allem in wärmeren Gegenden, gebietsweise aber deutlich zurückgegangen.
WISSENSWERTES Die Raupen benötigen für ihre Entwicklung mindestens 2 Jahre. Während man die zur Verpuppung fest gesponnenen Säcke männlicher Raupen stellenweise in größerer Zahl bodennah an Grashalmen oder Mauern fest gesponnen findet, sind die weiblichen Säcke schwieriger zu entdecken. Sie befinden sich meist in 1–2 m Höhe versteckt im Gebüsch.
ÄHNLICHE ARTEN Mehrere weitere Sackträger bauen ebenfalls in Längsrichtung mit Pflanzenteilen bekleidete Gespinstsäcke. Beim auf Moorwiesen ziemlich seltenen **Hellbraunen Moorsackträger** (*Megalophanes viciella*) sind sie dagegen in Querrichtung mit Stängelstücken belegt **(3)**.

Eingriffeliger Weißdorn > 344 | Brombeere > 340
Besenginster > 350 | Wiesensalbei > 420
Spitzwegerich > 426

1A
1B
1C
2B
2C
2A
3

1 | **Dreikant-Zwergsackträger** *Dahlica triquetrella* —Sackträger Psychidae

Sp 14–15 mm

FALTER Männchen geflügelt, Flügel grau mit feiner, dunkler Gitterzeichnung; Weibchen flügellos, 3–4 mm lang, gelblich mit dunklen Rückenplatten, Beine normal entwickelt **(1a)**.
RAUPE Hell gelblich mit braunem Kopf und braunen Brustsegmenten, in einem 6–10 mm langen, dreikantigen Gespinstsack; dieser außen mit feinen Sandkörnern, am Kopfende außerdem meist mit Resten toter Insekten belegt **(1c)**.
NAHRUNGSPFLANZEN Die Raupe wurde an der Krätzflechte (*Lepraria sp.*) fressend beobachtet, nimmt bei der Zucht aber z. B. auch andere Flechten sowie Moose und vertrocknete Pflanzenteile als Nahrung an. Sie lässt sich auch mit toten Insekten füttern (dies dürfte auch die oft auf dem Gespinstsack fest gesponnenen Reste von Insekten erklären).
VORKOMMEN In Wäldern, vor allem solchen mit einer gewissen Feuchtigkeit, vielerorts häufig. In Deutschland nur in Bayern und Baden-Württemberg.
WISSENSWERTES Die Raupen mit ihren kennzeichnenden Gespinstsäcken sind bereits im zeitigen Vorfrühling ausgewachsen und spinnen sich meist im März zur Verpuppung an einem Baumstamm fest. Vor der Verpuppung wendet sich die Raupe, wie bei allen Sackträgern, mit dem Kopf zum Hinterende des Sackes. Die Art tritt bei uns in drei verschiedenen Formen auf. Die seltene zweigeschlechtliche Form ist in ihrer Verbreitung weitgehend auf die in der Eiszeit unvergletschert gebliebenen Teile der Alpen beschränkt. Bei den beiden überall häufigen parthenogenetischen Formen dagegen fehlen Männchen völlig, und die von den Weibchen abgelegten Eier entwickeln sich ohne Befruchtung zu Raupen. Eine dieser Formen besitzt einen doppelten (diploiden), die andere einen vierfachen (tetraploiden) Chromosomensatz. Das frisch geschlüpfte Weibchen der diploiden Form zeigt interessanterweise immer noch das angeborene arteigene Lockverhalten. Es setzt sich außen auf den Gespinstsack und streckt seine Legeröhre aus, um mit dem dabei ausströmenden Duftstoff ein – nicht vorhandenes – Männchen anzulocken **(1a)**. Etwa nach einer halben Stunde beendet es dieses aussichtslose Verhalten und legt seinen gesamten Eivorrat ins Innere des Raupensackes **(1b)**.

Krätzflechte > 322

2/3 | **Schwarzer Mottensackträger** *Narycia duplicella* —Sackträger Psychidae

Sp 7–11 mm

FALTER Beide Geschlechter geflügelt, Vorderflügel schwarzbraun mit kontrastreich abgesetzten weißen Flecken, diese mehr oder weniger deutlich (vor allem beim Weibchen) in zwei Querbinden angeordnet **(2a)**.
RAUPE Hell gelblich mit braunem Kopf und Brustabschnitt, in einem 4–6 mm langen, flach-dreikantigen Gespinstsack. Dieser Sack ist außen meist mit grünen oder grauen Algen, manchmal auch mit feinen Kotpartikeln bedeckt **(2b)**.
NAHRUNGSPFLANZEN Die Raupen wurden an Krätzflechten (*Lepraria* sp.) fressend beobachtet; daneben dürften sie sich auch von anderen Flechten und Grünalgen, möglicherweise auch von toten Insekten ernähren.
VORKOMMEN Im Inneren von Wäldern weit verbreitet, daneben auch in offenem Gelände und im Siedlungsbereich, fast überall ziemlich häufig.
WISSENSWERTES Die Raupen dieser Art sind an veralgten Baumstämmen hervorragend getarnt. Mit entsprechend geschultem Blick sind sie dort aber auch an milden Wintertagen regelmäßig zu entdecken. Das Weibchen streckt kurz nach dem Schlüpfen seine lange Legeröhre zwischen den Flügeln hervor, um mit dem dabei austretenden Lockstoff ein Männchen anzulocken **(2a)**. Nach der Paarung legt es seine Eier in Rindenritzen ab und bedeckt sie mit der wolligen Behaarung seiner Hinterleibsspitze.
ÄHNLICHE ARTEN Neben dieser gibt es bei uns noch zwei weitere Arten der Familie mit geflügelten Weibchen und sehr ähnlichen Raupensäcken. An Baumstämmen findet man außerdem regelmäßig die etwa 15 mm langen, schmal-röhrenförmigen Raupensäcke des **Röhrensackträgers** (*Taleporia tubulosa*)**(3)**. Diese sind außen mit feinsten Sandkörnchen bedeckt.

Krätzflechte > 322

1A

1B

1C

2A

2B

3

Miniermotten, Sackträger und Verwandte

1 | **Traubenkirschen-Gespinstmotte**
Yponomeuta evonymella — Gespinstmotten Yponomeutidae | Sp 22–26 mm

JAN FEBR MÄRZ APRIL MAI JUNI JULI AUG SEPT OKT NOV DEZ

FALTER Flügel ziemlich schmal, Vorderflügel weiß mit 5 Reihen schwarzer Punkte, Hinterflügel dunkelgrau **(1c)**.
RAUPE Bis 20 mm lang, hell gelblich, bräunlich oder dunkelgrau, mit schwarzem Kopf und Nackenschild sowie am Rücken 2 Reihen länglicher, schwarzer Flecke **(1b)**.
NAHRUNGSPFLANZEN Die Raupen entwickeln sich fast ausschließlich an der Traubenkirsche (*Prunus padus*), seltener an anderen *Prunus*-Arten.
VORKOMMEN An Waldrändern, in Auwäldern und bachbegleitenden Gehölzstreifen, daneben auch im Siedlungsbereich fast überall häufig.
WISSENSWERTES Die Raupen besiedeln Sträucher und Bäume der Traubenkirsche nicht selten in schier unglaublicher Zahl. Bei ihrer Fraßtätigkeit überziehen sie die Blätter, die Zweige und schließlich auch die Stämme mit einem dichten, weißen Gespinst **(1a)**. Der Baum erscheint am Ende abgestorben und mit einer Art Leichentuch verhüllt. Der Schein trügt jedoch. Nachdem die Raupen die Nahrungsaufnahme eingestellt und sich in ihren Gespinsten verpuppt haben (man findet sie sozusagen in „Paketen" gepackt, jeweils parallel zueinander in getrennten Kokons eingesponnen), beginnt die Traubenkirsche wieder auszutreiben. Bereits einen Monat nach Entstehung der hier gezeigten Aufnahme war der abgebildete Strauch wieder voll belaubt. Nur noch letzte Reste des einstigen Gespinstes, vor allem im Stammbereich, waren als Spuren der vorherigen Kalamität zurückgeblieben. Zu diesem Zeitpunkt flogen dafür in größerer Zahl die kaum auffallenden Falter. Die Weibchen legen ihre Eier an die Zweige der Fraßpflanze, wo sie überwintern. Im nächsten Jahr wiederholt sich nicht selten dieses Schauspiel, doch oft verhindern parasitische Wespen oder ungünstige Witterungsbedingungen eine erneute Massenentwicklung. In diesem Zusammenhang sei noch auf den irreführenden Artnamen der Traubenkirschen-Gespinstmotte hingewiesen: *euonymella* bezieht sich auf das Pfaffenhütchen (*Euonymus europaeus*), das von den Raupen dieser Art gar nicht beachtet wird. Am Pfaffenhütchen entwickeln sich dagegen die Raupen der Pfaffenhütchen-Gespinstmotte (*Yponomeuta cagnagella*). Diese deutlich kleinere Gespinstmotte hat auf den weißlichen Vorderflügeln nur 3 Reihen schwarzer Punkte.

Traubenkirsche > 346

2 | **Pflaumen-Gespinstmotte** *Yponomeuta padella*
—Gespinstmotten Yponomeutidae | Sp 20–24 mm

JAN FEBR MÄRZ APRIL MAI JUNI JULI AUG SEPT OKT NOV DEZ

FALTER Sehr ähnlich der Traubenkirschen-Gespinstmotte, aber etwas kleiner; Flügel nicht reinweiß, sondern vor allem am Rand etwas grau gefärbt, mit nur 3 Reihen schwarzer Punkte **(2a)**.
RAUPE Der Raupe der anderen Art sehr ähnlich, doch die in Reihen angeordneten Rückenflecke mehr rundlich, zusätzlich mit kleinen schwarzen Punkten, denen jeweils eine Borste entspringt **(2c)**.
NAHRUNGSPFLANZEN Am häufigsten an der Schlehe (*Prunus spinosa*), daneben aber auch an Eingriffeligem Weißdorn (*Crataegus monogyna*) und Eberesche (*Sorbus aucuparia*).
VORKOMMEN Vor allem an Waldrändern und Feldhecken, auf verbuschten Trockenrasen und im Siedlungsbereich fast überall häufig.
WISSENSWERTES Die Raupen dieser Art entwickeln sich ebenfalls oft in großer Zahl; oft sind die Schlehengebüsche ganzer Landschaftsstriche von ihren Gespinsten eingehüllt. Im Gegensatz zu den Gespinsten der Traubenkirschen-Gespinstmotte sind diese allerdings transparent und fallen dadurch weit weniger ins Auge **(2b)**.
ÄHNLICHE ARTEN Es gibt noch mehrere weitere *Yponomeuta*-Arten mit ähnlicher Flügelzeichnung, deren Raupen sich aber meist an anderen Wirtspflanzen entwickeln. Die **Sedumgespinstmotte** (*Yponomeuta sedella*) beispielsweise hat 16–20 mm Flügelspannweite und hell cremefarbene Flügel mit 3 Punktreihen. Ihre Raupe entwickelt sich in lockeren Gespinsten an Fetthenne-Arten, insbesondere an der Großen Fetthenne (*Sedum maximum*).

Schlehe > 346 | Eingriffeliger Weißdorn > 344
Eberesche > 342 | Vogelbeere > 342

1A

1B

1C

2A

2B

2C

Widderchen und Verwandte

1 | **Federwidderchen** *Heterogynis penella* —Federwidderchen Heterogynidae

Sp 24–27 mm ☀

JAN FEBR MÄRZ APRIL MAI JUNI JULI AUG SEPT OKT NOV DEZ

FALTER Nur das Männchen geflügelt, Vorder- und Hinterflügel einfarbig braunschwarz, am Rand mit einem Saum langer Fransen; Fühler mit auffallenden Kammzähnen **(1a)**. Weibchen plump madenförmig, etwa 10–15 mm lang, gelb mit grauen Längsbinden und brauner Kopfkapsel; Beine zu winzigen Stummeln reduziert, Fühler fehlend **(1c)**.

RAUPE Bis 20 mm lang, in Färbung und Zeichnung dem Weibchen sehr ähnlich, mit hellen, stark gebogenen Borstenhaaren **(1b)**.

NAHRUNGSPFLANZEN Raupen bisher vor allem am Behaarten Ginster (*Genista pilosa*) beobachtet, sicher auch an anderen Schmetterlingsblütlern fressend; lassen sich z. B. in der Zucht auch mit Gemeinem Hornklee (*Lotus corniculatus*) füttern. In der Literatur wird außerdem das Gemeine Sonnenröschen (*Helianthemum nummularium*) als Nahrungspflanze angegeben.

VORKOMMEN An sehr warmen, trockenen Stellen mit steppenartiger Vegetation. In Mitteleuropa äußerst selten und derzeit nur aus dem Elsass bekannt; Im Mittelmeergebiet und in den Südalpen dagegen stellenweise recht häufig.

WISSENSWERTES Die interessante Art ist im Gelände leicht zu übersehen, kann jedoch durch ihre in manchen Jahren massenhaft auftretenden Raupen durchaus ins Auge fallen. Schon bei den Raupen zeigen sich markante Unterschiede zwischen den Geschlechtern. Während die männlichen Raupen bereits mit einer Körperlänge von etwa 10 mm ihre Kokons spinnen, um sich darin zu verpuppen, fressen die weiblichen weiter und beginnen erst bei fast doppelter Körpergröße mit dem Kokonbau. Die 15–20 mm großen, außen weißen Kokons werden meist in einem knappen halben Meter Höhe in der Vegetation befestigt und sind hier oft schon aus großer Entfernung sichtbar. Auch bei den Puppen zeigen sich deutliche Unterschiede zwischen den Geschlechtern. Während die männlichen Puppen fast schwarz gefärbt sind und entsprechend der späteren Gestalt des Falters deutlich sichtbare Flügel- und Fühlerscheiden besitzen, sind die weiblichen fast tonnenförmig, vorn gelb mit grauen Streifen, in der hinteren Hälfte dagegen hellbraun und ohne jegliche Anhänge. Die Puppen der Männchen entlassen nach etwa 2 Wochen die Falter; die erst später entstandenen Puppen der Weibchen dagegen häuten sich bereits nach etwa 5 Tagen. Diese außergewöhnlich hohe Entwicklungsgeschwindigkeit erklärt sich daraus, dass das Weibchen bei der Umwandlung von der Raupe in den fertigen Schmetterling kaum einen Gestaltwandel erfährt. Durch die kürzere Puppenruhe wird außerdem der Zeitvorsprung, den die Männchen durch ihren früheren Verpuppungszeitpunkt eigentlich besitzen, wieder ausgeglichen. Nach dem Schlüpfen aus der Puppenhülle schiebt sich das Weibchen aus dem Kokon heraus und hakt sich mit seinen winzigen Fußstummeln außen am Gespinst fest. Lag die Ausschlupföffnung oben, zeigt es mit dem Kopfende jetzt etwas nach unten, lag sie dagegen unten, weist sein Vorderkörper nach oben **(1c)**. In dieser Position verharrt es stundenlang und entsendet dabei offenbar einen Lockstoff als Signal für das Männchen. War die Werbung erfolglos, gleitet es am Nachmittag wieder in den Kokon zurück, um am nächsten Morgen und gegebenenfalls an einigen weiteren Tagen die Werbung zu wiederholen. Bleiben auch die weiteren Versuche ohne Erfolg, beginnt es schließlich mit der Ablage unbefruchteter Eier. (Nach Literaturangaben können sich aus solchen unbefruchteten Eiern einer verwandten Art durchaus Raupen entwickeln, bei *H. penella* aber offenbar nicht.) War die Werbung dagegen erfolgreich, kommt es wenig später auf dem Kokon zur Paarung **(1d)**. Nach etwa 5 Minuten trennt sich das Paar, und das Männchen stirbt kurz darauf. Das Weibchen gleitet wiederum in seinen Kokon **(1e)** und darüber hinaus auch in seine Puppenhülle zurück **(1f)**. Kurz darauf beginnt es damit, seinen Eivorrat in die Puppenhülle abzulegen und stirbt danach ebenfalls (**1g**, Puppenhülle hier teilweise geöffnet). Die Raupen verzehren nach dem Schlüpfen als erstes die Überreste ihrer toten Mutter. Danach verlassen sie den Kokon und gehen auf ihre Nahrungspflanze über. Sie gehen noch sehr klein in die Winterruhe und fertigen sich hierzu kleine, linsenförmige Kokons in der Vegetation an. Bei Beunruhigung, etwa nach Berührung mit einem spitzen Gegenstand, lassen sie, ähnlich wie die Raupen der Blutströpfchen, auf ihrer Körperoberfläche farblose Flüssigkeits tröpfchen austreten, die sie wenig später wieder aufnehmen. Wie bei den *Zygaena*-Raupen enthalten diese Tröpfchen vermutlich hochgiftige Blausäureverbindungen.

Behaarter Ginster > 348

1A
1B
1C
1D
1E
1G
1F

1 /2 **Großer Schneckenspinner** *Apoda limacodes*
—Schneckenspinner Limacodidae

Sp 20–30 mm

FALTER Vorderflügel kurz und breit, mit zwei schmalen, nach hinten divergierenden, dunklen Querstreifen, beim Weibchen **(1a)** wie die Hinterflügel ockergelb, beim Männchen heller oder dunkler braun, Hinterflügel hier meist deutlich dunkler als die Vorderflügel.
RAUPE Bis 15 mm lang, flach asselförmig, grün mit gelben Punkten und zwei gelben Längsstreifen, in diesen rote Punkte **(1b)**.
NAHRUNGSPFLANZEN An vielen verschiedenen Laubbäumen, bevorzugt an Stieleichen (*Quercus robur*) und anderen Eichenarten, daneben unter anderem an Hainbuche (*Carpinus betulus*), Rotbuche (*Fagus sylvatica*) und Bergahorn (*Acer pseudoplatanus*).
VORKOMMEN In Eichenmischwäldern und anderen Gebieten mit Eichenbeständen, auch im Siedlungsbereich; in Mitteleuropa allgemein verbreitet und fast überall ziemlich häufig.
WISSENSWERTES Die Beine der asselförmigen Raupen sind fast vollständig reduziert. Sie bewegen sich nach Schneckenart auf einer von der Raupe abgeschiedenen Schleimschicht durch über die Kriechsohle laufende, wellenförmige Bewegungen. Mit ihrer Schleimspur haften sie besonders gut an glatten, unbehaarten Blättern, behaarte werden daher von ihnen meist gemieden. Die ausgewachsenen Raupen reduzieren im Herbst ihre Schleimproduktion, haften nicht mehr so fest an den Blättern und fallen schließlich zu Boden. Hier spinnen sie zur Überwinterung einen ziemlich festen, braunen Kokon zwischen dem Falllaub, in dem im Frühjahr die Verpuppung erfolgt.
ÄHNLICHE ART Der mit 15–20 mm Flügelspannweite deutlich kleinere **Kleine Schneckenspinner** (*Heterogenea asella*) besitzt einfarbig braune Flügel **(2a)**. Seine ebenfalls asselförmige, auf einer Schleimspur kriechende Raupe trägt auf dem Rücken eine breite braune, in der Körpermitte dreieckig verbreiterte Längsbinde **(2b)**. Sie lebt vorzugsweise an Blättern der Rotbuche (*Fagus sylvatica*), daneben aber auch an verschiedenen anderen Laubbäumen.

Stieleiche > 332 | Hainbuche > 336
Rotbuche > 330 | Bergahorn > 338

3 **Trauerwidderchen** *Aglaope infausta*
—Widderchen Zygaenidae

Sp um 15 mm
RL R ☀

FALTER Vorderflügel dunkel braungrau mit schmalen, roten Streifen vorn und hinten an der Flügelbasis; Hinterflügel rot mit schwarzem Saum **(3a)**.
RAUPE Bis 12 mm lang, ausgesprochen farbenprächtig, seitlich und in der Rückenmitte gelb, dazwischen jeweils mit einer violetten und einer silbergrauen, schwarz eingefassten Längsbinde **(3b)**.
NAHRUNGSPFLANZEN An verschiedenen strauchigen Rosengewächsen, insbesondere an Eingriffeligem Weißdorn (*Crataegus monogyna*), Schlehe (*Prunus spinosa*) und Gemeiner Zwergmispel (*Cotoneaster interregimus*).
VORKOMMEN An sehr warmen, trockenen Stellen mit steppenartiger Vegetation; in Mitteleuropa nur an ausgesprochenen Wärmeinseln mit Weinbauklima, z. B. in einigen pfälzischen Seitentälern des Rheins, im Elsass und im Walliser Rhonetal; fehlt dagegen in Baden-Württemberg. Im westlichen Mittelmeergebiet, insbesondere in Südfrankreich und Spanien, stellenweise nicht selten.
WISSENSWERTES Die Art bewohnt oft Flächen von nur wenigen Quadratmetern Ausdehnung, etwa im Hitzestau vor steil aufragenden Felsen, kann dort aber bisweilen in großer Individuenzahl auftreten. An ihren Fundorten kommt zuweilen auch das Federwidderchen (*Heterogynis penella*) (>44) vor, wie beispielsweise auf den elsässischen Trockenhügeln im Raum Rouffach. Die gelben Eier des Trauerwidderchens werden in größeren Gelegen an den Blättern der Nahrungspflanze abgelegt. Den ersten beiden Raupenstadien fehlt noch die prachtvolle Färbung der erwachsenen Raupen. Erst im 3. Stadium, in dem auch die Überwinterung erfolgt, wird das charakteristische Zeichnungsmuster ausgebildet. Die Überwinterung erfolgt in einem Gespinst an den Zweigen der Nahrungspflanze. Die Verpuppung findet meist Anfang Juni in einem länglichen, weißlich oder hellbraun gefärbten Kokon statt.

Eingriffeliger Weißdorn > 344 | Schlehe > 346
Gemeine Zwergmispel > 344 | Felsenbirne > 344

1A

1B

2A

2B

3A

3B

1 | **Heide-Grünwidderchen** *Rhagades pruni*
—Widderchen Zygaenidae

Sp 20–25 mm
RL 3 § ☀

JAN FEBR MÄRZ APRIL MAI JUNI JULI AUG SEPT OKT NOV DEZ

FALTER Dunkelste Grünzygaene: bei frischen Tieren Vorderflügel schwarzblau oder blaugrün mit deutlichem Metallglanz, Hinterflügel grauschwarz; ältere Falter dunkel graubraun ohne deutlichen Metallglanz. Fühler beim Weibchen einfach fadenförmig **(1a)**, beim Männchen deutlich gekämmt.
RAUPE Bis 15 mm lang, in der Rückenmitte mit einer feinen, hellblauen Linie mit einer breiten, schwarzen Einfassung, die in jedem Segment rundlich erweitert ist, daneben orange und an den Seiten rötlich braun; ziemlich dicht hell behaart **(1b)**.
NAHRUNGSPFLANZEN Auf Kalktrockenrasen vorwiegend an Schlehen (*Prunus spinosa*) und einigen anderen Rosengewächsen wie Brombeere (*Rubus fruticosus*) und Eingriffeligem Weißdorn (*Crataegus monogyna*), seltener auch am Gemeinen Sonnenröschen (*Helianthemum nummularium*), auf Sandtrockenrasen und in Moorgebieten meist an Besenheide (*Calluna vulgaris*) fressend.
VORKOMMEN Im südlichen und mittleren Deutschland auf wärmebegünstigten Kalktrockenrasen, im Alpenvorland in Mooren, in Norddeutschland in trockenen Sandgebieten, doch überall recht selten und über weite Strecken ganz fehlend. An vielen Fundorten hochgradig gefährdet.
WISSENSWERTES Die Eier werden in Eispiegeln an der Blattunterseite der Nahrungspflanze abgelegt. Die Jungraupen überwintern mit etwa 3 mm Körperlänge in einem Gespinst. Die auffallend gefärbten, ausgewachsenen Raupen sind auf den Nahrungspflanzen meist leicht zu entdecken. Bisweilen treten sie in größerer Zahl auf und können dann sogar Kahlfraß verursachen. Die Verpuppung erfolgt in einem weißlichen Gespinst an den Zweigen der Nahrungspflanze.

Schlehe > 346 | Besenheide > 356
Brombeere > 340 | Eingriffeliger Weißdorn > 344
Gemeines Sonnenröschen > 386

2/3 | **Sonnenröschen-Grünwidderchen** *Adscita geryon*
—Widderchen Zygaenidae

Sp um 20 mm
RL 3 § ☀

JAN FEBR MÄRZ APRIL MAI JUNI JULI AUG SEPT OKT NOV DEZ

FALTER Vorderflügel leuchtend goldgrün, Hinterflügel schwarzgrau; Fühler des Männchens (**2a**, rechtes Tier) deutlich gekämmt, Fühlerspitze mit etwas verdickten Gliedern, die des Weibchens (**2a**, linkes Tier) fadenförmig.
RAUPE Bis 12 mm lang, mit hellgrauer, dunkel eingefasster Rückenlinie, daneben jeweils einer breiten, weißlichen oder gelben Längsbinde und rötlich braun gefärbten Seitenflächen **(2b)**.
NAHRUNGSPFLANZEN Im Freiland bisher offenbar nur am Gemeinen Sonnenröschen (*Helianthemum nummularium*) gefunden; nimmt bei der Zucht aber auch Storchschnabel-Arten, etwa Blutstorchschnabel (*Geranium sanguineum*) als Nahrung an und dürfte sich vermutlich auch im Freiland öfters an Geranium-Arten entwickeln.
VORKOMMEN Auf wärmebegünstigten Trockenrasen im südlichen und mittleren Deutschland, auch auf alpinen Grasheiden bis in Höhen von über 2400 m; nicht häufig und über weite Strecken fehlend, an den Fundorten aber manchmal ziemlich zahlreich, vor allem in den Alpen.
WISSENSWERTES Die Eier werden in kleinen Gruppen an der Blattunterseite der Nahrungspflanze abgelegt. Die Raupen fressen zunächst Minen in die Blätter, ab dem 3. Stadium gehen sie zum Schabefraß über; später fressen sie das ganze Blatt. Nach der Überwinterung verpuppen sie sich in einem lockeren, weißlichen Gespinst an der Nahrungspflanze.
ÄHNLICHE ARTEN Die Bestimmung der Grünwidderchen bereitet große Schwierigkeiten. Da sie fast zeichnungslos sind und die Orginalfärbung sich schnell abnutzt, ist bei vielen Arten eine sichere Artbestimmung nur über die Genitaluntersuchung zu erreichen. Die *Adscita*-Arten werden in zwei Gruppen unterteilt:
> Die stumpffühlerigen Arten, u. a. mit *A. geryon* und dem **Gewöhnlichen Grünwidderchen** (*A. statices*) **(3b)**, das am weitesten verbreitete und häufigste Grünwidderchen.
> Die spitzfühlerigen Arten, bei denen die Spitzenglieder der Fühler bei den Männchen deutlich verschmälert sind (mit drei weiteren, untereinander sehr ähnlichen Arten). Die Raupe des **Flockenblumen-Grünwidderchens** (*Adscita globulariae*) **(3a)** lebt an der Wiesenflockenblume (*Centaurea jacea*) und der Taubenskabiose (*Scabiosa columbaria*). Sie miniert auch noch im letzten Stadium in den Blättern ihrer Nahrungspflanze.

Gemeines Sonnenröschen > 386

1A

1B

2A

2B

3A

3B

1 | **Bergkronwicken-Widderchen** *Zygaena fausta* —Widderchen Zygaenidae

Sp um 25 mm
RL 3 § ☀

JAN FEBR MÄRZ APRIL MAI JUNI JULI AUG SEPT OKT NOV DEZ

FALTER Vorderflügel mit einem mehr oder weniger zusammenhängenden roten, gelb umrandeten Fleckenmuster; Thorax mit rotem oder orangefarbenem Halskragen und meist 2 gelben Längsstreifen, Hinterleib mit einem breiten roten Ring, der beim Männchen über 3, beim Weibchen über 2 Segmente reicht **(1a)**.

RAUPE Bis 18 mm lang, hellgrün, seitlich mit weißem, gelb geflecktem Längsband und einer Reihe schwarzer Punkte darüber; Nackenschild und Nachschieber rosa **(1c)**.

NAHRUNGSPFLANZEN Im außeralpinen mitteleuropäischen Verbreitungsgebiet fast ausschließlich an der Bergkronwicke (*Coronilla coronata*), in Südeuropa und in den Alpen auch an anderen Kronwickenarten.

VORKOMMEN In naturnahen, wärmebegünstigten Waldsaumgesellschaften mit reichen Beständen der Nahrungspflanze, in den Alpen gern auf geröllführenden Lawinenfeldern. In Mitteleuropa ziemlich selten und vielerorts stark zurückgegangen oder ganz verschwunden, am häufigsten derzeit noch auf der Schwäbischen Alb; außerdem im westlichen Mittelmeergebiet und in den Alpen.

WISSENSWERTES Trotz seiner Seltenheit fliegt das Bergkronwicken-Widderchen an manchen seiner (z. T. sehr kleinflächigen) Fundorte jahrweise in großer Individuenzahl. Die Falter sind dann oft zu mehreren auf den von ihnen bevorzugten violetten oder rosafarbenen Blüten (vor allem solchen von Witwenblumen, Skabiosen und Dost) anzutreffen. Die gelben Eier werden in kleinen Eispiegeln an der Ober- oder Unterseite von Blättern ihrer Nahrungspflanze abgelegt **(1b)**. Die Raupen verpuppen sich in einem eiförmigen, glänzend weißen Kokon.

Bergkronwicke > 382

2 | **Esparsettenwidderchen** *Zygaena carniolica* —Widderchen Zygaenidae

Sp 25–32 mm
RL V § ☀

JAN FEBR MÄRZ APRIL MAI JUNI JULI AUG SEPT OKT NOV DEZ

FALTER Vorderflügel mit einem Muster aus 5 oder 6 gelblich weiß umrandeten, roten Flecken; Thorax mit weißer Halskrause **(2a)**.

RAUPE Bis 20 mm lang, hellgrün oder gelblich grün, oben auf jedem Segment mit 2 Fleckenpaaren, das vordere schmal rechteckig oder strichförmig, das hintere dreieckig **(2b)**.

NAHRUNGSPFLANZEN Vorzugsweise an der Futter-Esparsette (*Onybrychis viciifolia*), daneben auch am Gemeinen Hornklee (*Lotus corniculatus*) und an einigen weiteren Schmetterlingsblütlern.

VORKOMMEN Vorzugsweise im Bergland auf wärmebegünstigten Kalkmagerrasen; in Süddeutschland gebietsweise (z. B. auf der Schwäbischen Alb) noch ziemlich häufig, in weiten Teilen ihres Verbreitungsgebietes (vor allem in Norddeutschland, aber auch z. B. am Oberrhein) mit stark rückläufiger Bestandsentwicklung, stellenweise ganz verschwunden.

WISSENSWERTES Gegen Abend versammeln sich oft mehrere Individuen an der Spitze etwas über die Umgebung hinausragender Pflanzen, um dort gemeinsam die Nacht zu verbringen. Die Bedeutung eines solchen Verhaltens, das auch beim Thymianwidderchen und Bibernellwidderchen, aber sonst von keiner weiteren Widderchenart bekannt ist, ist bisher noch unklar. Da die Bezeichnung Schlafgesellschaft bereits eine möglicherweise falsche Interpretation beinhaltet, sollte man vielleicht besser von „Parkstationen“ sprechen. Dieses Verhalten könnte z. B. auch der Geschlechterfindung dienen, da die Gesellschaften sich oft aus einem Weibchen und ansonsten nur Männchen zusammensetzen. Vielleicht besteht aber auch ein Zusammenhang mit der für alle *Zygaena*-Arten typischen Warnfärbung: Mit ihrem auffallenden schwarz-roten Zeichnungsmuster warnen sie mögliche Räuber vor einem Angriff, denn sie besitzen mit ihrer blausäurehaltigen Körperflüssigkeit eine hochwirksame Verteidigungswaffe. Der Warneffekt könnte durch eine solche Ansammlung verstärkt werden. Die Raupe verpuppt sich wie die des Bergkronwicken-Widderchens in einem eiförmigen, glatten Kokon an einem Pflanzenstängel. Dieser ist aber matt gelblich gefärbt (**2c**, mit leerer Puppenhülle, Falter bereits geschlüpft). Bis auf das Beilfleckwidderchen besitzen alle übrigen Arten der Gattung spindelförmige Puppenkokons.

Futter-Esparsette > 402 | Gemeiner Hornklee > 380

1A

1B

1C

2B

2A

2C

1/2 Purpurwidderchen, Thymianwidderchen
Zygaena purpuralis—Widderchen Zygaenidae

Sp 28–35 mm
RL 2 § ☀

JAN FEBR MÄRZ APRIL MAI JUNI JULI AUG SEPT OKT NOV DEZ

FALTER Vorderflügel mit 3 breiten, roten Längsstreifen, von denen der mittlere zur Spitze hin beilförmig erweitert ist **(1a)**. Diese Streifen können mehr oder weniger miteinander verschmolzen sein.

RAUPE Bis 20 mm, graugelb, olivgrün oder bräun-lich, auf jedem Segment vorn seitlich mit einem gelben, hinten darüber einem schwarzen Punkt **(1b)**.

NAHRUNGSPFLANZEN Die Raupe lebt ausschließlich an Feldthymian (*Thymus serpyllum*) und anderen Thymianarten. Sie lässt sich z. B. auch mit Gartenthymian (*Thymus vulgaris*) füttern, nicht dagegen mit der Nahrungspflanze des zum Verwechseln ähnlichen Bibernellwidderchens (*Zygaena minos*) der Kleinen Bibernelle (siehe rechts). Sie ist damit die einzige mitteleuropäische *Zygaena*-Raupe, die sich weder von Schmetterlingsblütlern noch von Doldengewächsen ernährt.

VORKOMMEN Vor allem im Bergland an offenen Trockenstandorten, besonders auf kalkhaltigen Trockenrasen, in den Alpen bis in über 2 000 m Höhe; im südlichen und mittleren Deutschland stellenweise ziemlich häufig, doch gebietsweise auch stark zurückgegangen, im norddeutschen Flachland selten.

WISSENSWERTES Die Art bildet ähnliche „Parkstationen" wie das Esparsettenwidderchen, doch meist mit geringerer Individuenzahl. Das Weibchen legt die gelben Eier in Häufchen an die Blattunterseite der Nahrungspflanze. Die Raupen überwintern und verpuppen sich im Frühjahr in einem spindelförmigen, weißlichen bis hellbräunlichen Kokon an der Nahrungspflanze.

ÄHNLICHE ART Das zum Verwechseln ähnliche **Bibernellwidderchen** (*Zygaena minos*) **(2a)** ist nur durch Untersuchung der Genitalorgane sicher von dieser Art zu unterscheiden. Es ist noch stärker an trockenwarme Standorte gebunden und fliegt in der Regel etwa 2 Wochen früher; zu Beginn der Flugzeit des Thymianwidderchen findet man meist nur noch abgeflogene Exemplare. Die Raupe **(2b)** besitzt das gleiche Zeichnungsmuster wie die von *Zygaena purpuralis*, ist aber in der Grundfärbung hellgrau bis weiß, ohne jeden Gelbton. Sie frisst ausschließlich an der Kleinen Bibernelle (*Pimpinella saxifraga*).

Feldthymian > 412

3 Platterbsenwidderchen *Zygaena osterodensis*
—Widderchen Zygaenidae

Sp 28–32 mm
RL 2 § ☀

JAN FEBR MÄRZ APRIL MAI JUNI JULI AUG SEPT OKT NOV DEZ

FALTER Ähnlich gezeichnet wie das Thymian- und das Bibernellwidderchen; die Streifen sind aber etwas schmäler, der mittlere ist nicht beilförmig, sondern eher keulenförmig erweitert, der hintere in der Mitte deutlich eingeschnürt. Ein charakteristisches Merkmal sind auch die auffallend langen und schmalen, am Ende nur wenig gekeulten Fühler **(3a)**.

RAUPE Bis 20 mm, am Rücken mit einem grauen, von großen, schwarzen Flecken gesäumten Längsband, daneben mit gelber Längsbinde, darunter wieder grau gefärbt; entlang der Rückenmitte mit einer dunklen, gestrichelten Linie **(3b)**.

NAHRUNGSPFLANZEN Vorwiegend an der Wiesenplatterbse (*Lathyrus pratensis*), daneben auch an anderen Platterbsen- sowie an Wickenarten wie der Vogelwicke (*Vicia cracca*).

VORKOMMEN Als einzige mitteleuropäische *Zygaena*-Art ein typischer Waldbewohner; vorzugsweise an sonnigen, mit größeren Beständen der Nahrungspflanzen gesäumten Waldwegen, insbesondere in von Laubbäumen dominierten Nieder- und Mittelwäldern; in den meisten Gebieten selten und mit stark rückläufiger Bestandsentwicklung, dagegen noch recht gut vertreten im südlichen Steigerwald.

WISSENSWERTES Die Raupen benötigen offenbar meist 2, manchmal sogar bis zu 5 Jahre für ihre Entwicklung. In solchen Fällen fressen sie nach der Überwinterung und einer Häutung jeweils nur für 3–4 Wochen, um sich dann wieder in ein besonderes Diapausestadium zu verwandeln, das keine Nahrung aufnimmt, sondern erst nach einer erneuten Überwinterung mit anschließender Häutung wieder zu fressen beginnt. Die Raupen verpuppen sich nicht in der Nähe der Nahrungspflanzen, sondern klettern an Bäumen empor, wo sie oft in mehreren Metern Höhe ihre silbrig glänzenden, spindelförmigen Kokons herstellen.

Wiesenplatterbse > 378 | Vogelwicke > 416

1A

2A

1B

2B

3A

3B

1 | **Sechsfleckwidderchen** *Zygaena filipendulae*
—Widderchen Zygaenidae

Sp 30–38 mm
§ ☀

FALTER Vorderflügel mit 6 roten Flecken; Fühlerspitzen schwarz **(1a)**.
RAUPE Bis 22 mm lang, gelb, in jedem Segment oben mit 2 schwarzen Fleckenpaaren, das vordere schmal, das hintere annähernd rechteckig **(1b)**.
NAHRUNGSPFLANZEN Die Raupen entwickeln sich bei uns meist am Gemeinen Hornklee (*Lotus corniculatus*), seltener am Sumpfhornklee (*Lotus uliginosus*), außerhalb Deutschlands auch verschiedenen anderen Schmetterlingsblütlern.
VORKOMMEN Anders als die meisten übrigen Widderchen in recht unterschiedlichen Lebensräumen, ebenso auf Trockenrasen wie an Ruderalstellen, in Kiesgruben, auf Mähwiesen, Feuchtwiesen und auch auf alpinen Grasfluren in bis zu 2500 m Höhe; aufgrund der hohen Anpassungsfähigkeit fast überall die häufigste Art der Gattung.
WISSENSWERTES Das Weibchen legt die Eier in kleinen Haufen an Blättern ab, wählt aber zur Eiablage nicht selten auch Pflanzen aus, die von den Raupen nicht als Nahrung angenommen werden. Die Verpuppung erfolgt wie bei den meisten *Zygaena*-Arten in einem spindelförmigen, pergamentartigen Kokon. Dieser besitzt Längsfurchen und ist meist auffallend zweifarbig, in der oberen Hälfte gelblich, in der unteren weißlich **(1c)**. Vor dem Schlupf schiebt sich die glänzend schwarze Puppe am oberen Ende aus dem Kokon hervor und häutet sich dann zum Falter. Schwer zu deuten ist die ausgesprochen lange Flugzeit dieser Art. Die Hauptflugzeit liegt zwischen Anfang Juli und Mitte August. Man kann aber auch schon im Mai einzelne Falter antreffen, ebenso wie im September oft noch frische Exemplare zu finden sind. Es könnte sich um 2–3 mehr oder weniger genetisch voneinander isolierte Stämme handeln, die zu verschiedenen Zeiten erscheinen.

Gemeiner Hornklee > 380 | Sumpf-Hornklee > 380

2 | **Veränderliches Widderchen** *Zygaena ephialtes*
—Widderchen Zygaenidae

Sp 30–40 mm
RL 3 § ☀

FALTER Außerordentlich variabel im Erscheinungsbild. Die bei uns häufigere so genannte peucedanoide Form im Vorderflügel mit 6 oder (seltener) 5 Flecken, diese rot **(2c)** oder seltener gelb **(2a)**. Bei der im Mittelmeergebiet vorherrschenden so genannten ephialtoiden Form diese Flecke dagegen weiß, nur die beiden basalen Flecke immer rot oder gelb **(2b)**, die bei der anderen Form roten bzw. gelben Hinterflügel hier schwarz mit 1–2 weißen Punkten. Beide Formen je nach Färbung der Flügelflecke mit rotem oder gelbem Hinterleibsring.
RAUPE Bis 22 mm lang, gelb mit feiner, oft unterbrochener, dunkler Rückenlinie und runden oder quadratischen schwarzen Fleckenpaaren **(2d)**.
NAHRUNGSPFLANZEN Raupe meist an der Bunten Kronwicke (*Securigera varia*), seltener am Hufeisenklee (*Hippocrepis comosa*).
VORKOMMEN Außer auf Trockenrasen auch regelmäßig in Kiesgruben und an Straßenböschungen; vorwiegend im südlichen und mittleren Deutschland, im Norden selten; in Südeuropa häufig.
WISSENSWERTES Die verschiedenen Formen werden jeweils durch rezessive und dominante Gene vererbt. Die rote Fleckung ist dominant gegenüber der gelben, das peucedanoide Zeichnungsmuster dominant gegenüber dem ephialtoiden. Daher sind die Nachkommen eines jeweils reinrassigen roten und gelben Elternteils immer rot gefleckt; einzelne Nachfahren dieser Nachkommen können dagegen wieder gelb gefleckt sein, obwohl beide Elternteile rote Flecken besaßen. Die Wahrscheinlichkeit hierfür beträgt 1:3, da nur bei einer der 4 möglichen Genkombinationen das unterlegene Gen für gelbe Färbung von beiden Eltern kommt. Ähnlich verhält es sich mit beiden Zeichnungsmustern. Erwartungsgemäß tritt daher die gelbe Färbung seltener auf als die rote, die ephialtoide Zeichnungsform seltener als die peucedanoide. Dass die ephialtoide Form aber in Südeuropa häufiger auftritt, ist möglicherweise durch Verbreitungshemmnisse zu erklären, die der anderen Form das Vorkommen hier erschweren.

Bunte Kronwicke > 402 | Hufeisenklee > 382

1A

1B

1C

2A

2B

2C

2D

1 | Hufeisenklee-Widderchen *Zygaena transalpina*
—Widderchen Zygaenidae

Sp um 30 mm
RL 3 §

FALTER Vorderflügel mit 6 roten Flecken, diese meist kleiner und weiter voneinander entfernt als beim Sechsfleckwidderchen; Fühlerkeule an der Spitze weiß **(1a)**.
RAUPE Bis 20 mm lang, gelb, oft etwas grünlich, mit 2 Fleckenpaaren (länglich und dreieckig) in jedem Segment, mit oder ohne dunkle Rückenlinie **(1b)**.
NAHRUNGSPFLANZEN Vorwiegend an Hufeisenklee (*Hippocrepis comosa*), seltener an Bunter Kronwicke (*Coronilla varia*) oder Gemeinem Hornklee (*Lotus corniculatus*).
VORKOMMEN An trockenwarmen Orten, insbesondere auf Trockenrasen, aber auch auf blumenreichen Mähwiesen an wärmebegünstigten Stellen; in den Alpen nicht häufig.
WISSENSWERTES Die Art sitzt beim Blütenbesuch meist mit leicht gespreizten Flügeln und unterscheidet sich dadurch vom sehr ähnlichen Sechsfleckwidderchen, das sich immer mit geschlossenen Flügeln absetzt. Die Vorderflügelunterseite von *Zygaena transalpina* ist kräftig rot überzogen; *Z. filipendula* nur schwach rötlicher Schimmer.

Hufeisenklee > 382 | Bunte Kronwicke > 402

2 | Alpen-Widderchen *Zygaena exulans*
—Widderchen Zygaenidae

Sp um 30 mm
RL 0 §

FALTER Vorderflügel mit einem schmalen und 4 dreieckigen bis rundlichen, roten Flecken; Weibchen **(2a)** mit hellen Flügeladern.
RAUPE Länge bis 20 mm, schwarzgrau, auf jedem Segment mit einem Paar gelber Punkte **(2b)**.
NAHRUNGSPFLANZEN Unter anderem an Gemeinem Sonnenröschen (*Helianthemum nummularium*) und Wundklee (*Anthyllis vulneraria*).
VORKOMMEN Einziges Widderchen Mitteleuropas mit Verbreitungsschwerpunkt oberhalb der Baumgrenze, in der Schweiz in Höhen bis über 3300 m, vorzugsweise auf alpinen Grasheiden und Geröllfluren; vor allem in den Zentralalpen gebietsweise recht häufig.
WISSENSWERTES Die Art dürfte eine normalerweise zweijährige Entwicklungszeit besitzen, da sie vielerorts jeweils in den ungeraden Jahren gehäuft auftritt, in den geraden dagegen deutlich seltener. Wiederfund in den Bayrischen Alpen.

Gemeines Sonnenröschen > 386 | Wundklee > 382

3 | Beilfleckwidderchen *Zygaena loti*
—Widderchen Zygaenidae

Sp 27–30 mm
§

FALTER Vorderflügel mit 5 roten Flecken, der Fleck in der Flügelspitze annähernd beilförmig **(3a)**, Weibchen mit weißem Halskragen und weiß gezeichneten Beinen.
RAUPE Länge bis 20 mm, Färbung olivgrün oder grünlich gelb, auf jedem Segment mit einem gelben und zwei schwarzen Punktepaaren **(3b)**.
NAHRUNGSPFLANZEN Raupen vorzugsweise an Hufeisenklee (*Hippocrepis comosa*) und Bunter Kronwicke (*Coronilla varia*), gelegentlich an Gemeinem Hornklee (*Lotus corniculatus*) oder einigen weiteren Schmetterlingsblütlern.
VORKOMMEN Vorzugsweise auf kalkhaltigen Trockenrasen im Bergland, im südlichen und mittleren Deutschland gebietsweise nicht selten.
WISSENSWERTES Die Art verpuppt sich wie das Bergkronwicken- und Esparsettenwidderchen in einem eiförmigen, ziemlich festen Kokon, der hier glänzend beige gefärbt ist. Die Falter fliegen meist schon im Mai und Juni; im Juli und August erscheinen noch einzelne Nachzügler.

Hufeisenklee > 382 | Bunte Kronwicke > 402
Gemeiner Hornklee > 380

1A
2A
2B
1B
3A
3B

Widderchen und Verwandte

1 | Kleewidderchen *Zygaena lonicerae* —Widderchen Zygaenidae

Sp um 30 mm
RL V § ☀

FALTER Vorderflügel mit 5 meist deutlich voneinander getrennten, roten Flecken **(1a)**.
RAUPE Bis 20 mm, hell grünlichgelb, auffallend lang behaart, in jedem Segment mit 4 großen, schwarzen Fleckenpaaren und dazwischen einem gelben Punkt **(1b)**.
NAHRUNGSPFLANZEN Vorzugsweise am Bergklee (*Trifolium montanum*), daneben aber auch an anderen Klee-Arten sowie am Gemeinen Hornklee (*Lotus corniculatus*).
VORKOMMEN Vorwiegend auf Trockenrasen, verbuschten Magerwiesen und an Waldsäumen, auch in lockeren Wäldern; am häufigsten im süd- und mitteldeutschen Bergland und in den niederen Lagen der Alpen.
WISSENSWERTES Die Art tritt an ihren Fundorten, anders als viele der übrigen Widderchen, meist in geringer Individuendichte auf. Sie kann leicht mit den beiden folgenden Arten (*Z. viciae, Z. rifolii*) verwechselt werden.

Bergklee > 364 | Gemeiner Hornklee > 380

2 | Kleines Fünffleckwidderchen *Zygaena viciae* —Widderchen Zygaenidae

Sp um 25 mm
§ ☀

FALTER Auffallend klein, Vorderflügel etwas durchscheinend, mit 5 roten Flecken **(2a)**.
RAUPE bis 18 mm, hellgrün mit weißlicher Rückenlinie, auf jedem Segment ein Paar sehr kleiner, schwarzer Punkte sowie ein weißes und ein gelbes Fleckenpaar **(2b)**.
NAHRUNGSPFLANZEN Vor allem an Gemeinem Hornklee (*Lotus corniculatus*), Futter-Esparsette (*Onobrychis viciifolia*), Vogelwicke (*Vicia cracca*) und Wiesenplatterbse (*Lathyrus pratensis*).
VORKOMMEN In unterschiedlichen Lebensräumen, z. B. auf Trockenrasen und blütenreichen Wiesen, an Waldwegen und selbst auf Feuchtwiesen, nach dem Sechsfleckwidderchen die häufigste Art der Gattung.
WISSENSWERTES Die unverwechselbare Raupe ist vor allem abends, an bedeckten Tagen aber auch tagsüber auf der Nahrungspflanze zu beobachten, ansonsten hält sie sich am Boden verborgen.

Gemeiner Hornklee > 380 | Futter-Esparsette > 402
Vogelwicke > 416 | Wiesenplatterbse > 378

3 | Sumpfhornklee-Widderchen *Zygaena trifolii* —Widderchen Zygaenidae

Sp um 30 mm
RL 3 §

FALTER Sehr ähnlich dem Kleewidderchen; Vorderflügel mit 5 roten Flecken **(3a)**, die beiden mittleren sich meist berührend; gelegentlich sind auch alle 5 Flecke miteinander verbunden.
RAUPE Ebenfalls der des Kleewidderchens sehr ähnlich, doch meist etwas kräftiger grünlich; die gelben Flecke schwer erkennbar, Behaarung deutlich kürzer **(3b)**.
NAHRUNGSPFLANZEN Vorwiegend am Sumpfhornklee (*Lotus uliginosus*), daneben auch am Gemeinen Hornklee (*Lotus corniculatus*).
VORKOMMEN Als einzige mitteleuropäische -Art mit deutlichem Verbreitungsschwerpunkt auf Feuchtwiesen; bei uns weit verbreitet, auch im norddeutschen Flachland, doch mit dem Rückgang intakter Feuchtgebiete vielerorts schon selten geworden.
WISSENSWERTES Falter dieser Art sind oft nicht mit letzter Sicherheit vom Kleewidderchen zu unterscheiden. In den meisten Fällen leisten die unterschiedlichen Lebensraumansprüche aber eine brauchbare Entscheidungshilfe. Auch beim Sumpfhornklee-Widderchen kann sich die Entwicklung durch mehrfache Diapausehäutungen der Raupe auf bis zu 5 Jahre verlängern.

Sumpfhornklee > 380 | Gemeiner Hornklee > 380

1A

2A

1B

2B

3A

3B

1 Hornissenglasflügler *Sesia apiformis* — Glasflügler Sesiidae

Sp 30–45 mm

JAN FEBR MÄRZ APRIL MAI JUNI JULI AUG SEPT OKT NOV DEZ

FALTER Flügel fast unbeschuppt und daher durchsichtig, Hinterleib schwarz und gelb geringelt; erinnert dadurch stark an eine Hornisse, der er auch in der Größe etwa entspricht **(1a)**.
RAUPE Bis 50 mm lang, weiß oder gelblich, mit dunkelbraunem Kopf und braunem Nackenschild, kaum behaart **(1b)**.
NAHRUNGSPFLANZEN In Stämmen und Wurzeln von Zitterpappeln (*Populus tremula*) und anderen Pappel-Arten, besonders aber von Schwarzpappeln (*Populus nigra*) und ihren Hybriden. Seltener auch in Weidenarten, z. B. Salweide (*Salix caprea*).
VORKOMMEN Vor allem in offenem, etwas feuchtem Gelände mit Pappelbeständen, insbesondere entlang von Wegen und Gewässerufern; in Mitteleuropa im Allgemeinen nicht selten, besonders in den größeren Flusstälern.
WISSENSWERTES Der Falter bleibt nach dem Schlupf oft noch längere Zeit im unteren Stammbereich seines Brutbaumes sitzen und ist hier relativ leicht zu entdecken. Beim Ergreifen krümmt er meist seinen Hinterleib nach unten ein und erweckt hierdurch den Eindruck, als wolle er zustechen. Die Raupe hat eine mehrjährige Entwicklung. Sie bohrt zunächst dicht unter der Rinde, später auch tiefer im Holz des unteren Stammbereichs und der Wurzeln einen Fraßgang, der am Ende der Entwicklung wieder zur Rindenoberfläche zurückführt. Das letzte Stück wird zur Puppenkammer erweitert und innen mit einem aus Spänen und Gespinst zusammengesetzten Kokon ausgekleidet. Nach außen wird diese Kammer durch eine membranartig dünne Rindenschicht abgegrenzt. Die Raupe überwintert ein letztes Mal im Kokon und verpuppt sich im folgenden Frühjahr. Die sehr bewegliche, mit mehreren Dornenkränzen bewehrte Puppe schiebt sich aus dem Kokon hervor und durchstößt dabei die letzte Rindenschicht. Danach entlässt sie den Falter. Nach dem Schlupf bleiben am Stammfuß etwa 1 cm weite, kreisrunde Löcher zurück, an denen sich noch nach Jahren Entwicklungsbäume des Hornissenglasflüglers erkennen lassen. Anfangs steckt in ihnen zudem die leere Puppenhülle.
ÄHNLICHE ART Sehr ähnlich und etwa gleich groß ist der **Große Weidenglasflügler** (*Sesia bembeciformis*), der an seinen schwarzen Schulterecken (diese sind beim Hornissenglasflügler gelb gefleckt) aber leicht zu erkennen ist. Er ist deutlich seltener und entwickelt sich ausschließlich in verschiedenen Weidenarten.

Zitterpappel > 328 | Salweide > 326

2 Zypressenwolfsmilch-Glasflügler *Chamaesphecia empiformis* — Glasflügler Sesiidae

Sp 13–22 mm

JAN FEBR MÄRZ APRIL MAI JUNI JULI AUG SEPT OKT NOV DEZ

FALTER Vorderflügel mit breiter, schwarzer Querbinde und dunklem Außensaum, ansonsten wie die Hinterflügel kaum beschuppt, Hinterleib mit blass gelblicher, z. T. in Binden angeordneter Beschuppung und schwarzem Schwanzfächer **(2a)**.
RAUPE Bis 20 mm lang, weißlich mit braunem Kopf und nur schwach verhorntem Nackenschild **(2b)**.
NAHRUNGSPFLANZEN Die Raupen entwickeln sich ausschließlich an der Zypressenwolfsmilch (*Euphorbia cyparissias*). Sie verhalten sich damit streng monophag, befressen also nur eine einzige Pflanzenart, während fast alle übrigen Spezialisten unter den Schmetterlingsraupen auch nahe verwandte Arten der gleichen Gattung als Nahrung akzeptieren.
VORKOMMEN An offenen, trockenen Stellen mit Vorkommen der Zypressenwolfsmilch im Allgemeinen nicht selten, etwa auf Trockenrasen, an sonnigen Waldrändern oder in Kiesgruben.
WISSENSWERTES Der Falter ist tagaktiv, aber aufgrund seiner geringen Größe und seines unauffälligen Erscheinungsbildes leicht zu übersehen. Gelegentlich ist er beim Blütenbesuch, etwa an der Zypressenwolfsmilch, aber auch an Liguster oder Wasserdost zu beobachten. Die schwarzen, oval geformten Eier werden einzeln an Blättern der Nahrungspflanze abgelegt. Die Raupe bohrt sich in den Wurzelstock der Wolfsmilch ein und stellt dort einen etwa 6–7 cm langen Fraßgang her. Befallene Pflanzen verdorren im Herbst früher als gesunde und sind oft daran zu erkennen.

Zypressenwolfsmilch > 382

1A

1B

2A

2B

1 | **Weidenbohrer** *Cossus cossus* —Holzbohrer Cossidae | Sp 65–80 mm

JAN FEBR MÄRZ APRIL MAI JUNI JULI AUG SEPT OKT NOV DEZ

FALTER Flügel hellgrau mit dunkelgrauer und zimtbrauner Marmorierung und feinem, schwarzem Linienmuster **(1c)**.
RAUPE Bis 10 cm lang, nur schwach behaart und stark glänzend, mit schwarzem Kopf, schwarz gezeichnetem Nackenschild und dunkelrotem Rücken, ansonsten hell gelblich gefärbt **(1b)**.
NAHRUNGSPFLANZEN Raupe in zahlreichen verschiedenen Laubhölzern, besonders in Salweide (*Salix caprea*) und anderen Weidenarten, Hängebirke (*Betula pendula*), Schwarzerle (*Alnus glutinosa*), Birnbaum (*Pyrus communis*) und Apfelbaum (*Malus domestica*).
VORKOMMEN Vorzugsweise an etwas feucht stehenden Baumbeständen, insbesondere in Auwäldern und an Gewässerufern, regelmäßig auch in Parks und Gärten; fast überall häufig.
WISSENSWERTES Die Eier werden einzeln oder in kleinen Gruppen an Baumrinde abgelegt, mit Vorliebe an solchen Bäumen, die bereits von Raupen besetzt sind. Meist handelt es sich dabei um kränkelnde oder bereits abgestorbene Bäume. Die Raupen fressen zunächst die Rinde und arbeiten sich mit zunehmendem Alter immer tiefer ins Holz vor. Dabei erzeugen sie im Querschnitt ovale, schließlich fast 2 cm breite Fraßgänge **(1a)**. Die größeren Raupen verbreiten einen starken essigartigen Geruch, der auch den von ihnen bewohnten Bäumen entströmt. Am Ende ihrer zwei- bis vierjährigen Entwicklung verhalten sich die einzelnen Raupen unterschiedlich. Einige verlassen noch vor Herbstbeginn ihren Brutbaum, graben sich in einiger Entfernung ins Erdreich ein, überwintern hier meist dicht unter der Erdoberfläche und verpuppen sich im nächsten Frühjahr. Andere verbringen den letzten Winter im Fraßgang und begeben sich erst im Frühjahr auf die Wanderung, um sich dann ebenfalls im Erdreich zu verpuppen. Eine dritte Gruppe von Raupen schließlich verlässt den Brutbaum gar nicht, sondern baut nach der letzten Überwinterung aus Nagespänen und Gespinst einen etwa 6 cm großen Kokon am Ende des zur Stammoberfläche offenen Gangendes.

Salweide > 326 | Korbweide > 328
Hängebirke > 334 | Schwarzerle > 336
Birnbaum > 342 | Apfelbaum>342

2 | **Blausieb** *Zeuzera pyrina* —Holzbohrer Cossidae | Sp 35–60 mm

JAN FEBR MÄRZ APRIL MAI JUNI JULI AUG SEPT OKT NOV DEZ

FALTER Flügel weiß, mit einem regelmäßigen Muster aus blauschillernden, schwarzen Flecken; Männchen **(2a)** mit in der unteren Hälfte zweiseitig gekämmten, in der Spitzenhälfte fadenförmigen, Weibchen mit einfach fadenförmigen Fühlern.
RAUPE Bis 50 mm lang, hell gelblich mit dunkelbraunem Kopf, ebensolchem Nackenschild und ebenso gefärbten, Borsten tragenden Punktwarzen, ansonsten weitgehend unbehaart **(2b)**.
NAHRUNGSPFLANZEN Die Raupe entwickelt sich in zahlreichen verschiedenen Laubgehölzen, etwa in Rotbuche (*Fagus sylvatica*), Apfelbaum (*Malus domestica*), Faulbaum (*Frangula alnus*) und Gewöhnlicher Esche (*Fraxinus excelsior*). Regelmäßig ist sie auch in Zweigen von Misteln (*Viscum album*) zu finden.
VORKOMMEN In vielen verschiedenen Lebensräumen, besonders aber an Waldrändern, in Obstplantagen und in Gärten weit verbreitet und im Allgemeinen nicht selten.
WISSENSWERTES Der unverwechselbare Schmetterling wird wegen seiner nachtaktiven Lebensweise relativ selten gefunden. Die Entwicklung der Raupe ist offenbar zwei- bis dreijährig. Sie findet oft in dünnen Zweigen oder im Stamm junger Bäume statt, die hierdurch nicht selten absterben. Daher kann die Art vor allem in Obstkulturen größere Schäden anrichten. Im Lauf ihrer Entwicklung nagt die Raupe einen etwa 30 cm langen, knapp 1 cm breiten Gang, der meist nach unten gerichtet ist. An seinem Ende liegt die nur mit leichtem Gespinst ausgekleidete Puppenkammer. In ihr überwintert die Raupe kopfabwärts und häutet sich im Frühjahr zur sehr beweglichen Puppe. Diese besitzt auf ihren Hinterleibsringen feine Dornenkränze, mit deren Hilfe sie sich im Gang auf und ab bewegen kann. Vor dem Schlupf durchstößt sie mit ihrem Kopf einen aus Spänen und Gespinst zusammengesetzten Deckel.

Rotbuche > 330 | Apfelbaum > 342
Faulbaum > 352 | Gewöhnliche Esche > 358
Mistel > 336

1A

1B

1C

2A

2B

1 Buchenmotte, Sängerin *Diurnea fagella* (= *Chimabacche fagella*)—Breitflügelmotten Chimabachidae

Sp 19–29 mm

FALTER Flügel hellgrau mit einer gewinkelten, schwarzen Querbinde kurz hinter der Flügelbasis und feinem, dunklem Fleckenmuster **(1a)**.
RAUPE Bis 25 mm lang, hellgrün mit braunem Kopf; 3. Beinpaar keulenförmig verdickt **(1b)**.
NAHRUNGSPFLANZEN Raupe besonders an Rotbuche (*Fagus sylvatica*), doch auch an Stieleiche (*Quercus robur*), Hängebirke (*Betula pendula*) und Salweide (*Salix caprea*).
VORKOMMEN In Laub- und Mischwäldern fast überall häufig.
WISSENSWERTES Die Männchen sieht man oft an Buchenstämmen sitzen, die Weibchen dagegen erscheinen erst in der Dämmerung. Die Raupe spinnt zwei benachbarte Blätter flach übereinander zusammen, sodass zwischen ihnen ein flacher, breiter Wohnraum entsteht. Durch rasche, kratzende Bewegungen des 3. Beinpaares kann sie ein zirpendes Geräusch erzeugen („Sängerin").

Rotbuche > 330 | Stieleiche > 332
Hängebirke > 334 | Salweide > 326

2 Kiefern-Harzgallenwickler *Retinia resinella* (= *Petrova resinella*)—Wickler Tortricidae

Sp 16–21 mm

FALTER Vorderflügel silbrig grau, mit z. T. miteinander vernetzten, schwärzlichen und braunen Querbinden **(2a)**.
RAUPE Bis 17 mm lang, hell rötlich braun, mit ebenso gefärbtem Kopf und Nackenschild **(2b)**.
NAHRUNGSPFLANZEN An der Waldkiefer (*Pinus sylvestris*), wohl auch an anderen *Pinus*-Arten.
VORKOMMEN Am Rand von Kiefernwäldern und in Moorgebieten nicht selten.
WISSENSWERTES Die Raupe befrisst zunächst die Rinde. Dann baut sie aus austretenden Harztropfen und ihrem Kot unter Zuhilfenahme von Gespinstfäden eine etwa erbsengroße, einkammerige Harzgalle, von der aus sie sich ins Innere des Triebes vorarbeitet. Nach der ersten Überwinterung vergrößert sie diese Galle zu einem zweikammerigen, etwa 2 cm großen Gebilde **(2c)**, in dem sie sich nach der zweiten Überwinterung verpuppt. Vor dem Schlupf des Falters schiebt sich die Puppe durch die zwischenzeitlich weich gewordene Wand der Harzgalle hindurch.

Waldkiefer > 324

3 Apfelwickler *Cydia pomonella* —Wickler Tortricidae

Sp 14–18 mm

FALTER Vorderflügel bleigrau mit wellenförmigen, dunkelgrauen Querlinien und sehr feinen, hellen Punkten, im Spitzendrittel dunkelbraun mit goldglänzenden Flecken **(3a)**.
RAUPE Bis 15 mm lang, hell rötlich mit braunem Kopf und dunkelbraunem Nackenschild **(3b)**.
NAHRUNGSPFLANZEN Die Raupe entwickelt sich vor allem in den Früchten von Apfelbäumen (*Malus domestica*) und Birnbäumen (*Pyrus communis*), gelegentlich auch an weiteren Obstbäumen sowie in Früchten der Esskastanie (*Castanea sativa*).
VORKOMMEN In Gärten und Obstplantagen sowie an anderen Standorten von Obstbäumen überall häufig.
WISSENSWERTES Der unauffällige Falter ist dämmerungs- und nachtaktiv und fliegt oft Lichtquellen an. Er erscheint jährlich in 1–2 Generationen. Seine Raupe ist die bekannte „Made im Apfel". Sie ernährt sich von den Samen und dem umgebenden Fruchtfleisch. Am Ende ihrer Entwicklung bohrt sie sich seitlich aus der Frucht heraus, um sich am Boden zu verpuppen oder zur Überwinterung ein Versteck aufzusuchen.

Apfelbaum > 342 | Birnbaum > 342
Esskastanie > 332

1A

1B

2A

2B

2C

3A

3B

1 Federgeistchen *Pterophorus pentadactyla* —Federmotten Pterophoridae

Sp 26–34 mm ☀

JAN FEBR MÄRZ APRIL MAI JUNI JULI AUG SEPT OKT NOV DEZ

FALTER Schneeweiß gefärbt, Flügel bis fast zum Grund in federartig mit Haarfransen gesäumte Abschnitte aufgespalten, Vorderflügel in 2, Hinterflügel in 3 **(1a)**.
RAUPE Bis 12 mm lang, hellgrün mit weißer, gelb gepunkteter Rückenlinie; lang weiß behaart (besonders am Vorder- und Hinterende), am Rücken auch mit dunkelbraunen Haaren **(1b)**.
NAHRUNGSPFLANZEN An der Ackerwinde (*Convolvulus arvensis*) und anderen Windenarten.
VORKOMMEN An Wald- und Wegrändern, Feldrainen und anderen Standorten von Ackerwinden fast überall ziemlich häufig, auch im Siedlungsbereich.
WISSENSWERTES Der Falter spreizt im Sitzen seine Flügel rechtwinklig vom Vorderkörper ab und schiebt dabei meist die Hinterflügel unter das vordere Flügelpaar. Das Weibchen legt die weißen Eier einzeln oder in kleinen Gruppen an den Blättern der Nahrungspflanze ab. Die Jungraupen befressen zunächst nur die Blattunterseite; dadurch bilden sich auf der Oberseite kleine, bräunliche Flecke; später benagen sie die ganzen Blätter. Einige der Raupen wachsen schnell heran, verpuppen sich noch im Hochsommer und ergeben im August Falter einer zweiten Generation. Die meisten aber gehen mit immer noch geringer Größe in die Winterruhe und verpuppen sich erst im nächsten Frühjahr. Die Verpuppung erfolgt meist an einem Blatt. Die sehr schlanke, grünlich oder weißlich gefärbte Puppe trägt ebenfalls eine lange, weiße Behaarung.

Ackerwinde > 408

2 Buchsbaumzünsler *Cydalima perspectalis* —Zünsler Crambidae

Sp 40–45 mm ☀

JAN FEBR MÄRZ APRIL MAI JUNI JULI AUG SEPT OKT NOV DEZ

FALTER Von der Art existieren zwei Formen, zwischen denen es keine Übergänge gibt. Die Mehrzahl der Falter hat seidig weiß gefärbte Flügel mit einem breiten schwarzbraunen Saum **(2a)**. Die Flügel sind harmonisch geschwungen. Auffällig im Vorderflügel sind eine kleine, braun gefärbte Ausbuchtung in das Mittelfeld sowie ein daneben befindlicher halbmondförmiger, weißer Fleck. Deutlich seltener sind Falter mit durchgehend braunen Flügeln (**2d**, bei Nacht, Reflexionen durch Blitzlicht). Auch hier ist der weiße Fleck auf den Vorderflügeln vorhanden.
RAUPE Bis 5 cm lang, mit gelbgrüner bis dunkelgrüner Grundfarbe. Der Körper ist schwarz und weiß gestreift, mit schwarzen Punkten, weißen Borsten und schwarzer Kopfkapsel **(2b)**.
NAHRUNGSPFLANZEN Insbesondere an Gewöhnlichem Buchsbaum (*Buxus sempervirens*) sowie anderen Buchsbaumarten **(2c)**.
VORKOMMEN Überall im Siedlungsbereich, wo Buchsbäume wachsen. Um die Jahrtausendwende lebte der Buchsbaumzünsler nur in Ost-, Südost- und Südasien (insbesondere Japan, China, Korea, Indien und Ost-Russland). Er wurde erst durch den internationalen Handel mit Baumschulware nach Europa eingeschleppt. In Deutschland entdeckte man 2006 die ersten Falter in der Oberrheinebene. Mittlerweile gibt es den Zünsler in ganz Deutschland – als letztes Bundesland kam 2018 Hamburg dazu. Seit 2018 hat die Art auch Nordamerika erobert.
WISSENSWERTES Es gibt nur wenige Schmetterlinge, über die sich Menschen überhaupt nicht freuen! Aktuell sind das zwei Arten: der Eichen-Prozessionsspinner und der Buchsbaumzünsler. Dabei haben die Wenigsten diese Falter schon einmal gesehen. Vielmehr sind es ihre Raupen, die von den Menschen als Schädlinge verteufelt werden. Dabei ist der seidig weiß glänzende Buchsbaumzünsler mit seinen harmonisch geschwungenen Flügeln wirklich wunderschön! Man weiß mittlerweile, dass sich die Falter selbst nur ca. 5 km pro Jahr um die bisherigen Befallsgebiete ausbreiten. Die rasante Verbreitung des Kleinschmetterlings in Deutschland ist also nicht auf das Flugvermögen der Falter zurückzuführen, sondern erfolgte durch die Verschleppung von Eiern oder Raupen – insbesondere durch die von den Gartencentern verkauften Jungpflanzen.
Mein persönlicher Tipp: Selbst völlig kahlgefressene Buchsbaumhecken sollten nicht ausgegraben und vernichtet werden. Es hilft schon, die Hecke in 10–15 cm Höhe auf den Stock zu setzen. Schon im Jahr darauf hat sich die Hecke fast vollständig erholt. Der Co-Autor hat das schon zweimal mit seiner Hecke im Vorgarten mit Erfolg durchgeführt.

1A

1B

2A

2B

2C

2D

1 | Laichkrautzünsler, Seerosenzünsler
Elophila nymphaeata — Zünsler Crambidae

Sp 22–30 mm

FALTER Flügel weiß, mit einer Zeichnung aus schmalen, braunen Schleifen und breiteren Zackenbinden **(1a)**.
RAUPE Bis 22 mm lang, gelblich oder hellgrün, nur schwach behaart **(1b)**.
NAHRUNGSPFLANZEN Besonders an Schwimmendem Laichkraut (*Potamogeton natans*).
VORKOMMEN An stehenden, meist kleineren Gewässern, z. B. an Tümpeln und Fischteichen, überall ziemlich häufig.
WISSENSWERTES Die Raupen halten sich unter einem ovalen, aus einem Schwimmblatt herausgeschnittenen und an dessen Unterseite fest gesponnen Blattstück verborgen. Zur Verpuppung bauen sie einen Köcher aus 2 derartigen Blattstücken, der an einem Blattstiel befestigt wird und eine Luftblase enthält. Der schlüpfende Falter ist von einer Lufthülle umgeben und wird durch den damit verbundenen Auftrieb gewissermaßen zur Wasseroberfläche „katapultiert".

Schwimmendes Laichkraut > 428 |
Weiße Seerose >362 | Einfacher Igelkolben > 428
Kleine Wasserlinse > 428

2 | Wasserlinsenzünsler *Cataclysta lemnata*
— Zünsler Crambidae

Sp 15–25 mm

FALTER Männchen **(2a)** mit weißen, Weibchen mit hellbraunen Vorderflügeln, Hinterflügel mit einer schwarzen, weiß gepunkteten Randbinde.
RAUPE Bis 17 mm lang, dunkelgrau gefärbt **(2b)**.
NAHRUNGSPFLANZEN Vorzugsweise an der Kleinen Wasserlinse (*Lemna minor*) und einigen weiteren Wasserpflanzen.
VORKOMMEN An pflanzenreichen Teichen und Tümpeln meist nicht selten.
WISSENSWERTES Die Raupe baut sich aus Wasserlinsen einen transportablen Köcher. Dieser ist bei den älteren Raupenstadien mit einer Luftblase **(2b)**. Sie kriecht meist unmittelbar unter der Wasseroberfläche in den schwimmenden Teppichen ihrer HauptNahrungspflanze umher. Die Verpuppung erfolgt zwischen Wasserlinsen in einem Luft gefüllten, blasenförmigen Gespinst.

Kleine Wasserlinse > 428 | Froschbiss > 370

3 | Weißer Wasserzünsler *Acentria ephemerella*
— Zünsler Crambidae

Sp 11–20 mm

FALTER Körper und Flügel einheitlich weiß beschuppt, Männchen **(3a)** stets voll geflügelt, das größere Weibchen in einer geflügelten und einer stummelflügligen Form.
RAUPE Bis 13 mm lang, hell grünlich oder gelblich gefärbt **(3b)**.
NAHRUNGSPFLANZEN Vorzugsweise an der Kanadischen Wasserpest (*Elodea canadensis*), Ährigem Tausendblatt (*Myriophyllum spicatum*) und weiteren Wasserpflanzen.
VORKOMMEN An sauberen Teichen und Weihern mit dichter Unterwasservegetation, ziemlich selten, aber vermutlich oft nur übersehen.
WISSENSWERTES Das Männchen und das geflügelte Weibchen kann man in der Ufervegetation finden. Das stummelflüglige Weibchen dagegen ist ein echtes Wassertier. Zur Paarung streckt es seinen Hinterleib über den Wasserspiegel empor und wird vom auf dem Wasser landenden Männchen begattet. Die Raupe miniert zunächst in Stängeln und baut später ein Blattgehäuse. Die Art fliegt jährlich in 2 Generationen.

Kanadische Wasserpest > 428 |
Ähriges Tausendblatt > 426

1A

1B

2A

2B

3A

3B

1/2 Frühlings-Wollafter, Wollafter *Eriogaster lanestris* —Glucken Lasiocampidae

Sp 30–35 mm
RL 3

FALTER Flügel bei beiden Geschlechtern dunkel rostrot mit kontrastreich abgesetztem, weißem Punkt in der Flügelmitte und weißem Fleck an der Flügelbasis, Letzterer beim Männchen **(1a)** meist ring- oder U-förmig und etwas größer als beim Weibchen **(1b)**, dieses mit dichtem, schwarzgrauem Afterbusch („Wollafter"). Vor dem Flügelsaum eine oft undeutliche, etwas gewellte, helle Querbinde.

RAUPE Bis 45 mm lang, schwarz mit langen weißlichen Haaren und dunkel rostrotem Haarfleck auf dem Rücken jedes Rumpfringes, oft seitlich mit weißen Punkten **(1e)**.

NAHRUNGSPFLANZEN An vielen verschiedenen Laubhölzern, bevorzugt an Hängebirke (*Betula pendula*) und Schlehe (*Prunus spinosa*), daneben z. B. an Eberesche (*Sorbus aucuparia*), Salweide (*Salix caprea*) und Eingriffeligem Weißdorn (*Crataegus monogyna*).

VORKOMMEN Besonders an Waldrändern und auf verbuschten Trockenrasen, bevorzugt auf Kalkboden. Früher in Mitteleuropa allgemein verbreitet, in den letzten Jahren aber deutlich zurückgegangen, vielerorts sogar ganz verschwunden.

WISSENSWERTES Die vorwiegend nachtaktiven Falter schlüpfen oft schon im Februar aus den überwinternden Puppen. Oft überliegen diese aber auch mehrmals; einzelne schlüpfen erst nach sieben Jahren! Die Weibchen legen ihre Eier in lang gestreckten Gelegen an dünne Zweige und bedecken sie mit der langwolligen Behaarung ihres Afterbusches **(1c)**. Die Raupen bleiben bis zur letzten Häutung zusammen und ruhen in den Fresspausen in bis 30 cm großen, beutelförmigen Gespinsten **(1d)**. Die Verpuppung erfolgt am Boden in einem eiförmigen, braunen Kokon **(1f, 1g)**. Dieser trägt meist zwei gegenüber liegende Atemporen.

ÄHNLICHE ART Der sehr ähnliche **Alpen-Wollafter** (*Eriogaster arbusculae*) **(2)** ist in Deutschland ausgestorben.

Hängebirke > 334 | Schlehe > 346
Vogelbeere > 342 | Salweide > 326
Eingriffeliger Weißdorn > 344 | Vogelbeere > 342

NABU
Große Krabbelgruppe
sucht ganz dringend
motivierte Hilfskräfte!
Tel. 030.28 49 84-15 74

1C

1D

1E

1F

1G

2

1 Hecken-Wollafter *Eriogaster catax* —Glucken Lasiocampidae

Sp 30–45 mm
RL 1 § FFH

JAN FEBR MÄRZ APRIL MAI JUNI JULI AUG SEPT OKT NOV DEZ

FALTER Männchen **(1b)** mit gelbbraunen, am Spitzensaum braunviolett gesäumten Vorderflügeln, die etwa in der Mitte einen rundlichen weißen, dunkel umrandeten Fleck tragen; Weibchen **(1a)** insgesamt deutlich dunkler, Vorderflügel mit dunkelbrauner Grundfärbung.
RAUPE Bis 50 mm lang, mit schwarzer Grundfärbung, am Rücken und an den Seiten mit weißgrauen, zopfartig zusammengezogenen Haarbüscheln, außerdem am Rücken mit kurzen, braunen Haarpolstern und daneben mit blauen und gelblich weißen Flecken **(1d)**.
NAHRUNGSPFLANZEN Bisher nur an Schlehen (*Prunus spinosa*) und Stieleichen (*Quercus robur*) sowie anderen *Quercus*-Arten beobachtet, möglicherweise aber auch an weiteren Laubhölzern.
VORKOMMEN Nur in warmen, lockeren, etwas feuchten Laubwäldern sowie verbuschten Magerrasen. Am häufigsten in extensiv bewirtschafteten Mittelwäldern, wie sie heute z. B. noch im südlichen Steigerwald zu finden sind. In solchen Wäldern kommen auch andere sehr seltene Schmetterlingsarten wie etwa der Maivogel (*Euphydryas maturna*) vor (>178). In Mitteleuropa sehr stark zurückgegangen und derzeit nur noch von wenigen Orten bekannt, außer aus dem Steigerwald z. B. noch aus der Elsässischen Rheinebene und aus dem Raum Genf, akut vom Aussterben bedroht.
WISSENSWERTES Die nachtaktiven Falter erscheinen im Gegensatz zum Frühlings-Wollafter ziemlich spät im Jahr, hauptsächlich im September. Gelegentlich fliegen sie künstliche Lichtquellen an. Die Paarung findet noch vor Mitternacht statt. Bereits kurz darauf beginnt das Weibchen mit der Eiablage. Es klebt die Eier mit einer dunklen Kittsubstanz spiralig um dünne Zweige (meist Schlehenzweige) und bedeckt sie anschließend mit der graubraunen, dichten Behaarung seines Afterbusches. Das fertige Eigelege erinnert an eine pelzige Raupe und überwintert am Zweig **(1c)**. Die Raupen schlüpfen meist Anfang Mai und stellen dicht neben dem Gelege ein kleines Gespinst her, in dem sie sich in den Fresspausen wieder versammeln. Nach der ersten Häutung zerstreuen sie sich aber und kehren nicht mehr zum Gespinst zurück. Offenbar wechseln sie später von den Schlehenzweigen zu Eichen über, denn die größeren Raupen findet man fast immer an Eichenzweigen. Im Juni begeben sie sich zum Boden hinab und verpuppen sich in einem eiförmigen, pergamentartigen Kokon.

Schlehe > 346 | Stieleiche > 332

2 Kleine Pappelglucke *Poecilocampa populi* —Glucken Lasiocampidae

Sp 30–45 mm

JAN FEBR MÄRZ APRIL MAI JUNI JULI AUG SEPT OKT NOV DEZ

FALTER Vorderflügel dunkelgrau mit violetter Tönung; parallel zum Außenrand eine schmale, gezackte, gelbliche Binde, die sich am vorderen Flügelrand etwas verbreitert **(2a)**.
RAUPE Bis 50 mm lang, in zwei Färbungsvarianten; die hellere hell graubraun mit dichter, dunklerer Punktierung und paarigen, hellen Flecken beiderseits der Rückenmitte **(2b)**, die dunklere mehr schiefergrau mit einer Reihe rautenförmiger, schwarzgrauer Rückenflecke, die jeweils von weißlichen Fleckenpaaren flankiert werden.
NAHRUNGSPFLANZEN An zahlreichen verschiedenen Laubhölzern, vor allem an Zitterpappel (Populus tremula), Rotbuche (*Fagus sylvatica*), Stieleiche (*Quercus robur*), Schlehe (*Prunus spinosa*) und Gewöhnlicher Esche (*Fraxinus excelsior*).
VORKOMMEN Vor allem in Laubmischwäldern, auch in Gärten und Parkanlagen; in Mitteleuropa fast überall ziemlich häufig.
WISSENSWERTES Der vorwiegend nachtaktive Falter erscheint sehr spät im Jahr. Er ist sehr widerstandsfähig gegenüber niedrigen Temperaturen; fliegende Falter wurden schon bei leichtem Schneefall und Temperaturen von nur 2°C beobachtet! Die Eier werden einzeln oder in kleinen Gruppen an Zweigen abgelegt und überwintern. Die etwas abgeflachten Raupen schmiegen sich tagsüber eng an Baumstämme oder Zweige und sind dort durch ihre Färbung hervorragend getarnt. Die Verpuppung erfolgt ab Ende Mai am Erdboden in einem festen, dunkelgrauen Kokon. Schon im Hochsommer sind die Falter in ihren Puppenhüllen fertig entwickelt, verlassen diese aber in der Regel erst nach den ersten Nachtfrösten.

Zitterpappel > 328 | Rotbuche > 330
Stieleiche > 332 | Schlehe > 346
Gewöhnliche Esche > 358

1A

1B

1C

1D

2A

2B

Glucken

1 | **Ringelspinner** *Malacosoma neustria* —Glucken Lasiocampidae

Sp 23–39 mm

JAN FEBR MÄRZ APRIL MAI JUNI JULI AUG SEPT OKT NOV DEZ

FALTER Färbung sehr variabel, Grundfarbe der Vorderflügel hell ockergelb, rotbraun oder dunkel graubraun, in der Mitte mit einer breiten, beiderseits durch eine helle oder eine dunkle Linie abgegrenzten Querbinde; diese ist oft dunkler als die Grundfarbe, kann aber auch dieser entsprechen; Männchen **(1b)** mit stark gekämmten Fühlern, meist deutlich kleiner als das Weibchen **(1a)**.
RAUPE Länge bis 60 mm, sehr bunt, Grundfärbung leuchtend blaugrau, mit weißlich blauer Rückenlinie und seitlich davon orangefarbigen und schwarzen Längsstreifen **(1d)**; Kopfkapsel oben mit zwei rundlichen, schwarzen Augenflecken **(1e)**.
NAHRUNGSPFLANZEN An vielen verschiedenen Laubhölzern, am häufigsten an Schlehe (*Prunus spinosa*), daneben unter anderem an Salweide (*Salix caprea*), Hainbuche (*Carpinus betulus*), Stieleiche (*Quercus robur*), Birnbaum (*Pyrus communis*), Apfelbaum (*Malus domesticus*) und Eingriffeligem Weißdorn (*Crataegus monogyna*).
VORKOMMEN In lockeren Wäldern und Gebüschen, in Heckenlandschaften, Obstwiesen und an Straßenrändern weit verbreitet, doch fast nirgends mehr häufig.

WISSENSWERTES Der Ringelspinner galt früher als gefürchteter Obstbaumschädling, ist aber mittlerweile so selten geworden, dass er wohl nicht mehr als Schädling betrachtet werden kann. Das Weibchen legt seine Eier im Sommer in sehr regelmäßigen, dicht gepackten, etwa 1 cm breiten Ringen um dünne Zweige der Nahrungspflanze **(1c)**. Sie überwintern und entlassen erst im folgenden Frühjahr die Raupen. Diese leben gesellig in Gespinstnestern, in die sie sich in den Fresspausen und zu Häutungen immer wieder zurückziehen **(1d)**. Durch ihre augenartigen, dunklen Flecke an der Kopfkapsel erhalten sie ein etwas bedrohlich wirkendes Aussehen. In Wahrheit aber sind ihre Augen wie bei allen Schmetterlingsraupen winzig klein und liegen unten an den Kopfseiten. Zur Verpuppung spinnen die Raupen zwischen Blättern einen weißen, mit einem zitronengelben Sekret durchtränkten Kokon.

Schlehe > 346 | Salweide > 326 | Hainbuche > 336
Stieleiche > 332 | Birnbaum > 342
Apfelbaum > 342 | Eingriffeliger Weißdorn > 344

2 | **Wolfsmilch-Ringelspinner** *Malacosoma castrensis* —Glucken Lasiocampidae

Sp 24–42 mm ✳

JAN FEBR MÄRZ APRIL MAI JUNI JULI AUG SEPT OKT NOV DEZ

FALTER Vorderflügel beim Männchen **(2a)** hell gelbbraun mit einer durch dunkle Linien begrenzten, etwas scheckigen Querbinde, Hinterflügel in deutlichem Kontrast hierzu fast einheitlich dunkelbraun; Weibchen mit dunkleren Vorderflügeln, in deren Mitte mit hell eingefasster, brauner Querbinde.
RAUPE Bis 60 mm lang, ähnlich der des Ringelspinners, doch ohne die schwarzen Augenflecke auf der Kopfkapsel. Das helle Längsband in der Rückenmitte tritt meist schwächer, die orange gefärbten Streifen daneben treten dafür stärker hervor **(2c)**.
NAHRUNGSPFLANZEN Vorwiegend an der Zypressenwolfsmilch (*Euphorbia cyparissias*), daneben aber auch an verschiedenen weiteren krautigen und holzigen Pflanzen, etwa Eingriffeligem Weißdorn (*Crataegus monogyna*), Kleinem Wiesenknopf (*Sanguisorba minor*) und Gemeiner Flockenblume (*Centaurea jacea*).
VORKOMMEN In offenem, trockenwarmem Gelände, besonders auf sandigem oder steinigem Boden, so auf lückig bewachsenen Kalkmager-rasen und in Heidegebieten, oft in militärischem Übungsgelände; in Norddeutschland z. B. in der Lüneburger Heide, im südlichen und mittleren Deutschland weit verbreitet, aber in den letzten Jahren regional zurückgegangen.
WISSENSWERTES Das Weibchen legt die Eier wie das des Ringelspinners in dicht gepackten Ringen um Pflanzenstängel, bevorzugt hierfür aber dürre Stängel niedriger Pflanzen. Diese Ringe sind meist über 2 cm breit **(2b)**. Die Eier überwintern. Die Raupen schlüpfen meist in der zweiten Aprilhälfte und stellen in Bodennähe ein oft umfangreiches Gespinst her, in dem sie sich in den Fresspausen und zu ihren Häutungen zusammenfinden **(2d)**.

Zypressenwolfsmilch > 382
Eingriffeliger Weißdorn > 344
Kleiner Wiesenknopf > 424
Gemeine Flockenblume > 414

1A
1B
1C
1D
1E
2A
2B
2C
2D

1 | **Alpiner Ringelspinner** *Malacosoma alpicola* —Glucken Lasiocampidae

Sp 18–34 mm
RL R ☀

FALTER Männchen **(1a)** deutlich kleiner als das Weibchen, seine Vorderflügel dunkel graubraun mit zwei gelblichen Querlinien, von denen die erste oft undeutlich ist; Weibchen **(1c)** meist mit einheitlich rotbraunen, höchstens schwach hell quer gebänderten Vorderflügeln. Hinterflügel bei beiden Geschlechtern in der Grundfärbung wie die Vorderflügel.
RAUPE Bis 60 mm lang, leuchtend blaugrau mit weißlichem Längsstreifen in der Rückenmitte und daneben einer breiten schwarzen, orange gezeichneten Längsbinde. Im Vergleich zur ähnlichen Raupe des Wolfsmilch-Ringelspinners überwiegt hier die Schwarzfärbung. Kopfkapsel ohne dunkle Augenflecke **(1b)**.
NAHRUNGSPFLANZEN An vielen verschiedenen niedrigen Pflanzen, vor allem an Vertretern der Rosengewächse, etwa Alpen-Frauenmantel (*Alchemilla alpina*), Gold-Fingerkraut (*Potentilla aurea*), Echtem Mädesüß (*Filipendula ulmaria*) und Brombeere (*Rubus fruticosus*), doch z. B. auch an Zypressenwolfsmilch (*Euphorbia cyparissias*) und verschiedenen, niedrigwüchsigen Sträuchern.
VORKOMMEN Vorwiegend auf feuchten Alpenmatten oberhalb der Waldgrenze; in den Zentral- und Südalpen ziemlich häufig, in den deutschen Alpen selten.
WISSENSWERTES Vor allem die Männchen dieser Art fliegen auch tagsüber und paaren sich meist in den frühen Nachmittagsstunden mit den ebenfalls recht flugaktiven Weibchen. Das Eigelege ähnelt sehr dem des Wolfsmilch-Ringelspinners. Die Raupen schlüpfen erst im folgenden Frühjahr und entwickeln sich in Anbetracht der unwirtlichen Lebensbedingungen in ihrem Lebensraum recht schnell. Sie verpuppen sich wie die anderen Arten der Gattung in einem durch eine puderartige Substanz gelb gefärbten Kokon zwischen Pflanzenteilen oder unter Steinen.

Alpen-Frauenmantel > 426 | Gold-Fingerkraut > 376
Echtes Mädesüß > 366 | Brombeere > 340
Zypressenwolfsmilch > 382

2 | **Brombeerspinner** *Malacosoma rubi* —Glucken Lasiocampidae

Sp 38–68 mm
☀

FALTER Vorderflügel beim Männchen **(2a)** dunkel graubraun oder rotbraun, beim Weibchen stets graubraun, bei beiden Geschlechtern mit 2 schmalen, hell gelblichen Querlinien.
RAUPE Bis 80 mm lang, in der Jugend schwarz mit leuchtend hellgelben Segmenteinschnitten und eher schwacher Behaarung, im letzten Stadium **(2c)** dagegen dicht schwarz und rotbraun behaart.
NAHRUNGSPFLANZEN An zahlreichen verschiedenen krautigen Pflanzen und Sträuchern, unter anderem an Gemeinem Sonnenröschen (*Helianthemum nummularium*), Schlehe (*Prunus spinosa*), Kleinem Wiesenknopf (*Sanguisorba minor*), Flügelginster (*Genista sagittalis*), Himbeere (*Rubus idaeus*) und Spitzwegerich (*Plantago lanceolata*).
VORKOMMEN In offenem Gelände verschiedenster Art, etwa auf Trockenrasen, an Wegböschungen, auf Wiesen und Weiden, an Waldrändern und auch in Mooren; in Mitteleuropa fast überall der häufigste Vertreter der Glucken.
WISSENSWERTES Während die Weibchen ausschließlich nachtaktiv sind, fliegen die Männchen nur tagsüber und in der Dämmerung. Bei ihrem wilden Flug auf der Suche nach Weibchen sind sie allerdings kaum zu erkennen. Das Weibchen klebt die Eier meist dicht über dem Boden in klumpenförmigen Gelegen an Pflanzenstängel. Die etwa 2,5 mm großen Eier sind oval geformt, hell cremefarben mit einem bräunlichen Ringmuster und tragen an der Spitze einen dunklen Punkt **(2b)**. Die Raupen leben einzeln und verbergen sich tagsüber gern unter Steinen. Im Spätsommer sieht man sie dann aber oft beim Überqueren von Wegen oder offenen Bodenflächen. Bei einer Störung rollen sie sich sofort spiralig zusammen und verharren oft viele Minuten in dieser Haltung. Sie besitzen Brennhaare, die allergische Reaktionen hervorrufen können. Sie ziehen sich ab Ende August in ein Versteck zurück, überwintern und verpuppen sich im Frühling ohne weitere Nahrungsaufnahme.

Gemeines Sonnenröschen > 386 | Schlehe > 346
Kleiner Wiesenknopf > 424 | Flügelginster > 348
Himbeere > 340 | Spitzwegerich >426

1A

1B

1C

2A

2B

2C

1 Kleespinner *Lasiocampa trifolii* —Glucken Lasiocampidae

Sp 34–67 mm

JAN FEBR MÄRZ APRIL MAI JUNI JULI AUG SEPT OKT NOV DEZ

FALTER Vorderflügel beim Männchen **(1a)** rötlich braun oder graubraun mit einer flach S-förmig geschwungenen, gelblichen Linie und davor einem weißen, dunkel umrandeten Punkt, beim Weibchen die helle Linie oft undeutlich oder an ihrer Stelle eine dunkle Linie.
RAUPE Länge bis 75 mm, mit dunkelgrauer Grundfärbung, die durch eine dichte, lange, ockerfarbene und weißliche Behaarung fast vollkommen verdeckt wird, Kopfkapsel rostbraun mit schwarzer und gelber Zeichnung **(1b)**.
NAHRUNGSPFLANZEN An vielen verschiedenen niedrigen Pflanzen, insbesondere an Schmetterlingsblütlern wie Dorniger Hauhechel (*Ononis spinosa*), Weißklee (*Trifolium repens*), Futter-Esparsette (*Onobrychis viciifolia*), Wiesenplatterbse (*Lathyrus pratensis*), Sichelklee (*Medicago falcata*) und Besenginster (*Sarothamnus scoparius*), aber auch an Besenheide (*Calluna vulgaris*) und verschiedenen Gräsern wie etwa Pfeifengras (*Molinia caerulea*).
VORKOMMEN Vorwiegend in trockenem, grasigem Gelände, z. B. auf Trockenrasen und Schafweiden, seltener auch auf Feuchtwiesen; weit verbreitet und stellenweise nicht selten, in vielen Gegenden aber deutlich zurückgegangen.

WISSENSWERTES Das Weibchen klebt die Eier nicht an Pflanzen, sondern verstreut sie frei im Gelände. Auch bezüglich des Schlüpfzeitpunktes scheint es regional deutliche Unterschiede zu geben: Während viele Autoren von Jungraupen im Herbst berichten, überwintern nach anderen Verfassern die Eier und entlassen die Raupen erst im zeitigen Frühjahr. Diese führen eine recht versteckte Lebensweise in der dichten Vegetation, steigen aber öfter an Grashalmen über die geschlossene Vegetationsschicht hinaus, um sich zu sonnen. Schon bei einer leichten Erschütterung lassen sie sich fallen und rollen sich zusammen. Man sollte sie nicht berühren, da sie wie einige verwandte Arten Brennhaare besitzen. Die Verpuppung erfolgt in einem ziemlich festen, pergamentartigen, braunen Kokon.

Dornige Hauhechel > 350 | Weißklee > 364
Futter-Esparsette > 402 | Wiesenplatterbse > 378
Sichelklee > 378 | Besenheide > 356
Besenginster > 350 | Pfeifengras > 434

2 Eichenspinner *Lasiocampa quercus* —Glucken Lasiocampidae

Sp 48–75 mm ☀

JAN FEBR MÄRZ APRIL MAI JUNI JULI AUG SEPT OKT NOV DEZ

FALTER Färbung bei beiden Geschlechtern sehr variabel, Vorderflügel beim Männchen **(2b)** meist dunkel kastanienbraun mit einer etwas geschwungenen, gelben Querbinde und davor einem weißen Punkt, Hinterflügel ebenso, doch ohne den hellen Punkt; Weibchen (2a, oberes Tier) meist viel heller, ockergelb oder hellbraun mit ziemlich verwaschener, hellerer Zeichnung.
RAUPE Bis 80 mm lang, Jungraupe schwarz mit rautenförmigen, orangefarbenen Rückenflecken, ausgewachsen **(2c)** seitlich mit unterbrochenen, weißen Längsstreifen und am Rücken dichten, graubraunen Haarpolstern, die Segmenteinschnitte dazwischen schwarz gefärbt.
NAHRUNGSPFLANZEN Vorwiegend an verschiedenen strauchigen Pflanzen, etwa Schlehe (*Prunus spinosa*), Brombeere (*Rubus fruticosus*), Besenginster (*Sarothamnus scoparius*), Heidelbeere (*Vaccinium myrtillus*), Rauschbeere (*Vaccinium uliginosum*) oder Besenheide (*Calluna vulgaris*), kaum dagegen – anders als der Name vermuten ließe – an Eichen.

VORKOMMEN Vorwiegend in lichten Wäldern, in Moorgebieten, Heiden und Dünen und besonders in den Alpen in der Nähe der Baumgrenze, stellenweise noch häufig, doch in der letzten Zeit in vielen Gegenden stark zurückgegangen.
WISSENSWERTES Die auffallenden Männchen fliegen tagsüber auf der Suche nach Weibchen sehr flink umher. Letztere sind dagegen vorwiegend nachtaktiv, können aber in den Alpen auch tagsüber fliegend beobachtet werden. Das Weibchen verstreut wie das des Kleespinners die Eier im Flug. Die auffällig bunten Jungraupen sind bis in den Oktober hinein auf Sträuchern anzutreffen. Nach der Überwinterung fressen sie meist noch bis Anfang Juni und verpuppen sich dann in einem festen, eiförmigen Kokon **(2d)**.

Schlehe > 346 | Brombeere > 340
Besenginster > 350 | Heidelbeere >356
Rauschbeere > 356 | Besenheide > 356

1A

1B

2A

2B

2C

2D

1 Kiefernspinner *Dendrolimus pini*
—Glucken Lasiocampidae

Sp 50–80 mm

JAN FEBR MÄRZ APRIL MAI JUNI JULI AUG SEPT OKT NOV DEZ

FALTER Färbung und Zeichnung ausgesprochen variabel, Grundfärbung zwischen hell aschgrau, leuchtend fuchsrot und schwarzbraun schwankend; Vorderflügel mit drei schmalen, gezackten, dunklen Querbinden und einem weißen Punkt (dicht neben der 1. Binde); die durch zwei Querbinden begrenzten Felder können jeweils anders gefärbt sein als die benachbarten Flügelfelder **(1a)**.
RAUPE Bis 70 mm lang, graubraun oder gelblich grau mit dunkelbraunen, hell eingefassten Rückenflecken und hellgrauen Haarbüscheln an den Seiten; bei Beunruhigung können aus zwei Hautfalten am Rücken der Brustsegmente metallisch blaue Haarpolster ausgestülpt werden **(1b)**.
NAHRUNGSPFLANZEN Ausschließlich an Nadelbäumen, besonders an der Waldkiefer (*Pinus sylvestris*) und anderen *Pinus*-Arten, seltener auch an Fichte (*Picea abies*) und Weißtanne (*Abies alba*).
VORKOMMEN In Mitteleuropa in Kiefernwäldern im Allgemeinen nicht selten, vor allem in solchen auf Sandböden kontinental getönter Klimabereiche; früher gebietsweise zu Massenvermehrungen neigend, in der letzten Zeit aber fast überall nur noch vereinzelt.
WISSENSWERTES Beide Geschlechter sind offenbar rein nachtaktiv. Die Eier werden meist in kleinen Gruppen von bis zu 30 Stück an Kiefernnadeln abgelegt. Die Raupen schlüpfen im Spätsommer und fressen zum Teil noch bis in den November hinein. Die einzelnen Tiere erreichen bis zum Beginn der kalten Jahreszeit unterschiedliche Häutungsstadien, wandern zur Überwinterung zum Erdboden hinab und verkriechen sich in der Bodenstreu. Dort kann man sie dicht neben der Stammbasis in geringer Tiefe unter Moos und zwischen den abgefallenen Nadeln verhältnismäßig leicht finden. Sie steigen bereits im zeitigen Frühjahr wieder die Bäume hinauf und vollenden dort teilweise schon im März, spätestens aber im Juni ihre Entwicklung. Sie verpuppen sich in einem länglichen, graubraunen Kokon an benadelten Zweigen der Nahrungspflanze.

Waldkiefer > 324 | Fichte > 324 | Weißtanne > 324

2 Grasglucke, Trinkerin *Euthrix potatoria*
—Glucken Lasiocampidae

Sp 40–65 mm

JAN FEBR MÄRZ APRIL MAI JUNI JULI AUG SEPT OKT NOV DEZ

FALTER Beide Geschlechter variieren in der Grundfärbung zwischen hell ockergelb und dunkel rotbraun, meist sind aber die Männchen **(2b)** dunkler als die Weibchen **(2a)**; Vorderflügel mit 2 schrägen, dunklen Linien, meist auch einer zusätzlichen, feinen Zackenbinde parallel zum Flügelrand und zwei kleinen weißen, manchmal dunkel gekernten Flecken.
RAUPE Bis 75 mm lang, auffallend bunt; Grundfärbung dunkelgrau, neben der Rückenmitte jeweils mit einer Reihe gelber bis orangeroter Haarflecke und darunter dichten, weißen Haarbüscheln, außerdem oben auf dem dritten Ring mit einem orangeroten, auf dem vorletzten mit einem schwarzen Haarpinsel **(2c)**.
NAHRUNGSPFLANZEN An Süßgräsern, insbesondere am hartblättrigen Schilfrohr (*Phragmites australis*) und Rohrglanzgras (*Phalaris arundinacea*), daneben auch an weichblättrigen Arten wie Pfeifengras (*Molinea caerulea*), gelegentlich auch an verschiedenen Sauergräsern.
VORKOMMEN In recht verschiedenen Lebensräumen, sowohl in lockeren Wäldern und an Wegrändern als auch in Schilfröhrichten, auf Moorwiesen und in sonstigen Feuchtgebieten; in den meisten Gegenden nicht selten, doch gebietsweise deutlich zurückgegangen.
WISSENSWERTES Beide Geschlechter fliegen nur nachts. Das Weibchen legt seine ovalen, etwas abgeflachten, hellgrün und weiß gezeichneten Eier einzeln oder in kleinen Gruppen auf Grasblättern ab. Die Raupen fressen vorwiegend nachts, sind aber auch tagsüber frei auf verschiedenen Pflanzen sitzend zu beobachten. Sie nehmen regelmäßig Wassertropfen auf („Trinkerin"). Die Überwinterung erfolgt im 3. Stadium völlig frei auf einer Pflanze. Die Raupe erreicht im Mai ihre volle Größe und verpuppt sich in einem pergamentartigen, gelblichen Kokon meist frei sichtbar an der Nahrungspflanze.

Schilfrohr > 434 | Rohrglanzgras > 432
Pfeifengras > 434

1A

1B

2A

2B

2C

1 | **Eichenglucke** *Phyllodesma tremulifolia* —Glucken Lasiocampidae

Sp 27–42 mm
RL 3 §

JAN FEBR MÄRZ APRIL MAI JUNI JULI AUG SEPT OKT NOV DEZ

FALTER Vorder- und Hinterflügel hell rotbraun, an den Rändern gezähnt und buchtig gelappt, dadurch an trockenes Laub erinnernd, mit mehr oder weniger deutlichen, in einzelne Flecke aufgelösten, grauen Querbinden **(1a)**.
RAUPE Bis 80 mm lang, deutlich abgeflacht und an den Seiten mit langen Haarfransen gesäumt; Grundfärbung weißgrau oder hell gelblich braun, am Rücken mit einem oft undeutlichen, hellen Punktepaar pro Segment, auf dem 2. und 3. Segment Hautfalten, aus denen leuchtend orangefarbene, schwarz gezeichnete Querstreifen hervorgestülpt werden können **(1b, 1d)**.
NAHRUNGSPFLANZEN An verschiedenen Laubbäumen und Sträuchern, vor allem an Rotbuche (*Fagus sylvatica*), Stieleiche (*Quercus robur*) und anderen Eichenarten, Gewöhnlicher Esche (*Fraxinus excelsior*), Zitterpappel (*Populus tremula*), Salweide (*Salix caprea*) und Hängebirke (Betula pendula).
VORKOMMEN Vor allem in wärmebegünstigten, lockeren Laubwäldern, insbesondere Flaumeichenwäldern, in Mitteleuropa ziemlich selten und nur in Wärmegebieten, im Mittelmeergebiet und in den Südalpen stellenweise recht häufig.

WISSENSWERTES Der nachtaktive Falter bewegt sich beim Niedersetzen „wie eine Glucke" seitlich hin und her und schmiegt sich dann eng an die Unterlage. Wie einige andere Arten dieser Familie schiebt er seine breiten Hinterflügel seitlich weit unter den Vorderflügeln hervor und perfektioniert dadurch noch seine Tarnung. Die Raupe ist ebenfalls ausgezeichnet getarnt. Durch die flache Körperform und die seitlichen Haarfransen verschmilzt ihre Form vollständig mit der Unterlage. Schon bei einer geringfügigen Störung lässt sie ihre orangefarbenen Streifen erscheinen **(1b, 1d)**; hält die Störung weiter an, hebt sie ihren Vorderkörper empor, führt seitlich schaukelnde Bewegungen aus und präsentiert dabei ihre wespenartig schwarz-gelb gezeichnete Bauchseite **(1c)**. Sie verpuppt sich im Spätsommer. Die Puppe überwintert.

Rotbuche > 330 | Stieleiche > 332
Gewöhnliche Esche > 358 | Zitterpappel > 328
Salweide > 326 | Hängebirke >334

2 | **Kupferglucke** *Gastropacha quercifolia* —Glucken Lasiocampidae

Sp 52–65 mm
RL 3 §

JAN FEBR MÄRZ APRIL MAI JUNI JULI AUG SEPT OKT NOV DEZ

FALTER Ähnlich der Kleinen Eichenglucke, doch deutlich größer; Flügel bei frischen Tieren rötlich violett schimmernd, mit ziemlich feinen, grauen Zackenbinden **(2a)**.
RAUPE Bis 100 mm lang, deutlich abgeflacht, am Seitenrand mit einem Haarsaum; bräunlich oder grau, seitlich und am Rücken mit verwaschenen Schrägstreifen; auf dem 2. und 3. Segment Hautfalten, aus denen schwarbblau gefärbte Haarpolster ausgestülpt werden können; auf dem vorletzten Segment ein deutlicher Rückenhöcker **(2b)**.
NAHRUNGSPFLANZEN Vorwiegend an der Schlehe (*Prunus spinosa*), daneben auch an verschiedenen Obstbäumen wie Apfelbaum (*Malus domestica*) und Birnbaum (*Pyrus communis*) sowie weiteren Bäumen und Sträuchern, z. B. Eingriffeligem Weißdorn (*Crataegus monogyna*), Eberesche (*Sorbus aucuparia*) und Faulbaum (*Frangula alnus*).
VORKOMMEN In recht unterschiedlichen Lebensräumen, etwa in lockeren Wäldern, in Gebüschen am Rand von Mooren, auf verbuschten Trockenrasen, an Feldhecken und auf Streuobstwiesen; fast überall mit stark rückläufiger Bestandsentwicklung, aus vielen Gegenden sogar vollständig verschwunden.
WISSENSWERTES Der Falter schiebt seine Hinterflügel unter den Vorderflügeln hervor und erinnert stark an welkes Laub. Die im Spätsommer schlüpfenden Raupen erreichen bis zum Herbst eine Größe von etwa 20 mm und überwintern eng an Zweige angeschmiegt. In diesem Stadium fehlen ihnen noch die schwarzblauen Haarpolster in den Hauttaschen; die darunter verborgenen Streifen besitzen dafür eine leuchtende Orangefärbung, ähnlich wie bei der Raupe der Kleinen Eichenglucke. Sie sind im Mai oder Juni ausgewachsen und verpuppen sich in einem grauen Kokon meist an Zweigen der Nahrungspflanze.

Schlehe > 346 | Apfelbaum > 342 | Birnbaum > 342
Eingriffeliger Weißdorn > 344 | Vogelbeere > 342
Faulbaum > 352 | Vogelbeere > 342

1A

1B

1C

1D

2A

2B

1 Birkenspinner *Endromis versicolora* —Birkenspinner Endromidae

Sp 50–60 mm
RL V §

JAN FEBR MÄRZ APRIL MAI JUNI JULI AUG SEPT OKT NOV DEZ

FALTER Flügel beim Männchen **(1a)** dunkler, beim Weibchen heller braun, mit einem kontrastreich abgesetzten Muster aus weißen Längsstrichen und schwarzen und weißen Querbinden.
RAUPE Bis 63 mm lang, unbehaart, ziemlich dick, nach vorn deutlich verschmälert, in der Jugend schwarzgrün, später leuchtend grün mit gelblich weißen Schrägstreifen und einem spitzen Höcker auf dem 11. Rumpfring **(1b)**.
NAHRUNGSPFLANZEN Vorzugsweise an der Hängebirke (*Betula pendula*), daneben aber auch an vielen anderen Laubhölzern wie Schwarzerle (*Alnus glutinosa*), Haselnuss (*Corylus avellana*), Winterlinde (*Tila platyphyllos*) und Hainbuche (*Carpinus betulus*).
VORKOMMEN Vorzugsweise in lockeren Birkenbeständen am Rand von Mooren, daneben aber auch an trockenen Standorten mit Birkenjungwuchs und in Laubwäldern mit einzelnen Birken, seltener auch an Standorten ohne Birken. In Mitteleuropa allgemein verbreitet, doch in der letzten Zeit vielerorts deutlich zurückgegangen.
WISSENSWERTES Die Weibchen fliegen ausschließlich nachts, sitzen tagsüber meist an Zweigen oder Baumstämmen in Bodennähe und locken mit ihrem Duftstoff die Männchen herbei. Diese kann man tagsüber auf der Suche nach Weibchen recht ungestüm in ihrem Lebensraum umherfliegen sehen. Nach der Paarung werden die Eier nachts in Gruppen von etwa 20–40 Stück an dünnen Birkenzweigen abgelegt. Die Raupen eines Geleges bleiben bis zur dritten Häutung zusammen und fressen gemeinsam in dichten Trauben an den Zweigspitzen. Bei einer Störung strecken sie wie auf Kommando gleichzeitig ihren Vorderkörper viertel- bis halbkreisförmig empor und ergeben so ein sehr bizarres, möglicherweise für Angreifer abschreckendes Bild. Die älteren Raupen leben einzeln, zeigen aber die gleiche Schreckhaltung **(1b)**. Im Sommer wandern sie zum Boden hinab und verpuppen sich zwischen Laub in einem lockeren Kokon. Die Puppe überwintert.

Hängebirke > 334 | Schwarzerle > 336
Haselnuss > 334 | Winterlinde > 354 |
Hainbuche > 336

2 Nagelfleck *Aglia tau* —Pfauenspinner Saturniidae

Sp 55–85 mm
§

JAN FEBR MÄRZ APRIL MAI JUNI JULI AUG SEPT OKT NOV DEZ

FALTER Flügel ockergelb bis dunkelbraun, manchmal fast schwarz, mit jeweils einer dunklen Saumbinde und einem schwarzen, blau gekernten Augenfleck, der in der Mitte eine weiße, nagel- oder T-förmige (Griechischer Buchstabe „Tau“) Zeichnung trägt. Männchen mit beidseitig stark gekämmten Fühlern **(2a)**.
RAUPE Bis 50 mm lang, grün mit gelbweißer Seitenlinie, ebensolchen Schrägstreifen und Punkten; in den ersten 3 Stadien mit 5 an der Spitze z. T. gegabelten, rot und weiß geringelten Dornen **(2b)**, die in den letzten Stadien fehlen **(2c)**.
NAHRUNGSPFLANZEN Vorzugsweise an der Rotbuche (*Fagus slyvatica*), daneben auch an Salweide (*Salix caprea*), Stieleiche (*Quercus robur*), Hängebirke (*Betula pendula*) und weiteren Laubhölzern.
VORKOMMEN In Laubwäldern, vor allem solchen mit hohem Buchenanteil, im Allgemeinen nicht selten.
WISSENSWERTES Die Flugzeit fällt meist mit dem Laubaustrieb der Buche zusammen. Die Weibchen sind vorwiegend nachtaktiv, fliegen aber oft bereits in der Dämmerung. Dagegen sieht man die Männchen fast ausschließlich tagsüber in zielgerichtetem Zickzackflug dicht über dem Boden durch Buchenwälder sausen, wo sie nach paarungswilligen, lockenden Weibchen suchen. Dabei bewegen sie sich nicht ganz so rasant wie die Männchen des Birkenspinners oder des Kleinen Nachtpfauenauges, so dass man sie durchaus noch erkennen kann. Die rotbraunen, flach ovalen Eier werden einzeln oder in kleinen Gruppen an Zweigen abgelegt. Die Raupen suchen nach dem Schlüpfen zunächst einen geeigneten Ruheplatz an der Unterseite eines Blattes. Hier stellen sie ein feines Gespinst her, zu dem sie später in den Fresspausen immer wieder zurückkehren. Die Verpuppung erfolgt am Erdboden in einem lockeren, netzartigen Kokon. Die Puppe überwintert.

Rotbuche > 330 | Salweide > 326
Stieleiche > 332 | Hängebirke > 334

1A

1B

2A

2B

2C

1 Kleines Nachtpfauenauge *Saturnia pavonia* —Pfauenspinner Saturniidae

Sp 60–85 mm
§ ☀

JAN	FEBR	MÄRZ	APRIL	MAI	JUNI	JULI	AUG	SEPT	OKT	NOV	DEZ

FALTER Männchen **(1a)** kleiner als das Weibchen, mit grauen Vorder- und gelben Hinterflügeln; Fühler deutlich gekämmt **(1c)**. Beim Weibchen beide Flügel grau **(1b)**.
RAUPE Jungraupe zunächst schwarz **(1e)**, später sehr variabel grün gezeichnet, im letzten Stadium grün mit schwarzen Ringen oder einfarbig grün, mit rosa oder gelb gefärbten, Borsten tragenden Punktwarzen **(1f)**.
NAHRUNGSPFLANZEN An zahlreichen verschiedenen Pflanzen (im Kasten nur eine Auswahl) mit einer gewissen Vorliebe für Holzgewächse aus der Familie der Rosengewächse. In Süddeutschland gern an Schlehe (*Prunus spinosa*), in Norddeutschland dagegen mehr an der Besenheide (*Calluna vulgaris*).
VORKOMMEN Vorzugsweise in offenem, mit Sträuchern oder Heide bewachsenem Gelände, auch in lockeren Wäldern. In Mitteleuropa weit verbreitet und in den meisten Gegenden häufig.
WISSENSWERTES Die fertigen Falter besitzen (wie bei allen Glucken und Spinnern) keine funktionsfähigen Mundwerkzeuge und leben daher nur wenige Tage. Das Männchen fliegt tagsüber, das Weibchen nur nachts. Es entsendet einen arteigenen Lockstoff, der das Männchen noch aus mehreren Kilometern Entfernung geradezu magisch anzieht. Die Ortung erfolgt über die an Radarantennen erinnernden Fühler. Kurz nach der Paarung legt das Weibchen seine ovalen, gelblich grauen Eier in ringförmigen Gelegen um dünne Zweige der Nahrungspflanze **(1d)**. Die Raupen spinnen zur Verpuppung einen ziemlich festen, ovalen Kokon. Dieser besitzt am oberen Pol eine kreisrunde Öffnung und darin eine Reuse aus starren, zueinander gerichteten Borsten **(1g)**. Hierdurch wird ein Eindringen möglicher Feinde verhindert; der schlüpfende Falter kann dagegen seinen Kokon ungehindert verlassen. Die Puppe überwintert, gelegentlich mehrmals.

Schlehe >346 | Salweide > 326 | Himbeere > 340
Brombeere > 340 | Echtes Mädesüß > 366
Heidelbeere > 356 | Rauschbeere > 356
Besenheide > 356 | Wiesensalbei > 420

1A

1B

1C

1D

1E

1F

1G

1 Wiener Nachtpfauenauge *Saturnia pyri*
—Pfauenspinner Saturniidae

Sp 105–140 mm
RL 1 §

JAN FEBR MÄRZ APRIL MAI JUNI JULI AUG SEPT OKT NOV DEZ

FALTER Größter mitteleuropäischer Schmetterling! Zeichnung ähnlich wie beim Kleinen Nachtpfauenauge, doch weniger kontrastreich und Färbung insgesamt deutlich dunkler **(1a)**; Geschlechter farblich gleich, Männchen **(1b)** mit beidseitig stark gekämmten, Weibchen nur mit schwach gezähnten Fühlern.
RAUPE Bis 120 mm lang, leuchtend hellgrün mit blauen, Borsten tragenden Punktwarzen **(1c)**.
NAHRUNGSPFLANZEN An verschiedenen Laubbäumen und Sträuchern, etwa an Apfelbaum (*Malus domestica*), Zwetschge (*Prunus domesticus*) und anderen *Prunus*-Arten, Esskastanie (*Castanea sativa*), Rotbuche (*Fagus sylvatica*), Bergahorn (*Acer pesudoplatanus*) und Haselnuss (*Corylus avellana*).
VORKOMMEN Nur in wärmebegünstigten Gebieten, hier besonders in Obstgärten und Parks, auch an Alleen und in offenem, mit Gebüschen bewachsenem Gelände; in Deutschland nur im SW, im Saarland Einzelnachweise, im östlichen Österreich und in den Südalpen an verschiedenen Stellen, doch in der letzten Zeit fast überall stark zurückgehend.
WISSENSWERTES Beide Geschlechter sind nachtaktiv. Die Männchen und (etwas seltener) auch die Weibchen umschwärmen bei Dunkelheit oft Straßenlaternen und andere Lichtquellen und erinnern hier durch ihre Größe und den flatternden Flug sehr an Fledermäuse. Die Weibchen legen die Eier in kleinen Gruppen an Zweigen der Nahrungspflanze ab. Die Art zeigt eine Vorliebe für Obstplantagen, was ihr wegen des dort üblichen Einsatzes von Spritzmitteln schon verschiedentlich zum Verhängnis wurde. Die Raupen verpuppen sich meist im unteren Stammbereich in einem pergamentartigen, ziemlich festen Kokon, der wie beim Kleinen Nachtpfauenauge an der Schlupföffnung mit einer Reuse ausgestattet ist.

Apfelbaum > 342 | Zwetschge > 344
Esskastanie > 332 | Rotbuche > 330
Bergahorn > 338 | Haselnuss > 334

2 Herbstspinner *Lemonia dumi*
—Wiesenspinner Brahmaeidae

Sp 45–62 mm
RL 2 § ☀

JAN FEBR MÄRZ APRIL MAI JUNI JULI AUG SEPT OKT NOV DEZ

FALTER Flügel dunkelbraun mit violetter Tönung, gelber, etwas gezackter Querbinde und gelbem Punkt in der Basalhälfte des Vorderflügels; Männchen mit deutlich, Weibchen **(2a)** mit nur leicht gekämmten Fühlern.
RAUPE Bis 70 mm lang, behaart, dunkelbraun oder schwarzgrau, auf den Hinterleibssegmenten mit jeweils einem Paar hell gelblicher Querstreifen **(2d)**.
NAHRUNGSPFLANZEN Raupen an Gemeiner Schafgarbe (*Achillea millefolia*), Löwenzahn (*Taraxacum officinale*), Kleinem Habichtskraut (*Hieracium pilosella*) und weiteren krautigen Pflanzen.
VORKOMMEN An offenen, meist wechselfeuchten, mit niedriger Grasvegetation bewachsenen Standorten, vor allem auf etwas von Feuchtigkeit beeinflussten Trockenrasen und in steppenartigem Gelände, auch in extensiv bewirtschafteten Obstgärten; in Mitteleuropa sehr lückig verbreitet und in den meisten Gegenden selten.
WISSENSWERTES Die Falter erscheinen meist ziemlich genau um den 10. Oktober und sind dann nur wenige Tage zu beobachten. Die Weibchen schlüpfen meist am späten Vormittag und beginnen wenig später, ihren Lockstoff auszusenden **(2a)**. Die bereits am Vormittag geschlüpften Männchen suchen in schnellem Flug nach ihnen und gehen etwa um die Mittagszeit die nur wenige Minuten dauernde Paarung ein. Unmittelbar darauf beginnt das Weibchen, die Eier in kleineren Klumpen an trockenen Pflanzenstängeln abzulegen **(2b)**. Unmittelbar nach der Eiablage stirbt es, in der Regel noch am gleichen Tag. Die porzellanartig glänzenden Eier sind fast kugelig und tragen oben in der Mitte einen dunklen Punkt **(2c)**. Die Eier überwintern. Die dunklen Raupen erinnern etwas an die des Brombeerspinners (>76), sind aber an den paarigen, hellen Querstreifen von diesen gut zu unterscheiden. Sie besitzen im Gegensatz zu allen übrigen Spinnerraupen keine Spinndrüsen (daher trifft die Gruppenbezeichnung „Spinner" auf diese Tiere eigentlich gar nicht zu) und können daher keine Kokons herstellen. Die Verpuppung erfolgt meist dicht unter der Erdoberfläche.

Gemeine Schafgarbe > 370 | Löwenzahn > 394
Kleines Habichtskraut > 396

1A

1B

1C

2A

2B

2C

2D

1 Abendpfauenauge *Smerinthus ocellata*
—Schwärmer Sphingidae

Sp 70–80 mm
§

FALTER Vorderflügel bräunlich, rindenartig gezeichnet, am Außenrand abgestutzt und etwas ausgebuchtet; Hinterflügel innen rosa und außen gelblich, dazwischen mit schwarz gekerntem, blauem Augenfleck **(1b)**.
RAUPE Bis 80 mm lang; blaugrün oder (seltener) gelblich grün **(1c)**, fein weißlich gekörnelt, seitlich mit gelbweißen Schrägsteifen, am Hinterende mit hellblauem Horn.
NAHRUNGSPFLANZEN Die Raupe lebt vorzugsweise an schmalblättrigen Weidenarten wie Korbweide (*Salix viminalis*), daneben auch an Salweide (*Salix caprea*), seltener an Apfelbäumen (*Malus domestica*) und anderen Obstbäumen.
VORKOMMEN In feuchten Wäldern und an Gewässerufern fast überall ziemlich häufig, gelegentlich auch in Gärten.
WISSENSWERTES Der nachtaktive Falter besitzt ein sehr eindrucksvolles Drohverhalten. Er ruht tagsüber mit flach nebeneinander liegenden Vorderflügeln. Dabei überdecken die rindenfarbigen Vorderflügel die bunten Hinterflügel, sodass der Falter an Baumstämmen gut getarnt ist **(1a)**. Wird er gestört (z. B. durch Antippen), spreizt er seine Flügel schräg auseinander und führt mit dem Körper schaukelnde Vor- und Zurückbewegungen aus. Erst jetzt werden die grell gefärbten Hinterflügel sichtbar **(1b)**. Es erscheint durchaus vorstellbar, dass ein möglicher Feind, etwa ein Vogel, durch die völlig überraschend präsentierten, gefährlich anmutenden Augen und die merkwürdige Bewegungsweise in die Flucht geschlagen wird. Die Raupe ist am Rücken deutlich heller gefärbt als an der Bauchseite. Da sie meist an der Unterseite der Zweige ihrer Nahrungspflanze ruht, zeigt ihr heller Rücken in der Regel nach unten. Die aufgehellte Rückenpartie der Raupe erscheint nun aber durch den Körperschatten in etwa der gleichen Helligkeit wie ihr im Licht liegender Bauch. Diese typische „Verkehrt-Färbung" (heller Rücken und dunkler Bauch) bewirkt somit eine Verschleierung der tatsächlichen räumlichen Verhältnisse: Die Raupe erscheint flach wie ein Blatt und wird damit nicht als mögliche Beute erkannt.

Korbweide > 328 | Salweide > 326 | Apfelbaum > 342

2 Pappelschwärmer *Laothoe populi*
—Schwärmer Sphingidae

Sp 65–90 mm

FALTER Vorderflügel graubraun, rotbraun oder gelblich braun mit breiten, dunkleren Querbinden, am Außenrand abgestutzt und regelmäßig buchtig gezähnt. Hinterflügel in der vorderen Hälfte gleich gefärbt, hinten mit rostbraunem, hell abgesetztem Augenfleck **(2c)**.
RAUPE Ähnlich der des Abendpfauenauges, blaugrün mit gelben Schrägstreifen und heller Körnelung, Hinterleib am Ende aber mit gelbem Horn **(2a)**. Außerdem seitlich oft mit jeweils zwei Reihen rötlicher Punkte.
NAHRUNGSPFLANZEN Vorwiegend an verschiedenen Pappelarten, daneben auch an schmal- und breitblättrigen Weiden, besonders gern an Stockausschlägen.
VORKOMMEN An Waldrändern, Feuchtgebieten, Gärten und Parks weit verbreitet und fast überall ziemlich häufig.
WISSENSWERTES Bei dieser Art ist (wie beim Abendpfauenauge auch) der Saugrüssel stark reduziert, so dass der fertige Falter keine Nahrung mehr aufnehmen kann. In der Ruhehaltung spreizt er seine Vorderflügel schräg vom Körper ab und schiebt die Hinterflügel so weit darunter hervor, dass deren vordere Hälfte frei liegt. Da genau diese vordere Hälfte in ihrer Färbung den tarnfarbigen Vorderflügeln entspricht, erscheint jetzt der ganze Falter wie eine Ansammlung trockener Blätter an einem Zweig **(2b)**. Stört man ihn aber, spreizt er seine Vorderflügel weit auseinander, so dass jetzt die hintere Hälfte der Hinterflügel freiliegt. Hierdurch präsentiert er seine rostbraunen Augenflecke, die, ähnlich wie beim Abendpfauenauge (wenn auch weniger spektakulär), für ein Überraschungsmoment sorgen **(2c)**. Die Art bildet in wärmeren Gegenden, wie etwa im Rheintal, regelmäßig zwei Generationen im Jahr, in kühleren Gebieten dagegen nur eine.

Zitterpappel > 328 | Salweide > 326
Korbweide > 328

1A

1B

1C

2A

2B

2C

1 Lindenschwärmer *Mimas tiliae* —Schwärmer Sphingidae

Sp 55–75 mm

FALTER Vorderflügel ziemlich schmal, am Außenrand tief eingebuchtet, grünlich, hellbraun oder rosa mit einer breiten, dunklen Querbinde, die in 2 Flecke geteilt sein kann. Hinterflügel ohne deutliche Zeichnungen **(1a)**.
RAUPE Bis 60 mm lang, leuchtend grün mit gelben, seitlichen Schrägstreifen, diese oft rot gefleckt; Horn blau oder grünlich, mit gelb und rot gefleckter Unterseite **(1b)**.
NAHRUNGSPFLANZEN Vorwiegend an Winterlinde (*Tilia cordata*) und anderen Linden, daneben auch an verschiedenen weiteren Laubbäumen wie Hängebirke (*Betula pendula*), Schwarzerle (*Alnus glutinosa*), Bergulme (*Ulmus glabra*) und Eberesche (*Sorbus aucuparia*).
VORKOMMEN In lockeren Wäldern, an Waldrändern, an Alleen und im Siedlungsbereich in ganz Mitteleuropa verbreitet und fast überall ziemlich häufig.
WISSENSWERTES Der Falter hat einen verkümmerten Saugrüssel und kann daher keine Nahrung aufnehmen. Das Weibchen legt die Eier einzeln oder paarweise an der Blattunterseite ab, oft hoch in den Baumkronen. Die Raupe frisst vorwiegend nachts. Am Ende ihrer Entwicklung verfärbt sie sich violett-bräunlich mit auffallend blau leuchtendem Horn **(1c)** und kommt zum Erdboden herab. Bei der anschließenden Wanderung zum Verpuppungsplatz wird sie öfters z. B. auf Wegen gefunden. Die Verpuppung erfolgt dicht unter der Erdoberfläche in einer mit leichtem Gespinst ausgekleideten Höhle. Gelegentlich wurden Puppen aber auch schon weit oben in Rindenritzen gefunden. Die Puppe überwintert. Hin und wieder schlüpfen einzelne Puppen aber bereits im Spätsommer und ergeben dann eine zweite Faltergeneration im Jahr.

Winterlinde >354 | Hängebirke > 334
Schwarzerle > 336 | Bergulme > 330
Vogelbeere > 342 | Vogelbeere > 342

2 Eichenschwärmer *Marumba quercus* —Schwärmer Sphingidae

Sp 90–115 mm

FALTER Vorderflügel ockerfarben oder graubraun mit 2 leicht geschwungenen, nur undeutlich abgesetzten, dunkleren Querbinden und einem dunklen Punkt, am Außenrand stark gezähnt, Hinterflügel an der Basis mit unscharf begrenztem, gelblichem Fleck **(2a)**.
RAUPE Bis 90 mm lang, blaugrün mit feiner, gelblich weißer Körnelung, an den Seiten mit 7 hell gelblichen Schrägstreifen, von denen jeder zweite schwächer entwickelt ist; mit bläulichem oder grünlichem Horn **(2b)**.
NAHRUNGSPFLANZEN Entwickelt sich an Stieleichen (*Quercus robur*) und vielen anderen Eichenarten, auch an immergrünen Arten wie Steineichen (*Quercus ilex*) und Korkeichen (*Quercus suber*); soll in der Zucht auch schon Blätter von Esskastanien und Pappeln gefressen haben.
VORKOMMEN In lockeren Eichenwäldern im Mittelmeergebiet weit verbreitet und gebietsweise ziemlich häufig, nach Norden bis Ungarn und Niederösterreich sowie in den Südalpen; für die Schweiz existieren nur ältere Angaben aus dem Tessin.
WISSENSWERTES Der Falter besitzt wie der Lindenschwärmer nur einen verkümmerten Saugrüssel und kann daher keine Nahrung aufnehmen. Er erinnert an den Pappelschwärmer, schiebt aber nicht die Hinterflügel unter den Vorderflügeln hervor. Das Weibchen legt die Eier einzeln an die Blattunterseite isoliert stehender, voll besonnter Eichen. Die Raupe schlüpft bereits mit einer Länge von etwa 12 mm, frisst einen Teil der Eischale, läuft, ohne weitere Nahrung aufzunehmen, umher und spinnt sich schließlich zur ersten Häutung an der Unterseite eines Blattes fest. Diese erfolgt aber erst nach etwa 3 Tagen. Bis zu diesem Zeitpunkt ruht sie auf ihrem Gespinstpolster und darf jetzt nicht gestört werden. Danach benötigt sie für ihre weitere Entwicklung noch etwa 6 Wochen. Dann verfärbt sie sich am Rücken rötlich und gräbt sich zur Verpuppung mindestens 10 cm tief in den Erdboden ein. In den südlichen Teilen des Verbreitungsgebietes bildet die Art regelmäßig zwei Generationen im Jahr aus (die Falter erscheinen dann im Mai oder Juni sowie im August), in den nördlichen offenbar nur eine.

Stieleiche > 332

1A

1B

1C

2A

2B

1 | **Windenschwärmer** *Agrius convolvuli* —Schwärmer Sphingidae | Sp 80–120 mm

JAN FEBR MÄRZ APRIL MAI JUNI JULI AUG SEPT OKT NOV DEZ

FALTER Vorderflügel graubraun mit unregelmäßig verteilten, dunkleren Strichen und Flecken, Hinterflügel mit dunkler Bindenzeichnung; Hinterleib rot mit schwarzen Querbinden **(1a)**; Rüssel 8–10, gelegentlich bis 13 cm lang!

RAUPE Bis 12 cm lang, sehr variabel gefärbt, am häufigsten braun mit weißlichen, oben dunkel begrenzten Schrägstreifen und dunklem Bauch **(1b)**, oft aber auch hellgrün mit hellen Schrägstreifen und einzelnen schwarzen Punkten **(1c)**, manchmal sogar fast schwarz mit hell ockerfarbenen seitlichen Längsbinden. Das sichelförmig gebogene Horn ist bei den beiden ersten Farbvarianten gelb mit schwarzer Spitze, bei der letzteren ganz schwarz.

NAHRUNGSPFLANZEN Die Raupe entwickelt sich bei uns vorzugsweise an der Ackerwinde (*Convolvulus arvensis*), daneben aber auch an Zaunwinde (*Calystegia sepium*) sowie gelegentlich an anderen, als Zierpflanzen kultivierten Windengewächsen. Aus ihrem außereuropäischen Verbreitungsgebiet werden auch Vertreter anderer Pflanzenfamilien erwähnt, z. B. Bohnen-Arten und Süßkartoffeln.

VORKOMMEN In den Tropen und Subtropen Afrikas und Asiens, außerdem auch in Australien weit verbreitet. In Europa nur im äußersten Süden (z. B. auf Sizilien, Kreta und dem südlichen Peloponnes) heimisch, als Wanderfalter aber ziemlich regelmäßig, doch in von Jahr zu Jahr stark schwankender Häufigkeit, auch bis nach Mitteleuropa vordringend.

WISSENSWERTES Dieser auffallend große, vorwiegend dämmerungs- und nachtaktive Falter ruht tagsüber meist an Baumstämmen oder Felsen und ist hier durch Färbung und Zeichnung ausgezeichnet getarnt. Nach Einbruch der Dunkelheit, gelegentlich aber auch schon am späten Nachmittag, kann man ihn beim Besuch langröhriger Blüten, etwa von Tabak, Stechapfel oder Seifenkraut, beobachten. Er wird oft von künstlichen Lichtquellen angezogen und kann dann z. B. beim Umschwirren von Straßenlampen mit einer kleinen Fledermaus verwechselt werden. Mit seinem ausgesprochen stromlinienförmigen Körper und der schnittigen Flügelform gehört er zu den besten Fliegern unter den Schmetterlingen und versenkt stets im Flug seinen deutlich mehr als körperlangen Rüssel in die langen Blütenkelche. Seine Fluggeschwindigkeit soll kurzfristig bei über 100 km/h, auf längeren Strecken immerhin noch bei etwa 50 km/h liegen können. Dies ermöglicht es ihm, insbesondere bei günstigen Luftströmungen, von seinen vorwiegend afrikanischen Ursprungsgebieten aus mühelos das Mittelmeer und anschließend auch noch die Alpen zu überqueren, um sich bei uns fortzupflanzen. Die Wanderung erfolgt oft in kleineren Trupps, von denen einzelne Falter bis ins mittlere Skandinavien vordringen können. Der Einflug von Afrika nach Südeuropa erfolgt ab Mitte April, und etwa einen Monat später können die ersten Exemplare in unseren Breiten auftauchen. Der stärkste Einflug nach Mitteleuropa erfolgt dann im Juni und kann sich bis in den Juli hinein fortsetzen. Schon während der Wanderung legen die Falter immer wieder einzelne Eier ab, sobald sie auf geeignete Nahrungspflanzen für ihre Raupen treffen, besonders an Wegrändern oder am Rand von Getreidefeldern, insgesamt bis etwa 1 000 Stück. Die Eier sind mit nur etwa 1 mm Größe recht klein für den großen Schmetterling. Die durch ihre Färbung ausgezeichnet getarnten Raupen werden am häufigsten im August gefunden, wenn sie auf der Suche nach einem geeigneten Verpuppungsplatz umherwandern und dabei Straßen und Wege überqueren. Sie graben sich schließlich ins Erdreich ein, formen hier eine etwa hühnereigroße Höhle und wandeln sich darin nach 10–14 Tagen zur 5–6 cm großen Puppe **(1d)**. Diese ist an ihrer bogenförmig abstehenden Rüsselscheide leicht von allen übrigen europäischen Schwärmerpuppen zu unterscheiden **(1e)**. Unter sehr günstigen Bedingungen können bereits im Juli die ersten Falter der nachfolgenden Generation schlüpfen. Meist aber verzögert sich die Entwicklung in unseren Breiten, so dass die Verpuppung in der Regel erst im September stattfindet. Die Puppen entlassen dann nicht mehr den Falter, sondern sterben bei der Überwinterung ab. Die Falter, die rechtzeitig zur Entwicklung kamen, wandern teilweise wieder in ihre Ursprungsgebiete zurück. Die Art lässt sich verhältnismäßig leicht züchten. Zu beachten ist aber, dass sich die aus der Puppe gezogenen Falter nur paaren, wenn man sie zuvor zwangsweise mit Honigwasser (Honig 1:10 verdünnt) füttert. Dazu nimmt man den Falter in die Hand, entrollt den Rüssel mit einer Pinzette und taucht ihn mit der Spitze in ein kleines Trinkgefäß.

Ackerwinde > 408

1A
1B
1C
1D
1E

1 | **Totenkopfschwärmer** *Acherontia atropos* —Schwärmer Sphingidae

Sp 80–120 mm

JAN FEBR MÄRZ APRIL MAI JUNI JULI AUG SEPT OKT NOV DEZ

FALTER Vorderflügel dunkelgrau mit weißlichen Flecken und schwarzen Zackenbinden, Hinterflügel gelb mit dunklen Binden; Hinterleib gelb gefleckt **(1a)**; auf dem Rücken des Thorax eine totenkopfähnliche Zeichnung **(1b)**.
RAUPE 10–12, ausgestreckt bis 15 cm lang, tritt in 3 Farbvarianten auf. Meist überwiegt die gelbe Variante **(1g)**, die bei zitronengelber bis grünlich-gelber Grundfärbung blaue, unten weiß gesäumte Schrägstreifen trägt. Die grüne Variante **(1h)** besitzt statt der gelben eine hellgrüne Färbung und einen gelben Strich unter den Schrägstreifen. Die seltene braune Variante **(1i)** ist verwaschen braun mit einem weißen Nackenfleck und zahlreichen kleinen, weißen Ringflecken.
NAHRUNGSPFLANZEN Raupe am häufigsten auf Kartoffelfeldern (*Solanum tuberosum*), daneben aber auch an anderen Nachtschattengewächsen sowie an Liguster (*Ligustrum vulgare*), Gemeinem Flieder (*Syringa vulgare*), Oleander (*Nerium oleander*), Gemüsekohl (*Brassica oleracea*) und zahlreichen weiteren Pflanzen.
VORKOMMEN Heimisch in Afrika und im äußersten Süden Europas (z. B. Südspanien, Sizilien, Kreta), bei uns immer wieder als Wanderfalter auftauchend.

WISSENSWERTES Dieser auffallend große, plumpe Falter besitzt einen nur etwa 15 mm langen, sehr festen Saugrüssel. Er saugt damit keinen Blütennektar, sondern dringt in Bienenstöcke ein, sticht hier bereits verdeckelte oder noch offene Honigzellen an und saugt deren Inhalt aus **(1d, 1e)**. Die Bienen kümmern sich in der Regel nicht weiter um ihren ungebetenen Gast **(1c)**, während andere Fremdlinge in aller Regel sofort angegriffen und mit dem Giftstachel getötet werden. Offenbar besitzt der Falter eine geruchliche „Tarnkappe". Wird er ergriffen, kann er ziemlich laute, zirpende Töne erzeugen, indem er durch den Rüssel Luft ansaugt und wieder ausstößt. Auch die Raupe kann mit ihren Mandibeln gut hörbare, knisternde Geräusche hervorbringen. Die Puppe ruht in einer eiförmigen Erdhöhle **(1f)**. Nur selten schlüpfen bei uns noch im Herbst die Falter; normalerweise stirbt die Puppe während des Winters.

Kartoffel > 368 | Liguster > 358
Gemeiner Flieder > 358 | Gemüsekohl > 374

1A

1B

1C

1D

1E

1F

1G

1H

1I

1 | **Ligusterschwärmer** *Sphinx ligustri* —Schwärmer Sphingidae

Sp 90–120 mm
§

FALTER Vorderflügel rosa-bräunlich mit dunkelbrauner, zur Flügelspitze verschmälerter Längsbinde, Hinterflügel rosa mit 3 schwarzen Binden; Hinterleib seitlich mit einem regelmäßigen, rosa-schwarzen Fleckenmuster **(1a, 1c)**.
RAUPE Leuchtend grün mit aufgehelltem Rücken und schwarz-gelbem oder schwarzem Horn, seitlich mit purpurroten und weißen Schrägstreifen **(1b)**.
NAHRUNGSPFLANZEN Vorwiegend an Liguster (*Ligustrum vulgare*), daneben auch an Gemeinem Flieder (*Syringa vulgaris*) und Gewöhnlicher Esche (*Fraxinus excelsior*), gelegentlich an Spierstrauch (*Syringa billardii*).
VORKOMMEN Früher regelmäßig im Siedlungsbereich an Ligusterhecken, in neuerer Zeit vor allem an etwas feuchten Wald- und Wegrändern; in den meisten Gegenden ziemlich selten geworden.
WISSENSWERTES Der große und auffällige Falter selbst wird ziemlich selten gefunden. Häufiger begegnet (oder besser: begegnete) man seiner Raupe an Ligusterhecken. Sie sitzt meist mit dem Rücken nach unten und erscheint durch ihren aufgehellten Rücken dann nicht mehr plastisch (>90), sodass sie gar nicht so leicht zu entdecken ist. Ihre Anwesenheit verrät sich aber oft durch die etwa 4 mm großen Kotballen auf dem Bürgersteig. Bei Beunruhigung hebt sie, ähnlich wie die Raupe vom Totenkopf, ihren Vorderkörper in S-förmig geschwungener Form empor (der wissenschaftliche Name „Sphinx" soll auf diese Haltung hinweisen) und ergibt dadurch ein etwas fremdartiges, möglicherweise bedrohlich wirkendes Bild. Sie verpuppt sich im Erdboden in einer eiförmigen Höhle. Die Puppe überwintert. Der starke Rückgang dieser Art in vielen ehemaligen Vorkommensgebieten erscheint etwas rätselhaft, zumal an der wichtigsten Nahrungspflanze auch heute kein Mangel herrscht. In neuerer Zeit wird die Raupe zunehmend am Spierstrauch gefunden. Dies erscheint insofern bemerkenswert, als der Liguster und die weiteren bekannten Nahrungspflanzen Flieder und Esche zu den Ölbaumgewächsen gehören, der Spierstrauch aber zu den Rosengewächsen und damit in einen ganz anderen Verwandtschaftskreis.

Liguster > 358 | Gemeiner Flieder > 358
Gewöhnliche Esche > 358 | Spierstrauch > 340
Gewöhnlicher Schneeball > 360

2 | **Kiefernschwärmer** *Sphinx pinastri* —Schwärmer Sphingidae

Sp 65–80 mm

FALTER Vorderflügel bräunlich grau mit dunkleren, kurzen Längsstreifen; Brustabschnitt oben mit 2 schwarzen Längsbinden; Seiten des Hinterleibs mit schwarz-weißem Fleckenmuster **(2a)**.
RAUPE Bis 80 mm lang, grün oder (seltener) braun mit feinen, schwarzen Ringen und weißlichen Längsflecken **(2b)**.
NAHRUNGSPFLANZEN Nur an Nadelbäumen, vorzugsweise an Fichte (*Picea abies*) und Waldkiefer (*Pinus sylvestris*), seltener auch an anderen *Pinus*-Arten oder der Europäischen Lärche (*Larix decidua*).
VORKOMMEN Vor allem in Nadel- und Mischwäldern, sowie in Parks und Gärten; fast überall ziemlich häufig, einer der häufigsten heimischen Schwärmer.
WISSENSWERTES Der vorwiegend nachtaktive Falter ist manchmal auch schon in der späten Dämmerung zu beobachten. Er besucht gern Geißblatt-Arten und Seifenkraut, in deren langröhrige Blütenkelche er im Flug seinen Saugrüssel versenkt. Die Paarung erfolgt erst spät in der Nacht. Manchmal findet man die Paare noch morgens an Kiefernstämmen sitzend. Sie sind dort durch ihre Zeichnung allerdings bestens getarnt. Das Weibchen legt die Eier einzeln oder in kleinen Klumpen an die Nadeln der Nahrungspflanze. Es bevorzugt dabei Bäume, die etwas isoliert stehen. Auch die Raupe ist durch Färbung und Zeichnung auf ihrer Nahrungspflanze hervorragend getarnt und daher sehr schwer zu finden. Die Verpuppung erfolgt in der Nähe des Futterbaumes unter der Nadelstreu, unter Moospolstern oder in geringer Tiefe in einer Erdhöhle. Überwinterungsstadium ist die Puppe; manchmal überwintert sie auch zweimal. Zumindest in den wärmeren Teilen Mitteleuropas, etwa am Oberrhein, treten regelmäßig zwei Generationen im Jahr auf.

Fichte > 324 | Waldkiefer > 324
Europäische Lärche > 324

1A

1B

1C

2B

2A

1 | **Hummelschwärmer** *Hemaris fuciformis* —Schwärmer Sphingidae

Sp 40–47 mm
§ ☀

FALTER Flügel weitgehend unbeschuppt und daher durchsichtig, nur am Außenrand mit einem rotbraun beschuppten Saum; Körper auffallend plump, hummelartig pelzig behaart, Hinterleib mit einem breiten, rotbraunen Ring, dahinter seitlich mit gelbweißen und schwarzen Haarflecken **(1a)**.

RAUPE Länge bis 35 mm, leuchtend hellgrün mit 2 hellen Längslinien am Rücken und meist mit scharf abgesetzt dunkelbraun gefärbtem Bauch **(1b)**; Stigmen oft mit rotem, ringförmigem Hof.

NAHRUNGSPFLANZEN Vorzugsweise an der Roten Heckenkirsche (*Lonicera xylosteum*) und anderen *Lonicera*-Arten, daneben auch an der Schneebeere (*Symphoricarpus rivularis*).

VORKOMMEN Vorwiegend an warmen Waldrändern und in lockeren Wäldern, regelmäßig auch in Parkanlagen und Gärten, in Mitteleuropa weit verbreitet und im Allgemeinen nicht selten.

WISSENSWERTES Der Falter schlüpft zunächst mit beschuppten Flügeln, verliert den größten Teil der Beschuppung aber gleich beim ersten Flug. Er ist im Gegensatz zu den meisten Arten seiner Familie tagaktiv und besucht im Sonnenschein eifrig blühende Pflanzen. Durch seine Körperform und die pelzige Behaarung kann er leicht mit einer Hummel verwechselt werden, setzt sich aber im Gegensatz zu dieser bei der Nahrungsaufnahme niemals nieder, sondern versenkt im Schwirrflug seinen langen Rüssel in die Blütenkelche. Die Jungraupen sitzen an der Blattunterseite und sind durch ihren Löcherfraß verhältnismäßig leicht zu entdecken, die an Zweigen ruhenden ausgewachsenen Raupen sind dagegen aufgrund ihrer Tarnfärbung kaum zu finden. Die Verpuppung erfolgt am Boden in einem lockeren Gespinst. Oft schlüpfen noch im Hochsommer Falter einer unvollständigen zweiten Generation. Meist aber überwintert die Puppe und ergibt erst im nächsten Jahr den Falter.

ÄHNLICHE ART Der etwas kleinere, deutlich seltenere **Skabiosenschwärmer** (*Hemaris tityus*) trägt auf dem Hinterleib eine breite schwarze Binde und ist dahinter orangebraun behaart. Seine Raupe entwickelt sich an verschiedenen Skabiosengewächsen.

Rote Heckenkirsche > 360 | Schneebeere > 360

2 | **Taubenschwänzchen** *Macroglossum stellatarum* —Schwärmer Sphingidae

Sp 36–50 mm
☀

FALTER Vorderflügel graubraun mit schmaler, dunkler Bindenzeichnung, Hinterflügel leuchtend gelborange; Hinterleib seitlich mit weißen Haarflecken, am Ende mit flachem, schwarzem Haarpinsel („Taubenschwanz") **(2a, 2b)**.

RAUPE Bis 45 mm lang, grün oder seltener bräunlich mit dichter, weißer Punktierung, einem Paar weißer Längsstreifen beiderseits der Rückenmitte und darunter jeweils einem gelben Längsband; Horn blau mit gelber Spitze **(2c)**.

NAHRUNGSPFLANZEN Vorwiegend an Gemeinem Labkraut (*Galium album*), Echtem Labkraut (*Galium verum*) und anderen Labkraut-Arten.

VORKOMMEN Vorwiegend an sonnigen, trockenen Orten wie z. B. in Steinbrüchen, auf Trockenrasen und an Waldrändern, oft auch im Siedlungsbereich; in manchen Jahren in Mitteleuropa ziemlich häufig.

WISSENSWERTES Das Taubenschwänzchen ist einer der bekanntesten Wanderfalter. Die Art wandert alljährlich aus ihren südeuropäischen Ursprungsgebieten ein, um sich bei uns fortzupflanzen. In warmen Sommern kommt es zu einer starken Vermehrung, und die dann überall an Balkonkästen und Schmetterlingsflieder (*Buddleja davidii*) schwirrenden Falter der Nachfolgegeneration werden von Laien oft mit Kolibris verwechselt. Einige dieser bei uns geschlüpften Falter wandern offenbar in den Süden zurück. Andere versuchen bei uns zu überwintern, was aber in aller Regel misslingt. Dennoch liegen mittlerweile z. B. aus dem Oberrheintal Fundmeldungen lebender Falter aus allen Monaten vor. Die noch im Herbst geschlüpften Falter legen erst nach der Überwinterung Eier ab. Die Eier werden einzeln oder paarweise meist neben Blüten oder Knospen der Nahrungspflanze abgelegt. Die Raupe frisst vorwiegend nachts, bei trübem Wetter aber auch tagsüber. Sie verpuppt sich in einem lockeren Gespinst am Erdboden. An günstigen Stellen bilden die Falter manchmal kleine Übernachtungsgesellschaften.

Gemeines Labkraut > 368 | Echtes Labkraut > 388

1A

1B

2A

2B

2C

1 Oleanderschwärmer *Daphnis nerii* —Schwärmer Sphingidae

Sp 90–130 mm

JAN FEBR MÄRZ APRIL MAI JUNI JULI AUG SEPT OKT NOV DEZ

FALTER Flügel in der Grundfärbung olivgrün, mit einem schwer beschreibbaren Muster aus dunkelgrünen, weißlichen, rosafarbenen und blauvioletten Flecken **(1a, 1d)**.
RAUPE Bis 120 mm lang, hell blaugrün oder gelbgrün, gelegentlich auch rosa oder ockergelb, seitlich mit einem weißen, nach unten hellblau gesäumten Längsstreifen und einigen weißen Punkten, am 3. Rumpfring mit 2 blau und weiß gefärbten, breit schwarz umrandeten Augenflecken; Horn ziemlich klein, gelb, nach unten gebogen **(1b, 1c)**.
NAHRUNGSPFLANZEN Im Freiland fast ausschließlich an Oleander (*Nerium oleander*) und Immergrün (*Vinca minor*); ein weiteres geeignetes Zuchtfutter ist offenbar auch Liguster (*Ligustrum vulgare*).
VORKOMMEN Heimisch nur im äußersten Süden Europas (Sizilien und südlichstes Griechenland) sowie in den Tropen und Subtropen Afrikas und Asiens, als Wanderfalter vor allem im östlichen Mittelmeerraum regelmäßig und stellenweise häufig, nördlich der Alpen sehr selten.
WISSENSWERTES Der Oleanderschwärmer kann mit seiner schier unglaublichen Farbzusammenstellung als Sinnbild tropischer Farbenpracht schlechthin gelten. In seinen tropischen und subtropischen Ursprungsgebieten bringt er ohne Unterbrechung eine Generation nach der anderen hervor, in den gemäßigten Breiten Südeuropas im Jahr 2–3. Die Raupen fressen an den Oleanderzweigen jeweils nur die obersten 2–3 Blattquirle und wechseln dann zum nächsten Zweig. Durch ihre Färbung sind sie hier ausgezeichnet getarnt, verraten sich aber oft durch ihre am Boden liegenden, etwa 5 mm großen Kotballen. Wird eine Raupe beunruhigt, zieht sie ihren Kopf nach unten ein, wölbt dadurch den Brustabschnitt kugelig empor und präsentiert ihre blauweißen Augenflecke **(1c)**. Mit dieser Drohgebärde dürfte sie auf ihre Gefährlichkeit hinweisen: Durch den hochgiftigen Saft ihrer Nahrungspflanze wird sie selbst ebenfalls giftig. Am Ende ihrer Entwicklung verfärbt sie sich rötlich und verpuppt sich in einer Erdhöhle. Die hellbraune Puppe ist sehr dünnhäutig und sollte daher nicht berührt werden. Sie verträgt keine Temperaturen unter 10 °C und entlässt nach 3–6 Wochen den Falter.

Oleander > 352

2 Nachtkerzenschwärmer *Proserpinus proserpina* —Schwärmer Sphingidae

Sp 37–45 mm
FFH §

JAN FEBR MÄRZ APRIL MAI JUNI JULI AUG SEPT OKT NOV DEZ

FALTER Vorderflügel mit stark gezacktem Außenrand, grünlich mit dunkler Mittelbinde, in dieser ein dunkler, hell umrandeter Fleck; Hinterflügel außen ebenfalls gezackt, ockergelb mit schwarzer Saumbinde **(2a)**.
RAUPE Bis 6 cm lang, grün oder braun mit dunklen Schrägstreifen, die, anders als sonst bei Schwärmerraupen üblich, von vorn oben nach hinten unten gerichtet sind **(2b)**. Horn fehlend, an seiner Stelle ein dunkler, gelb umrandeter Knopf.
NAHRUNGSPFLANZEN Vorwiegend am Schmalblättrigen Weidenröschen (*Epilobium angustifolium*) und anderen Weidenröschen-Arten, daneben auch an der Nachtkerze (*Oenothera biennis*).
VORKOMMEN Vorzugsweise in klimatisch begünstigten Gebieten an etwas feuchten, sonnigen Orten, z. B. in Kiesgruben, am Rand von Auwäldern oder an Gewässerufern, auch im Siedlungsbereich in Gärten und auf Industriebrachen; vor allem im südlichen Mitteleuropa, aber fast überall sehr vereinzelt.
WISSENSWERTES Der kleine Falter fliegt vorwiegend in der Dämmerung und ist ein eifriger Blütenbesucher. Er ist recht pionierfreudig und kann sehr schnell die stark vom Menschen geprägten, rasch sich verändernden Standorte seiner Raupen-Nahrungspflanzen besiedeln. Daher erscheint er auch trotz seiner Seltenheit derzeit nur wenig gefährdet. Die Eier werden einzeln oder zu zweit an der Blattunterseite der Nahrungspflanze abgelegt. Die Raupe frisst vorwiegend nachts und verbirgt sich tagsüber oft unter Steinen, kann aber auch an der Nahrungspflanze ruhend gefunden werden. Die Verpuppung erfolgt am Boden unter Blättern oder in einer Erdhöhle. Die Puppe überwintert, verträgt aber keine zu niedrigen Temperaturen.

Schmalblättriges Weidenröschen > 406
Nachtkerze > 386

1A

1B

1C

1D

2A

2B

1 Wolfsmilchschwärmer *Hyles euphorbiae* (= *Celerio euphorbiae*)—Schwärmer Sphingidae

Sp 55–75 mm
RL 3 §

FALTER Vorderflügel mit hell gelbbrauner Grundfarbe, am Hinterrand mit einer scharf abgesetzten keilförmigen, dunkelbraunen Längsbinde; Vorderrand mit großem, dunklem Basalfleck, zur Flügelspitze hin mit 1–3 weiteren, deutlich kleineren Flecken. Hinterflügel rot mit schwarzem Rand **(1a)**.

RAUPE Bis 80 mm lang, in jüngeren Stadien gelbgrün mit gelbem Rückenstreifen und weißen, schwarz eingefassten Flecken **(1c)**, ausgewachsen schwarz mit zahlreichen weißen Punkten, auf jedem Segment jederseits 2 großen, weißen oder gelben Flecken, roter Rückenlinie und gelb-roter bis roter unterer Seitenlinie. Horn rot mit schwarzer Spitze; auch Kopfkapsel und Füße sind jetzt rot **(1b, 1d)**.

NAHRUNGSPFLANZEN In Mitteleuropa fast nur an der Zypressenwolfsmilch (*Euphorbia cyparissias*); in Südeuropa auch an anderen Wolfsmilch-Arten.

VORKOMMEN An warmen, trockenen Standorten der RaupenNahrungspflanze, etwa auf lückigen Trockenrasen, in Kiesgruben, auf Binnendünen und an sonnigen Böschungen; stellenweise, vor allem in Wärmegebieten, in den meisten Gegenden mit deutlich rückläufiger Bestandsentwicklung.

WISSENSWERTES Der ausgesprochen wärmeliebende Falter gehört zu den gelegentlich wandernden Schwärmerarten und kann so spontan auch in Gegenden auftauchen, in denen er schon längere Zeit nicht mehr beobachtet wurde. In günstigen Jahren kann er in Wärmegebieten eine 2. Faltergeneration ausbilden. Voraussetzung hierfür ist eine entsprechende Wärmemenge, die dafür sorgt, dass die Verpuppung noch unter Langtag-Bedingungen (d.h. bei einer Tageslänge von mindestens 14 Stunden) erfolgt. Im Spätsommer, bereits unter Kurztagsbedingungen, entstehen dagegen ausschließlich Puppen, die erst nach der Überwinterung Falter ergeben. Der Falter zeigt bei Beunruhigung ein auffallendes Drohverhalten: Er krümmt den Hinterleib nach unten ein und spreizt die Flügel weit auseinander, sodass die leuchtend rote Hinterflügelfärbung sichtbar wird **(1a)**. Offensichtlich macht er hierdurch auf körpereigene Inhaltsstoffe aufmerksam, die er mit der hochgiftigen Raupen-Nahrungspflanze aufgenommen hat. Auch die sehr auffällige Färbung der Raupe ist in dieser Weise zu deuten. Die Raupen entwickeln sich oft an ausgesprochen kümmerlichen Exemplaren der Nahrungspflanze.

Zypressenwolfsmilch > 382

2 Labkrautschwärmer *Hyles gallii* (= *Celerio galii*)—Schwärmer Sphingidae

Sp 60–80 mm
§

FALTER Sehr ähnlich dem Wolfsmilchschwärmer, doch ist die vordere Hälfte des Vorderflügels durchgehend dunkelbraun gefärbt; diese dunkle Fläche ist durch einen schmalen, nach vorn zweimal ausgezackten, gelblichen Streifen von der ebenso gefärbten, hinteren Flügelhälfte getrennt **(2a)**.

RAUPE Länge bis 9 cm, in der Jugend grün mit gelben Längsstreifen, ausgewachsen gelblich, dunkelbraun, olivgrün oder schwarz mit einem hell cremefarbenen oder gelben Fleckenpaar auf jedem Segment; Horn und Kopfkapsel meist rot **(2b)**.

NAHRUNGSPFLANZEN Vorwiegend an Echtem Labkraut (*Galium verum*) und anderen Labkraut-Arten, ebenso regelmäßig aber auch am Schmalblättrigen Weidenröschen (*Epilobium angustifolium*).

VORKOMMEN Vor allem im Bergland an sonnigen Waldrändern und auf Wiesen, gelegentlich aber auch in Gärten; in Mitteleuropa weit verbreitet, aber fast überall ziemlich selten.

WISSENSWERTES Der Falter zeigt das gleiche Drohverhalten wie der Wolfsmilchschwärmer **(2a; 1a)**. Die Eier werden einzeln oder zu zweit nebeneinander an Blättern und Blüten der Nahrungspflanze abgelegt. Die Raupe frisst vorwiegend nachts. Die Jungraupe verbirgt sich tagsüber meist an der Blattunterseite, die ausgewachsene Raupe an der Basis der Nahrungspflanze. Zur Verpuppung stellt sie in der obersten Bodenschicht mit Bodenteilen und trockenen Pflanzenresten ein lockeres Gespinst her. Meist überwintert die Puppe, kann aber manchmal noch im Spätsommer eine unvollständige 2. Faltergeneration ergeben.

Echtes Labkraut > 388 |
Schmalblättriges Weidenröschen > 406

1A

1B

1C

1D

2A

2B

1 Mittlerer Weinschwärmer *Deilephila elpenor*
—Schwärmer Sphingidae

Sp 45–60 mm

FALTER Vorderflügel zimtbraun mit rosarotem Vorderrand und 3 ebenso gefärbten, schrägen Binden; Hinterflügel rot mit schwarzer Basalbinde **(1a)**.
RAUPE Auffallend bis 80 mm lang, grün oder braun, manchmal fast schwarz, mit augenartigen Fleckenpaaren auf dem 2. und 3. Segment (diese mit nach außen deutlich breiterem, schwarzem Rand); Horn ziemlich kurz und spitz **(1b, 1c)**.
NAHRUNGSPFLANZEN An Indischem Springkraut (*Impatiens glandulifera*) und anderen Arten der Gattung sowie an Schmalblättrigem Weidenröschen (*Epilobium angustifolium*), in Gärten besonders an Fuchsie (*Fuchsia* sp.); gelegentlich auch an Blutweiderich (*Lythrum salicaria*) und Nachtkerze (*Oenothera biennis*).
VORKOMMEN Vorzugsweise an etwas feuchten Stellen, z. B. in Auwäldern, an Gewässerufern oder in Böschungen, regelmäßig auch in Gärten und Parkanlagen; in Mitteleuropa fast überall ziemlich häufig.
WISSENSWERTES Trotz seiner Häufigkeit wird der Falter relativ selten beobachtet, da er im Allgemeinen erst nach Einbruch der Dunkelheit aktiv wird und vor Blüten umherschwirrt. Das Weibchen legt die Eier einzeln oder in kleinen Gruppen an der Blattunterseite der Nahrungspflanze ab. Die Jungraupen fressen fast nur nachts und halten sich tagsüber verborgen. Die erwachsenen Raupen dagegen sind oft auch tagsüber bei der Nahrungsaufnahme zu beobachten, besonders bei trübem Wetter. Sie sind auf ihren Nahrungspflanzen dann sehr leicht zu entdecken und fallen vor allem auch Gartenfreunden regelmäßig auf. Bei Störung ziehen sie die Kopfkapsel zurück, so dass die vorderen Segmente sich aufblähen und die bedrohlich wirkenden Augenflecke deutlich sichtbar werden. Die Färbung kann sich von Häutung zu Häutung ändern; meist werden aber die grünen Raupen im letzten Stadium braun. Vor der Verpuppung wandert die Raupe oft noch eine Weile umher. Die Verpuppung erfolgt am Erdboden in einem lockeren Gespinst unter Blattresten. Unter günstigen Bedingungen kann sich im Spätsommer noch eine zweite, unvollständige Faltergeneration ausbilden. Meist aber überwintert die Puppe.

Indisches Springkraut > 402
Schmalblättriges Weidenröschen > 406
Fuchsie > 408 | Blutweiderich > 406
Nachtkerze > 386

2 Kleiner Weinschwärmer *Deilephila porcellus*
—Schwärmer Sphingidae

Sp 40–45 mm

FALTER Kleiner als der Mittlere Weinschwärmer, Vorderflügel hellbraun, am Vorder- und Außenrand mit zackig begrenztem, rotem Saum ; Hinterflügel hell grünlich mit roter Saumbinde **(2b)**; Unterseite rot gefärbt **(2c)**.
RAUPE Bis 70 mm lang, wie die des Mittleren Weinschwärmers mit grüner oder brauner Grundfärbung und je einem Paar Augenflecken auf dem 2. und 3. Segment (diese aber mit ziemlich symmetrischem, schwarzem Rand); Horn zu einem winzigen Höcker reduziert **(2a)**.
NAHRUNGSPFLANZEN Raupe am Gemeinen Labkraut (*Galium album*) und am Echten Labkraut (*Galium verum*), nach Literaturangaben auch an Weidenröschenarten.
VORKOMMEN Meist in sonnigen, offenen Lebensräumen, etwa auf Trockenrasen, an Straßenböschungen und in Steinbrüchen; in Mitteleuropa weit verbreitet und fast überall häufig.
WISSENSWERTES Der dämmerungs- und nachtaktive Falter ist wie sein größerer Verwandter ein eifriger Blütenbesucher. Er besucht aber nicht nur Blüten, sondern saugt im Schwirrflug auch z. B. an austretendem Baumsaft oder an zum Anlocken von Nachtfaltern ausgebrachten Ködern. Die Eier werden vom Weibchen einzeln oder in kleinen Gruppen an den Knospen der Nahrungspflanze abgelegt. Die Raupe ist vorwiegend nachtaktiv und hält sich tagsüber meist am Boden verborgen. Vor allem an trüben Tagen frisst sie aber gelegentlich auch tagsüber. Bei einer Störung nimmt sie eine ähnliche Drohhaltung ein wie die des Mittleren Weinschwärmers. Die Verpuppung erfolgt am Boden unter Pflanzenresten in einem lockeren Gespinst. Die Puppe überwintert. In klimatisch begünstigten Gebieten kommt es in manchen Jahren im Hochsommer zur Ausbildung einer zweiten Generation, die etwa gleich stark sein kann wie die erste.

Gemeines Labkraut > 368 | Echtes Labkraut > 388

1A

1B

1C

2A

2B

2C

1 **Dunkler Dickkopffalter** *Erynnis tages*
—Dickkopffalter Hesperiidae

Sp 23–26 mm

FALTER Vorderflügel oberseits graubraun mit verwaschenen, dunkleren Querbinden und einzelnen hellgrauen Flecken, Hinterflügel fast einfarbig dunkel graubraun **(1a)**.
RAUPE Bis 18 mm lang, wie die meisten Dickkopffalterraupen ziemlich plump, hellgrün mit dunklerer Rückenlinie, Kopf dunkelbraun mit mehreren gelblichen Flecken **(1c)**.
NAHRUNGSPFLANZEN Vorzugsweise an Hufeisenklee (*Hippocrepis comosa*), Gemeinem Hornklee (*Lotus corniculatus*) und Bunter Kronwicke (*Coronilla varia*).
VORKOMMEN Meist an trockenen, offenen Stellen, z. B. auf Trockenrasen, an Wegböschungen und auf extensiv genutzten, kurzgrasigen Weiden, in Mitteleuropa vor allem im Bergland weit verbreitet aber nur gebietsweise häufig; in manchen Gegenden in letzter Zeit aber auch deutlich zurückgegangen.
WISSENSWERTES Der Dunkle Dickkopffalter setzt sich im Gegensatz zu vielen anderen Arten seiner Familie stets mit flach ausgebreiteten oder leicht nach oben angewinkelten Flügeln ab. Das Weibchen legt die dottergelben, mit starken Längsrippen und sehr feinen, regelmäßigen Querrippen ausgestatteten Eier **(1b)** einzeln an der Blattoberseite der Nahrungspflanze ab. Die Jungraupe baut sich aus 2 übereinander liegenden Blättern ein Gehäuse; später spinnt sie mehrere Blätter zu einem Schlupfwinkel zusammen. Sie ruht darin meist in hakenförmig gekrümmter Körperhaltung **(1c)**. Unter besonders günstigen Bedingungen erreicht sie bis Ende Juni das letzte Stadium, verpuppt sich im Blattgehäuse und häutet sich im Hochsommer zur zweiten Faltergeneration. Die aus den Eiern dieser Generation geschlüpften Raupen sind gegen Ende des Sommers ausgewachsen; sie überwintern im Blattgehäuse und verpuppen sich im folgenden Frühjahr. Unter weniger günstigen Umweltbedingungen, insbesondere im höheren Bergland, entwickelt sich nur eine Generation im Jahr; auch dann überwintert die ausgewachsene Raupe.

Hufeisenklee > 382 | Gemeiner Hornklee > 380
Bunte Kronwicke > 402

2 **Malvendickkopffalter** *Carcharodes alceae*
—Dickkopffalter Hesperiidae

Sp 23–30 mm
§

FALTER Flügeloberseite mit einem bunten Würfelmuster aus schwarzen, braunen und gelblichen oder hellgrauen Flecken, Vorderflügel außerdem mit kurzen, weißen Querstreifen **(2a)**.
RAUPE Bis 23 mm lang, grau mit zahlreichen feinen, weißlichen Punkten; Kopf schwarz, dahinter 3 leuchtend zitronengelbe, durch schwarze Streifen getrennte Flecke **(2b)**.
NAHRUNGSPFLANZEN Nur an Malvengewächsen, z. B. an der Wegmalve (*Malva neglecta*), der Moschusmalve (*Malva moschata*), und der Bauergartenpflanze Stockrose (*Alcea rosea*).
VORKOMMEN An warmen und trockenen offenen Stellen, z. B. in Kiesgruben und Steinbrüchen sowie auf Ruderalflächen, Trockenrasen und in Gärten; in Mitteleuropa vor allem in den südlichen Teilen (z. B. am Oberrhein und auf der Schwäbischen Alb), mit jahrweise stark schwankender Häufigkeit.
WISSENSWERTES Der wärmeliebende Falter bildet unter günstigen Bedingungen mehrere, zeitlich nicht scharf voneinander zu trennende Generationen aus. Die sehr grob gerippten Eier werden vom Weibchen einzeln auf der Blattoberseite der Nahrungspflanze abgelegt. Die Raupe baut sich ein Wohngehäuse, indem sie einen Teil eines Blattes nach oben umklappt und dann fest spinnt. Anhand dieser auffälligen Behausungen sind die Raupen immer sehr leicht zu finden **(2b)**. Die Überwinterung erfolgt als ausgewachsene Raupe im Blattgehäuse. Die Verpuppung findet bereits sehr zeitig im Frühjahr statt.
ÄHNLICHE ART Der recht ähnliche **Eibisch-Dickkopffalter** (*Carcharodes floccifera*) hat auf der sehr dunklen Oberseite der Hinterflügel kontrastreich abgesetzte, weiße Flecke. Ganz im Gegensatz zum Malvendickkopf fliegt er auf Feuchtwiesen mit größeren Beständen des Heilziests (*Betonica offinialis*), der Nahrungspflanze seiner Raupe. Die überall hochgradig gefährdete Art ist derzeit noch in größeren Populationen im Alpenvorland anzutreffen.

Wegmalve > 406 | Moschusmalve > 406

1A

1B

1C

2A

2B

1 Roter Würfeldickkopffalter *Spialia sertorius*
—Dickkopffalter Hesperiidae

Sp 22–24 mm

JAN FEBR MÄRZ APRIL MAI JUNI JULI AUG SEPT OKT NOV DEZ

FALTER Flügeloberseite schwarzbraun mit zahlreichen weißen Würfelflecken; parallel zum Außenrand der Vorderflügel eine geschwungene Reihe kleiner, weißer Punkte. Unterseite der Hinterflügel meist zimtrot mit weißen Würfelflecken **(1a)**, bisweilen aber auch dunkelbraun oder grünlich.
RAUPE Bis 20 mm lang, dunkelbraun bis schwarz mit 2 gelben, nach innen deutlich gezackten Längsbinden und dichter, ziemlich langer, weißer Behaarung **(1b)**.
NAHRUNGSPFLANZEN Raupen bisher nur sicher am Kleinen Wiesenknopf (*Sanguisorba minor*) nachgewiesen.
VORKOMMEN Nur an trockenwarmen, offenen Stellen, z. B. auf lückigen Trockenrasen, an Wegböschungen und in Steinbrüchen; vor allem im südlichen Teil Mitteleuropas weit verbreitet, aber nirgends häufig.
WISSENSWERTES Die Falter sind eifrige Blütenbesucher, finden sich aber oft auch gemeinsam mit Bläulingen an feuchten Bodenstellen zum Saugen ein. Die Männchen besetzen Sitzwarten auf Steinen, Pflanzen oder anderen erhöhten Punkten und verfolgen von dort aus vorbeifliegende Falter, um anschließend zum Sitzplatz zurückzukehren. Das Weibchen legt die Eier einzeln meist in noch nicht erblühte Blütenstände der Raupen-Nahrungspflanze. Beim Aufblühen werden sie dort von den auseinander geschlagenen Blütenblättern verdeckt. Die Jungraupen fressen zunächst an den Blütenköpfen, danach an den Blättern. Als Unterschlupf spinnen sie mehrere Blattfiedern zu einem Gehäuse zusammen. In klimatisch begünstigten Gebieten fliegen 2 Generationen im Jahr. Bei weniger günstigen Verhältnissen ist die 2. Generation unvollständig, oder es erscheint nur eine Generation. Die Überwinterung erfolgt stets als Raupe im Blattgehäuse. Hier findet auch die Verpuppung statt.

Kleiner Wiesenknopf > 424

2 Gewöhnlicher Würfelfalter *Pyrgus malvae*
—Dickkopffalter Hesperiidae

Sp 18–22 mm
RL V §

JAN FEBR MÄRZ APRIL MAI JUNI JULI AUG SEPT OKT NOV DEZ

FALTER Flügeloberseite schwarzbraun mit zahlreichen weißen Würfelflecken; neben dem Rand der Vorderflügel eine unregelmäßige Reihe verschieden großer, weißer Punkte **(2a)**. Unterseite der Hinterflügel meist graubraun mit weißen Flecken.
RAUPE Bis 19 mm lang, hell gelblich grün mit feiner, dunkler Rückenlinie und dichter, aber recht kurzer, weißer Behaarung **(2b)**.
NAHRUNGSPFLANZEN Ausschließlich an Rosengewächsen, z. B. am Rötlichen Fingerkraut (*Potentilla heptaphylla*) und Odermennig (*Agrimonia eupatoria*); auch an Kleinem Wiesenknopf (*Sanguisorba minor*), Echtem Mädesüß (*Filipendula ulmaria*) und anderen Vertretern der Familie.
VORKOMMEN Sowohl an trockenwarmen Standorten wie Trockenwiesen, Wegböschungen und Felssteppen als auch in Feuchtgebieten, etwa in Flachmooren und auf Streuwiesen; in Mitteleuropa weit verbreitet und stellenweise recht häufig, gebietsweise aber mit deutlich rückläufiger Bestandsentwicklung.
WISSENSWERTES Der in der älteren Literatur vielfach verwendete deutsche Name „Malvendickkopf" für diese Art ist falsch, da sie sich nicht an Malven entwickelt (ebenso ist natürlich der wissenschaftliche Name „*malvae*" unzutreffend). Er passt dagegen gut auf die an Malven lebende Art *Carcharodes alceae* (>108). Die kugeligen, deutlich gerippten, hellgrünen Eier werden vom Weibchen einzeln an Blättern und anderen Teilen der Nahrungspflanze abgelegt. Die Jungraupe klappt zunächst einen Teil des Blattrandes nach oben um und stellt damit ihr Gehäuse her. In späteren Stadien baut sie dieses aus immer größeren Blattteilen oder aus ganzen Blättern. Zur Verpuppung verlässt sie ihr Gehäuse und stellt an der Basis der Nahrungspflanze aus Blattresten und Spinnfäden einen Kokon her. Die Puppe überwintert. In sehr seltenen Fällen schlüpfen einzelne Falter noch im Spätsommer aus der Puppe, sodass es dann zu einer unvollständigen 2. Generation kommen kann.

Rötliches Fingerkraut > 376 | Odermennig > 376
Kleiner Wiesenknopf > 424 | Echtes Mädesüß > 366

1A

1B

2A

2B

1/2 Schwarzkolbiger Braundickkopffalter

Thymelicus lineola — Dickkopffalter Hesperiidae

Sp 22–26 mm

JAN FEBR MÄRZ APRIL MAI JUNI JULI AUG SEPT OKT NOV DEZ

FALTER Flügel oberseits orangebraun mit dunklen Außenrändern und teilweise verdunkelten Längsadern, beim Männchen **(1a)** mit einem schmalen, schwarzen Duftschuppenstreifen in der Mitte des Vorderflügels (die Abbildung zeigt ein in einer Pfütze ertrunkenes Exemplar). Fühler unterseits gelblich mit schwarzer Spitze.

RAUPE Bis 21 mm lang, hellgrün mit dunklem, weißlich eingefasstem Rückenstreifen und daneben jeweils einem weiteren, hellen Längsstreifen; Kopfkapsel oben rotbraun mit 2 hellgelben Längsstreifen **(1b)**.

NAHRUNGSPFLANZEN An verschiedenen Süßgräsern, z. B. Gemeinem Knäuelgras (*Dactylis glomerata*), Fiederzwenke (*Brachypodium pinnatum*) und Landreitgras (*Calamagrostis epigeios*).

VORKOMMEN Sowohl in trockenen wie in feuchten Lebensräumen, z. B. auf Trockenrasen, an Waldrändern, auf mageren Weiden und Feuchtwiesen;
in Mitteleuropa weit verbreitet und in den meisten Gegenden ziemlich häufig.

WISSENSWERTES Das Weibchen legt die länglich ovalen, kaum strukturierten Eier reihenweise in Spalträume an der Nahrungspflanze, z. B. unter die Blattscheiden. Die Raupen entwickeln sich vor dem Winter bis zur Schlupfreife, schlüpfen aber erst im zeitigen Frühjahr aus den Eihüllen. Sie stellen keinen besonderen Schlupfwinkel her, sondern ruhen frei auf den Gräsern. Zur Verpuppung stellen sie auf der nach oben eingerollten Oberseite eines Grasblattes ein Gespinst her.

ÄHNLICHE ART Beim sehr ähnlichen **Braunkolbigen Braundickkopffalter** (*Thymelicus sylvestris*) **(2)** sind die Fühlerspitzen unterseits hell bräunlich. Außerdem sind beim Männchen die Duftschuppenstreifen auf den Vorderflügeln breiter und etwas gebogen. Die ebenfalls häufige Art fliegt oft gleichzeitig mit *T. lineola* in den gleichen Lebensräumen.

Gemeines Knäuelgras > 430 | Fiederzwenke > 432
Landreitgras > 432

3 Gelbfleckiger Dickkopffalter

Carterocephalus palaemon — Dickkopffalter Hesperiidae

Sp 22–28 mm

JAN FEBR MÄRZ APRIL MAI JUNI JULI AUG SEPT OKT NOV DEZ

FALTER Flügel oberseits teilweise gelblich, sonst dunkelbraun mit dichten Reihen gelber Würfelflecke **(3a)**; Unterseite der Hinterflügel gelbbraun mit dunkel umrandeten, weißgelben Flecken.

RAUPE Länge bis 23 mm, für eine Dickkopffalterraupe auffallend schlank, hellgrün mit dunkleren und weißlichen Längsstreifen, bis zum vorletzten Stadium **(3b)** mit schwarzem Kopf und länglichem, schwarzem Fleck am Hinterende, im letzten Stadium dann einheitlich grün.

NAHRUNGSPFLANZEN An verschiedenen Süßgräsern wie Gemeinem Knäuelgras (*Dactylis glomerata*), Landreitgras (*Calamagrostis epigeios*) und Pfeifengras (*Molinia caerulea*).

VORKOMMEN An sonnigen bis halbschattigen, trockenen und etwas feuchten Stellen, besonders an Waldrändern, auf Waldlichtungen, blütenreichen Wiesen und Trockenrasen, vor allem im Bergland weit verbreitet und gebietsweise ziemlich häufig.

WISSENSWERTES Dieser recht markante Dickkopffalter bewohnt typischerweise ein kleinräumig wechselndes Mosaik aus offenen und mehr schattigen Flächen. Während die Falter vorwiegend an offenen Stellen anzutreffen sind und dort eifrig Blüten besuchen, findet man die Raupen vorzugsweise an schattigen, etwas feuchten Orten, etwa am Rand von Waldwegen. Sie stellen sich hier einen Schlupfwinkel her, indem sie ein Grasblatt mit Spinnfäden nach unten einrollen, sodass eine halb offene Röhre entsteht, die nur wenig länger ist als die Raupe selbst **(3c)**. Dicht neben diesem von oben aus kaum erkennbaren Versteck benagen sie das Blatt schräg bis zur Mittelrippe, sodass dreieckige oder trapezförmige Löcher entstehen, meist mehrere kurz hintereinander. An diesen kennzeichnenden Fraßspuren lassen sich die Raupen verhältnismäßig leicht finden. Allerdings können auch Grashüpfer ähnliche Fraßspuren hinterlassen. Die Raupe erreicht zum Ende des Sommers das letzte Stadium. Vor der Überwinterung verändert sich ihre Färbung in ein helles Gelbbraun. Die Verpuppung erfolgt nach der Überwinterung.

Gemeines Knäuelgras > 430 | Landreitgras > 432
Pfeifengras > 434

1A

1B

2

3A

3B

3C

1 | Kommafalter *Hesperia comma* —Dickkopffalter Hesperiidae

Sp 25–30 mm
RL 3

JAN FEBR MÄRZ APRIL MAI JUNI JULI AUG SEPT OKT NOV DEZ

FALTER Vorderflügel oberseits in der Basalhälfte meist orangebraun, im Spitzenteil dunkelbraun, hier mit einigen gelben Flecken; Unterseite der Hinterflügel gelbbraun mit kontrastreich abgesetzten, weißen Flecken **(1b)**; Männchen **(1a)** mit deutlichem, dunklem Duftschuppenstreifen auf dem Vorderflügel, der dem Weibchen **(1c)** fehlt.
RAUPE Bis 26 mm lang, dunkelbraun mit ziemlich großem, schwarzem, gelblich gestreiftem Kopf **(1d)**.
NAHRUNGSPFLANZEN An schmalblättrigen Süßgräsern, vor allem am Schafschwingel (*Festuca ovina*).
VORKOMMEN Vorwiegend an sonnigen und trockenen, nur lückig bewachsenen Stellen, etwa auf Trockenrasen und Felssteppen, aber auch an Wegrändern und in Sandgruben, ebenso in alpinen Grasheiden bis in Höhen von über 2500 m; in Mitteleuropa weit verbreitet, aber überall eher selten, in vielen Gegenden in letzter Zeit stark zurückgegangen.
WISSENSWERTES Der Falter zeigt meist die für viele Dickkopffalter typische Ruhehaltung: Dabei werden die Hinterflügel flach ausgebreitet, die Vorderflügel außen um etwa 45° angewinkelt **(1a, 1c)**; eine solche Flügelhaltung kommt bei Vertretern anderer Schmetterlingsfamilien nicht vor. Der deutsche Name dieser Art ist auf die kommaförmigen Duftschuppenstreifen des Männchens zurückzuführen. Sie setzen sich aus besonders gestalteten Schuppen zusammen, in denen Drüsen ausmünden. Diese produzieren offenbar artspezifische Duftstoffe, die für die Weibchen betörend wirken. Auch die Männchen verschiedener anderer Dickkopffalter besitzen Duftschuppen, die sich z. B. auch am Flügelrand oder auf der Unterseite der Vorderflügel befinden können. Das Weibchen des Kommafalters legt die glatten, halbkugeligen, weißen Eier einzeln an meist ziemlich kümmerlichen Grashorsten ab. Sie überwintern. Die Raupe baut sich eine nach unten erweiterte Röhre aus miteinander versponnenen Grasblättern. Die Verpuppung erfolgt am Erdboden in einem aus Pflanzenteilen zusammengesponnenen Gehäuse. Die wachsartig bereifte, braune Puppe besitzt eine sehr lange Rüsselscheide, die nach hinten über die Flügelscheiden hinausragt.

Schafschwingel > 430

2 | Großer Braundickkopffalter *Ochlodes sylvanus* (*= O. venatus)*—Dickkopffalter Hesperiidae

Sp 25–32 mm

JAN FEBR MÄRZ APRIL MAI JUNI JULI AUG SEPT OKT NOV DEZ

FALTER Ähnlich dem Kommafalter, doch helle Flecke auf der Oberseite der Vorderflügel viel schwächer entwickelt, manchmal sogar fast fehlend **(2a)**; Unterseite der Hinterflügel mit ebenfalls nur schwach erkennbaren, gelblichen Flecken.
RAUPE Bis 28 mm lang, hell grünlich mit etwas dunklerem Rückenstreifen und dunkelbrauner, hell gestreifter Kopfkapsel **(2b)**.
NAHRUNGSPFLANZEN An verschiedenen Süßgräsern wie Gemeinem Knäuelgras (*Dactylis glomerata*), Fiederzwenke (*Brachypodium pinnatum*), Landreitgras (*Calamagrostis epigeios*) und Pfeifengras (*Molinia caerulea*).
VORKOMMEN In offenem bis halbschattigem Gelände, z. B. auf Wiesen, an Waldrändern und in lockeren Wäldern allgemein verbreitet und fast überall ziemlich häufig, einer der häufigsten heimischen Dickkopffalter.
WISSENSWERTES Dieser Dickkopffalter wird oft mit dem deutlich selteneren Kommfalter verwechselt. Viele Fundortangaben für diese Art beziehen sich daher offensichtlich auf den viel häufigeren Rostfarbigen Dickkopffalter. Auch er besitzt als Männchen einen deutlichen Duftschuppenstreifen **(2a)**, ist aber stets sicher an der viel weniger kontrastreich gezeichneten Unterseite der Hinterflügel zu erkennen. Der Höhepunkt der Flugzeit liegt zudem mehr im Frühsommer, während der Kommafalter stärker im Hoch- und Spätsommer fliegt. Das Weibchen legt die kugeligen, weißen Eier einzeln an der Blattoberseite von Gräsern ab. Die Raupe verspinnt Grasblätter zu einer Röhre, in der sie sich aufhält. Bis zum Herbst erreicht sie das 3. oder 4. Raupenstadium und überwintert dann in ihrem Schlupfwinkel. Die Verpuppung erfolgt im Frühjahr in einem Gespinst zwischen Grasresten am Erdboden. Die Puppe besitzt wie die des Kommafalters eine auffallend lange Rüsselscheide.

Gemeines Knäuelgras> 430 | Fiederzwenke > 432
Landreitgras > 432 | Pfeifengras > 434

1A

1B

1C

1D

2A

2B

1 Apollofalter *Parnassius apollo* — Ritterfalter Papilionidae

Sp 65–75 mm
RL 1 § FFH

FALTER Flügel weiß mit schwarzer Fleckenzeichnung und transparenten Stellen, vor allem an den Spitzen der Vorderflügel; Hinterflügel oberseits meist mit 2, unterseits mit mehreren roten Augenflecken **(1a)**.
RAUPE Bis 50 mm lang, schwarz, samtartig behaart, jederseits mit einer dichten Reihe unterschiedlich großer, orangefarbiger Flecke **(1c)**.
NAHRUNGSPFLANZEN Fast ausschließlich am Weißen Mauerpfeffer (*Sedum album*), selten auch an anderen *Sedum*-Arten.
VORKOMMEN An trockenen, steinigen oder felsigen, offenen Berghängen mit reichen Beständen der Raupen-Nahrungspflanze; vor allem in mittleren Höhen der Alpen (meist unter 2 000 m), sehr selten auch in den Mittelgebirgen; eine Rasse, die ssp. *vinningensis*, fliegt auch an der Untermosel in Rheinland-Pfalz **(1b)**.
WISSENSWERTES Während der schöne Falter in verschiedenen Bereichen der Zentral- und Südalpen durchaus noch zum gewohnten Bild blütenreicher Bergwiesen gehört, ist er in den deutschen Mittelgebirgen wie auch im deutschen Teil der Alpen fast ausgestorben. Als einziger heimischer Schmetterling unterliegt er nicht nur der Bundesartenschutzverordnung, sondern auch den weltweit gültigen Bestimmungen des Washingtoner Artenschutzabkommens. Die Falter benötigen außer reichen Beständen der Nahrungspflanze ihrer Raupen auch ein ergiebiges Angebot blühender Pflanzen für die Eigenversorgung mit Nektar. Besonders gern besuchen sie Distelblüten. Die Eier werden einzeln an der Nahrungspflanze oder in deren Nähe an Gräsern oder trockenen Pflanzenstängeln ablegt. Die Raupe ist bereits nach 2 Wochen fertig entwickelt, überwintert aber in aller Regel in der Eihülle. Sie verlässt diese an einem der ersten wärmeren Frühlingstage. Die ältere Raupe nimmt öfters ein Sonnenbad und ist dann verhältnismäßig leicht zu finden **(1c)**. Die Verpuppung erfolgt in einem lockeren Gespinst am Erdboden; die Puppe ist weißlich bereift **(1d)**. Die Art bringt immer nur eine Generation im Jahr hervor. Da aber die Entwicklung je nach den Standortbedingungen in sehr unterschiedlicher Geschwindigkeit erfolgt, verteilt sich die Flugzeit der Falter über einen ungewöhnlich langen Zeitraum.

Weißer Mauerpfeffer > 364

2 Hochalpen-Apollo *Parnassius sacerdos* (= *Parnassius phoebus*) — Ritterfalter Papilionidae

Sp 50–60 mm
§

FALTER Sehr ähnlich dem Apollofalter, doch durchschnittlich etwas kleiner und oft mit leicht gelblicher Flügeltönung. Zuverlässigere Unterscheidungsmerkmale sind aber die viel kontrastreicher schwarzweiß geringelten Fühler (diese sind beim Apollofalter nur undeutlich geringelt) sowie rote Flecke im Vorderflügel, die beim Hochalpen-Apollo fast immer, beim Apollofalter dagegen sehr selten zu finden sind. Weibchen **(2a, 2b)** viel ausgedehnter schwarz gezeichnet als das Männchen.
RAUPE Bis 48 mm lang, ebenfalls sehr ähnlich der der anderen Art, aber Flecke oft mehr zitronengelb, in vielen Fällen aber nicht sicher von dieser zu unterscheiden **(2c)**.
NAHRUNGSPFLANZEN Fast ausschließlich am Bewimperten Steinbrech (*Saxifraga aizoides*), vielleicht auch an anderen Steinbrech-Arten; nach Literaturangaben angeblich auch an Hauswurz-Arten (*Sempervivum*).
VORKOMMEN In der Nähe von Quellbächen und sonstigen Feuchtgebieten mit Vorkommen der Raupen-Nahrungspflanze; in Mitteleuropa nur in den Alpen, vorwiegend in Höhen von über 2 000 m; in den Zentralalpen stellenweise nicht selten, in den deutschen Alpen verschwunden.
WISSENSWERTES So sehr sich die beiden rot gefleckten Apollo-Arten als Falter wie als Raupe ähneln, so deutlich unterscheiden sie sich durch ihre Lebensräume. Als Faustregel kann gelten: An Trockenstandorten unter 2 000 m – Apollofalter, in Feuchtgebieten über 2 000 m – Hochalpen-Apollo. Bei den kleinräumig aber oftmals stark wechselnden Bedingungen in den Alpen kann diese Entscheidung aber manchmal durchaus schwer fallen. Die Raupe des Hochalpen-Apollos findet sich meist in unmittelbarer Wassernähe, oft sogar auf direkt im Wasser wachsenden Steinbrech-Polstern. Sie verpuppt sich in einem ziemlich dichten, weißen Gespinst.

Bewimperter Steinbrech > 378

1A

1B

1C

1D

2A

2B

2C

1 Schwarzer Apollo *Parnassius mnemosyne*
—Ritterfalter Papilionidae

Sp 45–60 mm
RL 2 § FFH

FALTER Im Gegensatz zu den beiden anderen Apollo-Arten ohne rote Zeichnungen; daher leicht mit einem großen Weißling, insbesondere dem Baumweißling (>124), zu verwechseln. Ein gutes Erkennungszeichen sind die für alle Apollofalter typischen, glasartig durchsichtigen Flügelspitzen **(1a)**.

RAUPE Bis 42 mm lang, nicht mit letzter Sicherheit von den Raupen der beiden anderen Apollo-Arten zu unterscheiden **(1b)**.

NAHRUNGSPFLANZEN Vorwiegend am Mittleren Lerchensporn (*Corydalis intermedia*), daneben auch an anderen Lerchensporn-Arten, z. B. dem Hohlen Lerchensporn (*Corydalis cava*).

VORKOMMEN Im Bergland auf blütenreichen, etwas feuchten Wiesen, in deren Nähe sich reiche Lerchenspornbestände finden; in den Mittelgebirgen fast ausgestorben, in den mittleren Lagen der Alpen (bis in Höhen von etwa 2000 m) stellenweise noch häufiger.

WISSENSWERTES Während die Falter sich vorwiegend an offenen, blütenreichen Stellen aufhalten, findet man die Nahrungspflanzen der Raupe nur an kühl-schattigen Stellen. Da die Falter ausgesprochen standorttreu sind und keine größeren Strecken fliegen, müssen in ihrem Lebensraum diese beiden sehr gegensätzlichen Standorttypen unmittelbar nebeneinander vorkommen. Die Art kann sich daher nur in reich strukturierten, kleinflächig rasch wechselnden Landschaften (etwa in Schluchtwäldern mit eingestreuten sonnigen Waldwiesen) behaupten. Die Eiablage erfolgt an Grashalmen oder dürren Pflanzenstängeln in der Nähe der Nahrungspflanze, die um diese Zeit bereits ihre oberirdischen Teile zurückgezogen hat (sie überdauert den Sommer als unterirdische Knolle). Wie der Falter den richtigen Ort findet (vielleicht durch den Geruch der Knolle?), ist unbekannt. Die Raupe verlässt die Eihülle unmittelbar nach der Schneeschmelze. Sie sonnt sich gern auf dürren Blättern, solange die Bäume noch unbelaubt sind **(1b)**. Die Verpuppung erfolgt in einem pergamentartigen, weißen Kokon am Erdboden (der Schwarze Apollo ist neben dem Hochalpen-Apollo der einzige heimische Tagfalter, bei dem man von einem Kokon sprechen kann!). Die Puppe ist heller oder dunkler braun gefärbt und besitzt, anders als die des Roten Apollo, keine weißliche Bereifung.

Mittlerer Lerchensporn > 398

2 Osterluzeifalter *Zerynthia polyxena*
—Ritterfalter Papilionidae

Sp 45–55 mm
RL 0 § FFH

FALTER Flügel hellgelb, mit schwarzen, roten und blauen Flecken, die vor allem auf den Hinterflügeln ein sehr buntes Mosaik bilden; Flügelaußenränder mit schwarzem Schleifenmuster **(2b, 2d)**.

RAUPE Länge bis 35 mm, Färbung silbergrau oder hell bräunlich mit schwarzen Punkten und 6 Reihen orangefarbiger, bestachelter Hautzapfen **(2a, 2c)**.

NAHRUNGSPFLANZEN In Mitteleuropa an der Gemeinen Osterluzei (*Aristolochia clematitis*), im Mittelmeerraum auch an anderen *Aristolochia*-Arten.

VORKOMMEN An sonnigen, offenen Stellen, z. B. auf lückig bewachsenem Brachland, auf Waldlichtungen und in Weinbergen. Im östlichen Mittelmeergebiet (westlich bis in die Französischen Meeralpen) gebietsweise nicht selten, nach Norden vereinzelt bis in die italienischen Südalpen (z. B. Aostatal und Comer-See-Gebiet), ins östliche Österreich (Burgenland und Niederösterreich), in die Slowakei und ins südliche Polen. Fehlt in Deutschland.

WISSENSWERTES Die Eier werden in lockeren Gruppen an der Blattunterseite der Osterluzei abgelegt. Die Jungraupen fressen zunächst vorzugsweise an den Blüten, später an den Blättern der Nahrungspflanze. Die Puppe gehört zu den Gürtelpuppen. Der Gürtelfaden umfasst aber nicht, wie etwa bei der Schwalbenschwanzpuppe, die Puppenmitte, sondern umschlingt zwei nach vorn gerichtete Dorne an der Kopfspitze.

ÄHNLICHE ART Der **Spanische Osterluzeifalter** (*Zerynthia rumina*) besitzt auch im Vorderflügel mehrere rote Flecke. Er vertritt den Osterluzeifalter im westlichen Mittelmeergebiet; in den Französischen Meeralpen überschneiden sich die Areale beider Arten.

Gemeine Osterluzei > 372

1A

1B

2A

2B

2C

2D

1 | **Segelfalter** *Iphiclides podalirius* —Ritterfalter Papilionidae

Sp 50–70 mm
RL 3 §

FALTER Flügel blassgelb mit schwarzem Streifenmuster, das sich bei gespreizter Flügelhaltung von den Vorderflügeln auf die Hinterflügel fortsetzt; Hinterflügel lang geschwänzt, mit blauen Randmonden und einem blauschwarzen, rot gerandeten Augenfleck am Innenwinkel **(1a)**.
RAUPE Bis 40 mm lang, sehr plump gebaut, vorn deutlich höher als hinten, grün oder gelblich mit feinen, gelben Schrägstreifen und roten Punkten **(1c)**.
NAHRUNGSPFLANZEN In Mitteleuropa vorzugsweise an der Schlehe (*Prunus spinosa*), daneben auch an der Zwetschge (*Prunus domesticus*) und weiteren Bäumen und Sträuchern der Gattung *Prunus* sowie am Eingriffeligen Weißdorn (*Crataegus monogyna*).
VORKOMMEN In warmem, offenem Gelände, z. B. auf felsigen Trockenrasen und am Rand von Steppenheidewäldern; in Mitteleuropa fast überall mit stark rückläufiger Bestandsentwicklung, im Mittelmeergebiet dagegen noch ziemlich häufig.
WISSENSWERTES In klimatisch begünstigten Gebieten, etwa im Oberrheintal, an Mosel und Nahe sowie im Raum Würzburg, fliegen alljährlich meist zwei Generationen (im Frühjahr und im Hochsommer), in ungünstigeren Lagen, wie etwa auf der Schwäbischen Alb, nur eine (im Mai und Juni). Die Falter sammeln sich bevorzugt an Bergkuppen und führen dort ihre Balzflüge auf. Dieses Verhalten wird als „Hilltopping" bezeichnet. Die blattähnlich gefärbte und geformte ältere Raupe ist an den Zweigen ihrer Nahrungspflanze kaum zu entdecken **(1c)**, die ganz anders gefärbte Jungraupe (sie ist schwärzlich mit 2 hellen Flecken) ist dagegen viel leichter zu finden. Sie ruht frei auf der Mitte eines von ihr am Rande benagten Blattes. Die Verpuppung erfolgt an einem Zweig oder einem Stein. Die typische Gürtelpuppe ruht in aufrechter Haltung und wird dabei von einem Gürtelfaden gehalten **(1b)**. Puppen, die noch im gleichen Jahr einen Falter ergeben, sind in der Regel grün, überwinternde Puppen dagegen braun gefärbt.

Schlehe > 346 | Zwetschge > 344
Eingriffeliger Weißdorn > 344

2 | **Schwalbenschwanz** *Papilio machaon* —Ritterfalter Papilionidae

Sp 50–75 mm
§

FALTER Flügel deutlich satter gelb gefärbt als beim Segelfalter, Vorderflügel schwarz gezeichnet, aber ohne deutliche Binden, Hinterflügel mit kurzen Schwänzen, ausgedehnten blauen Zeichnungen und einem rot-blauen, schwarz gerandeten Augenfleck **(2b)**.
RAUPE Bis 45 mm lang, glatt und unbehaart, hellgrün mit schwarzen, orangerot gepunkteten Querbinden **(2a)**.
NAHRUNGSPFLANZEN An vielen verschiedenen Doldengewächsen, z. B. an Kleiner Bibernelle (*Pimpinella saxifraga*), Echtem Fenchel (*Foeniculum vulgare*), Pastinak (*Pastinaca sativa*), Sumpf-Haarstrang (*Peucedanum palustre*), Wilder Möhre (*Daucus carota*) und Bärwurz (*Meum athamantium*); außerdem auch an der Weinraute (*Ruta graveolens*), die als Vertreterin der Rautengewächse einem ganz anderen Verwandtschaftskreis angehört.
VORKOMMEN In sonnigem, offenem Gelände, etwa an Wegrändern, auf Trockenrasen und auch in Gärten im Allgemeinen nicht selten, vor allem im südlichen Mitteleuropa.
WISSENSWERTES Die Art bringt regelmäßig 2, unter besonders günstigen Bedingungen sogar 3 Generationen im Jahr hervor. Die Falter zeigen oft ein ähnliches „Hilltopping"-Verhalten wie die des Segelfalters. Die Raupe besitzt ein auffälliges Abwehrverhalten. Berührt man sie etwas unsanft, zieht sie ihren Kopf ein und lässt meist nur für wenige Sekunden eine zweizipflige, leuchtend orangefarbene Nackengabel hervortreten, der ein sehr intensiver, unangenehmer Geruch entströmt. Die Puppe befestigt sich mit ihrem Gürtelfaden an Stängeln oder Steinen und tritt in einer grünen und einer graubraunen Form auf **(2c)**.

Kleine Bibernelle > 366 | Echter Fenchel > 388
Pastinak > 388 | Sumpf-Haarstrang > 368
Wilde Möhre > 366 | Bärwurz > 368
Weinraute > 386

1A

1B

1C

2A

2B

2C

1 Schmalflügel-Weißling *Leptidea sinapis/juvernica*-Komplex
—Weißlinge Pieridae

Sp 30–40 mm

In Deutschland kommen zwei *Leptidea*-Arten vor: *Leptidea sinapis* und *Leptidea juvernica*. Im westlichen Mittelmeergebiet fliegt noch eine dritte, *Leptidea reali*, die erst 1989 beschrieben wurde. Die genaue Bestimmung aller drei Arten ist nur durch Spezialisten möglich. In Deutschland spricht man am besten vom *Leptidea sinapis/juvernica*-Komplex.

FALTER Sehr zierlich wirkender Weißling mit auffallend langem Hinterleib; Männchen oberseits an der Vorderflügelspitze mit rundlichem, grauem Fleck, dieser beim Weibchen meist undeutlich oder fehlend; Unterseite der Hinterflügel mit 2 verwaschenen, grauen Querbinden **(1a, 1c)**.

RAUPE Bis 30 mm lang, grün mit dunkel durchschimmerndem Rückengefäß, seitlich mit gelblichem oder weißem Längsstreifen **(1b)**.

NAHRUNGSPFLANZEN An verschiedenen Schmetterlingsblütlern, vor allem an Gemeinem Hornklee (*Lotus corniculatus*).

VORKOMMEN An Saumbiotopen, an Magerrasen, an Wald- und Wegrändern sowie auf unbewirtschafteten Wiesen im Allgemeinen nicht selten.

WISSENSWERTES Der Tintenfleck-Weißling entwickelt sich als einzige der weiß gefärbten Weißlingsarten ausschließlich an Schmetterlingsblütlern. Daher ist der früher sonst für diese Art übliche deutsche Name „Senfweißling", eine Übersetzung des wissenschaftlichen Artnamens, absolut unzutreffend. Die Falter zeigen vor der Paarung ein sehr charakteristisches, oft zu beobachtendes Balzverhalten: Das Männchen setzt sich gegenüber der Partnerin, bewegt den Kopf hin und her und umkreist mit ausgefahrenem Rüssel den Kopf des Weibchens **(1a)**; ist dieses paarungsbereit, streckt es dem Männchen den Hinterleib entgegen und erlaubt diesem die Begattung **(1c)**. Vor der Eiablage prüft das Weibchen offenbar die Pflanze auf ihre Eignung als spätere Nahrungspflanze für die Raupe, indem es mit seinen Fußkrallen die oberste Zellschicht aufkratzt und den Zellsaft auf seine Inhaltsstoffe untersucht. Die Art bringt 2–3 Generationen im Jahr hervor. Überwinterungsstadium ist die Puppe.

Gemeiner Hornklee > 380 | Bunte Kronwicke > 402
Vogelwicke > 416 | Wiesenplatterbse > 378

2 Aurorafalter *Anthocharis cardamines*
—Weißlinge Pieridae

Sp 35–45 mm

FALTER Vorderflügel oberseits mit schwarzer Spitze und etwa in der Mitte einem kurzen, schwarzen Strich; beim Männchen **(2a, 2b)** außerdem mit großem, die ganze Spitzenhälfte ausfüllendem, orangefarbenem Fleck, der dem Weibchen fehlt. Unterseite der Hinterflügel bei beiden Geschlechtern grünlich marmoriert **(2a)**.

RAUPE Bis 30 mm lang, mit blaugrünem Rücken, seitlich mit weißem Streifen, der nach unten scharf begrenzt ist, nach oben allmählich in die grüne Grundfärbung übergeht.

NAHRUNGSPFLANZEN An verschiedenen Kreuzblütlern, auf Feuchtwiesen vorzugsweise am Wiesenschaumkraut (*Cardamine pratensis*), in Wäldern besonders an der Knoblauchsrauke (*Alliaria petiolata*), daneben u. a. an Wildem Silberblatt (*Lunaria rediviva*), Bitterem Schaumkraut (*Cardamine amara*) und Ackersenf (*Sinapis arvensis*).

VORKOMMEN Am häufigsten auf Feuchtwiesen, daneben auch an Waldrändern, in lockeren, feuchten Wäldern und sogar in Gärten. In den meisten Gegenden ziemlich häufig.

WISSENSWERTES Die zunächst weißen, später roten Eier **(2c)** werden einzeln an den Blütenstielen der Nahrungspflanze abgelegt. Die ausgezeichnet getarnte Raupe verhält sich sehr unverträglich gegenüber Artgenossen. Sie bevorzugt als Nahrung Blüten und unreife Fruchtstände. Erst wenn diese verzehrt sind, frisst sie auch an den Blättern. Die graubraune, sehr schlanke Gürtelpuppe ist am Kopfende in einen langen, zur Rückenseite gebogenen Dorn ausgezogen; sie erinnert an einen Pflanzendorn und ist an einem dürren Pflanzenstängel kaum zu entdecken. Sie befindet sich meist dicht über dem Erdboden im Einflussbereich der bodennahen Luftfeuchte und stellt das Überwinterungsstadium dar. Die Art bildet stets nur eine Generation im Jahr aus.

Wiesenschaumkraut > 400 |Knoblauchsrauke > 362
Wildes Silberblatt > 400
Bitteres Schaumkraut > 362 |Ackersenf > 374

1A

1B

1C

2A

2B

2C

1 | **Baumweißling** *Aporia crataegi* —Weißlinge Pieridae

Sp 50–65 mm

JAN FEBR MÄRZ APRIL MAI JUNI JULI AUG SEPT OKT NOV DEZ

FALTER Flügel einheitlich weiß mit deutlich abgesetztem, schwarzem Adernetz (**1a**, **1c**, Kopula).
RAUPE Länge bis 45 mm, deutlich behaart, Grundfärbung silbergrau, Rücken schwarz mit 2 orangefarbenen oder gelbbraunen Längsstreifen **(1e)**.
NAHRUNGSPFLANZEN Vorwiegend an Laubhölzern aus der Familie der Rosengewächse, besonders an Eingriffeligem Weißdorn (*Crataegus monogyna*) und Schlehe (*Prunus spinosa*), auch z. B. an Birnbaum (*Pyrus communis*), Apfelbaum (*Malus domestica*), Eberesche (*Sorbus aucuparia*) und Zwetschge (*Prunus domestica*).
VORKOMMEN In offenem, locker mit Sträuchern und Bäumen bewachsenem Gelände, im Randbereich von Mooren ebenso wie an Waldrändern, auf Streuobstwiesen oder auf verbuschten Trockenrasen. Früher ein gefürchteter Obstbaumschädling. In Mitteleuropa weit verbreitet, doch vielerorts in der letzten Zeit stark zurückgegangen, auch in gut besiedelten Regionen mit jahrweise stark schwankender Häufigkeit.
WISSENSWERTES Das Weibchen legt die leuchtend gelb gefärbten Eier in Gelegen von 60–120 Stück auf Blättern der Nahrungspflanze ab **(1b)**. Die Jungraupen verweben mehrere Blätter zu einem gemeinsamen Gespinst. Im ersten Jahr häuten sie sich zweimal und gehen dann gemeinsam in ihrem Blattnest in die Überwinterung. Dieses Überwinterungsgespinst ist entweder am Zweig fest gesponnen oder hängt an einem stärkeren Faden wie ein Pendel herab, sodass es dann auf der ansonsten unbelaubten Nahrungspflanze deutlich ins Auge fällt. Bereits an den ersten warmen Vorfrühlingstagen kommen die Raupen immer wieder aus ihrem Schlupfwinkel hervor, um sich zu sonnen **(1d)**.
Von Zeit zu Zeit nagen sie bereits an den noch nicht ausgetriebenen Knospen. Auch nach der Überwinterung bleiben sie zusammen und zerstreuen sich erst kurz vor der Verpuppung. Diese erfolgt meist an Zweigen der Nahrungspflanze. Die typische Gürtelpuppe ist leuchtend gelb mit einem kontrastreich abgesetzten Muster schwarzer Punkte **(1f)**.

Eingriffeliger Weißdorn > 344 | Schlehe > 346
Birnbaum > 342 | Apfelbaum > 342
Vogelbeere > 342 | Zwetschge > 344

1

1B

1C

1D

1E

1F

1 | Großer Kohlweißling *Pieris brassicae* —Weißlinge Pieridae

Sp 50–65 mm

FALTER Vorderflügel oberseits mit breitem, schwarzem Spitzenfleck, beim Weibchen außerdem mit 2 ziemlich großen, schwarzen Punkten, Unterseite **(1a)** gelblich weiß, ohne deutliche Zeichnungen.
RAUPE Bis 40 mm lang, auffallend bunt, grünlich gelb mit schwarzen Punkten und gelber Rückenlinie **(1b)**.
NAHRUNGSPFLANZEN An Kreuzblütlern, vor allem an Gemüsekohl (*Brassica oleracea*), auch z. B. an Raps (*Brassica napus*) und Hederich (*Raphanus raphanistrum*), regelmäßig auch an Kapuzinerkresse (*Tropaeolum majus*).
VORKOMMEN Am häufigsten in Gärten und auf Gemüsefeldern, seltener auch auf blütenreichen Wiesen und Trockenrasen. Früher fast überall häufig, in der letzten Zeit deutlich zurückgegangen.
WISSENSWERTES Der Große Kohlweißling erscheint meist in 3 aufeinander folgenden Generationen im Jahr. Während die 1. Generation meist nur wenige Falter umfasst, werden die Tiere in den folgenden Generationen immer zahlreicher. Die Weibchen legen ihre gelben Eier im Frühjahr zunächst in kleinen Gruppen, manchmal sogar einzeln, an die Blattunterseiten ihrer Nahrungspflanzen, später im Jahr in zunehmend großen Gelegen von z. T. mehreren hundert Stück **(1c)**. Die Raupen sitzen frei auf den Blättern und sind dadurch recht auffällig **(1b)**. Bei Kohlpflanzen befressen sie vor allem die äußeren Blätter und verschonen in der Regel den eigentlichen Kohlkopf. Zur Verpuppung entfernen sie sich oft recht weit von ihren Entwicklungsorten und spinnen sich z. B. an Mauern oder unter Dachvorsprüngen fest. Die hell gelbliche, fein punktierte Gürtelpuppe ist auch das Überwinterungsstadium. Allerdings gelangen bei weitem nicht alle Raupen zur Verpuppung. Sehr viele sind parasitiert, vor allem die Herbstraupen. Oft sterben sie kurz vor der Puppenhäutung am Verpuppungsort, am häufigsten durch die Larven der Brackwespe Apanteles glomerator, die sich zu 15–50 Exemplaren in einer Raupe entwickeln. Sie bohren sich aus der sterbenden Raupe hervor und verpuppen sich außen auf ihr in ovalen, etwa 3 mm großen Kokons. Diese Kokons werden im Volksmund fälschlicherweise als „Raupeneier" bezeichnet. Die winzigen Wespen sorgen dafür, dass im nächsten Frühjahr wieder nur wenige Kohlweißlinge fliegen. Es gibt daneben noch eine Reihe weiterer parasitischer Wespen, die diese Art dezimieren.

Gemüsekohl > 374 | Raps > 372 | Hederich > 362
Kapuzinerkresse > 384

2 | Kleiner Kohlweißling *Pieris rapae* —Weißlinge Pieridae

Sp 40–50 mm

FALTER Sehr ähnlich dem Großen Kohlweißling, schwarzer Fleck an der Vorderflügelspitze kleiner, Männchen meist mit einem ziemlich kleinen, schwarzen Punkt auf dem Vorderflügel, Weibchen **(2a)** wie das des Großen Kohlweißlings mit 2 Punkten; Flügelunterseite gelblich **(2b)**.
RAUPE Bis 25 mm lang, grün mit feiner, gelber Rückenlinie; Stigmen weißlich mit schwarzem Rand, zwischen ihnen gelbe Punkte **(2c)**.
NAHRUNGSPFLANZEN An verschiedenen Kreuzblütlern wie Gemüsekohl (*Brassica oleracea*), Raps (*Brassica napi*), Ackersenf (*Sinapis arvensis*), Hederich (*Raphanus raphanistrum*) und Knoblauchsrauke (*Alliaria petiolata*), außerdem auch an Gelbem Wau (*Reseda lutea*) und Kapuzinerkresse (*Tropaeolum majus*).
VORKOMMEN In offenem Gelände, vor allem in Gärten und landwirtschaftlich genutztem Gelände, einer der häufigsten heimischen Tagfalter.
WISSENSWERTES Der Kleine Kohlweißling fliegt jährlich in bis zu 4 Generationen. Seine grüne, sehr gut getarnte Raupe führt eine viel verborgenere Lebensweise als die des größeren Verwandten. Da die hell grünlichen Eier einzeln abgelegt werden, lebt auch sie stets einzeln, frisst mehr an den inneren Kohlblättern als die der anderen Art und erweist sich dadurch als viel schädlicher. Unter günstigen Bedingungen sind die Raupen bereits nach 2 Wochen ausgewachsen. Die hell grünliche, dunkel gepunktete Gürtelpuppe überwintert.

Gemüsekohl > 374 |Raps > 372 | Ackersenf > 374
Hederich > 362 | Knoblauchsrauke > 362
Gelber Wau > 374 | Kapuzinerkresse > 384

1A

1B

2A

1C

2B

2C

1 Grünader-Weißling *Pieris napi*
—Weißlinge Pieridae

Sp 45–50 mm

FALTER Flügeloberseite sehr ähnlich wie beim Kleinen Kohlweißling, Männchen **(1b)** mit einem kleinen, Weibchen **(1a)** mit 2 deutlich größeren Punkten auf dem Vorderflügel; leicht zu erkennen an breiten, graugrünen Schuppenstreifen auf den Adern an der Unterseite der Hinterflügel **(1a)**.
RAUPE Bis 25 mm lang, grün, ohne oder nur mit sehr schwacher, gelber Rückenlinie; Stigmen schwarz mit gelbem Ring **(1c)**.
NAHRUNGSPFLANZEN An vielen verschiedenen wild wachsenden Kreuzblütlern, besonders an Knoblauchsrauke (*Alliaria petiolata*) und Wiesenschaumkraut (*Cardamine pratensis*), etwas seltener auch z. B. an Bitterem Schaumkraut (*Cardamine amara*), Ackersenf (*Sinapis arvensis*), Hederich (*Raphanus raphanistrum*) und Wildem Silberblatt (*Lunaria rediviva*). Nicht an Kohl.
VORKOMMEN Weniger als die beiden anderen *Pieris*-Arten im Kulturgelände, sondern vorzugsweise in etwas feuchten Wäldern, an Waldrändern, auf Wiesen, an Böschungen und Straßenrändern; fast überall häufig.
WISSENSWERTES Der Grünader-Weißling erweist sich im Gegensatz zu den beiden Kohlweißlings-Arten niemals als schädlich, da sich seine Raupe im Gegensatz zu der beiden anderen *Pieris*-Arten so gut wie nie an Kulturpflanzen entwickelt. Sein vielfach sonst üblicher Name „Raps-Weißling" ist daher vollkommen irreführend. Das Weibchen legt die Eier einzeln oder in kleinen Gruppen an die Blattunterseite der Nahrungspflanze, vorzugsweise an schattigen oder tief in der umgebenden Vegetation verborgenen Stellen. Daher und wegen ihrer ausgesprochenen Tarnfärbung ist die Raupe schwer zu finden. Am ehesten entdeckt man sie an isoliert stehenden Knoblauchsrauken am Rand schattiger Waldwege. Sie verwandelt sich an einem Pflanzenstängel in eine grüne, dunkel gepunktete Gürtelpuppe. Diese überwintert, sofern sie nicht noch im gleichen Jahr den Falter entlässt. Die Art bringt im Jahr 3 Generationen hervor.

Knoblauchsrauke > 362 | Wiesenschaumkraut > 400
Bitteres Schaumkraut > 362 | Ackersenf > 374
Hederich > 362 | Wildes Silberblatt > 400

2 Karst-Weißling *Pieris mannii*
—Weißlinge Pieridae

Sp 40–45 mm

FALTER Ähnelt sehr dem Kleinen Kohlweißling; er ist von Anfängern kaum von diesem zu unterscheiden. Unterschiede: Beim Karst-Weißling ist der schwarze Fleck an der Spitze der Vorderflügel meist deutlich weiter am Flügel-Außenrand heruntergezogen. Die schwarzen Flecke darunter sind deutlicher und meist viereckig; beim Kleinen Kohlweißling sind sie kleiner und rund **(2a)**.
RAUPE Grün, sehr ähnlich Kleiner Kohlweißling. In L1 und L2 aber unverwechselbar mit schwarzem Kopf (*P. rapae*: grün) **(2b)**.
NAHRUNGSPFLANZEN Fast ausschließlich Immergrüne Schleifenblume (*Iberis sempervirens*) in Vor- und Steingärten.
VORKOMMEN Vor allem innerorts in Wohngebieten mit angepflanzten Schleifenblumen.
WISSENSWERTES Der Karst-Weißling ist ein Neubürger, der aus der Schweiz zu uns eingewandert ist. Er wurde 2008 erstmals in Deutschland im südlichen Baden-Württemberg nachgewiesen. Von hier aus hat sich der Falter rasant ausgebreitet. Mittlerweile ist er bis nach Schleswig-Holstein vorgedrungen; nur in Nordost-Deutschland ist die Verbreitung noch lückig.
Wer die im Frühjahr weiß blühende Immergrüne Schleifenblumen (*Iberis sempervirens*) im Steingarten hat, sollte unbedingt darauf achten, ob Weißlinge hier Eier ablegen. Das ist dann mit sehr hoher Wahrscheinlichkeit der Karst-Weißling!

1A

1B

1C

2A

2B

1 Hochmoorgelbling *Colias palaeno* —Weißlinge Pieridae

Sp 40–50 mm
RL 2 §

FALTER Oberseite der Flügel beim Männchen grünlich gelb, beim Weibchen gelbweiß mit breiter, schwarzer Randbinde; Unterseite der Hinterflügel mit einem weißen, rötlich oder grau umrandeten Fleck **(1a)**.
RAUPE Länge bis 35 mm, grün mit feiner, schwarzer Punktierung und schmaler, gelber Seitenlinie in Höhe der Stigmen **(1b)**.
NAHRUNGSPFLANZEN Ausschließlich an der Rauschbeere (*Vaccinium uliginosum*), und zwar nur an sonnig stehenden, niedrigen Sträuchern.
VORKOMMEN Im Randbereich intakter Moorgebiete mit ausgedehnten Beständen der Nahrungspflanze der Raupe. In Mitteleuropa überall sehr selten geworden, kommt derzeit nur noch im Alpenvorland, in den Alpen und einigen höheren Mittelgebirgen vor, in den norddeutschen Moorgebieten schon ausgestorben.
WISSENSWERTES Die Art benötigt ein kleinräumiges Nebeneinander recht unterschiedlicher Habitate. Die Raupen können sich nur an Standorten der Rauschbeere entwickeln. Dort aber gibt es in aller Regel kein ausreichendes Angebot blühender Pflanzen, insbesondere Disteln, die die Falter als Nahrungsquelle benötigen. Da die Falter nur in Bodennähe umherfliegen, gelingt es ihnen nicht, bei der Nahrungssuche höher aufragende Barrieren (z. B. Wälder) zu überwinden. An ihren Vorkommensorten müssen also blütenreiche Wiesen unmittelbar an die blütenarmen Standorte der Raupen-Nahrungspflanze angrenzen.

Rauschbeere > 356

2/3/4 Wander-Gelbling *Colias crocea* —Weißlinge Pieridae

Sp 40–45 mm
§

FALTER Mit seinen auffallend leuchtenden orangegelben Flügeln ist der Falter schon von Weitem zu erkennen. Die Oberseite der Flügel werden von einer dunklen Randbinde begrenzt. Bei den Männchen **(2)** ist die Randbinde auf den Vorderflügeln von feinen gelben Adern durchzogen; bei den meist größeren Weibchen ist sie gelb gefleckt. Auf der Unterseite der Hinterflügel ein silbriger Doppelfleck. Deshalb auch Zweitname „Goldene Acht", der aber auch für den Gewöhnlichen Gelbling angewandt wurde. Zuweilen kommen weißliche Weibchen vor.
RAUPE Grün mit hellem Seitenstreifen, ähnelt der des Gewöhnlichen Gelblings.
NAHRUNGSPFLANZEN Verschiedene Schmetterlingsblütler wie Gemeiner Hornklee (*Lotus corniculatus*), Luzerne (*Medicago sativa*) und Bunte Kronwicke (*Securigera varia*).
VORKOMMEN Beobachten kann man die Art vor allem im Spätsommer auf Rotklee- und Luzernefeldern. Hier jagen die Falter in rasendem Flug umher und saugen Nektar.
WISSENSWERTES Der Wander-Gelbling ist ein sehr schneller Flieger, der jedes Jahr aus Afrika über die Alpen zu uns einfliegt. In der Regel übersteht der Wanderfalter den Winter bei uns nicht. Ab August wandern die Falter teilweise wieder in den Süden zurück. Im Zuge des Klimawandels hat es die Art geschafft, in Deutschland in einigen Wärmegebieten (z. B. Kaiserstuhl) bodenständig zu werden – also den Winter als Raupe zu überstehen. In der älteren Literatur wird der Wander-Gelbling noch mit den schönen Namen Posthörnchen bzw. Postillon bezeichnet.
ÄHNLICHE ARTEN Ebenfalls ein Wanderfalter ist der weit verbreitete **Gewöhnliche Gelbling** (*Colias hyale*). Beim Männchen sind die Vorderflügel blass- bis zitronengelb **(3)**, beim Weibchen gelblichweiß gefärbt. Der Gewöhnliche Gelbling fliegt häufig in Gesellschaft mit dem Wander-Gelbling - vor allem auf Kleefeldern. Man kann ihn aber auch auf Mähwiesen und Viehweiden antreffen. Wichtigste Raupen-Nahrungspflanzen sind der Weißklee (*Trifolium repens*) und die Luzerne (*Medicago sativa*).
Der **Trockenrasen-Gelbling** (*Colias alfacariensis*) **(4a**, Weibchen) ist vom Gewöhnlichen Gelbling nur von Experten zu unterscheiden. Die deutlich seltenere Art fehlt im Norden Deutschlands. Sie fliegt an warmen offenen Stellen, insbesondere auf Trockenrasen und trockenen Straßenböschungen. Ihre Raupen fressen bevorzugt an Hufeisenklee (*Hippocrepis comosa*). Mit ihren gelben Längsstreifen und schwarzen Flecken sind sie auffallend bunt gefärbt – im Gegensatz zu den beiden anderen Gelblingen, deren Raupen einfarbig grün sind. Die Raupen des Trockenrasen-Gelblings **(4b)** bilden die sicherste Möglichkeit, die Art vom Gewöhnlichen Gelbling zu unterscheiden.

Gemeiner Hornklee > 380 | Luzerne > 416
Bunte Kronwicke > 402

1A

1B

2

3

4A

4B

1 Zitronenfalter *Gonepteryx rhamni* —Weißlinge Pieridae

Sp 50–55 mm

JAN FEBR MÄRZ APRIL MAI JUNI JULI AUG SEPT OKT NOV DEZ

FALTER Vorder- und Hinterflügel an der Spitze jeweils in einen kurzen Zipfel ausgezogen, beim Männchen **(1a, 1e** oben, **1f)** gelb, beim Weibchen **(1e** unten**)** grünlich weiß gefärbt.

RAUPE Grün mit weißer, nach oben unscharf begrenzter Seitenlinie **(1c)**.

NAHRUNGSPFLANZEN An Faulbaum (*Frangula alnus*) und Echtem Kreuzdorn (*Rhamnus catharticus*), wohl auch an anderen *Rhamnus*-Arten.

VORKOMMEN In Wäldern, Gebüschen und an Waldrändern, überall verbreitet und häufig.

WISSENSWERTES Der Zitronenfalter hat mit bis zu 12 Monaten die höchste Lebenserwartung aller heimischen Schmetterlinge. Die Falter schlüpfen im Hochsommer aus der Puppe **(1e)** und sind noch bis zum Spätsommer beim Blütenbesuch zu beobachten. Dann ziehen sie sich in ihr Winterquartier zurück. Hierfür bevorzugen sie feuchte, etwas schattige Waldbereiche, in denen sie sich – als einzige heimische Schmetterlingsart – zur Winterruhe frei in der Vegetation absetzen, meist in Bodennähe zwischen Gräsern oder unter Brombeerblättern. Meist behalten sie den einmal gewählten Sitzplatz den ganzen Winter hindurch bei. Sie können während dieser Zeit mehrfach ganz unter der Schneedecke verschwinden, erscheinen nach der Schneeschmelze dann aber wieder unbeschadet auf der Bildfläche **(1f)**. Wie bei allen im Freien überwinternden Insekten verhindert eine Erhöhung der Zellsaftkonzentration ein Einfrieren. Die ersten fliegenden Zitronenfalter sind meist schon im Februar zu beobachten. Im März und April findet die Paarung statt. Das Weibchen legt die Eier einzeln oder in kleinen Gruppen anschließend an die aufbrechenden Knospen der Nahrungspflanzen **(1b)**. Die Raupe ruht stets auf der Mittelrippe des von ihr befressenen Blattes. Hier ist sie durch ihre Färbung hervorragend getarnt **(1c)**. Am leichtesten findet man sie, wenn man bei Faulbaum-Sträuchern nach Blättern mit angenagten Rändern sucht. Auch die Puppe erinnert an ein Blatt **(1d)**. Sie ist mit ihrem Gürtelfaden meist etwa waagerecht an einem Zweig befestigt.

Faulbaum > 352 | Echter Kreuzdorn > 352

1B

1C

1D

1E

1F

1 Schlüsselblumen-Würfelfalter *Hamearis lucina*
—Bläulinge Lycaenidae

Sp 25–28 mm
RL 3

FALTER Flügeloberseite, insbesondere der Vorderflügel, mit braun-gelber Würfelfleckzeichnung und gelben, schwarz gepunkteten Randflecken **(1a)**; Unterseite der Hinterflügel mit 2 weißen Fleckenbinden **(1b)**.
RAUPE Bis 15 mm lang, walzenförmig, deutlich behaart, hellbraun mit dunklen, unscharf begrenzten, aus Flecken zusammengesetzten Längsbinden **(1c)**.
NAHRUNGSPFLANZEN Ausschließlich an Primeln, insbesondere der Wohlriechenden Schlüsselblume (*Primula veris*), doch auch einigen weiteren *Primula*-Arten.
VORKOMMEN Vorwiegend an sonnigen Waldrändern und in lockeren Wäldern, auch am Rand von Moorgebieten, im südlichen und mittleren Teil Mitteleuropas stellenweise nicht selten, doch in vielen Gebieten stark zurückgegangen, in Norddeutschland fehlend.
WISSENSWERTES Der kleine, nicht besonders auffällige Falter wurde bisher meist in einer eigenen Familie (Riodinidae) geführt, die bei uns nur durch diese Art, in den Tropen aber durch zahlreiche Arten vertreten ist. Neuerdings wird diese Familie meist als Unterfamilie den Bläulingen angegliedert. Das Weibchen legt die runden, glatten Eier **(1d)** einzeln oder in kleinen Gruppen an die Unterseite von Primelblättern. Die nachtaktive Raupe hält sich tagsüber verborgen. Sie verwandelt sich am Erdboden oder an Blättern der Nahrungspflanze in eine weißliche bis hellbraune, dunkel punktierte und deutliche behaarte Gürtelpuppe **(1e)**. Die Puppe ist das Überwinterungsstadium. Gelegentlich entlassen aber einzelne Puppen bereits im Spätsommer den Falter; in den Südalpen und in Südeuropa kommt es sogar regelmäßig zur Ausbildung einer zweiten Generation.

Duftende Schlüsselblume > 390

2 Kleiner Feuerfalter *Lycaena phlaeas*
—Bläulinge Lycaenidae

Sp 22–27 mm
§

FALTER Beide Geschlechter gleich gezeichnet; Vorderflügel oberseits orangerot mit brauner Saumbinde und schwarzen Würfelflecken, Hinterflügel braun mit orangefarbener Binde vor dem Außenrand **(2a)**; Unterseite der Hinterflügel graubraun mit kleinen, schwarzen Punkten.
RAUPE Bis 15 mm lang, wie fast alle Bläulingsraupen asselförmig abgeflacht, grün, gelegentlich rötlich, mit roter Rückenlinie und ebenso gefärbten Seitenlinien (diese Zeichnungen können aber auch ganz fehlen); Kopf ziemlich klein, bräunlich, in Ruhelage ganz in den Körper zurückgezogen **(2b)**.
NAHRUNGSPFLANZEN Vorwiegend am Kleinen Sauerampfer (*Rumex acetosella*), daneben auch am Großen Sauerampfer (*Rumex acetosa*), also an den beiden durch Oxalsäure sauren Ampferarten, gelegentlich aber auch am nicht sauren Stumpfblättrigen Ampfer (*Rumex obtusifolia*).
VORKOMMEN An nur lückig bewachsenen, offenen Stellen, z. B. in Sandgruben, an Wegrändern oder auf sonnigen Ödlandflächen, vor allem in Sandgebieten weit verbreitet und stellenweise sehr häufig, in Kalkgebieten dagegen ziemlich selten.
WISSENSWERTES Der Falter fliegt über einen ungewöhnlich langen Zeitraum, von Mitte April bis Ende Oktober, und bildet während dieser Zeit oft 4 nicht deutlich voneinander getrennte Faltergenerationen aus. Die letzten Herbstfalter sterben oft nach den ersten Nachtfrösten, ohne sich fortgepflanzt zu haben. Das Weibchen legt die Eier einzeln an die Blattunterseite der Nahrungspflanze, oft mehrere Eier an ausgesprochen winzige Exemplare. Meist überwintert die Jungraupe, doch können auch ältere Raupen erfolgreich überwintern. Die Verpuppung erfolgt am Boden zwischen zusammengesponnenen Blättern der Nahrungspflanze. Die Puppe ist hellbraun mit kleinen, schwarzen Punkten. Sie wird meist von einem Gürtelfaden gehalten.
ÄHNLICHE ART Der deutlich kleinere, äußerst seltene **Blauschillernde Feuerfalter** (*Lycaena helle*) besitzt auch auf der Unterseite der Hinterflügel eine orangefarbene Binde und als Männchen einen deutlichen Blauschiller auf der Flügeloberseite. Seine Raupe entwickelt sich auf Feuchtwiesen am Schlangenknöterich.

Kleiner Sauerampfer > 422
Großer Sauerampfer > 422
Stumpfblättriger Ampfer > 422

1A

1B

1C

1D

1E

2A

2B

1 | **Großer Feuerfalter** *Lycaena dispar*
—Bläulinge Lycaenidae

Sp 27–40 mm
RL 3 § FFH

FALTER Flügeloberseite beim Männchen **(1a)** leuchtend orangerot mit schwarzen Außenrändern und einem strichförmigen, schwarzen Fleck auf jedem Flügel, beim Weibchen in der gleichen Grundfärbung, doch Vorderflügel mit breiterem, dunklem Rand und mehreren dunklen Flecken; Unterseite der Hinterflügel ohne weiße Flecke **(1c)**.
RAUPE Bis 21 mm lang, grün mit kleinen, weißlichen Punkten, angedeuteter, dunkler Rückenlinie und ansatzweise erkennbaren, dunklen Schrägstrichen **(1b)**.
NAHRUNGSPFLANZEN Entwickelt sich im Gegensatz zu den übrigen heimischen *Lycaena*-Arten, nicht an den oxalsäurehaltigen Sauerampfern, sondern am Stumpfblättrigen Ampfer (*Rumex obtusifolius*) und weiteren oxalsäurefreien Ampferarten.
VORKOMMEN Nur auf Feuchtwiesen in den Flussniederungen, besonders in den großen Stromtälern, in SW- und Ostdeutschland teilweise in Ausbreitung.
WISSENSWERTES Beim größten europäischen Feuerfalter sind die Weibchen deutlich größer als die Männchen. Er tritt in mehreren Rassen auf. Die Weibchen der englischen Rasse (*L. dispar dispar*) erreichten dabei Spannweiten von etwa 50 mm! Diese bei Sammlern seinerzeit sehr begehrte Unterart wurde aber bereits vor etwa 150 Jahren durch Trockenlegung ihrer Lebensräume ausgerottet. Die in Holland fliegende Rasse (*L. dispar batava*) steht ihr in der Größe kaum nach; sie unterscheidet sich von der weiter im Binnenland (u. a. in Deutschland, Frankreich und den Balkanländern) vorkommenden Rasse (*L. dispar rutila*) außerdem durch ihre ausgedehntere und kräftigere Orangefärbung, insbesondere beim Weibchen. Zudem fliegt batava in nur einer Generation im Jahr, während rutila im Allgemeinen 2 Generationen ausbildet. Dabei sind die Falter der 2. Generation meist viel zahlreicher, zugleich aber auch kleiner als die der ersten. Das Weibchen legt die Eier einzeln oder in kleinen Gruppen neben der Mittelrippe auf der Blattoberseite der Nahrungspflanze ab **(1d)**. Die Raupen fressen von der Blattunterseite aus und sitzen hier in Ruhepausen dicht neben der Mittelrippe. Die aus den Eiern der 2. Faltergeneration geschlüpften Raupen überwintern halbwüchsig an einem Blatt und verpuppen sich im nächsten Frühjahr. Während der Winterruhe können sie eine mehrwöchige Überflutung ihres Lebensraums unbeschadet überstehen. Die Verpuppung erfolgt meist am unteren Stängelabschnitt der Nahrungspflanze. Die hell gelbbraune Gürtelpuppe ruht mit dem Kopf nach unten.

Stumpfblättriger Ampfer > 422

2 | **Dukatenfalter** *Lycaena virgaureae*
—Bläulinge Lycaenidae

Sp 27–32 mm
RL V §

FALTER Sehr ähnlich dem Großen Feuerfalter, aber Männchen auf der Flügeloberseite ohne die strichförmigen, schwarzen Flecke **(2a)**; Unterseite der Hinterflügel braun mit auffallenden, weißen Flecken **(2b)**.
RAUPE Bis 20 mm, einfarbig hellgrün mit deutlich sichtbarer, feiner, weißer Behaarung **(2c)**.
NAHRUNGSPFLANZEN Nur an den beiden oxalsäurehaltigen Ampferarten, dem Kleinen und Großen Sauerampfer (*Rumex acetosella, R. acetosa*).
VORKOMMEN Vorwiegend in den Mittelgebirgen und Alpen und an mageren, trockenen Stellen auf kalkarmen Böden, ziemlich selten auch im norddeutschen Flachland in Sandgebieten.
WISSENSWERTES Die Falter zeigen beim Blütenbesuch eine gewisse Vorliebe für Korbblütler (der wissenschaftliche Artname „*virgaureae*" nach der Goldrute nimmt darauf Bezug). Das Weibchen legt die Eier oft an bereits verdorrten Stängeln des Sauerampfers ab. Die Raupe überwintert als einzige heimische Feuerfalter-Raupe bereits fertig entwickelt im Ei, soll aber gelegentlich auch schon vor dem Winter die Eihülle verlassen. Im Frühjahr sucht sie frisch ausgetriebene Nahrungspflanzen auf. Sie frisst aber nur nachts und hält sich tagsüber am Boden verborgen. Aufgrund ihrer ausgezeichneten Tarnfärbung ist sie hier sehr schwer zu finden. Die Puppe ist schmutzig hellbraun bis weißlich gefärbt. Sie liegt ohne Gürtelfaden frei am Boden.

Kleiner Sauerampfer > 422
Großer Sauerampfer > 422

1A

1B

1C

1D

2A

2B

2C

1 Brauner Feuerfalter *Lycaena tityrus*
—Bläulinge Lycaenidae

Sp 23–30 mm
§

FALTER Zeichnung recht variabel; Männchen der 1. Generation **(1a)** oberseits dunkelbraun mit leicht violettem Anflug, schwarzen Punkten und einzelnen orangefarbenen Randflecken, unterseits hellgrau **(1b)**; Weibchen **(1c)** ausgedehnter orange gezeichnet, vor allem im Vorderflügel, Unterseite der Vorderflügel orange, der Hinterflügel hellgrau; bei Männchen der 2. Generation fehlen oberseits die orangen Randflecke, und die Unterseite ist bei beiden Geschlechtern auffallend schwefelgelb getönt. In den Südalpen (z. B. im Tessin) sind die Männchen oberseits wie die Weibchen gefärbt, in den Hochlagen der Alpen sind dagegen die Weibchen so dunkel wie sonst nur die Männchen.
RAUPE Bis 18 mm lang, fast einfarbig grün mit dichter, feiner Behaarung, manchmal aber mit rötlichen Längsstreifen **(1e)**.
NAHRUNGSPFLANZEN Nur auf dem Kleinen und Großen Sauerampfer (*Rumex acetosella* und *Rumex acetosa*).
VORKOMMEN Vorzugsweise auf Feuchtwiesen mit Vorkommen der Nahrungspflanzen, daneben aber auch an offenen, trockenen Stellen, z. B. an sonnigen Waldrändern, in Sandgruben und auf lückigen Magerrasen, besonders auf Sandböden; in Mitteleuropa weit verbreitet und neben dem Kleinen Feuerfalter die häufigste Feuerfalter-Art.
WISSENSWERTES Die Falter fliegen in tieferen Lagen in 2 Generationen im Jahr, nur in den höheren Lagen der Alpen in einer. Die weißen Eier werden einzeln oder in kleinen Gruppen am Blattstiel oder auf der Blattfläche abgelegt. Auf ihrer Schale befinden sich wie bei den meisten Feuerfaltern feine Grate, die ein sehr regelmäßiges, 5–6-eckiges, wabenartiges Muster bilden **(1d)**. Sie erinnern hierdurch an kleine Golfbälle. Die grüne Raupe ruht auf der Blattunterseite. Sie ist der Blattfärbung ausgezeichnet angepasst und daher sehr schwer zu finden. Die Überwinterung erfolgt als Jungraupe. Die Verpuppung erfolgt am Erdboden. Die weißlich bis hellbraun gefärbte Gürtelpuppe ist dunkel gefleckt.

Kleiner Sauerampfer > 422
Großer Sauerampfer > 422

2 Lilagold-Feuerfalter *Lycaena hippothoe*
—Bläulinge Lycaenidae

Sp 28–32 mm
RL 2 §

FALTER Flügeloberseite beim Männchen **(2a)** leuchtend rotorange mit schwarzen Rändern, dunklem Strich in der Flügelmitte und intensiver, blauvioletter Übergießung an den Flügelrändern; Weibchen ähnlich dem des Kleinen Feuerfalters, doch etwas verwaschener gezeichnet. Bei der in den Hochlagen der Alpen vorkommenden Unterart *eurydame* fehlt den Männchen der Blauschimmer auf der Flügeloberseite.
RAUPE Bis 20 mm lang, ziemlich einfarbig grün mit lockerer Behaarung, kaum von den Raupen des Braunen Feuerfalters und des Dukatenfalters zu unterscheiden **(2b)**.
NAHRUNGSPFLANZEN Meist an Großem Sauerampfer (*Rumex acetosa*), gelegentlich auch an Kleinem Sauerampfer (*Rumex acetosella*).
VORKOMMEN Meist auf sumpfigen Wiesen am Rand von Mooren oder an feuchten Berghängen, seltener auch auf trockenen, blütenreichen Wiesen; in Mitteleuropa weit verbreitet, doch fast überall mit dem Rückgang intakter Feuchtgebiete ziemlich selten geworden; am häufigsten derzeit noch in den Mittelgebirgen, im Alpenvorland und in den mittleren und höheren Lagen der Alpen (bis auf etwa 2500 m).
WISSENSWERTES Dieser vielleicht schönste heimische Feuerfalter fliegt normalerweise nur in einer Generation im Jahr. Nur gelegentlich fliegt im Herbst gebietsweise eine unvollständige zweite Generation. Die nur in den Alpen verbreitete Unterart *eurydame* lebt vorzugsweise oberhalb der Baumgrenze, wurde aber z. B. im Wallis auch schon in Tallagen festgestellt. Da die Normalform ebenfalls in den Alpen vorkommt (allerdings nur bis etwa 1600 m), kommt es gebietsweise zur Vermischung beider Rassen. Das Weibchen legt die Eier einzeln an Blütenstiele, Blattstiele oder Blätter der Nahrungspflanze, manchmal aber auch an benachbarte Grashalme. Die Raupen sind nachtaktiv und halten sich tagsüber am Boden verborgen. Die Überwinterung erfolgt als Jungraupe.

Kleiner Sauerampfer > 422
Großer Sauerampfer > 422

1A

1B

1C

1D

1E

2A

2B

1 | **Nierenfleck-Zipfelfalter** *Thecla betulae* —Bläulinge Lycaenidae | Sp 32–37 mm

JAN FEBR MÄRZ APRIL MAI JUNI JULI AUG SEPT OKT NOV DEZ

FALTER Hinterflügel am Rand mit nach außen gebogenem Zipfel; Flügeloberseite dunkelbraun, beim Weibchen **(1a)** auf den Vorderflügeln mit nierenförmigem, orangefarbenen Fleck, beim Männchen **(1b)** ohne diesen; Unterseite beim Weibchen **(1d)** leuchtend orange, beim Männchen mehr ockerfarben.

RAUPE Bis 18 mm lang, asselförmig abgeflacht, hellgrün, am Rücken mit zwei unterbrochenen, gelben Längsstreifen, deren Abstand sich vorn sattelartig erweitert, und zahlreichen gelben Schrägstreifen **(1e)**.

NAHRUNGSPFLANZEN An Sträuchern aus der Familie der Rosengewächse, besonders an Schlehe (*Prunus spinosa*), Zwetschge (*Prunus domestica*) und anderen *Prunus*-Arten.

VORKOMMEN An Waldrändern, Hecken und auch in Gärten fast überall ziemlich häufig.

WISSENSWERTES Dieser recht große und im weiblichen Geschlecht auffallend schöne Bläuling wird in der Literatur oft als selten bezeichnet. Dies trifft aber offensichtlich nicht zu. Die Falter halten sich offenbar vorzugsweise an schwer einsehbaren Stellen im Kronenbereich von Feldhecken und an ähnlichen Stellen auf und werden deshalb nur selten beobachtet. Ihre wahre Häufigkeit wird erst dann offensichtlich, wenn man einmal anfängt, im Winter nach den auffallenden Eiern dieser Art zu suchen. Sie sind etwa 1 mm groß, schneeweiß gefärbt und besitzen eine sehr regelmäßige, wabenartige Oberflächenstruktur. Sie sind dabei nicht kugelrund, sondern in der Mitte kegelförmig erhöht, an der Spitze nabelartig vertieft **(1f)**. Sie werden vom Weibchen meist einzeln, seltener paarweise neben Knospen der Nahrungspflanze abgelegt **(1c)**. Durch ihre strahlend weiße Färbung sind sie selbst für ungeübte Beobachter auf den im Winter unbelaubten, dunkel gefärbten Schlehen- und Zwetschgenzweigen sehr leicht zu entdecken. Man ist immer wieder überrascht, wo man sie überall findet, meist sogar im eigenen Garten, obwohl dort niemals der Falter zu sehen war. Die Raupen schlüpfen kurz vor dem Laubaustrieb und fressen sich zunächst in die noch geschlossenen Blattknospen hinein. Später sitzen sie meist an der Blattunterseite, wo sie sehr schwer zu entdecken sind. Zur Verpuppung wandern sie zum Erdboden hinab und verwandeln sich in der Laubstreu in eine braune, dunkler gesprenkelte Puppe **(1g)**.

Schlehe > 346 | Zwetschge > 344

1A

1B

1C

1D

1E

1F

1G

1 Blauer Eichenzipfelfalter *Neozephyrus quercus* (= *Quercusia quercus*)—Bläulinge Lycaenidae

Sp 28–33 mm

FALTER Hinterflügel mit kurzem, schmalem Zipfel; Flügel beim Männchen **(1a)** oberseits dunkelblau mit breitem, dunklem Rand, beim Weibchen **(1b)** schwarzbraun mit 2 blauen Flecken auf den Vorderflügeln; Flügelunterseite **(1c)** hellgrau mit weißer, annähernd W-förmiger Binde und orangefarbigem Fleck vor dem Zipfel.
RAUPE Bis 15 mm lang, hellbraun, am Rücken mit dunkleren und weißlichen Schrägstreifen **(1e)**.
NAHRUNGSPFLANZEN Nur an Stieleichen (*Quercus robur*) und anderen Eichenarten.
VORKOMMEN An sonnigen Waldrändern und in lichten Eichenwäldern, auch in offenem Gelände im Bereich einzeln stehender Eichen; in Mitteleuropa weit verbreitet und gebietsweise ziemlich häufig.
WISSENSWERTES Auch dieser schöne Falter ist bei uns viel häufiger als allgemein angenommen. Die Tiere fliegen vorzugsweise im Kronenbereich der Eichen und kommen nur gelegentlich, etwa zum Saugen an Wasserpfützen, bis zum Boden herab. Ihre Hauptnahrung bilden offenbar die Ausscheidungen von Blattläusen, der so genannte Honigtau. Das Weibchen legt die mit feinen, schuppenartigen Fortsätzen verzierten, weißlich grauen Eier an besonnte Blütenknospen von Eichen, meist nahe der Zweigspitzen **(1d)**. Die Blütenknospen sind deutlich dicker als Blattknospen, und bei aufmerksamer Suche lassen sich auf ihnen im unbelaubten Zustand die Eier ziemlich leicht finden. Kurz vor dem Schlupf der Raupe, im zeitigen Frühjahr, nehmen sie eine tiefblaue Färbung an. Die frisch geschlüpfte Raupe bohrt sich zunächst in eine Knospe ein. Nach dem Laubaustrieb verzehrt sie dann ausschließlich Eichenblüten. Erst wenn keine Blüten mehr zur Verfügung stehen, frisst sie an den Blättern. Die Verpuppung erfolgt am Boden zwischen Moosen oder in der Laubstreu. Die rundliche, braune Puppe liegt ohne Gürtelfaden frei am Boden.

Stieleiche >332

2 Grüner Zipfelfalter *Callophrys rubi* —Bläulinge Lycaenidae

Sp 24–28 mm
RL V

FALTER Hinterflügel nur mit ganz winzigen Andeutungen von Zipfeln; Flügeloberseite einheitlich schwarzbraun, Flügelunterseite leuchtend hellgrün, auf den Hinterflügeln mit einer Binde aus feinen, weißen Strichen, die gelegentlich auch fehlen können **(2a)**.
RAUPE Bis 15 mm lang, hellgrün, meist mit ziemlich kontrastreich abgesetzten, gelblichen und dunkelgrünen Schrägstreifen **(2b)**.
NAHRUNGSPFLANZEN An vielen verschiedenen strauchigen und krautigen Pflanzen, insbesondere an Schmetterlingsblütlern, so etwa an Besenginster (*Sarothamnus scoparius*), Färberginster (*Genista tinctoria*), Flügelginster (*Genista sagittalis*), Futter-Esparsette (*Onobrychis viciifolia*), Gemeinem Sonnenröschen (*Helianthemum nummularium*), Rotem Hartriegel (*Cornus sanguinea*) und Rauschbeere (*Vaccinium uliginosum*).
VORKOMMEN In recht unterschiedlichen Lebensräumen, an Waldrändern und auf bereits etwas verbuschten Trockenrasen ebenso wie auf alpinen Zwergstrauchheiden und am Rand von Mooren; in Mitteleuropa weit verbreitet und gebietsweise nicht selten, doch an vielen Stellen deutlich zurückgegangen.
WISSENSWERTES Der alte Name „Brombeerzipfelfalter" ist nicht ganz glücklich gewählt, denn die Brombeere ist bisher offenbar noch nicht als Nahrungspflanze der Raupe nachgewiesen. Als einziger heimischer Zipfelfalter überwintert er nicht als Ei, sondern als Puppe. Die Falter erscheinen bereits zeitig im Frühjahr und halten sich meist im Gebüsch auf. Sie setzen sich stets mit zusammengeklappten Flügeln ab; zum Aufwärmen richten sie die Unterseite genau rechtwinklig zur Sonne aus. Das Weibchen legt die Eier auf der Nahrungspflanze an Blütenknospen oder in deren unmittelbarer Nähe ab. Die Jungraupen fressen fast nur an Blüten und unreifen Früchten; erst später gehen sie auch an Blätter. Die Verpuppung erfolgt am Boden. Gelegentlich schlüpfen noch im Hochsommer einzelne Falter einer zweiten Generation.

Besenginster > 350 | Färberginster > 348
Flügelginster > 348 | Futter-Esparsette > 402
Gemeines Sonnenröschen > 386
Roter Hartriegel > 354 | Rauschbeere > 356

1A
1B
1D
1C
1E
2A
2B

1 | **Pflaumenzipfelfalter** *Satyrium pruni* (= *Fixsenia pruni*)—Bläulinge Lycaenidae | Sp 25–28 mm

FALTER Hinterflügel mit deutlichem Zipfel; Flügeloberseite dunkelbraun, beim Weibchen auf Vorder- und Hinterflügeln, beim Männchen nur auf den Hinterflügeln oder gar nicht mit orangefarbiger Saumbinde; Unterseite der Hinterflügel braun mit schwachem, aus weißen Strichen zusammengesetztem Bogenstreifen und wie die Oberseite mit orangefarbiger Binde, die hier von schwarzen Punkten begrenzt wird **(1a)**.
RAUPE Bis 15 mm lang, für eine Bläulingsraupe verhältnismäßig hochrückig, hellgrün mit nur schwachen, helleren Zeichnungen **(1b)**.
NAHRUNGSPFLANZEN Vorzugsweise an Schlehe (*Prunus spinosa*), daneben auch an Zwetschge (*Prunus domestica*) und anderen *Prunus*-Arten.
VORKOMMEN Vor allem an sonnigen Waldrändern und Feldhecken, gelegentlich auch in Gärten; weit verbreitet, doch überall eher vereinzelt, stellenweise mit deutlich rückläufiger Bestandsentwicklung.
WISSENSWERTES Die Falter sind gelegentlich beim Blütenbesuch zu beobachten, etwa auf Liguster und Doldenblüten. Die Eiablage erfolgt neben Blütenknospen der Nahrungspflanze. Während viele Beobachter betonen, dass man die Eier vorzugsweise in Schlehenhecken an den Spitzen auffällig über die Umgebung hinausragender Zweige findet, deponieren die Weibchen ihre Eier nach anderen Erfahrungen gerade mitten in den Sträuchern an schwer auffindbaren Stellen. Möglicherweise verhalten sich die Tiere in unterschiedlichen Regionen deutlich verschieden. Die überwinternden Eier sind deutlich kleiner als die des Nierenfleck-Zipfelfalters und unauffällig graubraun gefärbt. Daher sind sie im Gegensatz zu denen dieser Art ziemlich schwer zu entdecken. Die Jungraupe ernährt sich vorzugsweise von Blüten und geht erst in späteren Stadien an die Blätter der Nahrungspflanze. Sie verpuppt sich anders als die der übrigen Zipfelfalter nicht am Boden, sondern frei an Zweigen oder auf der Oberseite von Blättern. Die Gürtelpuppe ist auffallend schwarzbraun und weiß gescheckt und erinnert dadurch sehr an Vogelkot **(1c)**. Meist ist sie waagerecht oder mit dem Kopf schräg nach unten orientiert.

Schlehe > 346 | Zwetschge > 344

2 | **Kreuzdornzipfelfalter** *Satyrium spini* —Bläulinge Lycaenidae | Sp 27–32 mm RL 3

FALTER Hinterflügel mit deutlichem Zipfel; Flügeloberseite beim Männchen einfarbig dunkelbraun, beim Weibchen oft mit größerem orangefarbenem Fleck im Vorderflügel; Unterseite der Hinterflügel mit weißem, etwas gezacktem Streifen, am Rand mit orangefarbiger Binde, an ihrem Ende ein blauer Fleck **(2b)**.
RAUPE Länge bis 15 mm; hellgrün, fein bräunlich behaart, am Rücken mit zwei schwachen, gelblichen Längsstreifen, seitliche helle Schrägstreifen meist kaum erkennbar **(2c)**.
NAHRUNGSPFLANZEN Ausschließlich an Kreuzdorngewächsen, vor allem am Echten Kreuzdorn (*Rhamnus catharticus*).
VORKOMMEN In sonnigem, trockenem Ge-lände, besonders auf etwas verbuschten, felsigen oder steinigen Trockenrasen und an Waldrändern;
vor allem im niederen Bergland, nicht häufig.
WISSENSWERTES Da sich der Kreuzdornzipfelfalter ausschließlich an Kreuzdorngewächsen entwickelt, ist der wissenschaftliche Artname *„spini"* (nach der Schlehe, *Prunus spinosa*) ebenso wie der manchmal verwendete zweite deutsche Name „Schlehenzipfelfalter" irreführend. Allerdings fliegen die Falter oft in der Nähe von Schlehengebüschen. Das Weibchen legt die Eier in kleineren Gruppen von bis zu etwa 10 Stück an den Zweigen der Nahrungspflanze ab. Es bevorzugt dabei sehr kleine Kreuzdornbüsche, die auf kahlen Bodenflächen stehen. Die weißgrauen Eier sind etwas abgeflacht und tragen ein sehr feines Wabenmuster. Die Wabenränder laufen in feine Borsten aus **(2a)**. Die Eier überwintern. Die Raupen sitzen, durch die Art der Eiablage bedingt, meist zu mehreren auf ziemlich kleinen Sträuchern. Die Verpuppung erfolgt meist an Zweigen der Nahrungspflanze. Die hellbraune Gürtelpuppe ist dunkel marmoriert.

Echter Kreuzdorn > 352

1A

1B

2A

1C

2B

2C

1 Zwergbläuling *Cupido minimus* —Bläulinge Lycaenidae

Sp 18–22 mm

JAN FEBR MÄRZ APRIL MAI JUNI JULI AUG SEPT OKT NOV DEZ

FALTER Kleinster heimischer Tagfalter; Flügeloberseite beider Geschlechter dunkelbraun, beim Männchen oft mit blaugrünem Schimmer; Unterseite hellgrau mit blau bestäubter Flügelbasis und schwarzen, hell umrandeten Punkten **(1a)**.
RAUPE Bis 10 mm lang, weißlich mit hell bräunlichen oder gelblichen Zeichnungen, Kopf klein, glänzend schwarz, in Ruhelage in den Körper zurückgezogen **(1c)**.
NAHRUNGSPFLANZEN In Mitteleuropa ausschließlich an Wundklee (*Anthyllis vulneraria*), in den Südalpen offenbar auch an anderen Schmetterlingsblütlern.
VORKOMMEN An sonnigen, trockenen Stellen, z. B. auf Trockenrasen, in Kiesgruben und an offenen Straßenböschungen; in Mitteleuropa weit verbreitet und stellenweise, z. B. in einigen Mittelgebirgen und in den Alpen, ziemlich häufig.
WISSENSWERTES Die Falter saugen außer an blühenden Pflanzen gern an feuchten Wegstellen, manchmal scharenweise. Das Weibchen legt die weißlichen Eier **(1b)** einzeln oder in kleinen Gruppen außen an den ebenfalls weißlichen Kelch der Nahrungspflanze. Hier sind sie durch die Färbung zwar ausgezeichnet getarnt, bei gezielter Suche aber dennoch regelmäßig zu entdecken. Die Raupe frisst ausschließlich an Blüten und unreifen Früchten. Sie besitzt hier durch ihre ausgesprochen helle Färbung eine geradezu perfekte Tarnung. Sie entwickelt sich recht schnell, da mit Ende der Blütezeit und Samenreife des Wundklees ihre Futterquelle versiegt. Etwa nach 3 Wochen ist sie ausgewachsen und zieht sich in ein Versteck am Erdboden zurück, wo sie sich erst im nächsten Frühjahr in eine hell gelbliche Puppe verwandelt. Einzelne Raupen verpuppen sich noch im Sommer. Diese Puppen überwintern nicht, sondern häuten sich wenig später zu Faltern einer unvollständigen zweiten Generation. Die zweite Generation stellt aber offenbar eine Sackgasse dar, da die Falter keine zur Eiablage geeigneten Pflanzen mehr finden.

Wundklee > 382

2 Gartenbläuling, Faulbaumbläuling *Celestrina argiolus*—Bläulinge Lycaenidae

Sp 23–30 mm

JAN FEBR MÄRZ APRIL MAI JUNI JULI AUG SEPT OKT NOV DEZ

FALTER Männchen mit oberseits hellblauen, schmal dunkel umrandeten Flügeln, dieser dunkle Rand beim Weibchen **(2b)** auffallend breit; Unterseite weißlich grau mit feinen, schwarzen Punkten **(2a)**.
RAUPE Bis 13 mm lang, grün oder rötlich mit heller Seitenlinie und paarigen, hellen Rückenflecken, auf dem 4. und 10. Segment meist deutliche, dunkle Flecke **(2c)**.
NAHRUNGSPFLANZEN Bisher an über 20 verschiedenen krautigen und strauchigen Pflanzen aus zahlreichen Familien nachgewiesen (siehe Kasten).
VORKOMMEN An Waldrändern, auf Waldlichtungen, Gärten und in Heidegebieten im Allgemeinen nicht selten, besonders auf Sandböden.
WISSENSWERTES Die Bläulingsart hat es in den letzten Jahrzehnten geschafft, in die Siedlungen vorzudringen. Sie fliegt mittlerweile sogar in Grünflächen inmitten von Großstädten. Der Bläuling ist nun sogar häufig in den durchgestylten Gärten der Neubaugebiete anzutreffen. Die Art profitiert von der großen Anzahl unterschiedlicher Pflanzengruppen, die von den Raupen genutzt werden können. In Gärten und Stadtparks legen die Weibchen beispielsweise an Blutweiderich, Efeu, Besenheide, Blauregen (*Wisteria* spec.) oder Buddleja (= Schmetterlingsflieder *Buddleja davidii*) ab – weitaus häufiger als an dem (früher) namensgebenden Faulbaum. Deshalb hat die Art den neuen deutschen Namen „Garten-Bläuling" erhalten. Die Falter fliegen fast überall jährlich in 2 Generationen. Als Nahrungsquelle nutzen sie nicht nur Blütennektar, sondern regelmäßig auch den Honigtau der Blattläuse. Das Weibchen legt die Eier einzeln oder in kleinen Gruppen auf oder in der Nähe von Blütenknospen ab. Die Jungraupe frisst zunächst an Knospen und Blüten; später geht sie auch an unreife Früchte und Blätter der Nahrungspflanze. Die Verpuppung erfolgt meist an der Blattunterseite. Die Gürtelpuppe ist hellbraun mit dunkleren Flecken und überwintert.

Luzerne > 416 | Süße Bärenschote > 380
Faulbaum > 352 | Blutweiderich > 406
Efeu > 350 | Roter Hartriegel > 354
Besenheide >356

1A

1B

1C

2A

2B

2C

1 Westlicher Thymianbläuling *Pseudophilotes baton* —Bläulinge Lycaenidae

Sp 20–25 mm
RL 2 §

JAN FEBR MÄRZ APRIL MAI JUNI JULI AUG SEPT OKT NOV DEZ

FALTER Fransen am Rand der Flügel sehr kontrastreich schwarz-weiß gescheckt; Flügeloberseite beim Männchen **(1a)** hell graublau mit schmalem, schwarzem Rand und strichförmigem Fleck in der Mitte jedes Flügels, beim Weibchen **(1b)** schwarzbraun mit hellblauer Bestäubung jeweils an der Flügelbasis; Unterseite hell blaugrau mit ziemlich großen, hell umrandeten, schwarzen Punkten, am Hinterflügel mit einer Randbinde aus orangefarbigen Flecken **(1c)**.
RAUPE Bis 15 mm lang, sehr bunt, grün mit 3 roten Längsbinden sowie roten und weißen Schrägstreifen **(1d)**.
NAHRUNGSPFLANZEN An Feldthymian (*Thymus pulegoides*) und anderen Thymianarten.
VORKOMMEN Vorzugsweise im Bergland in offenem, steinigem oder felsigem Gelände, besonders auf besonnten Geröllhalden, doch auch z. B. auf kurzgrasigen Magerwiesen und nur lückig bewachsenen Sandflächen; nur im mittleren und südlichen Deutschland, überall ziemlich selten; gebietsweise, wie etwa am Kaiserstuhl, schon ganz verschwunden.
WISSENSWERTES Die hier behandelte Art Westlicher Thymian-Bläuling (*Pseudophilotes*) *baton* sowie die Schwesterart Östlicher Thymian-Bläuling (*Pseudophilotes vicrama*) sind nach äußeren Merkmalen nicht zu unterscheiden, haben aber eine unterschiedliche Verbreitung. Die westliche Verbreitungsgrenze der südosteuropäischen Schwesterart Östlicher Thymian-Bläuling (*Pseudophilotes vicrama*) verläuft durch Brandenburg und Sachsen. Eine sichere Unterscheidung der beiden Arten ist nur durch Spezialisten anhand des Genitals möglich. Die Falter fliegen an den meisten ihrer Fundorte in 2 Generationen im Jahr, im höheren Bergland nur in einer. Man findet sie fast immer in nächster Nähe größerer Thymianpolster. Das Weibchen legt die Eier an Blüten und Knospen der Nahrungspflanze. Die Raupen ernähren sich ausschließlich von Knospen, Blüten und unreifen Früchten. Mit ihrer ausgesprochen bunten Zeichnung sind sie im Gewirr der Thymianblüten ausgezeichnet getarnt. Die gelblich grüne Puppe trägt am Rücken einen roten Längsstreifen. Sie liegt ohne Gürtelfaden am Boden zwischen Pflanzenresten. Die Überwinterung erfolgt als Jungraupe.

Feldthymian > 412

2 Fetthennenbläuling *Scolitantides orion* —Bläulinge Lycaenidae

Sp 22–28 mm
RL 2 §

JAN FEBR MÄRZ APRIL MAI JUNI JULI AUG SEPT OKT NOV DEZ

FALTER Fransen am Flügelrand sehr kontrastreich schwarz-weiß gescheckt, Flügeloberseite schwarzbraun mit mehr oder weniger deutlichen, dunklen Flecken auf den Vorderflügeln und sehr variablem Blauanteil, beim Männchen manchmal fast vollständig blau übergossen, oft aber auch nur im Basalteil der Flügel etwas blau gefärbt, insbesondere bei Faltern aus den Südalpen **(2b)**; Weibchen ganz dunkel oder mehr oder weniger ausgedehnt blau gefärbt; Unterseite der Flügel bei beiden Geschlechtern fast weiß, mit auffallend großen, schwarzen Punkten ohne helleren Rand, auf dem Hinterflügel außerdem mit orangefarbiger Binde **(2a)**.
RAUPE Bis 17 mm lang, auffallend abgeflacht, schmutzig gelbgrün mit roter Längsbinde auf dem Rücken **(2d)**.
NAHRUNGSPFLANZEN An der Großen Fetthenne (*Sedum maximum*), gelegentlich auch an anderen *Sedum*-Arten.
VORKOMMEN An sehr warmen, trockenen Stellen, z. B. in aufgelassenen Weinbergen und am Rand unbefestigter Wege und Mauern; in Deutschland nur noch an wenigen klimatisch begünstigten Stellen, z. B. in Mainfranken, im Nahetal und im sächsischen Elbtal, gilt hier als vom Aussterben bedroht, in den Südalpen (z. B. im Wallis und in Südtirol) dagegen gebietsweise noch recht häufig.
WISSENSWERTES Die Falter fliegen in Bayern in nur einer, in Sachsen und in den Südalpen dagegen stets in 2 Generationen pro Jahr. Die schneeweißen Eier werden in kleinen Gruppen meist auf der Blattoberseite der Nahrungspflanze abgelegt und sind dort sehr leicht zu entdecken. Sie sind deutlich abgeflacht und besitzen ein ausgesprochen ornamentales Muster aus regelmäßig angeordneten, schlitzförmigen Vertiefungen **(2c)**. Die Jungraupen verschwinden beim Fressen vollständig in den fleischigen Blättern der Fetthenne. Sie verwandeln sich am Boden oder an Steinen in eine rötlich braune Gürtelpuppe. Die Puppe überwintert.

Große Fetthenne > 364

1A

1B

1C

1D

2A

2B

2C

2D

1 Lungenenzian-Ameisenbläuling, Kreuzenzian-Ameisenbläuling *Maculinea alcon* (= *Phengaris alcon*) — Bläulinge Lycaenidae

Sp 32–36 mm
RL 2 §

JAN FEBR MÄRZ APRIL MAI JUNI JULI AUG SEPT OKT NOV DEZ

Die beiden Enzian-Ameisenbläulinge, Lungenenzian-Ameisenbläuling (*Maculinea alcon*) und Kreuzenzian-Ameisenbläuling (*Maculinea rebeli*), wurden lange Zeit als getrennte Arten betrachtet. Heute geht man von Lebensraum-spezifischen Varianten derselben Art aus: eine Variante der Feuchtwiesen und Quellmoore, die an Lungenenzian ablegt, und eine Variante der Kalkmagerrasen mit Kreuzenzian-Vorkommen. Die Bestimmung der beiden Varianten erfolgt über den Lebensraum und die Eiablagepflanze. Im Folgenden wird die Variante des Lungenenzian-Ameisenbläulings beschrieben.

FALTER Flügel des Männchens **(1a)** oberseits blau mit schmalem, schwarzem Rand, beim Weibchen dunkelbraun, an der Flügelwurzel meist blau bestäubt; Flügelunterseite bei beiden Geschlechtern hellgrau mit ziemlich großen, schwarzen, hell umrandeten Flecken **(1b)**.

RAUPE Bis 15 mm lang, hell rötlich oder gelblich mit schwarzem Kopf, ohne deutliche Zeichnungen **(1d)**.

NAHRUNGSPFLANZEN Vorzugsweise an Lungenenzian (*Gentiana pneumonanthe*), im Alpenvorland und in den Alpen auch am Schwalbenwurzenzian (*Gentiana asclepiadea*).

VORKOMMEN Auf Feuchtwiesen, Quellmooren und Feuchtheiden; überall selten und an vielen Orten verschwunden, in Deutschland vor allem im Alpenvorland, vereinzelt bis ins norddeutsche Flachland (Lüneburger Heide).

WISSENSWERTES Die Falter halten sich fast stets in nächster Nähe von Lungen- oder Schwalbenwurzenzian-Beständen auf. Das Weibchen legt die abgeflachten, weißen Eier in lockeren Gruppen an Knospen, seltener auch an Stängel und Blätter der Nahrungspflanze. Nicht selten entsteht der Eindruck, als seien die Enziane von einem Pilz befallen **(1c)**. Die Raupen schlüpfen nach unten aus den Eihüllen, fressen sich durch den Blütenkelch und gelangen so in den Fruchtknoten. Hier ernähren sie sich von den Samenanlagen bzw. den heranreifenden Samen **(1d)**. Sie häuten sich zweimal, bohren sich nach etwa 2–3 Wochen wieder aus der Blüte heraus und lassen sich zu Boden fallen. Wenn alles klappt, werden sie hier durch Knotenameisen (z. B. *Myrmica ruginodis*) adoptiert, denn die Bläulingraupen ahmen den arteigenen Duft der Ameisen nach. Diese verwechseln die Raupen mit ihren Larven und tragen sie ins Nest, wo sie wie Larven gefüttert werden und bis zum nächsten Frühjahr heranwachsen. Schließlich verpuppen sie sich im Ameisennest. Die schlüpfenden Falter müssen sich beeilen, das Nest zu verlassen, da sie nicht wie die Raupen den Duft der Ameisen tragen. Für den Fortbestand der Art ist dieser Schmetterling nicht nur von seiner Nahrungspflanze, sondern auch von ausreichend starken Beständen seiner Wirtsameise abhängig.

Lungenenzian > 418

2 Dunkler Wiesenknopf-Ameisenbläuling *Maculinea nausithous* — Bläulinge Lycaenidae

Sp 28–33 mm
RL V § FFH

JAN FEBR MÄRZ APRIL MAI JUNI JULI AUG SEPT OKT NOV DEZ

FALTER Flügeloberseite beim Männchen dunkelblau mit breitem, schwarzem Rand und schwarzen Flecken im Vorderflügel, beim Weibchen einfarbig dunkelbraun; Unterseite braun mit hell umrandeten, schwarzen Punkten **(2a)**.

RAUPE Bis 13 mm lang, Jungraupe dunkelrot, ausgewachsene Raupe hell rötlich oder gelblich, ohne deutliche Zeichnungen **(2b)**.

NAHRUNGSPFLANZEN Ausschließlich am Großen Wiesenknopf (*Sanguisorba officinalis*).

VORKOMMEN Auf Feuchtwiesen mit größeren Beständen der Nahrungspflanze, oft auf örtlich eng begrenzten Flächen; gebietsweise, wie etwa im Alpenvorland, noch relativ gut verbreitet, in den meisten Gegenden aber selten geworden.

WISSENSWERTES Auch die Falter sitzen vorzugsweise auf den Nahrungspflanzen ihrer Raupen und saugen gern an deren Blüten. Das Weibchen legt die weißlichen Eier einzeln an noch knospige Blütenstände. Die Raupen fressen zunächst an den zwischenzeitlich geöffneten Blüten und unreifen Früchten. Nach einigen Wochen lassen sie sich fallen und warten auf die Adoption durch eine Wirtsameise, in diesem Fall die Knotenameise *Myrmica rubra*, deren arteigenen Duft sie imitieren. Auch sie entwickeln sich dann im Ameisennest.

Großer Wiesenknopf > 400

1A
1B
1C
1D
2A
2B

1 Storchschnabelbläuling *Aricia eumedon* (*= Eumedonia eumedon*)—Bläulinge Lycaenidae

Sp 26–30 mm
RL 3

JAN FEBR MÄRZ APRIL MAI JUNI JULI AUG SEPT OKT NOV DEZ

FALTER Flügeloberseite bei beiden Geschlechtern dunkelbraun, beim Weibchen **(1a)** an den Innenwinkeln der Hinterflügel oft mit kleinen, orangefarbenen Flecken; Unterseite hell graubraun mit orangefarbenen Randflecken, schwarzen, weiß umrandeten Punkten und einem auffallenden, weißen Längswisch **(1b)**.
RAUPE Bis 15 mm lang, ziemlich einfarbig hellgrün, manchmal mit rötlichen Seitenbinden **(1d)**.
NAHRUNGSPFLANZEN In Feuchtgebieten an Sumpfstorchschnabel (*Geranium palustre*), an Trockenstandorten an Blutstorchschnabel (*Geranium sanguineum*), gelegentlich auch an anderen großblütigen Storchschnabelarten.
VORKOMMEN Einerseits auf Feuchtwiesen und auf feuchten Waldlichtungen, andererseits aber auch an ausgesprochen trockenwarmen Säumen von Steppenheidewäldern; in Deutschland nur noch in Bayern, Baden-Württemberg und Rheinland-Pfalz, überall ziemlich selten.
WISSENSWERTES Die Falter sind sehr standorttreu und besiedeln oft in erstaunlich großer Individuenzahl winzige, z. T. wenige Quadratmeter große Flächen mit isolierten Beständen ihrer Nahrungspflanze. Sie nutzen den Storchschnabel aber nicht nur als Nahrungspflanze für ihre Raupen, sondern bevorzugen auch seine Blüten für die Eigenversorgung mit Nektar. Die etwas abgeflachten, weißen Eier werden einzeln oder in kleinen Gruppen an den Blütengriffeln abgelegt **(1c)**. Obwohl sie in der Färbung der Unterlage entsprechen, sind sie hier zur Flugzeit der Falter leicht zu entdecken. Die Raupen fressen sich nach dem Schlüpfen in den Fruchtknoten hinein und ernähren sich dort von den Samenanlagen. Im dritten Häutungsstadium kriecht die Raupe zum Erdboden hinab und sucht sich ein Winterquartier am Fuß der Nahrungspflanze. Im Frühjahr steigt sie mit dem Austreiben des Storchschnabels wieder an der Pflanze empor und benagt einen Blattstiel, so dass sich die Blattfläche wie ein Regenschirm nach unten zusammenfaltet und bald zu welken beginnt. Unter diesem Zelt hält sich die Raupe verborgen; sie wird hier regelmäßig von Ameisen besucht, die sich an ihren zuckerhaltigen Ausscheidungen laben. Wenn man vorsichtig an ein solches Blattzelt klopft, verraten die nach unten herausfallenden Ameisen die Anwesenheit der Bläulingsraupe.

Sumpfstorchschnabel > 404
Blutstorchschnabel > 404

2 Kleiner Sonnenröschenbläuling *Aricia agestis* —Bläulinge Lycaenidae

Sp 22–27 mm

JAN FEBR MÄRZ APRIL MAI JUNI JULI AUG SEPT OKT NOV DEZ

FALTER Oberseite bei beiden Geschlechtern dunkelbraun mit meist deutlichen, orangefarbigen Randflecken auf allen 4 Flügeln **(2a)**. Unterseite der Vorder- und Hinterflügel hell graubraun mit schwarzen, hell umrandeten Punkten und ziemlich breiten, orangefarbigen Fleckenbinden.
RAUPE Bis 13 mm lang, gelbgrün mit roter Seiten- und Rückenlinie, letztere bisweilen fehlend **(2b)**.
NAHRUNGSPFLANZEN Vorzugsweise am Gemeinen Sonnenröschen (*Helianthemum nummularium*), daneben aber auch am Kleinen Storchschnabel (*Geranium pusillum*) und am Reiherschnabel (*Erodium cicutarium*).
VORKOMMEN An sonnigen, trockenen Stellen, z. B. auf Trockenrasen, in aufgelassenen Weinbergen, an sonnigen Waldrändern und in Sandgruben, In Mitteleuropa weit verbreitet. Regional in Ausbreitung.
WISSENSWERTES Die Falter bilden meist 2 Generationen im Jahr aus, unter besonders günstigen Bedingungen sogar 3. Das Weibchen legt die Eier einzeln meist an Blüten und Stängel der Nahrungspflanze. Die Jungraupen fressen nur an der Blattunterseite; ältere Raupen fressen die ganzen Blätter. Die Raupe überwintert.
ÄHNLICHE ART Der zum Verwechseln ähnliche **Große Sonnenröschenbläuling** (*Aricia artaxerxes*) wird durchschnittlich etwas größer und besitzt meist weniger deutliche, orangefarbige Flecke auf der Flügeloberseite. Er ist aber in vielen Fällen nicht mit letzter Sicherheit von *A. agestis* zu unterscheiden, auch nicht nach Genitalpräparat. Er lebt vorzugsweise im Bergland und erscheint jährlich in nur einer Generation. Seine mehr blaugrün gefärbte Raupe hat keine roten Zeichnungen und lebt ebenfalls am Gemeinen Sonnenröschen.

Gemeines Sonnenröschen > 386
Kleiner Storchschnabel > 404 | Reiherschnabel > 404

1A

1B

1C

1D

2A

2B

1 Argusbläuling *Plebeius argus* — Bläulinge Lycaenidae

Sp 20–23 mm
§

FALTER Flügeloberseite beim Männchen **(1a)** blau mit breitem, schwarzem Rand, beim Weibchen dunkelbraun, meist mit orangefarbigen Randmonden auf den Hinterflügeln, oft auch auf den Vorderflügeln; Unterseite der Hinterflügel beim Männchen hellgrau, beim Weibchen bräunlich, jeweils mit orangefarbigen Randflecken und einer Reihe von silberglänzenden, blauen Punkten **(1b)**.
RAUPE Länge bis 13 mm, grün oder braun mit hell gesäumter, dunkler Rückenlinie **(1c)**.
NAHRUNGSPFLANZEN Meist an Schmetterlingsblütlern wie Gemeinem Hornklee (*Lotus corniculatus*), Hufeisenklee (*Hippocrepis comosa*) und Bunter Kronwicke (*Coronilla varia*), daneben aber auch an Gemeinem Sonnenröschen (*Helianthemum nummularium*) und Besenheide (*Calluna vulgaris*).
VORKOMMEN Vor allem in Heiden, Magerrasen und am Rand von Mooren, gebietsweise stark zurückgegangen.
WISSENSWERTES Die Falter fliegen jährlich in 1–2 Generationen. Die Raupe wird fast immer von Ameisen begleitet. Das Ei überwintert.

Gemeiner Hornklee > 380 | Hufeisenklee > 382
Bunte Kronwicke > 402
Gemeines Sonnenröschen > 386 | Besenheide > 356

2 Kronwickenbläuling *Plebeius argyrognomon* — Bläulinge Lycaenidae

Sp 25–30 mm
§

FALTER Auf Ober und Unterseite sehr ähnlich dem Argusbläuling, doch deutlich größer; Weibchen **(2a)** nördlich der Alpen meist mit deutlich blau übergossenen, dunkelbraunen Flügeln, in den südlichen Alpentälern aber in der Regel ohne Blaufärbung.
RAUPE Bis 15 mm lang, grün mit dunklem, hell gesäumtem Rückenstreifen und hellem Seitenstreifen **(2b)**.
NAHRUNGSPFLANZEN Vorzugsweise an der Bunten Kronwicke (*Coronilla varia*), seltener auch an Süßer Bärenschote (*Astragalus glycyphyllus*).
VORKOMMEN Vor allem in Wärmegebieten (Weinbauklima) auf trockenen, blütenreichen Wiesen, auch z. B. an Wegrändern und in Steinbrüchen; Verbreitungsschwerpunkt in Südosteuropa, in Mitteleuropa fast überall ziemlich selten, gebietsweise schon ganz verschwunden.
WISSENSWERTES Die Falter fliegen jährlich in 2 Generationen. Die Weibchen der 1. Generation legen ihre Eier an Blätter und Blüten, die der 2. dagegen an die festen Stängel der Nahrungspflanze. Diese Eier überwintern.

Bunte Kronwicke > 402 | Süße Bärenschote > 380

3 Rotkleebläuling *Polyommatus semiargus* (= *Cyaniris semiargus*) — Bläulinge Lycaenidae

Sp 25–30 mm
RL V §

FALTER Flügeloberseite beim Männchen **(3a)** leuchtend blau mit meist scharf abgesetzten, dunklen Flügeladern, beim Weibchen dunkelbraun ohne helle Randflecke; Unterseite grau mit weiß umrandeten, schwarzen Punkten und hellblau bestäubten Flügelwurzeln **(3b)**.
RAUPE Bis 13 mm lang, hellgrün mit dunklerer Rückenlinie und feinen, hellen Linien an den Seiten **(3c)**.
NAHRUNGSPFLANZEN An Rotklee (*Trifolium pratense*) und weiteren rot blühenden Kleearten.
VORKOMMEN Vor allem an etwas feuchten Wiesen aller Art, gern auch an Hochwasserdämmen und grasigen Hängen; in Mitteleuropa weit verbreitet und gebietsweise ziemlich häufig.
WISSENSWERTES Die Falter fliegen in klimatisch begünstigten Lagen jährlich in 2–3 Generationen. Die Jungraupe verzehrt zunächst nur die Blüten der Nahrungspflanze, in späteren Stadien auch Blätter. Überwinterungsstadium ist die halbwüchsige Raupe.

Rotklee > 400

1A

1B

1C

2A

2B

3A

3B

3C

1 Gewöhnlicher Bläuling, Hauhechelbläuling

Polyommatus icarus—Bläulinge Lycaenidae

Sp 25–30 mm
§

JAN FEBR MÄRZ APRIL MAI JUNI JULI AUG SEPT OKT NOV DEZ

FALTER Männchen **(1b)** oberseits strahlend blau mit sehr schmalem, schwarzem Rand und einheitlich weißem Fransensaum, Weibchen **(1a)** dunkelbraun mit orangefarbigen Randflecken meist auf Vorder- und Hinterflügeln, oft mehr oder weniger stark blau übergossen; Unterseite **(1c)** graubraun mit orangefarbigen Randmonden (diese meist auch auf den Vorderflügeln) und schwarzen, weiß umrandeten Punkten, etwa in der Mitte des Hinterflügels ein schwarzer Querstrich mit herz- oder spießförmiger, weißer Umrandung.
RAUPE Länge bis 13 mm, hellgrün mit hellen Rücken- und Seitenlinien, außerdem mit meist nicht besonders deutlichen, hellen Schrägstreifen **(1d)**.
NAHRUNGSPFLANZEN Ausschließlich an Schmetterlingsblütlern, besonders am Gemeinen Hornklee (*Lotus corniculatus*), außerdem z. B. an Dorniger Hauhechel (*Ononis spinosa*), Luzerne (*Medicago sativa*) und Weißklee (*Trifolium repens*).
VORKOMMEN In trockenem und nicht zu feuchtem, offenem bis halbschattigem Gelände, etwa an Wald- und Wegrändern, in Kiesgruben, auf blütenreichen Wiesen oder am Rand von Mooren; trotz gebietsweise deutlicher Rückgangstendenzen heute in den meisten Gegenden immer noch der häufigste Bläuling.
WISSENSWERTES Die Art wird wegen ihrer Häufigkeit auch als Gewöhnlicher Bläuling bezeichnet. Sie besitzt im Unterschied zu ihren meisten Verwandten Eigenschaften, die ihr Überleben auch unter stark veränderten Umweltbedingungen gewährleisten, etwa eine gewisse Ausbreitungsfreudigkeit, die es ihr ermöglicht, schnell neu entstandene mögliche Siedlungsgebiete zu erobern, eine hohe Eiproduktion, eine schnelle Entwicklung der Raupen und die Fähigkeit, in verschiedenen Raupenstadien zu überwintern. Die Falter fliegen fast überall jährlich in 2–3 Generationen. Die Eier werden vorzugsweise zwischen Blüten der Nahrungspflanzen abgelegt. Die Raupe frisst tagsüber an Blüten und Blättern. Sie verpuppt sich am Boden zwischen Pflanzenresten. Die grünlich braune Puppe besitzt keinen Gürtelfaden. Die Überwinterung erfolgt in einem beliebigen Raupenstadium.

Gemeiner Hornklee > 380
Dornige Hauhechel > 350 | Luzerne > 416
Weißklee > 364

2 Himmelblauer Bläuling *Polyommatus bellargus*

(= Lysandra bellargus)—Bläulinge Lycaenidae

Sp 27–32 mm
RL 3 §

JAN FEBR MÄRZ APRIL MAI JUNI JULI AUG SEPT OKT NOV DEZ

FALTER Flügeloberseite beim Männchen leuchtend hellblau (heller als beim Hauhechelbläuling, aber dunkler als beim Silberbläuling) mit schmalem, schwarzem Rand und weißen, schwarz gefleckten Haarfransen, beim Weibchen dunkelbraun mit orangefarbigen Randmonden (oft auch auf den Vorderflügeln) und nicht selten einer deutlichen, blauen Bestäubung; Unterseite der Hinterflügel **(2a)** graubraun, mit ähnlichem Zeichnungsmuster wie beim Hauhechelbläuling, doch in der Mitte mit weißem, spießförmigem Fleck (ohne schwarzen Strich), von dort zur orangefarbigen Fleckenbinde außerdem ein weißer Längswisch.
RAUPE Bis 15 mm lang, dunkelgrün mit 4 kontrastreich abgesetzten, gelben, aus Streifen zusammengesetzten Längsbinden, fein dunkel behaart **(2b)**.
NAHRUNGSPFLANZEN Im Freiland insbesondere an Hufeisenklee (*Hippocrepis comosa*), seltener an Bunter Kronwicke (*Coronilla varia*).
VORKOMMEN Vorzugsweise in warmen, trockenen Gebieten auf Kalkboden, vor allem auf niedrig bewachsenen Trockenrasen und in steppenartigem, felsigem oder steinigem Gelände; im südlichen und mittleren Deutschland nicht häufig, gebietsweise sogar ganz verschwunden, in Norddeutschland fehlend.
WISSENSWERTES Die Falter erscheinen jährlich in 2 Generationen. Sie saugen gern an den Blüten der RaupenNahrungspflanze sowie an anderen Schmetterlingsblütlern; oft sieht man sie auch saugend an feuchten, offenen Bodenstellen. Die Eier werden einzeln an Blättern des Hufeisenklees abgelegt. Die Raupen halten sich tagsüber unter den Polstern ihrer Nahrungspflanze verborgen. Sie werden hier regelmäßig von Ameisen besucht. Die Überwinterung erfolgt als Jungraupe.

Hufeisenklee > 382

1A

1B

1C

1D

2A

2B

1 Silberbläuling *Polyommatus coridon* (= *Lysandra coridon*) — Bläulinge Lycaenidae

Sp 30–35 mm
§

JAN FEBR MÄRZ APRIL MAI JUNI JULI AUG SEPT OKT NOV DEZ

FALTER Flügeloberseite beim Männchen **(1a)** mit einem sehr hellen, silbrig glänzenden Blauton, der oft etwas ins Grünliche geht, außen mit breitem, dunklem Rand und dunkel gefleckten, weißen Haarfransen, beim Weibchen dunkelbraun mit roten Randflecken nur auf den Hinterflügeln; Zeichnung der Flügelunterseite sehr ähnlich wie beim Himmelblauen Bläuling, doch Färbung bei beiden Geschlechtern deutlich verschieden: beim Männchen **(1b links)** hell graubraun, beim Weibchen dunkelbraun **(1b rechts)**.

RAUPE Bis 16 mm lang, ebenfalls sehr ähnlich der Raupe von Polyommatus bellargus, aber in der Regel etwas heller grün, mit feiner, heller Behaarung **(1c)**.

NAHRUNGSPFLANZEN Fast ausschließlich am Hufeisenklee (*Hippocrepis comosa*), nur ausnahmsweise auch an Bunter Kronwicke (*Coronilla varia*) und Süßer Bärenschote (*Astragalus glycyphyllos*).

VORKOMMEN Auf Trockenrasen und trockenem, sonnigem Ödland, nur auf kalkhaltigem Untergrund; im süddeutschen Bergland und in den Alpen ziemlich häufig, im Norden seltener.

WISSENSWERTES Die Falter fliegen jährlich immer nur in einer Generation. Das Weibchen legt die Eier einzeln an die Stängelbasis des Hufeisenklees, wo sie überwintern. Die recht bunten Raupen verbergen sich tagsüber unter den niederliegenden Stängeln der Nahrungspflanze. Wenn man die Stängel anhebt, werden sofort Ameisen sichtbar, die sich stets in der Nähe der Raupen aufhalten. Diese besitzen wie die meisten Bläulingsraupen über den Körper verteilt zahlreiche Drüsenporen, denen ein für Ameisen attraktiver Duft entströmt. In einem Spalt oben auf dem 7. Segment mündet als das eigentlich attraktive Organ die Honigdrüse. In ihr wird ein zuckerhaltiges Sekret produziert, das die Raupe tropfenweise abgibt, sobald sie von Ameisenfühlern betrillert wird. Außerdem befinden sich auf dem 8. Segment 2 vorstülpbare Tentakel, die am Ende einen Hakenkranz tragen und besonders bei Anwesenheit von Ameisen immer wieder vorgestreckt, z. T. auch hin und her bewegt werden. Ihre Funktion ist nicht ganz klar, es scheint aber so, dass auch sie der Anlockung von Ameisen dienen.

Hufeisenklee > 382 | Bunte Kronwicke > 402
Süße Bärenschote > 380

2 Streifenbläuling *Polyommatus damon* (= *Agrodiaetus damon*) — Bläulinge Lycaenidae

Sp 34–38 mm
RL 1 §

JAN FEBR MÄRZ APRIL MAI JUNI JULI AUG SEPT OKT NOV DEZ

FALTER Männchen **(2b)** oberseits fast ebenso hellblau gefärbt wie das des Silbergrünen Bläulings, doch mit rein weißen Flügelfransen, Weibchen hier einheitlich dunkelbraun; Unterseite bei beiden Geschlechtern unverwechselbar durch den kontrastreich abgesetzten, weißen Schrägstreifen **(2a)**.

RAUPE Bis 17 mm lang, grün mit dunklem, hell eingefasstem Rückenstreifen und schmalen, rötlichen Seitenstreifen **(2d)**.

NAHRUNGSPFLANZEN Ausschließlich an Futter-Esparsette (*Onobrychis viciifolia*) und anderen Esparsette-Arten.

VORKOMMEN Auf sehr lückig bewachsenen, mageren Trockenrasen mit offenen Bodenstellen und reichen Beständen der Nahrungspflanze; in Deutschland überall extrem zurückgegangen und mittlerweile vom Aussterben bedroht; außerhalb Deutschlands z. B. noch gute Vorkommen in Tallagen der Schweizer Zentralalpen.

WISSENSWERTES Die Falter fliegen jährlich nur in einer Generation. Trotz ihrer Seltenheit treten sie an ihren Fundorten manchmal in großer Individuenzahl auf. Das Weibchen legt die Eier mit Vorliebe an bereits reife Fruchtkapseln der Nahrungspflanze. Die abgeflachten Eier sind grünlich weiß gefärbt, zur Mitte hin etwas eingesenkt und tragen zahlreiche stiftförmige Fortsätze, die untereinander durch feine Leisten sternförmig verbunden sind **(2c)**. Teilweise fallen die Eier im Herbst mit den Früchten zu Boden, überwintern, und entlassen erst im Frühjahr, mit dem Austreiben der Esparsette, die Raupen. Viele Raupen schlüpfen aber bereits im Herbst und überwintern dann im ersten Stadium. Die Raupen fressen an Blüten und Blättern; sie werden fast immer von Ameisen begleitet. Die Verpuppung erfolgt am Erdboden.

Futter-Esparsette > 402

1A

1B

1C

2A

2B

2C

2D

1 | **Kaisermantel** *Argynnis paphia* — Edelfalter Nymphalidae

Sp 55–65 mm
§

JAN	FEBR	MÄRZ	APRIL	MAI	JUNI	JULI	AUG	SEPT	OKT	NOV	DEZ

FALTER Flügeloberseite leuchtend orangebraun mit schwarzbraunem Streifen- und Punktfleckmuster, beim Männchen auf den 4 hinteren Längsadern des Vorderflügels mit breiten Duftschuppenstreifen; das Weibchen **(1a)** (niemals dagegen das Männchen) außer in der Normalform gelegentlich in einer grünlich grauen Form (f. valesina), die aber fast überall recht selten ist **(1c)**; Unterseite der Hinterflügel bei beiden Geschlechtern grünlich mit silbrig weißen, nach hinten verschmälerten Schrägstreifen (danach wird die Art auch als „Silberstrich" bezeichnet).
RAUPE Bis 38 mm lang, dunkelbraun mit 2 gelben, dicht nebeneinander liegenden Rückenstreifen und gelbbraunen Dornen; hinter dem Kopf außerdem ein verlängertes, schwarzes Dornenpaar, das nach Art von Fühlern den Kopf nach vorn weit überragt **(1b)**.
NAHRUNGSPFLANZEN Am Rauen Veilchen (*Viola hirta*) und einigen weiteren Veilchenarten.
VORKOMMEN An Waldrändern und am Rand von Waldwegen, besonders gern auf etwas feuchten, blütenreichen Waldlichtungen und auf von Wald umgebenen Wiesen; in den meisten Gegenden noch ziemlich häufig, besonders im Bergland.
WISSENSWERTES Dieser größte heimische Perlmuttfalter fliegt jährlich in einer Generation. Vor der Paarung zeigen die Tiere ein interessantes Balzverhalten. Zunächst fliegt das Männchen unter dem Weibchen hindurch und stimuliert es dabei mit dem Lockstoff aus seinen Duftschuppen. Das Weibchen landet kurz darauf und streckt dem neben ihm gelandeten Männchen seinen Hinterleib entgegen. Dabei gibt es aus hervorgestülpten Drüsensäcken ebenfalls einen Lockstoff ab, der das Männchen sofort zur Paarung animiert. Das Weibchen legt seine Eier nicht an der Nahrungspflanze ab, sondern heftet sie in der Nähe von Veilchen an Baumstämme. Hierzu umfliegt es in Spiralen den unteren Stammbereich vorzugsweise von Kiefern und Fichten und setzt im Abstand von einem halben bis einem Meter immer wieder einzelne Eier ab. Die Raupen schlüpfen noch im Spätsommer und verkriechen sich wenig später zur Überwinterung, ohne zuvor gefressen zu haben. Frühestens im März beginnen sie mit der Nahrungsaufnahme. Sie fressen nur nachts und halten sich tagsüber unter Blättern verborgen. Die Verpuppung erfolgt an Zweigen in Bodennähe. Die braune Stürzpuppe trägt am Rücken große Höcker und metallisch blau schillernde Glanzflecke.

Raues Veilchen > 418

2 | **Großer Perlmuttfalter** *Argynnis aglaja* (= *Mesoacidalia aglaja*) — Edelfalter Nymphalidae

Sp 50–55 mm
RL V §

JAN	FEBR	MÄRZ	APRIL	MAI	JUNI	JULI	AUG	SEPT	OKT	NOV	DEZ

FALTER Nur wenig kleiner als der Kaisermantel; Flügeloberseite orangefarbig oder bräunlich gelb mit einem Muster aus schwarzen Punkten und Querbändern, vor dem dunkel gesäumten Flügelrand mit Dreiecks- oder Winkelflecken **(2c)**; Unterseite der Hinterflügel gelbbraun, in der Basalhälfte grünlich mit weißen Perlmuttflecken **(2b)**.
RAUPE Länge bis 38 mm, schwarz mit ebenfalls schwarzen Dornen, an der Seite eine regelmäßige Reihe roter Flecke; in jüngeren Stadien außerdem mit weißen Zeichnungen **(2a)**.
NAHRUNGSPFLANZEN Vorzugsweise am Rauen Veilchen (*Viola hirta*), daneben auch z. B. an Hundsveilchen (*Viola canina*) und Sumpfveilchen (*Viola palustris*).
VORKOMMEN In Wäldern und offenem Gelände, etwa an Wegrändern, auf Bergwiesen, in Mooren, auf Weiden und Trockenrasen. Im Allgemeinen nicht selten, aber gebietsweise deutlich zurückgegangen.
WISSENSWERTES Auch bei dieser Art besitzt das Männchen Duftschuppen auf 3 Längsadern im hinteren Teil der Vorderflügel; diese Adern sind allerdings nur sehr schwach verbreitert **(2c)**. Das Weibchen legt die Eier einzeln an Stängel und Blätter der Nahrungspflanze. Die Raupen schlüpfen nach 2–3 Wochen, fressen die Eischale und gehen ohne weitere Nahrungsaufnahme in die Winterruhe. Die Verpuppung erfolgt am Boden zwischen zusammengesponnenen Pflanzenteilen. Die braune Stürzpuppe besitzt keine Metallflecke.

Raues Veilchen > 418 | Hundsveilchen > 416
Sumpfveilchen > 418

1A

1B

2A

1C

2B

2C

1 Wander-Perlmuttfalter *Issoria lathonia* — Edelfalter Nymphalidae

Sp 35–45 mm

JAN FEBR MÄRZ APRIL MAI JUNI JULI AUG SEPT OKT NOV DEZ

FALTER Flügeloberseite gelbrot, mit einem ziemlich gleichmäßigen Muster aus rundlichen, schwarzen Flecken **(1a)**, Unterseite der Hinterflügel mit auffallend großen, weißen Perlmuttflecken, neben der äußeren Perlmuttfleckreihe mit einer regelmäßigen Reihe sehr kleiner derartiger, braun umrandeter Flecke, auch an der Spitze der Vorderflügel Perlmuttflecke **(1c)**.
RAUPE Bis 35 mm lang, graubraun mit schwarzen Flecken und ziemlich kurzen, braunen Dornen mit weißer Spitze; am Rücken mit einer Doppelreihe weißer Striche **(1b)**.
NAHRUNGSPFLANZEN Vorwiegend am Acker-Stiefmütterchen (*Viola arvensis*), in der Zucht auch gut mit Garten-Stiefmütterchen zu füttern.
VORKOMMEN In offenem, wenig bewachsenem Gelände, etwa auf Trockenwiesen, Brachäckern und extensiv genutzten Kulturflächen; in Mitteleuropa weit verbreitet und in den meisten Gegenden nicht selten, gebietsweise aber deutlich zurückgegangen.
WISSENSWERTES Die Falter fliegen alljährlich in einer ausgesprochen langen Zeitspanne und bringen dabei jährlich 2–3, manchmal offenbar sogar 4 aufeinander folgende Generationen hervor. Dabei werden die heimischen Populationen immer wieder durch zuwandernde Tiere aus dem Süden verstärkt. Die Falter setzen sich gern zum Sonnen auf offene Bodenstellen, insbesondere an etwas kühlen Frühjahrs- und Herbsttagen. Die Eiablage erfolgt einzeln an die Blattunterseite der Nahrungspflanze. Die Raupen entwickeln sich recht schnell. Die Verpuppung erfolgt in Bodennähe zwischen locker miteinander versponnenen Pflanzenteilen. Die dunkelbraune Stürzpuppe trägt am Rücken einen großen, weißen Sattelfleck und mehrere kleine derartige Flecke. Damit erinnert sie auffallend an Vogelkot, wie dies auch von Raupen und Puppen einiger anderer Schmetterlingsarten bekannt ist. Die Überwinterung erfolgt meist im 3. Raupenstadium, ist aber auch in allen anderen Raupenstadien möglich.

Acker-Stiefmütterchen > 386

2 Randring-Perlmuttfalter *Boloria eunomia* — Edelfalter Nymphalidae

Sp 28–40 mm
RL 2 §

JAN FEBR MÄRZ APRIL MAI JUNI JULI AUG SEPT OKT NOV DEZ

FALTER Flügeloberseite beim Männchen **(2b)** gelbrot, mit ziemlich feinen, schwarzen Querlinien, Punkten und Winkelflecken, beim Weibchen mehr gelbbraun mit kräftigeren dunklen Zeichnungen und mehr oder weniger ausgedehnter, dunkler Bestäubung; Unterseite der Hinterflügel bei beiden Geschlechtern cremeweiß und orange, ohne Perlmuttflecke, am Außenrand mit einer Reihe schwarzer Winkelflecke und davor markanten Ringflecken **(2a)**.
RAUPE Länge bis 23 mm, unscheinbar graubraun mit feiner, heller Punktierung und kurzen, braunen Dornen **(2c)**.
NAHRUNGSPFLANZEN Am Schlangen-Knöterich (*Polygonum bistorta*), gelegentlich wohl auch an anderen Knöterich-Arten.
VORKOMMEN Auf Feuchtwiesen am Rand von Mooren; in Deutschland vor allem im Alpenvorland, außerdem in einigen Mittelgebirgen und sehr sporadisch in Nordostdeutschland; vielerorts bereits ganz verschwunden.
WISSENSWERTES Das Weibchen legt, anders als sonst bei den Perlmuttfaltern üblich, die Eier nicht einzeln, sondern jeweils in Gruppen von etwa 10–20 Stück an der Blattunterseite der Nahrungspflanze ab. Daher fressen die Jungraupen auch zunächst in kleineren Gesellschaften gemeinsam an der Blattunterseite. Die Jungraupe ist das Überwinterungsstadium. Nach der Überwinterung lebt die Raupe sehr versteckt am Boden und geht nur nachts an die Nahrungspflanze. Die Stürzpuppe hat keine Silberflecke. Die Entwicklungsdauer und Generationenfolge dieser Art ist offenbar noch nicht vollständig geklärt. Anscheinend erstreckt sich die Entwicklung in einigen Gegenden über 2 Jahre, und auch in Gebieten mit normalerweise einjährigem Entwicklungszyklus scheint dies bisweilen vorzukommen. Beim zweiten Mal dürfte die ausgewachsene Raupe überwintern. Gelegentlich entstehen aber aus solchen Raupen offenbar noch vor der Überwinterung Herbstfalter, die verschiedentlich schon gefunden wurden.

Schlangen-Knöterich > 398

1A

1B

1C

2A

2B

2C

1 Silberfleck-Perlmuttfalter *Boloria euphrosyne* (= *Clossiana euphrosyne*) — Edelfalter Nymphalidae

Sp 32–40 mm
RL 2 §

FALTER Oberseite sehr ähnlich wie bei vielen anderen Perlmuttfaltern, Randflecke aber nicht so ausgesprochen winkelförmig wie bei den anderen *Boloria*-Arten, sondern mehr dreieckig **(1a)**; Unterseite der Hinterflügel mit ziegelroter Grundfärbung, nahe der Flügelbasis mit schwarzem, hell umrandetem Punkt und in der Mitte mit cremefarbener Binde, die einen silbrigen, glänzenden Perlmuttfleck einschließt.
RAUPE Bis 25 mm lang, schwarz mit schwarzen Dornen, das rückenständige Dornenpaar jeweils mit leuchtend gelber Basis, manchmal aber auch ganz schwarz **(1b)**.
NAHRUNGSPFLANZEN Am Rauen Veilchen (*Viola hirta*) und anderen Veilchenarten.
VORKOMMEN An Waldrändern und auf Waldlichtungen, in den meisten Gegenden stark zurückgegangen.
WISSENSWERTES Die Falter fliegen jährlich normalerweise in einer Generation. Die Raupen überwintern halbwüchsig, meist in einem trockenen, zusammengerollten Blatt. Die Verpuppung erfolgt dicht über dem Boden.

Raues Veilchen > 418

2 Sumpfwiesen-Perlmuttfalter *Boloria selene* (= *Clossiana selene*) — Edelfalter Nymphalidae

Sp 28–38 mm
RL V §

FALTER Flügeloberseite ähnlich dem Silberfleck-Perlmuttfalter, aber im Wurzelbereich der Hinterflügel mit einem deutlichen, schwarzen Punkt **(2b)**; Punkt auf der Unterseite der Hinterflügel größer als bei *B. euphrosyne*, cremefarbene Binde mit 3 weniger deutlich abgesetzten Perlmuttflecken.
RAUPE Bis 22 mm lang, schmutzig graubraun mit schwarzer Marmorierung und braunen, hellspitzigen Dornen **(2a)**.
NAHRUNGSPFLANZEN An Hundsveilchen (*Viola canina*), Sumpfveilchen (*Viola palustris*) und einigen weiteren Veilchenarten.
VORKOMMEN Vor allem auf Feuchtwiesen und in Moorgebieten, gelegentlich auch an feuchten, offenen Stellen in Wäldern sowie auf trockenen Wiesen; in Mitteleuropa weit verbreitet; Bestände gehen deutlich zurück.
WISSENSWERTES Die Art erscheint meist mit 2 Generationen im Jahr. Die Eier werden einzeln an der Nahrungspflanze abgelegt. Die Herbstraupen überwintern halbwüchsig.

Hundsveilchen > 416 | Sumpfveilchen > 418

3 Magerrasen-Perlmuttfalter *Boloria dia* (= *Clossiana dia*) — Edelfalter Nymphalidae

Sp um 30 mm
§

FALTER Kleiner als die übrigen Perlmuttfalter; Flügeloberseite ockergelb mit ziemlich großen und scharf abgesetzten schwarzen Punktflecken; Unterseite der Hinterflügel auffallend dunkel, mit ausgedehnten, braunvioletten Zeichnungen, etwa in der Mitte 3 weißen Perlmuttflecken und einigen weiteren gelbweißen Flecken **(3a)**.
RAUPE Bis 20 mm lang, sehr ähnlich der von Boloria selene, aber vorderes Dornenpaar nicht verlängert **(3b)**.
NAHRUNGSPFLANZEN Am Rauen Veilchen (*Viola hirta*) und anderen Veilchenarten.
VORKOMMEN Vorwiegend auf Kalktrockenrasen, seltener auch auf sandigen Magerrasen; in wärmebegünstigten Gebieten Süddeutschlands im Allgemeinen nicht selten, weiter nördlich nur vereinzelt.
WISSENSWERTES Die Falter fliegen jährlich in 2–3 Generationen, in ungünstigen Lagen nur in einer. Die Raupen sind tagaktiv. Überwinterungsstadium ist die halbwüchsige Raupe.

Raues Veilchen > 418

1A

1B

2A

2B

3A

3B

1 | Mädesüß-Perlmuttfalter *Brenthis ino* —Edelfalter Nymphalidae

Sp 32–40 mm

FALTER Flügeloberseite gelbrot mit einer durchgehenden, schwarzen Binde am Außenrand und davor 2 Reihen schwarzer Punkte; bei der inneren Punktreihe der mittlere Punkt jeweils deutlich kleiner als die übrigen, im Vorderflügel manchmal sogar fehlend **(1a)**; Unterseite der Hinterflügel kurz hinter der Mitte mit einem zimtbraun gefärbten Querband, in diesem ein violetter Streifen und mehrere schwarze, weiß gekernte Punkte, im äußeren Bereich des Flügelsaumes ohne violette Färbung **(1b)**.
RAUPE Bis 25 mm lang, weißlich mit braunen und grauen Längsstreifen und hellbraunen, weißspitzigen Dornen **(1c)**.
NAHRUNGSPFLANZEN Vorwiegend am Echten Mädesüß (*Filipendula ulmaria*) sowie offensichtlich auch an der zweiten heimischen Art dieser Gattung, daneben gelegentlich am Großen Wiesenknopf (*Sanguisorba officinalis*).
VORKOMMEN Vorwiegend auf Feuchtwiesen und an feuchten Waldsäumen mit ausgedehnten Mädesüßbeständen, seltener auch auf Trockenrasen und ähnlichen, offenen Trockenflächen; in Mitteleuropa weit verbreitet, doch mit dem allgemeinen Rückgang der Feuchtgebiete in vielen Gegenden selten geworden.
WISSENSWERTES Die Falter fliegen überall nur in einer Generation im Jahr. Zur Nahrungsaufnahme bevorzugen sie violette Blüten und sind daher besonders häufig an Flockenblumen und Disteln zu beobachten. Das Weibchen legt die Eier einzeln an die Blätter der Nahrungspflanze. Bevorzugt werden Blätter belegt, in die zuvor von Blattkäfern Löcher gefressen wurden. Bei der Eiablage setzt sich das Weibchen auf die Unterseite des Blattes. Zur Entwicklung der Raupe gibt es sehr widersprüchliche Angaben. Während in der älteren Literatur meist die halbwüchsige Raupe als Überwinterungsstadium angegeben wird, steht nach neueren Untersuchungen offenbar fest, dass die Raupe bereits fertig entwickelt im Ei überwintert und erst danach die Eihülle verlässt. Die Stürzpuppe ist hellbraun und trägt am Rücken helle, metallisch glänzende Flecke.

Echtes Mädesüß > 366 | Großer Wiesenknopf > 400

2 | Brombeer-Perlmuttfalter *Brenthis daphne* —Edelfalter Nymphalidae

Sp 40–50 mm
§

FALTER Ähnlich dem Mädesüß-Permuttfalter, doch deutlich größer als dieser, Flügeloberseite viel leuchtender rotorange, vergleichbar mit dem Dukatenfalter (>136), schwarze Randbinde auf den Hinterflügeln nicht durchgehend, sondern mehrfach unterbrochen **(2a)**; Unterseite der Hinterflügel mit unschärfer begrenzter, zimtbrauner Färbung, auch im äußeren Saumbereich violett gezeichnet **(2b** Paarung**)**.
RAUPE Bis 28 mm lang, ebenfalls sehr ähnlich der des Mädesüß-Perlmuttfalters, aber dunkle Längsstreifen von der weißen Grundfärbung kontrastreicher abgesetzt und gelbe Dorne ohne deutlich hellere Spitze **(2c)**.
NAHRUNGSPFLANZEN An Brombeere (*Rubus fruticosus*) und Himbeere (*Rubus idaeus*), nach Literaturangaben angeblich auch an Veilchen.
VORKOMMEN Das lange Zeit einzige deutsche Vorkommen in Brandenburg ist erloschen. Seit Anfang der 2000er-Jahre breitet sich die Art aber von Zentralfrankreich nach Norden aus. Im Zuge dieser Arealerweiterung wurde zuerst die Oberrheinebene in Baden-Württemberg (1992) besiedelt. In der Folgezeit breitete sich die Art dann immer weiter nach Norden aus, etwa 10 km pro Jahr. Mittlerweile sind die Pfalz (Erstnachweis 2003) und das Saarland (Erstnachweis 2004) sowie Teile des Rheinlands besiedelt. Die deutsche Verbreitungsnordgrenze reicht derzeit bis an den Mittelrhein.
WISSENSWERTES Die Falter fliegen jährlich in einer Generation und besuchen vorzugsweise Brombeer- und Distelblüten. Das Weibchen legt die Eier ziemlich spät (meist erst im Juli) einzeln an Blätter der Nahrungspflanze. Auch hier überwintert offenbar die bereits entwickelte Raupe in der Eihülle. Die sehr auffälligen Raupen sind tagsüber frei auf Brombeerzweigen zu finden. Die Stürzpuppe trägt an den Seiten ihrer zahlreichen Rückendorne blau schillernde Metallflecke **(2d)**.

Brombeere > 340 | Himbeere > 340

1A
1B
1C
2A
2B
2C
2D

1 Admiral *Vanessa atalanta* —Edelfalter Nymphalidae

Sp 50–60 mm

FALTER Vorderflügel oberseits mit schwarzer, weiß gefleckter Spitze, dunkelbraunem Wurzelfeld und dazwischen einer roten Binde **(1a)**; Unterseite der Hinterflügel schwarz und dunkelbraun marmoriert, etwa in der Mitte mit einer schwarzen Zeichnung, die der Zahl „89" bzw. „98" entspricht **(1d)**.
RAUPE Bis 40 mm lang, in verschiedenen Farbformen; in der Grundfärbung gelblich grau bis schwarz, seitlich mit einer weißlich gelben Fleckenreihe, die sich vor allem bei dunklen Raupen scharf abhebt **(1b)**.
NAHRUNGSPFLANZEN In Mitteleuropa ausschließlich an der Großen Brennnessel (*Urtica dioica*), möglicherweise auch an anderen Brennnessel-Arten; in Südeuropa auch an Glaskraut-Arten (*Parietaria*), die ebenfalls zu den Brennnesselgewächsen gehören.
VORKOMMEN Besonders an Waldrändern, auf Streuobstwiesen und in Gärten, doch auch in anderen Lebensräumen fast überall häufig.
WISSENSWERTES Der Admiral gehört zu den typischen Wanderfaltern. Die ausgewachsenen Falter überwintern, können bei uns aber normalerweise den Winter nicht überstehen, sodass die Art in unseren Breiten auf die alljährliche Zuwanderung aus dem Süden angewiesen ist. Ab Ende April, vor allem aber im Mai und Juni, erscheinen bei uns die ersten Zuwanderer. Die Weibchen legen ihre Eier einzeln an meist halbschattig oder schattig stehende Brennnesseln. Die Raupe baut sich aus einem mit Spinnfäden zusammengerollten Blatt der Nahrungspflanze einen sehr charakteristischen Schlupfwinkel. Sie nagt meist den Blattstiel etwas an, sodass die Blatttüte nach unten baumelt **(1c)**. In dieser Blatttüte findet auch die Verpuppung statt. Die Stürzpuppe ist braun oder grau gefärbt und trägt am Rücken metallisch glänzende Flecke. Die Art bringt bei uns meist 2 Nachfolgegenerationen hervor, von denen die zweite recht häufig werden kann. Viele dieser Herbstfalter machen sich im September auf den Rückweg in ihre Ursprungsgebiete. Bei sonnigem Wetter kann man gelegentlich in den Bergen den gleichzeitigen Rückflug zahlreicher Falter beobachten. Die Tiere fliegen voneinander getrennt, aber alle geradlinig in Richtung Süden. Andere Exemplare bleiben bei uns und saugen oft noch bis weit in den Herbst hinein an gärendem Fallobst **(1a)**. Die meisten von ihnen sterben nach den ersten Nachtfrösten.

Große Brennnessel > 424

2 Distelfalter *Vanessa cardui (= Cynthia cardui)* —Edelfalter Nymphalidae

Sp 45–60 mm

FALTER Oberseite der Vorderflügel an der Spitze wie beim Admiral, Wurzelfeld aber gelbbraun und orange mit schwarzer Fleckenzeichnung **(2a)**; Unterseite der Hinterflügel weiß und braun marmoriert, vor dem Außenrand mit einer Reihe großer Augenflecke.
RAUPE Bis 40 mm lang, hell gelblich bis grünlich braun, mit variablen, dunklen Zeichnungen **(2b)**.
NAHRUNGSPFLANZEN Vorwiegend an Gemeiner Kratzdistel (*Cirsium vulgare*), Kohldistel (*Cirsium oleraceum*) und anderen Distelarten, auch an Großer Brennnessel (*Urtica dioica*), Moschusmalve (*Malva moschata*) und anderen Kräutern.
VORKOMMEN In offenem, trockenem Gelände, z. B. auf Trockenwiesen, an Wegrändern und in Gärten, fast überall häufig.
WISSENSWERTES Auch der Distelfalter gehört zu den typischen Wanderfaltern. Durch sein großes Spektrum möglicher Nahrungspflanzen ist er noch besser an die Eroberung neuer Siedlungsgebiete angepasst. Seine eigentliche Heimat liegt in Afrika nördlich der Sahara, von wo aus eine erste Wanderwelle ab Ende März das Mittelmeergebiet erreicht und sich dort fortpflanzt. Die Nachkommen dieser ersten Welle erreichen im Mai und Juni Mitteleuropa, um bei uns noch 1–2 Nachfolgegenerationen hervorzubringen, deren Falter teilweise im Sommer wieder nach Süden wandern. Eine Überwinterung ist offenbar weder bei uns, noch im nördlichen Teil des Mittelmeergebietes möglich. Die Eier werden einzeln an den Blättern der Nahrungspflanze abgelegt. Die Raupe hält sich zwischen lose zusammengesponnenen Blättern verborgen.

Gemeine Kratzdistel > 414 | Kohldistel > 394
Große Brennnessel > 424 | Moschusmalve > 406
Stachelbeere > 338

1A
1B
1C
1D
2A
2B

1 | **Tagpfauenauge** *Inachis io* —Edelfalter Nymphalidae | Sp 50–55 mm

FALTER Oberseite rostrot, auf jedem Flügel ein großer Augenfleck **(1c)**; Unterseite fein dunkelgrau und schwarz marmoriert **(1a)**.

RAUPE Bis 42 mm lang, schwarz mit zahlreichen weißen Punkten und schwarzen Dornen **(1f)**.

NAHRUNGSPFLANZEN In Mitteleuropa ausschließlich an der Großen Brennnessel (*Urtica dioica*), möglicherweise auch an anderen Brennnessel-Arten.

VORKOMMEN Besonders in Waldnähe, aber auch im Siedlungsbereich und in vielen anderen Lebensräumen überall häufig.

WISSENSWERTES Das Tagpfauenauge gehört zu den Tagfaltern, die mit den Gegebenheiten der modernen Kulturlandschaft am besten zurechtkommen. Dazu gehört insbesondere auch die Anpassung an die Große Brennnessel als Nahrungspflanze für die Raupen, denn diese Stickstoff liebende Pflanze profitiert in besonderem Maße von den intensiven Bewirtschaftungsmethoden der modernen Landwirtschaft. Zur Eiablage wählt das Weibchen ausschließlich sonnig oder höchstens halbschattig stehende Pflanzen aus, die an einer luftfeuchten, zugleich aber auch windgeschützten Stelle wachsen. Das Weibchen legt die Eier in dichten Haufen von etwa 50–200 Stück an die Blattunterseite. Die etwa 1 mm großen, grünen Eier tragen 8 feine Längsrippen. Die Raupen schlüpfen nach etwa 2–3 Wochen **(1b)**. Sie sind zunächst nur etwa 3 mm lang, grünlich weiß gefärbt und besitzen eine glänzend schwarze Kopfkapsel. Kurz darauf machen sie sich gemeinsam über das erste Brennnesselblatt her. Nach wenigen Tagen häuten sie sich zum ersten Mal, nehmen jetzt eine mehr graubräunliche Färbung an und überziehen bald die ganze Pflanze mit einem dichten, weißen Gespinst, das sie gemeinsam bewohnen. Sie wachsen in der Folge schnell weiter heran, steigen, nachdem sie die erste Brennnesselpflanze entlaubt haben, auf die nächste über, häuten sich noch dreimal und erreichen schließlich das letzte Raupenstadium. Jetzt besitzen sie die endgültige, tiefschwarze Färbung mit zahlreichen weißen Punkten **(1c)**. In diesem letzten Stadium beginnen sie allmählich, sich zu zerstreuen und suchen jetzt, etwa 3–4 Wochen nach Verlassen der Eihülle, an einem verborgenen Ort einen geeigneten Verpuppungsplatz, etwa an einem trockenen Pflanzenstängel. Hier spinnen sie zunächst ein kleines, weißes Polster, heften sich daran mit ihrem letzten Beinpaar, den Nachschiebern, fest und lassen sich in leicht eingekrümmter Haltung nach unten baumeln. Nach 1–2 Tagen reglosen Wartens beginnt plötzlich die Rückenhaut der Raupe aufzuplatzen, und aus dem schnell größer werdenden Spalt quillt der Rücken und schließlich die Puppe ganz hervor. Dabei schiebt sich die Raupenhaut allmählich zu einem Knäuel zusammen, das aber immer noch mit den Beinen am Gespinstpolster haftet. Um nicht abzustürzen, verfügt die Puppe über einen Haftmechanismus vor ihrer Hinterleibsspitze, mit dem sie sich an der Raupenhaut verankert. Sie tastet nun mit der Hinterleibsspitze nach dem Gespinstpolster und heftet sich mit Häkchen daran fest. Sobald sie sicher verankert ist, versetzt sie ihren Körper in kreisende Bewegungen und wirft dabei schließlich die Raupenhülle ab. Die frische Puppe besitzt zunächst eine hellgrüne Färbung, wird nach dem Aushärten schließlich graugrün oder bräunlich **(1d)**. Die Puppenruhe dauert etwa 2 Wochen. Am letzten Tag schimmert bereits die Flügelzeichnung des fertigen Falters deutlich durch die Puppenhülle. Schließlich platzt die Hülle von der Spitze her auf, und der fertige Falter gleitet nach unten heraus **(1e)**. Zunächst hängen seine Flügel noch als unförmige zusammengeknäuelte Lappen herunter. Der Falter streckt sie durch Einpumpen von Blutflüssigkeit in die Flügeladern, und nach Aushärtung der Chitinschicht ist er zum Abflug bereit. Meist pflanzen sich die Falter schon wenig später fort, und gelegentlich kann auch die folgende Generation noch eine dritte hervorbringen. In ungünstigen Lagen schreiten aber die Falter der ersten Generation im gleichen Jahr nicht mehr zur Fortpflanzung, sondern suchen sich (wie sonst die Falter der 2. oder 3. Generation) ein geschütztes, mäßig feuchtes Quartier (z. B. in einem Fuchsbau, einer Höhle oder einem Kellergewölbe), um dort den Winter zu verbringen. Hier sind die Falter durch die tarnfarbige Unterseite sehr gut geschützt. Regelmäßig verirren sich quartiersuchende Falter auf Dachböden oder in Wohnungen, wo sie aber in aller Regel bald durch Austrocknung sterben. Ab März, manchmal schon im Februar, erwachen sie aus der Winterruhe und sind jetzt an den ersten Frühblühern bei der Nahrungsaufnahme zu beobachten. Kurz darauf paaren sie sich und schreiten zur Eiablage.

Große Brennnessel > 424

1A
1B
1C
1D
1E
1F

1 | **Kleiner Fuchs** *Aglais urticae* —Edelfalter Nymphalidae

Sp 40–50 mm

JAN	FEBR	MÄRZ	APRIL	MAI	JUNI	JULI	AUG	SEPT	OKT	NOV	DEZ

FALTER Flügel oberseits mit orangebrauner Grundfärbung, gelber und schwarzer Fleckenzeichnung und einer blauen Fleckenreihe am Außenrand, im Hinterflügel die ganze Basalhälfte schwarz **(1a)**; Unterseite der Hinterflügel dunkelbraun mit aufgehelltem Saumfeld **(1b)**.
RAUPE Bis 30 mm lang, schwarz mit feiner, heller Punktierung und gelben Längsbinden; Dornen schwarz oder gelblich **(1c)**.
NAHRUNGSPFLANZEN In Mitteleuropa ausschließlich an der Großen Brennnessel (*Urtica dioica*), möglicherweise aber auch an anderen Brennnessel-Arten.
VORKOMMEN In offenen Lebensräumen überall häufig, neben dem Tagpfauenauge der häufigste Edelfalter.
WISSENSWERTES Die Falter sind regelmäßig schon sehr zeitig im Frühjahr, oft bereits im Februar, zu beobachten. Sie besuchen eifrig die ersten Frühblüher wie Huflattich, Seidelbast und Salweiden. Das Weibchen legt oft schon im April seine Eier in dichten Klumpen zu etwa 50–200 Stück an die Blattunterseite der Nahrungspflanze **(1b)**. Die Gelege ähneln sehr denen des Tagpfauenauges, finden sich aber gewöhnlich an trocken und voll besonnt stehenden Brennnesseln. Die Raupen bilden ähnliche Gemeinschaftsgespinste wie die der verwandten Art. Sie sind aber ab dem 3. Stadium durch ihre gelbe Längsstreifung leicht von den Tagpfauenaugenraupen zu unterscheiden. Sie werden wie die Raupen der übrigen Nesselfalter wegen ihres auffälligen Erscheinungsbildes von Singvögeln nicht angerührt. Offenbar besitzen sie durch ihre zahlreichen Dornen, vielleicht aber auch durch mit der Nahrung aufgenommene Inhaltsstoffe, einen wirksamen Schutz vor dem Gefressenwerden. Da aber die Puppen ohne Zögern von Meisen verzehrt werden, dürfte die erste Erklärung die wahrscheinlichere sein. Die Stürzpuppe ähnelt der des Tagpfauenauges, hat aber etwas kürzere Rückendorne. Bereits ab Anfang Juni fliegen die Falter der 2. Generation. Manchmal kommt es noch zu einer dritten Generation. Diese Falter oder die der zweiten Generation suchen ein Winterquartier auf, um sich erst im folgenden Jahr fortzupflanzen.

Große Brennnessel > 424

2 | **C-Falter** *Polygonia c-album* —Edelfalter Nymphalidae

Sp 42–50 mm

JAN	FEBR	MÄRZ	APRIL	MAI	JUNI	JULI	AUG	SEPT	OKT	NOV	DEZ

FALTER Flügel am Rand auffallend stark gezackt, sehr variabel gefärbt und gezeichnet, oberseits orangebraun mit schwarzem, braunem und gelblichem Fleckenmuster **(2c)**, unterseits braun oder gelblich mit weißem, C-förmigem Fleck, der dem Falter seinen Namen gab, in der Mitte des Hinterflügels **(2b)**.
RAUPE Bis 30 mm lang, orangebraun mit schwarzen Zeichnungen, in der hinteren Hälfte mit schneeweißem Rücken; vordere Dorne gelb, hintere weiß, außerdem 2 schwarze Dorne auf der Kopfkapsel **(2a)**.
NAHRUNGSPFLANZEN Vorzugsweise an Salweide (*Salix caprea*) und Großer Brennnessel (*Urtica dioica*), daneben aber auch an Haselnuss (*Corylus avellana*), Bergulme (*Ulmus glabra*), Hopfen (*Humulus lupulus*) und Stachelbeere (*Ribes uvacrispa*).
VORKOMMEN Vor allem in lockeren Wäldern, an Waldrändern und auf Streuobstwiesen, in den meisten Gegenden ziemlich häufig.
WISSENSWERTES Das Weibchen heftet die Eier einzeln an Blätter der Nahrungspflanze. Die auffallend bunte Raupe verbirgt sich tagsüber meist an der Blattunterseite und ist daher nicht leicht zu finden. Auch die Puppe unterscheidet sich deutlich von denen der nächsten Verwandten: Sie ist in der Mitte tief eingeschnürt und trägt vorn auf dem Rücken einen deutlichen Höcker, im Bereich der Einschnürung außerdem 6 metallisch glänzende Flecke. Die im Frühsommer geschlüpften Falter besitzen eine ziemlich helle Unterseite (wie die Tiere in Abb. **2b**) und pflanzen sich noch im gleichen Jahr fort. Ihre Nachkommen besitzen eine dunkelbraune Unterseite und überwintern, um sich erst im nächsten Jahr fortzupflanzen. Das gleiche gilt für spät schlüpfende Falter der 1. Generation.

Salweide > 326 | Große Brennnessel > 424
Haselnuss > 334 | Bergulme > 330 | Hopfen > 424
Stachelbeere > 338

1A

1B

2A

1C

2B

2C

1 Landkärtchen *Araschnia levana* — Edelfalter Nymphalidae

Sp 28–40 mm

JAN	FEBR	MÄRZ	APRIL	MAI	JUNI	JULI	AUG	SEPT	OKT	NOV	DEZ

FALTER Fliegt jährlich in 2 Generationen, die sich in Färbung und Zeichnungsmuster sehr deutlich unterscheiden; Frühjahrsgeneration oberseits braunorange mit schwarzer und an den Spitzen der Vorderflügel weißer Fleckenzeichnung, am Rand der Hinterflügel außerdem mit einer Reihe blauer Flecke **(1g)**; Sommergeneration dagegen oberseits mit schwarzer Grundfärbung, weißer Bindenzeichnung und roten Fleckenreihen vor den Flügelrändern **(1a)**; Flügelunterseite bei beiden Generationen vorwiegend rotbraun mit weißen Linien, etwas an eine Landkarte erinnernd **(1b)**.
RAUPE Bis 22 mm lang, ähnlich der des Tagpfauenauges, doch auch auf der Kopfkapsel mit schwarzen Dornen und seitlich mit einer hellbraunen Fleckenreihe **(1e)**.
NAHRUNGSPFLANZEN Bei uns ausschließlich an der Großen Brennnessel (*Urtica dioica*).
VORKOMMEN Vorwiegend an Wald- und Wegrändern, auch an etwas schattigen Stellen, fast überall ziemlich häufig.
WISSENSWERTES Die Falter der Frühjahrsgeneration schlüpfen im April aus überwinterten Puppen. Die Eiablage erfolgt stets an ziemlich schattigen Stellen. Die Weibchen legen – als einzige Tagfalter – ihre Eier in kleinen Türmchen an die Blattunterseite, bis zu 10 Stück übereinander **(1b, 1c)**. Wenn wenig später die Raupen schlüpfen, bleiben diese kunstvollen Gebilde erhalten **(1d)**. Die Raupen bleiben bis zur letzten Häutung zusammen. Sie verwandeln sich in eine ziemlich kleine, metallisch glänzende Stürzpuppe **(1f)**. Die aus diesen Sommerpuppen schlüpfenden Falter sehen ihren Eltern überhaupt nicht ähnlich, sondern erinnern etwas an den Kleinen Eisvogel. Die aus ihren Eiern schlüpfenden Raupen verpuppen sich im Spätsommer. Diese Puppen überwintern und ergeben im kommenden Frühjahr wieder helle Falter der Frühjahrgeneration. Welche Form von Faltern aus den Puppen schlüpft, hängt jeweils von den Bedingungen ab, denen die Puppe ausgesetzt war, in besonderem Maße von Tageslänge und Temperatur. Waren beide gering, entwickeln sich helle, waren beide dagegen größer, dunkle Falter. Im Experiment lassen sich durch Variation der verschiedenen Faktoren zahlreiche Zwischenformen erzeugen, die auch in der Natur gelegentlich vorkommen.

Große Brennnessel > 424

1A

1B

1C

1E

1D

1F

1G

1 Trauermantel *Nymphalis antiopa* —Edelfalter Nymphalidae

Sp 55–75 mm
RL V §

JAN FEBR MÄRZ APRIL MAI JUNI JULI AUG SEPT OKT NOV DEZ

FALTER Einer der größten heimischen Tagfalter; Flügel oberseits dunkel braunviolett mit breitem, gelbem Saum und davor einer blauen Fleckenreihe **(1a)**; Unterseite ähnlich, doch ohne blaue Flecke.
RAUPE Länge bis 54 mm, schwarz mit sehr feiner, weißer Punktierung, weißlicher Behaarung und schwarzen Dornen, auf dem Rücken mit einer roten Fleckenreihe **(1b)**.
NAHRUNGSPFLANZEN Vorzugsweise an Hängebirke (*Betula pendula*), Salweide (*Salix caprea*) und anderen breitblättrigen Weidenarten.
VORKOMMEN Vorwiegend in lockeren, feuchten Laubwäldern (z. B. Auwäldern), doch auch in Obstgärten, an Alleen und in Steinbrüchen; in Mitteleuropa fast überall selten geworden, heute am häufigsten in feuchtkühlen Klimaregionen, z. B. im Bergland und in Nord- und Ostdeutschland.
WISSENSWERTES Die Falter besuchen nur selten Blüten, saugen aber gern an blutenden Baumstämmen, besonders an Birken. Im Herbst gehen sie auch an gärendes Fallobst. Lediglich im zeitigen Frühjahr besuchen sie regelmäßig blühende Weiden. Die Art tritt jährlich nur in einer Generation auf. Das Weibchen legt die Eier in Gelegen zu etwa 100–200 Stück spangenförmig, also in einem nicht geschlossenen Ring, an meist etwa 5 mm dicke Zweige der Nahrungspflanze. Die markant gezeichneten Raupen eines Geleges bleiben bis zur letzten Häutung zusammen. Dabei entlauben sie einen Zweig nach dem anderen und verraten sich hierdurch oft schon auf größere Entfernung. Nach der letzten Häutung bilden sie kleinere Gruppen und verteilen sich über mehrere Zweige. Zur Verpuppung verlassen sie ihren Futterbaum und legen oft eine größere Wegstrecke zurück, bis sie z. B. an einer Mauer oder unter einem vorspringenden Felsen einen geeigneten Verpuppungsplatz gefunden haben. Die auffallenden Raupenansammlungen sind ein beliebtes Ziel für Schlupfwespen und andere Parasiten. Daher sind oft die meisten von ihnen parasitiert. Die überlebenden Puppen häuten sich meist im Juli zu neuen Faltern, die den Sommer hindurch ihre schöne Färbung behalten **(1a)**. Während der Überwinterung bleicht die gelbe Randbinde stark aus, sodass die Falter im Frühjahr eine weiße Binde besitzen. Der Trauermantel zeigt auffallend starke Häufigkeitsschwankungen, die vermutlich durch jahrweise sehr starke und später wieder schwächere Parasitierung hervorgerufen werden.

Hängebirke > 334 | Salweide > 326

2 Großer Fuchs *Nymphalis polychloros* —Edelfalter Nymphalidae

Sp 50–55 mm
RL V §

JAN FEBR MÄRZ APRIL MAI JUNI JULI AUG SEPT OKT NOV DEZ

FALTER Ähnlich dem Kleinen Fuchs, doch deutlich größer und Grundfärbung weniger leuchtend; blaue Randflecke nur auf den Hinterflügeln, diese außerdem im Wurzelbereich nur mit schwarzem Fleck, nicht in ganzer Breite dunkel **(2a)**.
RAUPE Bis 45 mm lang, dunkelgrau mit rostroter Rücken- und Seitenbinde und ebenso gefärbten Dornen **(2b)**.
NAHRUNGSPFLANZEN Vorwiegend an Salweide (*Salix caprea*), daneben auch an Zitterpappel (*Populus tremula*) sowie an Apfelbaum (*Malus domestica*) und Birnbaum (*Pyrus communis*), gelegentlich an weiteren Laubbäumen.
VORKOMMEN Vorwiegend in lockeren Wäldern und an Waldrändern, auch auf verbuschten Trockenrasen und in Obstgärten; in Mitteleuropa mehr in den wärmeren Gebieten, doch fast überall seltener geworden; in den Südalpen und im Mittelmeergebiet dagegen noch regelmäßig anzutreffen.
WISSENSWERTES Der Falter besucht nur selten Blüten, sondern saugt lieber an ausfließenden Baumsäften. Im Frühjahr ist er dagegen regelmäßig an blühenden Weiden zu beobachten. Das Weibchen legt die Eier in gleicher Weise wie das des Trauermantels an die Rinde dünner Zweige. Die Raupen eines Geleges fressen gemeinschaftlich an den Zweigen, wechseln aber bereits, bevor diese ganz kahl gefressen sind, auf andere Zweige über. Die Überwinterung erfolgt als fertiger Falter. In Mitteleuropa entwickelt sich in der Regel nur eine Generation im Jahr. In Südeuropa fliegen alljährlich dagegen meist 2 Generationen.

Salweide > 326 | Zitterpappel > 328
Apfelbaum > 342 |Birnbaum > 342

1A

1B

2A

2B

1 | Eschen-Scheckenfalter, Maivogel

Euphydryas maturna — Edelfalter Nymphalidae

Sp 35–42 mm
RL 1 § FFH

JAN FEBR MÄRZ APRIL MAI JUNI JULI AUG SEPT OKT NOV DEZ

FALTER Flügelumriss beim Männchen **(1a)** deutlich schmäler als beim Weibchen. Oberseite mit schwarzbrauner Grundfärbung und ausgedehnter, in Binden angeordneter, orangefarbiger und hell gelblicher Fleckenzeichnung. Unterseite **(1b)** viel verwaschener gezeichnet.
RAUPE Bis 30 mm lang, schwarz mit ausgedehnter, leuchtend gelber Fleckenzeichnung **(1f)**.
NAHRUNGSPFLANZEN Die Jungraupe frisst ausschließlich an der Gewöhnlichen Esche (*Fraxinus excelsior*). Nach der Überwinterung trifft man sie dagegen auf verschiedenen Sträuchern wie Roter Heckenkirsche (*Lonicera xylosteum*), Salweide (*Salix caprea*) und Zitterpappel (*Populus tremula*), daneben auch an diversen krautigen Pflanzen.
VORKOMMEN In feuchten, lockeren Wäldern mit größeren Beständen junger Eschen, auch in offenem, mit Erlengebüschen durchsetztem Gelände. In den letzten Jahren in Mitteleuropa überall sehr stark zurückgegangen und vielerorts ganz verschwunden. In Deutschland offenbar nur noch auf der Schwäbischen Alb, im südlichen Steigerwald und bei Leipzig vorkommend.
WISSENSWERTES Der markante Falter führt eine recht unauffällige Lebensweise und ist daher auch an gut besetzten Flugorten meist nur ganz vereinzelt zu beobachten. Seine Häufigkeit unterliegt zudem von Jahr zu Jahr außerordentlich starken Schwankungen. Hat sich nach günstigen Jahren eine starke Population aufgebaut, bricht diese nach ein bis zwei Jahren durch Übervermehrung parasitischer Fliegen und Wespen wieder fast völlig in sich zusammen, um sich erst Jahre später wieder ganz allmählich zu erholen. Am ehesten begegnet man den Männchen. Sie setzen sich gern auf Waldwegen ab und saugen oft an feuchten Bodenstellen, besuchen aber kaum Blüten. Die Eiablage erfolgt ausschließlich an Eschen, vorzugsweise an Jungpflanzen in etwa 2 m Höhe. Dabei setzt das Weibchen offenbar seinen gesamten Vorrat auf einmal in einem etwa 1 cm großen, meist mehrschichtigen Eispiegel an der Unterseite einer Blattfieder ab **(1c)**. Der Ablageort wird dabei stets sehr sorgfältig ausgewählt und muss offenbar ganz bestimmten kleinklimatischen Anforderungen hinsichtlich Temperatur, Feuchtigkeit und Beschattung genügen. Hierdurch kann es – in Jahren mit hohen Falterdichten – durchaus vorkommen, dass mehrere Weibchen dasselbe Eschenblatt auswählen. Die Raupen bleiben nach dem Schlüpfen zusammen und überziehen zunächst die Blattfieder, später das gesamte Blatt mit einem gemeinschaftlich bewohnten Gespinst **(1d)**. Da sie nur bestimmte Teile des Blattes verzehren, entsteht mit der Zeit eine auffällige, aus vergilbten, gekräuselten Blattresten und Gespinst zusammengesetzte Behausung, durch die sich die Raupen schon auf größere Entfernung verraten **(1e)**. Der Nachweis dieser Art erfolgt daher viel leichter durch Suche nach diesen Gespinsten als nach den Faltern selbst. Meist beginnen die Raupen Ende Juli, ihre Behausung zu verlassen. Sie haben zu diesem Zeitpunkt eine Größe von einem knappen Zentimeter erreicht und lassen sich jetzt einfach zu Boden fallen. Hier suchen sie meist in kleinen Gruppen gemeinsam ein zusammengerolltes, trockenes Blatt, um sich darin zur Überwinterung zu verkriechen. Im nächsten Frühjahr zerstreuen sie sich und fressen jetzt einzeln an verschiedenen Sträuchern und krautigen Pflanzen. Die veränderte Nahrungswahl hängt aber offenbar nicht damit zusammen, dass ihnen jetzt andere Pflanzen schmecken, sondern ist wohl dadurch zu erklären, dass die Weibchen ausschließlich Eschen zur Eiablage auswählen (die Raupen aber würden auch bereits in ihrer Jugend andere Pflanzen als Nahrung akzeptieren). Die Raupe verpuppt sich im Mai. Die Puppe ist weiß gefärbt mit einem kontrastreich abgesetzten, schwarzen Zeichnungsmuster. Auf dem Hinterleib trägt sie kleine, gelbe Warzen **(1g)**. Die Art gehört zu den am stärksten gefährdeten heimischen Schmetterlingen. Sollten die Bestände weiterhin so rapide abnehmen wie bisher, dürfte sie in wenigen Jahren bei uns ausgestorben sein.
ÄHNLICHE ART In den Alpen (aber nur außerhalb von Deutschland) fliegt der sehr ähnliche **Heckenkirschen-Scheckenfalter** (*Euphydryas intermedia*). Er unterscheidet sich vom Maivogel als Männchen durch etwas breitere Flügel und eine deutlichere Zeichnung auf der Unterseite der Vorderflügel. Seine Raupe ähnelt ebenfalls sehr der des Maivogels und lebt vorwiegend an der Blauen Heckenkirsche (*Lonicera caerulea*). Die Art kommt z. B. in der Schweiz vor, wo der Maivogel vollständig fehlt. Sie fliegt sehr lokal in Höhen zwischen 1 700 und 2 200 m und kann an ihren Fundorten mitunter zahlreich auftreten.

Gewöhnliche Esche > 358
Rote Heckenkirsche > 360 | Salweide > 326
Zitterpappel > 328

1A
1B
1C
1D
1E
1F
1G

1 | Goldener Scheckenfalter *Euphydryas aurinia* —Edelfalter Nymphalidae

Sp 35–38 mm
RL 2 § FFH

FALTER Ähnlich dem Maivogel, doch orangefarbene Binde vor dem Rand der Hinterflügel mit dunklen Punkten und Flügelunterseite (auch die der Hinterflügel) noch verwaschener gezeichnet (**1a**, Kopula). Männchen mit breiteren Flügeln als beim Maivogel **(1b)**.
RAUPE Bis 30 mm lang, schwarz, am Rücken mit zahlreichen weißen Punkten, seitlich mit weißer, schwarz punktierter Längsbinde (**1e; 1c** Eier).
NAHRUNGSPFLANZEN In Feuchtgebieten vorzugsweise am Teufelsabbiss (*Succisa pratensis*), auf Trockenwiesen an Taubenskabiose (*Scabiosa columbaria*), gelegentlich auch an anderen Kardengewächsen und an Enzian-Arten, die Gebirgsform (s. u.) vorwiegend am Stängellosen Enzian (*Gentiana acaulis* bzw. *G. clusii*).
VORKOMMEN Vor allem auf Feuchtwiesen im Alpenvorland, weiter nördlich selten und fast überall verschwunden, daneben auch auf Trockenrasen, hier aber noch stärker rückläufig und vielerorts ganz verschwunden; die Gebirgsform (s. u.) aber in den Zentralalpen noch verbreitet.
WISSENSWERTES Die Eiablage erfolgt in dichten Eispiegeln an der Blattunterseite der Nahrungspflanze. Die Raupen schlüpfen im Hochsommer und leben gemeinsam in einem Gespinst, das zunächst ein Blatt, später mehrere benachbarte Blätter überzieht. Im August stellen sie meist ein neues Gespinst her, in das sie sich mit einer Größe von wenigen Millimetern zur Winterruhe zurückziehen. Im folgenden Frühjahr trennen sie sich und wachsen bis Ende April oder Anfang Mai zur endgültigen Größe heran. In den Hochlagen der Alpen fliegt die Art in einer besonderen Form, die sich durch geringere Größe und sehr blasse Färbung auffallend von der Tieflandform unterscheidet **(1d)**. Da diese Unterschiede aber offenbar nicht genetisch festgelegt sind, sondern anscheinend allein durch die verschiedenen Umweltbedingungen ausgelöst werden und in mittlerer Höhe auch Übergangsformen auftreten, macht es keinen Sinn, diese Form als eigene Unterart oder gar Art abzugliedern. Auch die Raupe der Gebirgsform unterscheidet sich durch ihre weniger ausgedehnte Weißfärbung ziemlich deutlich von der Tieflandform.

Teufelsabbiss > 420 | Taubenskabiose > 412
Stängelloser Enzian > 418

2 | Veilchenscheckenfalter *Euphydryas cynthia* —Edelfalter Nymphalidae

Sp 35–40 mm
RL R §

FALTER Männchen **(2a, linkes Tier)** durch die weiße Flügelfleckung mit keiner anderen Art zu verwechseln, Weibchen **(2a, rechtes Tier)** sehr ähnlich dem des Goldenen Scheckenfalters, im Gegensatz zu diesem aber auf der Unterseite der Hinterflügel ohne hellen Hof um die dunklen Punkte **(vergl. 1b)**.
RAUPE Bis 30 mm lang, schwarz mit schmalen gelben Ringen am Hinterrand der Segmente, außerdem mit kleinen, gelben Flecken **(2b)**.
NAHRUNGSPFLANZEN Die Raupe wurde an Alpen-Wegerich (*Plantago alpina*) und Gesporntem Veilchen (*Viola calcarata*) gefunden, ernährt sich vermutlich aber auch von anderen niedrigen Pflanzen; lässt sich bei der Zucht z. B. mit Spitzwegerich (*Plantago lanceolata*) füttern.
VORKOMMEN Nur in den Alpen in Höhen zwischen 1 500 und 3 000 m auf alpinen Matten, auf Schotterflächen oder in felsigem Gelände. Im Allgemeinen selten, doch gebietsweise in manchen Jahren ausgesprochen häufig.
WISSENSWERTES Die Falter sind bei warmem Wetter recht scheu. Bei kühlem und windigem, dennoch aber sonnigem Wetter sitzen sie gern mit geöffneten Flügeln auf Steinen (oder wie die abgebildeten Exemplare auf einem trockenen Kuhfladen), um sich aufzuwärmen, besonders in den Morgenstunden. Die Raupen leben zu Beginn ihrer Entwicklung gesellig in einem gemeinsamen Gespinst, zerstreuen sich aber später. Ihre Entwicklung ist offenbar zweijährig. Die schwarzweiß gescheckten Puppen (sie sind deutlich dunkler als die des Maivogels) sind oft an Steinen zu finden. Gebietsweise kommt es hin und wieder zur Massenvermehrung der Raupen, die aber meist durch starken Parasitenbefall noch vor dem Schlüpfen der Falter in sich zusammenbricht.

Alpen-Wegerich > 426 | Gesporntes Veilchen > 416

1A
1B
1C
1D
1E
2A
2B

1 | Gewöhnlicher Scheckenfalter *Melitaea cinxia* —Edelfalter Nymphalidae

Sp 33–40 mm
RL 3

FALTER Flügeloberseite gelbbraun bis orangebraun mit dunkler Gitterzeichnung, Hinterflügel vor dem Außenrand mit 4 schwarzen Punkten; diese Punkte auch auf der Unterseite, hier aber mit orangefarbenem Hof **(1a)**.
RAUPE Bis 25 mm lang, schwarz mit in Querreihen angeordneten, weißen Punkten, kurzen, schwarzen Dornen und rotem Kopf **(1b)**.
NAHRUNGSPFLANZEN Besonders an Spitzwegerich (*Plantago lanceolata*) und anderen Wegerich-Arten, daneben aber u. a. auch an Großem Ehrenpreis (*Veronica teucrium*), Kleinem Habichtskraut (*Hieracium pilosella*) und Gemeiner Flockenblume (*Centaurea jacea*).
VORKOMMEN Meist an offenen, trockenen Stellen, z. B. auf Trockenrasen, sonnigen Magerwiesen und Ödland sowie an Waldrändern; früher einer der häufigsten Scheckenfalter, doch in der letzten Zeit fast überall selten geworden, derzeit noch am häufigsten in einigen Mittelgebirgen und in den Alpen in klimatisch begünstigten Lagen.

WISSENSWERTES Die wärmeliebenden Falter sonnen sich gern an offenen Bodenstellen. Das Weibchen legt die Eier in mehrschichtigen Haufen an die Blattunterseite der Nahrungspflanze. Die Jungraupen leben gesellig in einem gemeinsamen Gespinst und überwintern darin halbwüchsig. Sie erreichen oft bereits kurz nach der Überwinterung das letzte Stadium und leben jetzt einzeln. Die Verpuppung erfolgt oft schon im April, meist aber im Mai in Bodennähe in einem lockeren Gespinst. Die graue Stürzpuppe trägt zahlreiche helle Rückenhöcker. In Mitteleuropa fliegt fast überall nur eine Faltergeneration im Jahr. In den Südalpen und im Mittelmeerraum werden dagegen jährlich meist 2 Generationen ausgebildet.

Spitzwegerich > 426 | Großer Ehrenpreis > 420
Kleines Habichtskraut > 396 | Gemeine Flockenblume > 414

2 | Roter Scheckenfalter *Melitaea didyma* —Edelfalter Nymphalidae

Sp 30–40 mm
RL 2

FALTER Beide Geschlechter deutlich verschieden gefärbt; Männchen **(2b)** oberseits leuchtend rotorange mit aus schwarzen Würfelflecken zusammengesetzten Querbinden; Weibchen **(2c)** in der Färbung ziemlich variabel, meist Vorder- und Hinterflügel mit deutlich verschiedener Grundfärbung, am häufigsten Vorderflügel graubraun bestäubt und Hinterflügel orangebraun; Unterseite der Hinterflügel bei beiden Geschlechtern cremeweiß mit 2 kontrastreich abgesetzten, orangefarbenen Querbinden und schwarzen Punkten und Strichen **(2a)**.
RAUPE Bis 28 mm lang, weiß mit feinen, dunklen Linien, am Rücken mit 2 Reihen orangefarbener Flecke, auf denen jeweils ein ebenso gefärbter, weißspitziger Dorn fußt, die übrigen Dorne weiß **(2d)**.
NAHRUNGSPFLANZEN An Mehliger Königskerze (*Verbascum lychnitis*), Gemeinem Leinkraut (*Linaria vulgaris*), Spitzwegerich (*Plantago lanceolata*), Aufrechtem Ziest (*Stachys recta*), Großem Ehrenpreis (*Veronica teucrium*) und anderen Kräutern.
VORKOMMEN An ausgesprochen warmen und trockenen, offenen Stellen, etwa auf nach Süden geneigten Felssteppen und steinigen Trockenrasen; im süddeutschen Bergland gebietsweise nicht selten, aber stellenweise stark zurückgegangen oder sogar ganz verschwunden (wie etwa in der Oberrheinischen Tiefebene), weiter nördlich sehr vereinzelt, in Südeuropa dagegen fast überall häufig.
WISSENSWERTES Dieser auffallend schöne Scheckenfalter fliegt in Mitteleuropa jährlich in einer Generation, nur ganz vereinzelt treten Falter einer unvollständigen zweiten Generation auf. In Südeuropa dürften 2–3 Generationen im Jahr die Regel sein. Das Weibchen legt die Eier meist in kleineren Gruppen an die Blattunterseite der Nahrungspflanze. Bereits die Jungraupen leben in der Regel einzeln. Sie überwintern mit etwa 10 mm Länge und wählen als Winterquartier gern leere Fruchtkapseln verschiedener Kräuter, z. B. solche von Schlüsselblumen. Die Verpuppung erfolgt meist im Juni an dürren Pflanzenstängeln. Die Stürzpuppe besitzt ein ähnlich buntes Zeichnungsmuster wie die Raupe.

Mehlige Königskerze > 370
Gemeines Leinkraut > 390 | Spitzwegerich > 426
Aufrechter Ziest > 384 | Großer Ehrenpreis > 420

1A

1B

2A

2B

2C

2D

1 Flockenblumen-Scheckenfalter *Melitaea phoebe* — Edelfalter Nymphalidae

Sp 32–42 mm
RL 2

FALTER Grundton der Flügeloberseite zweifarbig, teilweise orangebraun, teilweise hell gelblich, Hinterflügel vor dem Rand ohne dunkle Punkte, übriges Zeichnungsmuster ähnlich wie bei anderen Scheckenfaltern **(1a)**.
RAUPE Länge bis 30 mm, schwarzgrau mit zahlreichen weißen Punkten, rötlicher Seitenbinde und orangefarbenen bis braunen Dornen **(1b)**.
NAHRUNGSPFLANZEN An Gemeiner Flockenblume (*Centaurea jacea*), Tauben-Skabiose (*Scabiosa columbaria*), Gemeiner Kratzdistel (*Cirsium vulgare*) und einigen weiteren Distelarten.
VORKOMMEN An warmen, trockenen Stellen, insbesondere auf höherwüchsigen Magerrasen; in Mitteleuropa vor allem an wärmebegünstigten Orten im Bergland, fast überall in der letzten Zeit aber stark zurückgegangen.
WISSENSWERTES Die Jungraupen leben gesellig in Gespinsten an der Nahrungspflanze und überwintern halbwüchsig. Die Falter erscheinen jährlich in 1 oder 2 Generationen.

Gemeine Flockenblume > 414
Tauben-Skabiose > 412 | Gemeine Kratzdistel > 414

2 Baldrian-Scheckenfalter *Melitaea diamina* — Edelfalter Nymphalidae

Sp um 33 mm
RL 3

FALTER Flügeloberseite stark verdunkelt, besonders die Hinterflügel **(2a)**; Unterseite der Hinterflügel vor den weißlichen Randmonden mit einer Reihe orangefarbiger Zellen, die zumindest teilweise einen zur Hälfte gelb, zur Hälfte schwarz gefärbten Fleck enthalten **(2c)**.
RAUPE Bis 25 mm lang, dunkelgrau mit weißgrauen Punkten und ebenso gefärbter Seitenlinie, Dornen gelborange mit weißer Spitze **(2b)**.
NAHRUNGSPFLANZEN Am Kleinen Baldrian (*Valeriana dioica*) und anderen Baldrianarten.
VORKOMMEN Meist an feuchten, besonnten Orten, vor allem auf Streuwiesen am Rand von Mooren, doch auch z. B. in etwas feuchten, lockeren Wäldern, gelegentlich sogar auf Trockenrasen; in Mitteleuropa weit verbreitet, doch nur stellenweise häufiger, in Norddeutschland selten.
WISSENSWERTES Die Eier werden in kleinen Gruppen an der Blattunterseite der Nahrungspflanze abgelegt. Die Jungraupen leben gesellig in einem gemeinsamen Gespinst und überwintern unter dürren Blättern. Die Art fliegt bei uns jährlich in einer Generation.

Kleiner Baldrian > 412

3 Wachtelweizen-Scheckenfalter *Melitaea athalia* — Edelfalter Nymphalidae

Sp 25–38 mm
RL 3

FALTER Flügeloberseite sehr variabel gefärbt und gezeichnet, manchmal fast so hell wie der Wegerich-Scheckenfalter, oft fast ebenso dunkel wie der Baldrian-Scheckenfalter **(3c)**; Unterseite der Hinterflügel vor dem weißlichen Saum mit einer Reihe von Zellen, die jeweils einen orangefarbigen, rundlichen bis halbmondförmigen Fleck einschließen **(3b)**.
RAUPE Bis 25 mm lang, sehr ähnlich der des Baldrian-Scheckenfalters, der weißgraue Seitenstreifen aber etwas schmäler **(3a)**.
NAHRUNGSPFLANZEN Vorzugsweise an Wiesenwachtelweizen (*Melampyrum pratense*) und Spitzwegerich (*Plantago lanceolata*), außerdem z. B. an Großem Ehrenpreis (*Veronica teucrium*) und weiteren Kräutern, nicht an Baldrianarten.
VORKOMMEN Vorwiegend auf feuchten und trockenen Wiesen und Waldlichtungen; früher fast überall häufig, doch inzwischen gebietsweise schon recht selten.
WISSENSWERTES Die Jungraupen leben gesellig, überwintern unter dürren Blättern und zerstreuen sich im Frühjahr. Die Falter fliegen jährlich meist nur in einer Generation.

Wiesenwachtelweizen > 390 | Spitzwegerich > 426
Großer Ehrenpreis > 420

1A

1B

2A

2B

2C

3A

3B

3C

1 | **Großer Eisvogel** *Limenitis populi* — Edelfalter Nymphalidae | Sp 65–80 mm RL 2 §

JAN FEBR MÄRZ APRIL MAI JUNI JULI AUG SEPT OKT NOV DEZ

FALTER Flügel beim Männchen oberseits schwarzbraun mit meist nur angedeuteter weißer Fleckenzeichnung; die hellen Flecke größtenteils durch bläulich schimmernde Schuppen „vernebelt" **(1b)**. Weibchen dagegen mit kontrastreich abgesetzter, weißer Fleckenzeichnung **(1a)**. Flügelunterseite ziegelrot mit graublauen, weißen und schwarzen Zeichnungen **(1d)**.

RAUPE Bis 50 mm lang, grün oder oliv, mit unterschiedlich ausgedehnter, dunkler Fleckung und weißer Rückenzeichnung **(1f)**. Hinter dem Kopf mit zwei fingerförmigen, dicht bedornten, dunkelbraunen Zapfen **(1g)**, ansonsten unbedornt.

NAHRUNGSPFLANZEN Vorwiegend an der Zitterpappel (*Populus tremula*), gelegentlich an anderen Pappelarten.

VORKOMMEN Besonders in feuchten, etwas wärmebegünstigten, lichten Laubwäldern mit reichen Beständen der Zitterpappel. In Mitteleuropa fast überall stark zurückgegangen und aus weiten Bereichen schon ganz verschwunden. Am häufigsten zur Zeit noch in Gegenden mit „altertümlicher" Waldbewirtschaftung wie beispielsweise in den Mittelwaldregionen des südlichen Steigerwaldes.

WISSENSWERTES Der attraktive Falter ist an seinen Flugstellen nur selten zu beobachten, da sich sein Leben weitgehend im Kronenbereich der Bäume abspielt. Nur vormittags kommen insbesondere die Männchen zu Waldwegen herunter, um dort an feuchten Stellen zu saugen. Die Eiablage erfolgt fast nur an Zweigen, die über die Baumsilhouette hinausragen, und nur in halbschattiger, feuchtkühler Lage. Die Jungraupe baut wie die des Kleinen Eisvogels (>188) zur Überwinterung aus einem Blattstück ein Hibernarium. Sie stellt dieses aber aus einem ganz abgebissenen Blattstück her und spinnt es in Längsrichtung an einem Zweig fest (**1e**, hier zum Winterende schon teilweise vom Zweig abgelöst). Die ausgewachsene Raupe ruht meist in S-förmig gekrümmter Körperhaltung **(1f)**. Die Verpuppung erfolgt normalerweise auf der Oberseite eines etwas eingerollten Blattes. Die hellbraune Puppe trägt auf dem Rücken einen knopfförmigen, roten Fortsatz **(1c)**.

Zitterpappel > 328

1

1B

1C

1D

1E

1F

1G

1 | **Kleiner Eisvogel** *Limenitis camilla* —Edelfalter Nymphalidae

Sp 45–52 mm
V §

FALTER Flügel oberseits schwarzbraun mit weißer Fleckenbinde **(1d)**, unterseits rot und weiß gezeichnet, mit zwei Reihen dunkler Punkte **(1a)**.
RAUPE Bis 27 mm lang, grün mit brauner Kopfkapsel, braunen Rückendornen und weißlicher Seitenlinie **(1f)**.
NAHRUNGSPFLANZEN Vorzugsweise an feucht und schattig stehenden Sträuchern der Roten Heckenkirsche (*Lonicera xylosteum*), gelegentlich an anderen *Lonicera*-Arten oder an der Schneebeere (*Symphoricarpos rivularis*).
VORKOMMEN In feuchten Wäldern verbreitet, aber nirgends häufig, vor allem in Auwäldern und im Bergland.
WISSENSWERTES Im Gegensatz zum Großen Eisvogel besuchen die Falter auch Blüten (z. B. Brombeere und Disteln). Viel häufiger sieht man ihn aber an feuchten Wegstellen, an Tierkot oder an den zuckerhaltigen Ausscheidungen der Blattläuse saugen. Das Weibchen legt die grünen, mit zahlreichen Borsten verzierten Eier einzeln auf den Blättern der Nahrungspflanze ab. Die Raupe frisst zunächst an der Blattspitze, lässt dabei aber die Mittelrippe stehen. Sie ruht in den Fresspausen auf der Rippe und verlängert sie noch durch angesponnene Kotkrumen zur „Kotrippe" **(1e)**. Gegen Ende des Sommers baut sie aus der Basis des zuletzt befressenen Blattes ein tütenförmiges „Hibernarium", in dem die Überwinterung stattfindet. Durch diesen knapp 1 cm großen, frei am ansonsten unbelaubten Strauch befestigten Unterschlupf ist sie während des Winters ziemlich leicht zu entdecken **(1b)**. Während der Winterruhe geht ihre Körperlänge durch Wasserverlust von zunächst gut 5 mm auf etwa 3 mm zurück. Im Frühjahr nagt sie zunächst an den austreibenden Knospen und wächst nach Entfaltung der Blätter dann schnell heran. Sie verpuppt sich meist Ende Mai an der Unterseite eines Blattes. Die grüne Puppe ist mit paarigen, ohrförmigen Fortsätzen und metallisch glänzenden Flecken verziert **(1c)**.

Rote Heckenkirsche > 360 |Schneebeere > 360

2 | **Blauschwarzer Eisvogel** *Limenitis reducta* —Edelfalter Nymphalidae

Sp 45–50 mm
RL 1 §

FALTER Ähnlich dem Kleinen Eisvogel, doch beide Geschlechter mit mehr oder weniger deutlichem Blauschimmer auf der Flügeloberseite. Im Basalteil der Vorderflügel nahe dem Vorderrand ein zusätzlicher weißer Fleck, der dem Kleinen Eisvogel fehlt **(2a)**. In der roten Außenbinde auf der Unterseite der Hinterflügel nur eine dunkle Punktreihe.
RAUPE Bis 27 mm lang, mehr bräunlich als die des Kleinen Eisvogels **(2b)**.
NAHRUNGSPFLANZEN Bei uns nur an der Roten Heckenkirsche (*Lonicera xylosteum*), im Mittelmeergebiet auch an anderen Heckenkirschen-Arten.
VORKOMMEN An sonnigen, warmen Waldrändern und auf verbuschten Trockenrasen; vom Mittelmeergebiet bis in die Südalpen weit verbreitet und gebietsweise recht häufig, in Deutschland nur noch Schwäbische Alb.
WISSENSWERTES Während die Art nördlich der Alpen immer nur eine Generation im Jahr hervorbringt, erscheint sie im Mittelmeergebiet offenbar regelmäßig in zwei Generationen. Daher kann man sie dort bis in den September hinein antreffen. Die Entwicklung verläuft in unseren Breiten etwa in gleicher Weise wie beim Kleinen Eisvogel. Die Jungraupe ist kaum von der der anderen Art zu unterscheiden. Sie erzeugt das gleiche Fraßbild wie diese, und auch das zur Überwinterung hergestellte Hibernarium besitzt die gleiche Form. Man kann aber bereits die Jungraupen beider Arten leicht am Fundort unterscheiden: Während die *camilla*-Raupe ausschließlich an kühl-schattigen Stellen zu finden ist, lebt die *reducta*-Raupe stets auf besonnten Sträuchern in wärmebegünstigter Lage. Zwar können (wie dies stellenweise auf der Schwäbischen Alb der Fall ist) die Falter beider Arten in den gleichen Gebieten fliegen, doch sind die Entwicklungsorte der Raupen immer klar voneinander getrennt.

Rote Heckenkirsche > 360

1A

1B

1C

1D

1E

1F

2B

2A

1 | **Großer Schillerfalter** *Apatura iris* —Edelfalter Nymphalidae

Sp 55–65 mm
RL V §

JAN	FEBR	MÄRZ	APRIL	MAI	JUNI	JULI	AUG	SEPT	OKT	NOV	DEZ

FALTER Flügeloberseite schwarzbraun mit weißer Fleckenbinde, auf den Hinterflügeln ein gelbrot umrandeter Augenfleck. Männchen **(1a)** mit deutlichem, je nach Lichteinfall unterschiedlich verteiltem Blauschiller, der dem Weibchen **(1e)** fehlt. Unterseite bei beiden Geschlechtern rötlich, mit kontrastreich abgesetzter, schwarzer und weißer Zeichnung **(1b)**.
RAUPE Bis 42 mm lang, leuchtend grün, durch zwei lange Kopfhörner an eine Nacktschnecke erinnernd. Auf der Oberseite mit einem Paar winklig angeordneter, gelblich weißer Schrägstreifen **(1g)**.
NAHRUNGSPFLANZEN Ausschließlich an breitblättrigen Weidenarten, meist an der Salweide (*Salix caprea*), seltener an anderen *Salix*-Arten.
VORKOMMEN An schattigen, etwas feuchten Waldwegen, vor allem in Auwäldern und im Bergland. Im südlichen und mittleren Deutschland im Allgemeinen nicht selten, im norddeutschen Flachland nur vereinzelt.
WISSENSWERTES Die Falter, besonders die Weibchen, halten sich vorzugsweise im Kronenbereich der Bäume auf und sind daher trotz ihres stellenweise häufigen Vorkommens nicht oft zu beobachten. Sie besuchen keine Blüten, sondern saugen u. a. an tierischen Exkrementen und Tierleichen sowie an feuchten Bodenstellen. Man kann sie aber an ihren Flugplätzen oft durch Auslegen von stark riechendem Käse anlocken. Das Weibchen legt die grünen Eier einzeln auf Blättern der Nahrungspflanze ab, meist oberseits. Die Jungraupe trägt ab dem 2. Stadium die kennzeichnenden Kopfhörner. Sie nagt anfangs kurz vor der Blattspitze jederseits eine Querfurche und ruht in den Fraßpausen auf dem abgetrennten, annähernd rautenförmigen Blattstück **(1d)**. Sie überwintert, jetzt matt olivgrün oder bräunlich verfärbt, auf einem kleinen Gespinstpolster frei am Zweig der Nahrungspflanze, meist in einer Zweiggabel oder (seltener) an einer Knospe **(1f)**. Im Frühjahr nimmt sie nach erneuter Nahrungsaufnahme bald wieder eine leuchtend grüne Färbung an und wächst schnell zur endgültigen Größe heran **(1g)**. Sie verpuppt sich meist an der Unterseite eines Weidenblattes. Die seitlich abgeflachte Puppe ist durch ihre blattähnliche Gestalt und die hellgrüne Färbung sehr schwer zu entdecken **(1c)**.

Salweide >326

1

1B

1C

1D

1E

1F

1G

1 Kleiner Schillerfalter *Apatura ilia*
—Edelfalter Nymphalidae

Sp 50–60 mm
RL V §

FALTER Sehr ähnlich dem Großen Schillerfalter, doch auch auf der Oberseite des Vorderflügels mit deutlich sichtbarem, dunklem Augenfleck (dieser bei A. iris hier nur angedeutet). Flügelunterseite viel verwaschener gezeichnet. Neben der normalen, schwarzbraun und weiß gezeichneten Form kommt an den gleichen Fundorten oft eine braun und gelblich gezeichnete Form vor **(1a)**, deren Männchen im Flug rötlich violett erscheinen. Diese auffallend schönen Tiere werden daher auch als „Rotschiller" bezeichnet.

RAUPE Bis 40 mm lang, sehr ähnlich der des Großen Schillerfalters. Kopfhörner am Ende etwas tiefer eingekerbt und dadurch stärker zweispitzig. Außerdem trägt sie auf der Kopfvorderseite oft (aber nicht immer!) zwei dunkle Längsstreifen, die bei der anderen Art stets fehlen **(1b, 1c)**.

NAHRUNGSPFLANZEN Die Raupe entwickelt sich fast immer an der Zitterpappel (*Populus tremula*), nur gelegentlich an anderen Pappel-Arten oder an der Salweide (*Salix caprea*).

VORKOMMEN An ähnlichen Orten wie der Große Schillerfalter und daher oft mit diesem gemeinsam auftretend. Insgesamt aber seltener und stärker wärmebedürftig. Fehlt fast überall in Norddeutschland, kommt dafür aber im Mittelmeergebiet vor, wo die andere Art weitgehend fehlt.

WISSENSWERTES Das zahlenmäßige Verhältnis normal gefärbter Tiere zu Exemplaren der Rotschiller-Form ist je nach Fundort recht verschieden. Es scheint aber, dass an wärmeren Stellen der Rotschiller, an kälteren die Normalform häufiger auftritt. Die Jungraupe erzeugt nicht das typische Fraßbild der iris-Raupe, wechselt oft ihren Sitzplatz und ist daher viel schwerer zu entdecken. Sie ist im Winter braun gefärbt und ruht stets in nächster Nähe einer Zweigspitze an einer Knospe. Die Verpuppung erfolgt ebenfalls vorzugsweise an einem Blatt der Nahrungspflanze.

Zitterpappel > 328 | Salweide > 326

2 Erdbeerbaumfalter *Charaxes jasius*
—Edelfalter Nymphalidae

Sp 75–85 mm

FALTER Mit bis 85 mm Flügelspannweite einer der größten Tagfalter Europas! Hinterflügel mit 2 Paar Schwanzfortsätzen. Flügel oberseits schwarzbraun, Vorderflügel mit orangefarbiger, Hinterflügel mit gelber Außenrandbinde **(2c)**. Flügelunterseite außerordentlich bunt gezeichnet **(2b)**.

RAUPE Bis 60 mm lang, grün mit feinen gelben Punkten und mit 3 blauen, augenförmigen Rückenflecken (die abgebildete halbwüchsige Raupe besitzt erst einen derartigen Fleck). Kopfkapsel mit 4 nach oben gerichteten, braunen Hörnern **(2a)**.

NAHRUNGSPFLANZEN Im Hauptverbreitungsgebiet nur am Westlichen Erdbeerbaum (*Arbutus unedo*), im östlichen Mittelmeerraum vermutlich auch am Östlichen Erdbeerbaum (*Arbutus andrachne*).

VORKOMMEN Vor allem in locker bewaldetem und gebüschbewachsenem Gelände, auch im Siedlungsbereich. Fehlt in Mitteleuropa. Im westlichen Mittelmeergebiet vor allem entlang der Küsten weit verbreitet und gebietsweise häufig, im Hinterland und im östlichen Mittelmeergebiet ziemlich selten.

WISSENSWERTES Die schon durch ihre Größe unverwechselbare Art fliegt alljährlich in zwei Generationen. Die Falter saugen gern an überreifen, etwas vergorenen Früchten, etwa an geplatzten, noch am Baum hängenden oder bereits herabgefallenen Feigen. Die gelb gefärbten, glatten Eier sind mit etwa 2 mm Durchmesser recht groß. Sie werden vom Weibchen einzeln an den Blättern der Nahrungspflanze abgelegt und sind dort verhältnismäßig leicht zu entdecken. Die Raupe ruht in Fresspausen frei auf der Oberseite eines Blattes auf einem feinen Gespinstpolster. Sie frisst zunächst an diesem Blatt, sucht später aber vorzugsweise andere Blätter zum Fressen auf, um in den Pausen immer wieder zur Sitzwarte zurückzukehren. Im Verlauf ihrer Entwicklung wechselt sie mehrfach auf neue Sitzwarten über. Die Verpuppung erfolgt meist an der Nahrungspflanze. Während sich die sommerliche Raupengeneration recht zügig zur zweiten Faltergeneration entwickelt, gehen die aus den Eiern der 2. Generation geschlüpften Raupen auf ihrer Sitzwarte in die Winterruhe.

Westlicher Erdbeerbaum > 356

1A

1B

1C

2A

2B

2C

1 Schachbrettfalter *Melanargia galathea* —Edelfalter Nymphalidae

Sp 37–52 mm

JAN FEBR MÄRZ APRIL MAI JUNI JULI AUG SEPT OKT NOV DEZ

FALTER Oberseite schachbrettartig schwarz-weiß gemustert **(1a)**; Unterseite mit ähnlichem, doch viel kontrastärmerem Muster, auf dem Hinterflügel eine Reihe kleiner Augenflecke **(1c)**.

RAUPE Bis 28 mm lang, grün oder gelbbraun bis graubraun mit hellbraunem Kopf und feiner, dunkler Rückenlinie sowie einem hellen und dunklen Seitenstreifen; Hinterende in zwei Zipfel verlängert, die oben rötlich gestreift sind **(1b)**.

NAHRUNGSPFLANZEN Wie alle Augenfalter ausschließlich an grasartigen Pflanzen, u. a. an Fiederzwenke (*Brachypodium pinnatum*), Aufrechter Trespe (*Bromus erectus*) und Wiesenrispengras (*Poa pratensis*).

VORKOMMEN Auf Wiesen und Waldlichtungen und vielen anderen mit Gräsern bewachsenen, nicht zu feuchten Standorten; in Mitteleuropa fast überall ziemlich häufig, gebietsweise (z. B. in Norddeutschland) sogar mit deutlichen Ausbreitungstendenzen, in einigen Gegenden aber auch im Rückgang begriffen.

WISSENSWERTES Der Schachbrettfalter gehört wie die auf den nächsten Seiten vorgestellten Arten zu den Augenfaltern, die früher als eigene Familie betrachtet wurden, in neuerer Zeit aber als Unterfamilie zu den Edelfaltern gestellt werden. Die nach hinten deutlich verschmälerten und am Hinterende in zwei Zipfel auslaufenden Raupen aller Arten ernähren sich ausschließlich von grasartigen Pflanzen. Die Männchen des Schachbrettfalters warten nicht, wie die meisten übrigen Tagfalter-Männchen, von Sitzwarten aus auf vorbeifliegende Partnerinnen, sondern suchen gezielt im Gras nach frisch geschlüpften Weibchen, um sich mit diesen zu paaren. Das Weibchen lässt bei der Eiablage die Eier einfach zu Boden fallen. Die Raupen schlüpfen im Spätsommer und begeben sich ohne Nahrungsaufnahme in ein Versteck zur Winterruhe. Erst nach der Überwinterung beginnen sie zu fressen. Die Verpuppung erfolgt in einem lockeren Gespinst. Die weißliche oder gelbliche Puppe liegt darin frei am Boden. Die Falter fliegen jährlich in einer Generation.

Fiederzwenke > 432 | Aufrechte Trespe > 430
Wiesen-Rispengras >430

2 Waldbrettspiel *Pararge aegeria* —Edelfalter Nymphalidae

Sp 32–42 mm

JAN FEBR MÄRZ APRIL MAI JUNI JULI AUG SEPT OKT NOV DEZ

FALTER Flügel oberseits dunkelbraun mit hell gelblicher Fleckung, Vorderflügel mit einem, Hinterflügel mit 3–4 weiß gekernten Augenflecken **(2c)**; Unterseite der Hinterflügel am Rand violett **(2a)**.

RAUPE Bis 27 mm lang, ziemlich schlank, hellgrün mit grünem Kopf, dunklem, hell eingefasstem Rückenstreifen und ziemlich kurzer Behaarung **(2b)**.

NAHRUNGSPFLANZEN An verschiedenen Süßgräsern wie Fiederzwenke (*Brachypodium pinnatum*), Pfeifengras (*Molinia caerulea*) und Landreitgras (*Calamagrostis epigeios*), daneben auch an Sauergräsern wie der Waldsegge (*Carex sylvatica*).

VORKOMMEN Vorzugsweise in lockeren Wäldern, an Waldrändern sowie Obstgärten; in den meisten Gegenden ziemlich häufig.

WISSENSWERTES In Mitteleuropa kommt das Waldbrettspiel mit der Unterart *P. aegeria tircis* vor. In Südeuropa fliegt die Unterart *P. aegeria aegeria*, die statt der blassgelben eine kräftig gelborange Flügelfleckung besitzt. Ihr Verbreitungsgebiet reicht nach Norden bis in die Südschweiz, wo stellenweise auch Übergangsformen auftreten. Die Männchen dieser Art zeigen ein auffälliges Revierverhalten. Sie besetzen Sitzwarten auf Blättern, beobachten von dort aus die Umgebung und liefern sich mit vorbeikommenden Konkurrenten kurze „Luftkämpfe", um anschließend wieder zum Sitzplatz zurückzukehren. Die Falter sind nur selten beim Blütenbesuch zu beobachten. Häufiger saugen sie an ausfließenden Baumsäften und an feuchten Bodenstellen, gelegentlich auch an überreifem Obst. Das Weibchen legt die Eier einzeln an Grasblätter. Die Jungraupe ist tagaktiv, die ausgewachsene Raupe dagegen frisst nur nachts. Die Verpuppung erfolgt meist dicht über dem Boden. Die grüne Stürzpuppe überwintert, manchmal auch die Raupe.

Fiederzwenke > 432 | Pfeifengras > 434
Landreitgras > 432 | Waldsegge > 434

1A

1B

1C

2A

2B

2C

1 | **Mauerfuchs** *Lasiommata megera* —Edelfalter Nymphalidae

Sp 35–45 mm

FALTER Flügeloberseite orangebraun mit dunkelbraunen Zackenbinden, Vorderflügel mit einem, Hinterflügel mit 4 Augenflecken; Männchen **(1a)** mit schräg über den Vorderflügel laufendem, breitem Duftschuppenstreifen, der dem Weibchen **(1c)** fehlt; Unterseite des Hinterflügels grau marmoriert, vor dem Außenrand mit 7 gelb und schwarz umringten Augenflecken **(1b)**.
RAUPE Bis 25 mm lang, grün mit deutlichem, weißem Seitenstreifen.
NAHRUNGSPFLANZEN An Gräsern wie Schafschwingel (*Festuca ovina*), Fiederzwenke (*Brachypodium pinnatum*), Aufrechter Trespe (*Bromus erectus*) und Gemeinem Knäuelgras (*Dactylis glomerata*).
VORKOMMEN An warmen, offenen Stellen, vor allem auf sandigem, felsigem oder steinigem Untergrund, etwa in Sandgruben, auf Felssteppen und auf lückigen Trockenrasen; in Europa vom südlichen Skandinavien bis ins Mittelmeergebiet verbreitet, doch gebietsweise stark zurückgegangen, am häufigsten im Tiefland und in den unteren Lagen der Mittelgebirge.
WISSENSWERTES Die Falter fliegen jährlich in 2–3 Generationen. Sie setzen sich gern mit geschlossenen Flügeln an Felsen oder Erdabbrüche und sind dort durch die Zeichnung ihrer Unterseite hervorragend getarnt. Die Falter bevorzugen Blüten mit roter oder violetter Färbung. Das Weibchen heftet die Eier einzeln an meist bereits vertrocknete Grasblätter und Halme im Regenschatten von Steinen, Felsen, Mauern und ähnlichen Strukturen. Die auf dem Gras hervorragend getarnten Raupen fressen zunächst tagsüber, im letzten Stadium vorwiegend nachts. Die Verpuppung erfolgt meist in Bodennähe an Felsen oder trockenen Pflanzenstängeln. Die ziemlich schlanke Puppe ist hellgrün oder braun mit zwei Reihen weißlich gefärbter Rückenhöcker. Die Überwinterung erfolgt als halbwüchsige Raupe. Die auf dieser Seite vorgestellten Arten und das mit ihnen verwandte Waldbrettspiel besitzen nur 4 Raupenstadien, während die meisten übrigen Schmetterlingsraupen 5 Raupenstadien durchlaufen.

Schafschwingel > 430 | Fiederzwenke > 432
Aufrechte Trespe > 430 | Gemeines Knäuelgras > 430

2 | **Braunauge** *Lasiommata maera* —Edelfalter Nymphalidae

Sp 37–50 mm
RL V

FALTER Größer als der Mauerfuchs, Vorderflügel oberseits mehr rotorange und meist mit doppelt weiß gekerntem Auge, Hinterflügel bis auf die Umgebung der Augenflecke dunkelbraun **(2b)**; Unterseite der Hinterflügel wie beim Mauerfuchs **(2a)**.
RAUPE Bis 28 mm lang, grün mit dunklem, hell gesäumtem Rückenstreifen und jederseits 2 weiteren hellen Längsstreifen **(2c)**.
NAHRUNGSPFLANZEN An Schafschwingel (*Festuca ovina*), Landreitgras (*Calamagrostis epigeios*), Wolligem Honiggras (*Holcus lanatus*) und einigen weiteren Süßgräsern.
VORKOMMEN Vorwiegend auf mageren Wiesen mit Felsen und offenen Bodenstellen sowie in lichten Wäldern; in den Mittelgebirgen und Alpen weit verbreitet und stellenweise häufig, im Tiefland deutlich seltener.
WISSENSWERTES Die Falter fliegen in den meisten Gegenden in zwei Generationen im Jahr. Das Weibchen heftet die Eier meist einzeln an bereits vertrocknete Gräser. Die zweite Raupengeneration überwintert meist im vorletzten Stadium. Die Verpuppung findet vorzugsweise unter überhängenden Felsen statt. Die hellgrün oder olivgrün bis fast schwarz gefärbte Puppe ist ziemlich schlank und trägt vorn auf dem Rücken einen Kamm, dahinter 8 weiße Punkte.
ÄHNLICHE ART Das sehr ähnliche **Braunscheckauge** (*Lasiommata petropolitana*) ist deutlich kleiner (Flügelspannweite um 35 mm), und über den braun gefärbten Teil des Hinterflügels läuft ein noch dunkler braun gefärbter Querstreifen (der dem Braunauge fehlt). Die Art fliegt bei uns nur in den Alpen und im unmittelbar angrenzenden Vorland an steinigen oder felsigen Hängen. Sie ist überall deutlich seltener als das Braunauge.

Schafschwingel > 430 | Landreitgras > 432
Wolliges Honiggras > 432

1A

1B

1C

2A

2B

2C

1 | Gewöhnliches Wiesenvögelchen

Coenonympha pamphilus—Edelfalter Nymphalidae

Sp 23–33 mm
§

FALTER Oberseite bräunlich ockerfarben mit unscharf begrenztem, grauem Rand und einem ziemlich undeutlichen, dunklen Punkt vor der Spitze des Vorderflügels; Vorderflügel unterseits ähnlich, doch etwas leuchtender gefärbt und mit weiß gekerntem, schwarzem Augenfleck, Hinterflügel graubraun mit meist nur angedeuteter, heller Querbinde **(1a)**.
RAUPE Bis 18 mm lang, hellgrün mit dunkler, hell gesäumter Rückenlinie, deutlich abgesetzter, weißer Seitenlinie unter den Stigmen und rosa gefärbten Zipfeln am Hinterende **(1b, 1c)**.
NAHRUNGSPFLANZEN An Wiesenrispengras (*Poa pratensis*), Schafschwingel (*Festuca ovina*) und einigen weiteren Süßgräsern.
VORKOMMEN In offenem, grasigem Gelände, etwa auf Trockenrasen und Bergwiesen, an Waldrändern und Straßenböschungen wie auch in Sand- und Kiesgruben. Sehr anpassungsfähig und daher fast überall ziemlich häufig.
WISSENSWERTES In der älteren Literatur kann man sowohl für *Coenonympha pamphilus* als auch für *Colias hyale* (>130) den Namen „Gemeiner Heufalter" finden. Um Verwechslungen zu vermeiden, sollten unbedingt die *Coenonympha*-Arten als Wiesenvögelchen, die *Colias*-Arten als Gelblinge bezeichnet werden. Das Kleine Wiesenvögelchen ist fast überall die häufigste Art der Gattung. Die Falter fliegen jährlich in 2, möglicherweise auch in 3 ineinander übergehenden Generationen. Das Weibchen heftet die Eier in Bodennähe einzeln an dürre Grasblätter oder trockene Grasrispen, seltener auch an frische Blätter. Die Raupen entwickeln sich recht unterschiedlich. Einige wachsen schnell heran, verpuppen sich und ergeben bereits wenige Wochen nach Verlassen der Eihüllen Falter der nächsten Generation, andere stellen schon bald die Nahrungsaufnahme ein und überwintern. Überwinterungsstadium ist wie bei den Nachkommen der zweiten Faltergeneration die Jungraupe. Die Verpuppung erfolgt dicht über dem Boden an niederen Pflanzen. Die hellgrüne Stürzpuppe ist ziemlich untersetzt und trägt auf den Flügelscheiden jeweils 1–2 z. T. hell gesäumte, dunkle Streifen **(1d)**.

Wiesen-Rispengras > 430 | Schafschwingel > 430

2 | Perlgrasfalter, Weißbindiges Wiesenvögelchen

Coenonympha arcania—Edelfalter Nymphalidae

Sp 28–35 mm
§

FALTER Oberseite der Vorderflügel ockerfarben bis orangebraun, mit ziemlich breitem, dunklem Rand, Hinterflügel fast einheitlich dunkelbraun; Unterseite der Hinterflügel mit kontrastreich abgesetzter, weißer Querbinde, an deren Außenrand 4–5 weiß gekernte, gelb und schwarz umringte Augenflecke liegen; ein weiterer derartiger Augenfleck befindet sich vor dieser Binde am Vorderrand des Hinterflügels **(2a)**.
RAUPE Bis 20 mm lang, über dem weißen Seitenstreifen noch ein weiterer, etwas schmälerer derartiger Streifen, Zipfel am Hinterende nur an der Spitze rosa **(2b)**.
NAHRUNGSPFLANZEN An Wolligem Honiggras (*Holcus lanatus*), Schafschwingel (*Festuca ovina*) und einigen weiteren Süßgräsern.
VORKOMMEN Meist in etwas höher bewachsenem Gelände als das Kleine Wiesenvögelchen, insbesondere an sonnigen Waldrändern, in lockeren Wäldern und auf etwas verbuschten Trockenrasen; in Mitteleuropa weit verbreitet, doch fast überall deutlich zurückgegangen.
WISSENSWERTES Die Falter fliegen jährlich in einer Generation. Sie setzen sich mit geschlossenen Flügeln ab, vorzugsweise auf besonnten Zweigen. Zum Sonnenbad richten sie ihre Flügelunterseite nach der Sonne aus und nehmen dabei oft eine sehr schräge, fast auf der Seite liegende Körperhaltung ein. Das Weibchen legt die Eier einzeln oder in kleinen Gruppen auf Grasblätter. Die Überwinterung erfolgt als Jungraupe.
ÄHNLICHE ART Das **Waldvögelchen** (*Coenonympha hero*) besitzt auf der Unterseite der Hinterflügel eine viel schmälere weiße Binde, die etwas vor den Augenflecken liegt. Die sehr seltene Art fliegt vor allem in lockeren, feuchten Wäldern.

Wolliges Honiggras > 432 | Schafschwingel > 430

1A

1B

1C

2A

1D

2B

1 Dunkler Waldvogel *Aphantopus hyperantus* —Edelfalter Nymphalidae

Sp 35–42 mm

JAN FEBR MÄRZ APRIL MAI JUNI JULI AUG SEPT OKT NOV DEZ

FALTER Flügeloberseite dunkelbraun, beim Männchen mit kaum erkennbaren, beim Weibchen mit etwas deutlicheren Augenflecken **(1a)**; Unterseite der Hinterflügel deutlich heller, mit 5 großen, gelb umringten Augenflecken **(1c)**.

RAUPE Länge bis 25 mm, graubraun oder hell rötlichbraun mit feiner, dunklerer Punktierung und dunkler Rückenlinie, die jeweils an den Segmentgrenzen etwas dunkler und breiter wird; recht ähnlich einer *Erebia*-Raupe, doch Kopfkapsel braun mit dunkleren Streifen (**1b**, mit 2 Puppen).

NAHRUNGSPFLANZEN An Aufrechter Trespe (*Bromus erectus*), Wiesenrispengras (*Poa pratensis*), Pfeifengras (*Molinia caerulea*), Landreitgras (*Calamgrostis epigeios*) und weiteren Süßgräsern, auch an Sauergräsern wie der Waldsegge (*Carex sylvatica*).

VORKOMMEN In halbschattigem und offenem Gelände, z. B. in lockeren Wäldern, an Waldrändern und Saumgesellschaften; bei uns überall ziemlich häufig.

WISSENSWERTES Die Falter setzen sich meist mit geschlossenen Flügeln ab, sonnen sich aber manchmal, vor allem bei etwas kühlerer Witterung auch mit flach ausgebreiteten Flügeln **(1a)**. Sie erscheinen jährlich in nur einer Generation. Eigenartigerweise beginnt in Süddeutschland die Flugzeit im klimatisch begünstigten Oberrheintal erst etwa 1–2 Wochen später als im deutlich kühleren, nahe benachbarten Schwarzwald. Bei der Eiablage lässt das Weibchen die Eier einzeln zu Boden fallen. Die Überwinterung erfolgt als Jungraupe, die Verpuppung am Boden zwischen zusammengesponnenen Grasblättern. Die Puppe steht meist aufrecht in der Puppenkammer.

Aufrechte Trespe > 430 | Wiesen-Rispengras > 430
Pfeifengras > 434 | Landreitgras > 432
Waldsegge > 434

2 Großes Ochsenauge *Maniola jurtina* —Edelfalter Nymphalidae

Sp 40–48 mm

JAN FEBR MÄRZ APRIL MAI JUNI JULI AUG SEPT OKT NOV DEZ

FALTER Flügeloberseite dunkelbraun, Vorderflügel beim Männchen mit schwarzem Duftschuppenfleck und hell umrandetem, ziemlich kleinem Augenfleck, beim Weibchen **(2b)** mit braunorangefarbenem Fleck und deutlichem, weiß gekerntem Auge; Unterseite der Hinterflügel graubraun mit meist unscharf begrenzter, hellerer Querbinde (**2a**, in Fängen von Krabbenspinne).

RAUPE Bis 25 mm lang, hellgrün mit feiner, heller Linie unter den Stigmen und ziemlich langen, weißen, an der Spitze nach hinten gebogenen Haaren **(2c)**.

NAHRUNGSPFLANZEN An Aufrechter Trespe (*Bromus erectus*), Schafschwingel (*Festuca ovina*), Wiesenrispengras (*Poa pratensis*), Wolligem Honiggras (*Holcus lanatus*) und verschiedenen anderen Süßgräsern.

VORKOMMEN Vorwiegend in offenem, trockenem bis mäßig feuchtem Gelände, z. B. an Waldrändern, auf Trockenwiesen und am Rand von Mooren fast überall ziemlich häufig; einer der häufigsten Augenfalter, zugleich einer der wenigen Vertreter dieser Unterfamilie, die auch regelmäßig in Gärten anzutreffen sind.

WISSENSWERTES Trotz der recht langen Flugzeit erscheinen die Falter jährlich in nur einer Generation. Dabei schlüpfen die ersten Männchen stets deutlich früher als die Weibchen. Während der heißesten Wochen des Sommers legen die Falter oft eine Ruhepause ein und sitzen dann z. T. mehrere Tage reglos an einem schattigen Platz. Das Weibchen heftet die Eier einzeln in Bodennähe an grüne oder bereits verdorrte Gräser. Die Jungraupe frisst tagsüber und überwintert. Nach der Überwinterung geht sie im vorletzten oder letzten Stadium zu einer nachtaktiven Lebensweise über und hält sich jetzt tagsüber verborgen. Die Verpuppung erfolgt meist dicht über dem Boden an einem dürren Pflanzenstängel.

ÄHNLICHE ART Das deutlich seltenere, auf der Flügelunterseite sehr ähnlich gezeichnete **Rotbraune Ochsenauge** (*Pyronia tithonus*) bleibt mit 30–38 mm Flügelspannweite deutlich kleiner und ist oberseits fast auf der ganzen Flügelfläche orangebraun gefärbt. Es fliegt vor allem in lockeren Wäldern und an mit Gebüschen bewachsenen Orten und kommt in Mitteleuropa vorzugsweise in klimatisch begünstigten Gebieten vor.

Aufrechte Trespe > 430 | Schafschwingel > 430
Wiesen-Rispengras > 430 | Wolliges Honiggras > 432

1A

1B

2A

1C

2B

2C

1 | Früher Mohrenfalter, Rundaugen-Mohrenfalter

Erebia medusa — Edelfalter Nymphalidae

Sp 32–40 mm
RL V §

JAN FEBR MÄRZ APRIL MAI JUNI JULI AUG SEPT OKT NOV DEZ

FALTER Flügeloberseite dunkelbraun, Vorder- und Hinterflügel mit je 3–5 weiß gekernten Augenflecken, die jeweils von einer orangebraunen Umrandung eingefasst werden; diese Umrandungen meist klar voneinander getrennt **(1a)**; die Flügelunterseite entspricht in Färbung und Zeichnung weitgehend der Oberseite.

RAUPE Bis 20 mm lang, hell beigebräunlich oder hellgrün mit einem dunklen, hell eingefassten Rückenstreifen, seitlich mit mehreren feinen, dunkleren Längsstrichen **(1b)**.

NAHRUNGSPFLANZEN An Aufrechter Trespe (*Bromus erectus*), Schafschwingel (*Festuca ovina*) und einigen weiteren Gräsern.

VORKOMMEN Besonders an sonnigen Waldrändern und in lichten Wäldern, auch auf verbuschenden Trockenrasen sowie auf Bergwiesen und Streuwiesen im Randbereich von Mooren; im Bergland Süd- und Mitteldeutschlands weit verbreitet, doch an vielen Stellen stark zurückgegangen, im norddeutschen Tiefland fast ausgestorben, in den Alpen noch ziemlich häufig.

WISSENSWERTES Der Frühe Mohrenfalter unterscheidet sich schon durch seine frühe Flugzeit deutlich von allen anderen heimischen Mohrenfaltern. Als einziger Vertreter dieser Gattung ist er regelmäßig bereits im Mai zu beobachten, in den höheren Lagen der Alpen ab Mitte Juni. Die Flügelzeichnung, insbesondere die Ausdehnung der gelblichen Zeichnungen wie auch die Zahl der Augenflecke, kann stark variieren. Falter höherer Lagen haben meist deutlich schmälere helle Umrandungen als solche aus den Niederungen. Das Weibchen heftet die Eier einzeln oder in kleineren Gruppen an Grasblätter. Die Raupe überwintert in der Regel fast ausgewachsen und verpuppt sich im folgenden Frühjahr am Boden in einer Höhle zwischen locker versponnenen Grashalmen. Die hell beigefarbene, auf den Flügelanlagen und den Hinterleibssegmenten schwarz gestreifte Puppe steht aufrecht in dieser Puppenkammer. Gelegentlich überwintert die Raupe aber noch ein zweites Mal und verpuppt sich erst ein Jahr später.

Aufrechte Trespe > 430 | Schafschwingel > 430

2/3/4 | Weißbindiger Mohrenfalter *Erebia ligea*

— Edelfalter Nymphalidae

Sp 37–45 mm
RL V §

JAN FEBR MÄRZ APRIL MAI JUNI JULI AUG SEPT OKT NOV DEZ

FALTER Oberseite der Vorder- und Hinterflügel dunkelbraun mit orangeroten Binden, die jeweils 3–4 weiß gekernte Augenflecke einschließen **(2a)**; Unterseite der Hinterflügel mit einer etwas gezackten, weißen Querbinde, die vom Vorderrand bis zur Flügelmitte reicht.

RAUPE Bis 22 mm lang, hell graubraun mit dunkler Rückenbinde und daneben weiteren dunklen Längsstreifen, dicht und fein beborstet **(2b)**.

NAHRUNGSPFLANZEN An Blaugras (*Sesleria albicans*), Schafschwingel (*Festuca ovina*), Pfeifengras (*Molinia caerulea*) und anderen Süßgräsern, doch auch an Sauergräsern wie etwa der Waldsegge (*Carex sylvatica*).

VORKOMMEN Typische Art lichter Wälder; in den deutschen Mittelgebirgen weit verbreitet, aber durch moderne Methoden der Waldbewirtschaftung fast überall deutlich zurückgehend, in den Alpen noch regelmäßig anzutreffen.

WISSENSWERTES Die Art hat wohl überall eine zweijährige Entwicklung. Die Falter erscheinen daher vielerorts alle zwei Jahre deutlich häufiger. Insbesondere fliegen sie in den ungeraden Jahren. Das Weibchen heftet die Eier einzeln oder in kleinen Gruppen dicht über dem Boden meist an trockene, seltener an grüne Grasblätter. Die schlüpfreife Raupe überwintert das erste Mal in der Eihülle, das zweite Mal fast ausgewachsen. Die Puppe liegt in einem lockeren Gespinst.

ÄHNLICHE ARTEN Der oberseits ähnlich gezeichnete **Graubindige Mohrenfalter** (*Erebia aethiops*) **(3)** trägt auf der Unterseite der Hinterflügel eine breite, graue oder gelbbraune Binde. Er kommt an ähnlichen Stellen vor, auch außerhalb der Alpen. Fast alle übrigen Mohrenfalter sind in Mitteleuropa auf die Alpen beschränkt. Als typisch alpine Art wird hier der **Schillernde Mohrenfalter** (*Erebia tyndarus*) **(4)** vorgestellt, dessen Oberseite je nach Lichteinfall grünlich schillert. Er ist in den Alpen weit verbreitet und fliegt meist oberhalb der Baumgrenze.

Blaugras > 434 | Schafschwingel > 430
Pfeifengras > 434 | Waldsegge > 434

1A

1B

2A

2B

3

4

1 Blauäugiger Waldportier *Minois dryas* — Edelfalter Nymphalidae

Sp 45–60 mm
RL 2

JAN FEBR MÄRZ APRIL MAI JUNI JULI AUG SEPT OKT NOV DEZ

FALTER Oberseite dunkelbraun mit 2 hellblau gekernten Augenflecken im Vorderflügel, diese beim Männchen **(1a)** deutlich kleiner als beim Weibchen; Unterseite der Hinterflügel dunkel graubraun mit verwaschener, grauer Binde **(1c)**.
RAUPE Länge bis 30 mm, hell gelbbraun mit feiner, weißlicher Marmorierung, am Rücken mit dunkler, jeweils an den Segmentgrenzen undeutlicher Längsbinde, einer breiteren und viel deutlicheren, dunklen Längsbinde über den Stigmen und einer undeutlichen, dunklen Linie zwischen beiden **(1b)**; Kopfkapsel gelbbraun mit 6 dunklen Streifen, neben den Mandibeln jederseits mit einem deutlichen, halbkreisförmigen Fortsatz **(1d)**.
NAHRUNGSPFLANZEN An verschiedenen Süßgräsern, vor allem an Pfeifengras (*Molinia caerulea*), Landreitgras (*Calamagrostis epigeios*) und Aufrechter Trespe (*Bromus erectus*), gelegentlich auch an Sauergräsern.
VORKOMMEN Vorwiegend an feuchten, seltener auch an trockenen, offenen Stellen, insbesondere auf Streuwiesen am Rand von Mooren, doch auch auf Trockenrasen; überall stark zurückgegangen. Nur noch in Baden-Württemberg und Bayern (Alpenvorland) gesicherte Bestände.
WISSENSWERTES Dieser große Augenfalter gehört zu den typischen Verschiedenbiotop-Bewohnern: Über weite Bereiche, etwa im Alpenvorland, erscheint er als kennzeichnende Art der Feuchtgebiete, während er z. B. am Kaiserstuhl als charakteristischer Trockenrasenbewohner auftritt. Mit dem allgemeinen Rückgang der Feuchtgebiete gingen bereits vor längerer Zeit viele seiner einstigen Siedlungsgebiete verloren, doch zeigen sich neuerdings auch auf Trockenstandorten ganz erhebliche Bestandseinbußen. Die Falter fliegen jährlich in einer Generation. Sie sonnen sich, anders als die meisten übrigen großen Augenfalter, oft mit weit geöffneten Flügeln **(1a)**. Das Weibchen lässt die Eier in der Nähe geeigneter Futtergräser zu Boden fallen. Die Raupe überwintert im ersten Stadium. Sie gräbt am Ende ihrer Entwicklung eine flache Grube, in der sie sich verpuppt. Beim Graben sind ihr die beiden neben den Mandibeln liegenden Kopffortsätze behilflich (1d).

Pfeifengras > 434 | Landreitgras > 432
Aufrechte Trespe > 430

2 Großer Waldportier *Hipparchia fagi* — Edelfalter Nymphalidae

Sp 60–70 mm
RL 2 §

JAN FEBR MÄRZ APRIL MAI JUNI JULI AUG SEPT OKT NOV DEZ

FALTER Oberseite dunkelbraun, vor dem Außenrand mit einer breiten weißen Binde, die zum Vorderrand des Vorderflügels und zum Hinterrand des Hinterflügels undeutlicher wird; Unterseite der Hinterflügel dunkelbraun mit feinen, schwarzen Zackenlinien und einer breiten, weißen, nach innen scharf begrenzten Querbinde.
RAUPE Bis 36 mm lang, mit einer dunklen, nach vorn immer undeutlicher werdenden und in einzelne Flecke aufgelösten Rückenbinde, außerdem mit dunklen Seitenstreifen **(2b)**.
NAHRUNGSPFLANZEN Vorwiegend an der Aufrechten Trespe (*Bromus erectus*).
VORKOMMEN An warmen, offenen Stellen.
In Mitteleuropa sehr selten und nur in klimatisch begünstigten Gebieten; im Mittelmeergebiet ziemlich häufig.
WISSENSWERTES Die Falter fliegen jährlich in einer Generation. Sie setzen sich fast immer mit geschlossenen Flügeln ab, besonders an Felsen oder Baumstämmen. Sie saugen nur selten an Blüten, häufiger dagegen an ausfließendem Baumsaft, etwa von Kirschbäumen und Eichen. Die Eier werden einzeln an trockene Pflanzenteile geheftet. Die Raupe überwintert im dritten Stadium.
ÄHNLICHE ART Die beiden sehr ähnlichen Arten **Kleiner Waldportier** (*Hipparchia alcyone*) und **Walliser Waldportier** (*Hipparchia genava*) **(2a)** können im Freiland nicht sicher vom Großen Waldportier unterschieden werden. Für eine eindeutige Bestimmung muss man die Stäbchenschuppen am Hinterleibsende der Männchen (Julliensches Organ) freilegen. Kleiner und Walliser Waldportier haben durchschnittlich eine etwas geringere Spannweite. Der Walliser Waldportier fliegt nur in Frankreich, Spanien und der Schweiz. Der **Kleine Waldportier** (*Hipparchia hermione*) fliegt vorzugsweise in Sandgebieten und kommt als große Seltenheit auch noch in Norddeutschland vor.

Aufrechte Trespe > 430

1A

1B

1C

2A

1D

2B

1 **Ockerbindiger Samtfalter** *Hipparchia semele* —Edelfalter Nymphalidae

Sp 48–55 mm
RL 3

FALTER Oberseite dunkelbraun mit gelbbraunen Zeichnungen und 2 Augenflecken im Vorderflügel; Unterseite der Hinterflügel grau mit hellen und dunklen Zackenbinden **(1a)**.
RAUPE Bis 30 mm lang, hell gelbbraun mit in einzelne Flecke aufgelöster, dunkler Rückenbinde und daneben jederseits 2 weiteren dunklen Längsbinden **(1b)**.
NAHRUNGSPFLANZEN An Aufrechter Trespe (*Bromus erectus*), Schafschwingel (*Festuca ovina*), Blaugras (*Sesleria* albicans) und einigen weiteren Süßgräsern.
VORKOMMEN In sandigen und felsigen, offenen Gebieten, z. B. auf sandigen Magerrasen, Küstendünen und Felssteppen; in Mitteleuropa weit verbreitet, aber fast überall ziemlich selten.
WISSENSWERTES Die Falter fliegen jährlich in einer Generation. Das Weibchen heftet die Eier einzeln an dürre Pflanzenteile. Die Jungraupe überwintert. Die Verpuppung erfolgt unterirdisch in einer Erdhöhle.

Aufrechte Trespe > 430 | Schafschwingel > 430
Blaugras > 434

2 **Weißer Waldportier** *Brintesia circe* —Edelfalter Nymphalidae

Sp 55–65 mm
RL 3

FALTER Flügel oberseits dunkelbraun mit breiter, weißer Querbinde; Unterseite des Hinterflügels sehr ähnlich wie beim Großen Waldportier, doch im dunklen Wurzelfeld mit einer zusätzlichen, viel schmäleren, weißen Querbinde, die etwa bis zur Flügelmitte reicht **(2b)**.
RAUPE Bis 35 mm lang, hell graubraun mit deutlich abgesetztem, dunklem Rückenstreifen und etwas schwächeren Seitenstreifen; Kopfkapsel mit 6 scharf kontrastierenden, dunklen Streifen **(2a)**.
NAHRUNGSPFLANZEN An Aufrechter Trespe (*Bromus erectus*), Schafschwingel (*Festuca ovina*) und weiteren Süßgräsern.
VORKOMMEN Vor allem auf Trockenrasen in Waldnähe; sehr selten in Wärmegebieten Süddeutschlands, im Mittelmeergebiet häufig.
WISSENSWERTES Dieser auffallend große Augenfalter fliegt jährlich in einer Generation. Die Eier werden vom Weibchen am Boden verstreut. Die Jungraupe überwintert. Die Verpuppung erfolgt in einer Erdhöhle.

Aufrechte Trespe > 430 | Schafschwingel > 430

3 **Berghexe** *Chazara briseis* —Edelfalter Nymphalidae

Sp 45–60 mm
RL 1 §

FALTER Oberseite dunkelbraun mit einer breiten, aus querovalen, weißen Flecken zusammengesetzten Querbinde, die im Hinterflügel nur undeutlich ausgebildet ist; Unterseite der Hinterflügel gelbbraun oder graubraun mit zwei unscharf begrenzten, dunkleren Querbinden **(3a)**.
RAUPE Bis 30 mm lang, hell gelbbraun mit einer kontrastreich abgesetzten, an den Segmentgrenzen jeweils etwas aufgehellten, dunklen Rückenlinie **(3b)**.
NAHRUNGSPFLANZEN An Süßgräsern wie Aufrechter Trespe (*Bromus erectus*), Schafschwingel (*Festuca ovina*) und Blaugras (*Sesleria albicans*).
VORKOMMEN An sehr lückig bewachsenen, steinigen oder felsigen Stellen, vor allem auf stark beweideten Halbtrockenrasen und Geröllhalden; in Mitteleuropa überall sehr selten, derzeit noch in größeren Beständen im südlichen Teil Ostdeutschlands und in Nordbayern.
WISSENSWERTES Die Falter fliegen erst sehr spät im Jahr in einer Generation. Die Eier werden einzeln an dürre Grasblätter geheftet. Die Jungraupe überwintert. Die Verpuppung erfolgt in einer Erdhöhle.

Aufrechte Trespe > 430 | Schafschwingel > 430
Blaugras > 434

1A

1B

2A

2B

3A

3B

1 | **Roseneule** *Thyatira batis* —Eulenspinner Thyatiridae | Sp 32–38 mm

FALTER Vorderflügel dunkel graubraun mit feinen, schwarzen Querlinien und jeweils 5 ovalen, weißen bis rosafarbenen Flecken, von denen einige in der Mitte braun verdunkelt sind **(1a)**; Hinterflügel hell graubraun, zum Außenrand hin deutlich verdunkelt.
RAUPE Bis 35 mm lang, auf den Segmenten 2, 5–9 und 11 mit Rückenhöckern, Grundfärbung rotbraun bis lilabraun, auf dem Rücken mit etwas helleren, dreieckigen Zeichnungen **(1c)**; Jungraupe mehr graubraun, auf den vorderen Segmenten oben ein großer, weißlicher Fleck **(1b)**.
NAHRUNGSPFLANZEN Vorwiegend an Brombeeren (*Rubus fruticosus*) und Himbeeren (*Rubus idaeus*).
VORKOMMEN Vorzugsweise in Laub- und Nadelwäldern mit Brombeer- und Himbeerbeständen, auch an Waldrändern, auf von Gebüschen gesäumten Feuchtwiesen und selbst in Gärten; in Mitteleuropa weit verbreitet und fast überall ziemlich häufig.
WISSENSWERTES Dieser unverwechselbare Falter fliegt in den meisten Gegenden in zwei Generationen im Jahr. Die Falter sind ausschließlich nachtaktiv, fliegen aber regelmäßig Lichtquellen an und gehören daher z. B. beim Lichtfang zu den regelmäßigen Gästen. Das Weibchen legt die Eier in kleinen Gruppen an den Blattrand der Nahrungspflanze. Die Raupen sind nachtaktiv, vor allem die Jungraupen sitzen aber tagsüber frei sichtbar auf den Blättern. Sie nehmen dabei stets eine gekrümmte Körperhaltung ein und erinnern dann mit ihrer weißlichen Zeichnung an Vogelkot (Vogelkotmimese) **(1b)**. Die ausgewachsene Raupe hält sich eher verborgen, kann aber gelegentlich in der gleichen Haltung auf der Blattoberseite gefunden werden. Die Verpuppung findet zwischen zusammengesponnenen Blättern statt. Die Sommerpuppen ergeben eine zweite Faltergeneration. Ihre Nachkommen verpuppen sich z. T. erst im Oktober und überwintern als Puppe.

Brombeere > 340 | Himbeere > 340

2 | **Achat-Eulenspinner** *Habrosyne pyritoides* —Eulenspinner Thyatiridae | Sp 35–40 mm

FALTER Vorderflügel mit einem unverkennbaren, wenig variablen Zeichnungsmuster, das an geschliffenen Achat erinnert: 3 weiße Streifen schließen ein vorwiegend orangebraun gefärbtes Dreieck ein, in dem schmale, braun und weiß gefärbte Schleifen liegen **(2a)**; Hin-terflügel graubraun, in der Mitte meist etwas aufgehellt.
RAUPE Bis 40 mm lang, im letzten Stadium braunrot mit schmaler, dunkler Rückenlinie und undeutlichen, helleren Seitenflecken, an den Seiten der 3 vorderen Hinterleibssegmente jeweils ein leuchtend weißer Fleck, von vorn nach hinten in der Größe deutlich abnehmend, oder nur ein derartiger Fleck am 1. Segment **(2b)**; Jungraupe dagegen mehr graubraun, viel deutlicher hell und dunkel gefleckt und dadurch etwas an die Raupe der Roseneule erinnernd.
NAHRUNGSPFLANZEN Vorwiegend an Brombeere (*Rubus fruticosus*) und Himbeere (*Rubus idaeus*), nach Literaturangaben offenbar gelegentlich auch an Haselnuss und Weißdorn.
VORKOMMEN Vorwiegend in Laub- und Nadelwäldern mit größeren Brombeer- und Himbeerbeständen; auch in Busch- und Heckenlandschaften sowie in Gärten und Parkanlagen, in Mitteleuropa weit verbreitet und im Allgemeinen nicht selten.
WISSENSWERTES Der Achat-Eulenspinner ähnelt in seinen Ansprüchen sehr der Roseneule, fliegt daher oft mit ihr zusammen in den gleichen Lebensräumen und entwickelt sich an den gleichen Nahrungspflanzen. Wie bei dieser sind die Falter ausschließlich nachtaktiv und fliegen gern an künstliche Lichtquellen. Das Weibchen heftet die Eier in kleinen Gruppen an den Rand von Brombeer- und Himbeerblättern, vorzugsweise direkt auf die Spitzen der Blattzähne. Die nachtaktive Raupe hält sich im Gegensatz zu der der nahen Verwandten tagsüber immer gut verborgen, meist am Boden zwischen trockenen Blättern. Die Verpuppung erfolgt zwischen zusammengesponnenen Blättern in einem lockeren, braunen Gespinst. Normalerweise überwintert die Puppe, manchmal schlüpft aber noch im Spätsommer der Falter.

Brombeere > 340 | Himbeere > 340

1A

1B

1C

2A

2B

1 | Augen-Eulenspinner *Tethea ocularis* —Eulenspinner Thyatiridae | Sp 32–38 mm

FALTER Vorderflügel graubraun, in der Mitte mit einer etwas helle-ren, seitlich jeweils durch eine schwarze Linie begrenzten Querbinde, in der 2 helle, dunkel gekernte Flecke liegen. Diese erinnern an die Buchstaben RO bzw. die Ziffern 80. Deshalb wird die Art im Fachjargon auch als „RO 80" (ein NSU-Automodell) bezeichnet **(1a)**; Hinterflügel grau mit 2 dunkleren Querbinden.
RAUPE Bis 40 mm lang, Kopf auffallend abgeflacht, Färbung im letzten Stadium weißlich mit braunem Kopf und nur schwach entwickelten, dunkleren Zeichnungen, nur das 1. Brustsegment seitlich mit deutlichem, schwarzem Fleck **(1b)**.
NAHRUNGSPFLANZEN Nur an der Zitterpappel (*Populus tremula*) und anderen Pappelarten.
VORKOMMEN Vorzugsweise in warmen, etwas feuchten Laubwäldern mit Pappelbeständen, insbesondere in Auwäldern, seltener auch in Parkanlagen; in Mitteleuropa vor allem in den Flusstälern verbreitet, aber in den meisten Gegenden nicht häufig.
WISSENSWERTES Die nachtaktiven Falter fliegen jährlich meist in einer, gebietsweise auch in 2 Gene-rationen. Auch sie fliegen gern künstliche Lichtquellen an, in der Regel aber erst nach Mitternacht. Das Weibchen klebt die Eier in kleinen Gruppen auf die Blattoberseite und bedeckt sie meist mit einigen Schuppen, ebenso die umgebende Blattfläche. Die rein nachtaktive Raupe hält sich tagsüber zwischen zwei flach miteinander versponnenen Blättern verborgen. Zur Verpuppung wandert sie zum Erdboden hinab und spinnt dort zwischen trockenen Blättern einen lockeren Kokon. Das Überwinterungsstadium ist die Puppe.
ÄHNLICHE ART Beim häufigeren **Pappel-Eulenspinner** (*Tethea or*) befindet sich auf dem Vorderflügel vor der hellen Querbinde meist eine etwa gleich breite, dunkle Querbinde, und die beiden hellen Zeichnungen sind undeutlicher oder fehlen ganz. In letzter Zeit treten bei dieser Art zunehmend fast einfarbig schwarze Exemplare auf, die die hellen Tiere zu verdrängen scheinen. Die Raupe frisst ebenfalls an Pappeln und ist im letzten Stadium kaum von der des Augen-Eulenspinners zu unterscheiden. Die Jungraupe hat aber im deutlichen Unterschied zu dieser einen schwarzen Kopf.

Zitterpappel > 328

2 | Moosgrüner Eulenspinner *Polyploca ridens* —Eulenspinner Thyatiridae | Sp 30–35 mm

FALTER Färbung und Zeichnung der Vorderflügel sehr variabel, im basalen Abschnitt meist eine schmale, weiße Zackenbinde und in der Mitte eine breite, dunkle Querbinde, in der ähnliche Ringflecke liegen wie beim Augen-Eulenspinner, nur dass diese hier dunkel sind mit hellem Kern **(2a)**.
RAUPE Bis 35 mm lang, in unterschiedlicher Helligkeit grünlich oder gelblich, auf jedem Segment in Querreihen angeordnete, schwarze und weiße Punkte; bei blass gefärbten Exemplaren können die schwarzen oder alle Punkte auch fehlen **(2b)**.
NAHRUNGSPFLANZEN Nur an Stieleichen (*Quercus robur*) und anderen Eichenarten.
VORKOMMEN In warmen, trockenen Eichenwäldern und sonstigen Laubwäldern mit hohem Eichenanteil; in Mitteleuropa vor allem in Wärmegebieten verbreitet, doch stellenweise bis ins norddeutsche Flachland, nicht häufig.
WISSENSWERTES Die Falter fliegen bereits sehr zeitig im Jahr und bilden jährlich nur eine Generation aus. Das Weibchen legt die Eier einzeln in die zu dieser Zeit gerade austreibenden Eichenknospen. Hier sind sie zwischen den Knospenschuppen sehr gut verborgen. Die Raupen verspinnen 2 Eichenblätter miteinander zu einem festen Gehäuse, in dem sie sich tagsüber verbergen. Nur nachts kann man sie auf der Nahrungssuche frei an den Zweigen antreffen. Sie sollen sich nach Literaturangaben nicht nur von Blättern, sondern gelegentlich auch von Artgenossen und Raupen anderer Arten ernähren, besonders in beengten Zuchtgefäßen. Über den Verpuppungsort gibt es widersprüchliche Angaben: Die Verpuppung soll nach einigen Autoren in einem Kokon zwischen zusammengesponnenen Blättern erfolgen, die später mit der Puppe zu Boden fallen, nach anderen Angaben findet sie am Boden oder unterirdisch statt. Die Puppe überwintert.

Stieleiche > 332

1A
1B
2A
2B

1 | Heller Sichelflügler *Drepana falcataria* —Sichelflügler Drepanidae | Sp 27–35 mm

FALTER Spitzen der Vorderflügel sichelförmig nach hinten gebogen; Flügel hell gelbbraun bis rotbraun mit einem regelmäßigen Muster feiner, dunkler Zackenbinden, Vorderflügel in der Mitte mit einem dunklen Augenfleck und am Hinterrand der sichelförmigen Spitze mit einem violetten Fleck **(1a)**.
RAUPE Bis 20 mm lang, hellgrün mit braunem Rücken; Hinterende deutlich verschmälert und in einen schmal zugespitzten Zipfel verlängert, Kopfkapsel braun mit gelblichen Querstreifen, Segmente 2–5 oberseits jeweils mit einem warzenartigen Höckerpaar **(1b)**.
NAHRUNGSPFLANZEN Vorwiegend an Schwarzerle (*Alnus glutinosa*) und Hängebirke (*Betula pendula*).
VORKOMMEN Vorzugsweise in lockeren, etwas feuchten Laubwäldern mit Birken- oder Erlenbeständen, insbesondere in Auwäldern und Bruchwäldern am Rand von Mooren, aber z. B. auch in Gärten und Parkanlagen; in Mitteleuropa weit verbreitet und in den meisten Gegenden nicht selten.
WISSENSWERTES Die vorwiegend nachtaktiven Falter fliegen jährlich meist in 2 Generationen. Sie ruhen tagsüber mit flach ausgebreiteten Flügeln auf Blättern oder an Baumstämmen, lassen sich aber leicht aufscheuchen. Die Eier werden vom Weibchen in Reihen von bis zu 10 Stück auf die Oberseite von Blättern der Nahrungspflanze geklebt. Die Raupe baut sich ein flaches, tütenartiges Gehäuse, indem sie den Blattrand umknickt und an der Blattfläche festspinnt. Tagsüber hält sie sich darin verborgen, nachts frisst sie an dem Blatt. Sobald sie einen größeren Teil des Blattes verzehrt hat, wechselt sie auf ein anderes über und baut ein neues Gehäuse. Bei Störungen zeigt sie eine eigenartige Reaktion: Sie klopft mit ihrem Vorderkörper gegen das Blattgehäuse und erzeugt dadurch ein tickendes Geräusch. Die Verpuppung erfolgt ebenfalls im Gehäuse. Kurz zuvor trennt die Raupe aber diesen Teil des Blattes durch eine Nagefurche bis auf 1–2 dünne Verbindungsstege von der Blattbasis ab. Die Frühsommerpuppen entwickeln sich darin zur 2. Faltergeneration. Die aus ihren Eiern herangewachsenen Raupen durchtrennen kurz vor der Verpuppung offensichtlich auch die letzten Verbindungsstege, sodass das Blattgehäuse mit der verpuppungsreifen Raupe zu Boden fällt. Die Puppe überwintert.

Hängebirke > 334 | Schwarzerle > 336

2 | Silberspinnerchen *Cilix glaucata* —Sichelflügler Drepanidae | Sp 18–22 mm

FALTER Vorderflügel im Gegensatz zu den übrigen Sichelflüglern am Ende nicht sichelförmig zugespitzt, sondern einfach abgerundet, weiß mit grauen Saumflecken, am Hinterrand mit einem dunkelbraunen Fleck, der zur Flügelmitte hin in eine grau und gelb gefärbte Fläche übergeht, in der sich außerdem silbrig glänzende Schuppenreihen befinden **(2a)**.
RAUPE Bis 12 mm lang, dunkelbraun; Brustabschnitt deutlich verdickt, Hinterende stark verschmälert und in einen schmalen Zipfel ausgezogen **(2b)**.
NAHRUNGSPFLANZEN Vorwiegend an Schlehe (*Prunus spinosa*), daneben auch an Weißdorn (*Crataegus monogyna*).
VORKOMMEN Besonders an warmen Stellen an Waldrändern und in Heckenlandschaften, auf verbuschten Trockenrasen sowie in Gärten und Parkanlagen; vor allem im südlichen und mittleren Deutschland weit verbreitet.
WISSENSWERTES Der nachtaktive, kleine Falter setzt sich stets mit dachförmig zusammengelegten Flügeln ab und erinnert durch seine Zeichnung stark an Vogelkot. Er fliegt jährlich in 2–3 Generationen. Die Eier werden einzeln an den Blättern der Nahrungspflanze abgelegt. Die Raupe ruht tagsüber frei auf den Zweigen und ist hier durch ihre Form und Färbung hervorragend getarnt. Die Verpuppung erfolgt in einem braunen Kokon, der meist zwischen einem Blatt und dem Zweig gesponnen wird. Die Puppen, die sich nicht mehr im gleichen Jahr zu Faltern entwickeln, überwintern.

Schlehe > 346 | Eingriffeliger Weißdorn > 344

1A

1B

2A

2B

1 Großes Jungfernkind *Archiearis parthenias* (= *Brephos parthenias*)—Spanner Geometridae

Sp 30–40 mm ☀

FALTER Vorderflügel braun mit grauen und weißlichen Querbändern, Hinterflügel gelborange mit schwarzem Saum und dreieckigem, schwarzem Fleck am Innenwinkel sowie 2 kleineren schwarzen Flecken **(1a)**. Das sehr ähnliche Auen-Jungfernkind *(Archiearis notha)* besitzt nur einen weißlichen Vorderrandfleck.
RAUPE Bis 30 mm lang, hellgrün mit schmalen, weißlichen Linien und unter den Stigmen einer breiten, weißen Längsbinde; am Hinterleib außer den Nachschiebern mit 4 Paar Bauchfüßen **(1b)**.
NAHRUNGSPFLANZEN An Hängebirke (*Betula pendula*) und anderen Birkenarten.
VORKOMMEN In Birkenalleen und lichten Wäldern mit Birkenbeständen; in Mitteleuropa weit verbreitet und in den meisten Gebieten nicht selten.
WISSENSWERTES Die tagaktiven Falter fliegen jährlich in einer Generation und erscheinen bereits an den ersten wärmeren Vorfrühlingstagen. Die Raupen schlüpfen mit dem Laubaustrieb der Birken. Die Puppe überwintert.

Hängebirke > 334

2 Stachelbeerspanner *Abraxas grossulariata* —Spanner Geometridae

Sp 35–40 mm
RL 3

FALTER Flügel weiß mit großen, schwarzen Punkten, Vorderflügel außerdem mit gelber Basis und einer geschwungenen, gelben Querbinde **(2a)**.
RAUPE Länge bis 32 mm, vorn und hinten gelb, in der Mitte weißlich, mit rotgelber Seitenbinde und großen, schwarzen Punkten, Kopf schwarz **(2b)**.
NAHRUNGSPFLANZEN Vorzugsweise an Stachelbeere (*Ribes uva-crispa*), daneben auch an anderen Laubhölzern wie Schlehe (*Prunus spinosa*) und Haselnuss (*Corylus avellana*).
VORKOMMEN Vor allem in feuchten Wäldern mit Beständen wilder Stachelbeeren, etwa in Auwäldern, daneben auch in Gärten, hier aber in der letzten Zeit selten geworden oder ganz verschwunden.
WISSENSWERTES Der nachtaktive Falter fliegt jährlich in einer Generation. Falter und Raupe zeigen eine bemerkenswerte Übereinstimmung in ihrem auffallenden Zeichnungsmuster. Die Raupe überwintert. Die Verpuppung erfolgt in einem lockeren Gespinst an einem Zweig der Nahrungspflanze oder am Boden. Die glänzend dunkelbraune bis schwarze Puppe hat gelbe Ringe an den Segmentgrenzen.

Stachelbeere > 338 | Schlehe > 346 | Haselnuss > 334

3 Ulmen-Fleckenspanner *Abraxas sylvata* —Spanner Geometridae

Sp 30–38 mm
§

FALTER Flügel weiß mit einem verwaschenen Muster aus grauen Flecken, an der Basis der Vorderflügel sowie an der Hinterecke beider Flügelpaare mit einem verschwommenen, augenartigen Fleck **(3a)**.
RAUPE Bis 29 mm lang, weißlich mit gelber Rücken- und Seitenlinie und schwarzen Längsstreifen **(3b)**.
NAHRUNGSPFLANZEN An verschiedenen Laubhölzern, vor allem Bergulme (*Ulmus glabra*) und Traubenkirsche (*Prunus padus*).
VORKOMMEN Vor allem in feuchten Laubwäldern, in Mitteleuropa weit verbreitet, aber nicht häufig, gebietsweise stark zurückgegangen.
WISSENSWERTES Die Falter fliegen jährlich in einer Generation. Sie erinnern durch ihre Zeichnung an Vogelkot. Die Verpuppung erfolgt am Boden in einem lockeren Gespinst. Die Puppe überwintert.

Bergulme > 330 | Traubenkirsche > 346
Rotbuche > 330 | Hängebirke > 334 | Faulbaum > 352

1A

1B

2A

3A

2B

3B

1 Weißer Schwarzaderspanner, Hartheu-Spanner

Siona lineata —Spanner Geometridae

Sp 35–45 mm

FALTER Flügel mit kalkweißer Grundfarbe **(1a)**. Auf der Unterseite **(1b)** auffallend schwarzes Geäder, das insbesondere im Gegenlicht auf der Oberseite durchscheint. Wird mit Weißlingen verwechselt.
RAUPE Sandgelb, überwintert. Die Raupen verpuppen sich in einem spindelförmigen gelben Kokon, der dem der Widderchen (Zygaenidae) ähnelt.
NAHRUNGSPFLANZEN Verschiedene krautig wachsende Pflanzen wie Wegerich (*Plantago*), Johanniskraut (*Hypericum perforatum*), Glockenblumen (*Campanula*), Thymian (*Thymus*) und Kleearten.
VORKOMMEN Eine Art der extensiv genutzten mageren blütenreichen Wiesen, Rasen und Heiden.
WISSENSWERTES Der vergleichsweise große Weiße Schwarzaderspanner ist ein tagaktiver Nachtfalter. Die Spanner fliegen im Sonnenschein, saugen an Blüten und erinnern dann an Weißlinge. Mit seinen auffallend dunklen Adern **(1b)** wird er häufig mit dem Baum-Weißling (*Aporia crataegi*) und dem Grünader-Weißling (*Pieris napi*), verwechselt. Ein sicheres Unterscheidungsmerkmal sind die fadenförmigen Fühler des Spanners, die bei Tagfaltern an der Spitze keulenförmig verdickt sind.

Wegerich > 426 | Thymian > 412

2 Gelbspanner *Opisthograptis luteolata*

—Spanner Geometridae

Sp 32–37 mm

FALTER Flügel schwefelgelb, Vorderflügel am Vorderrand mit kleinen, rotbraunen Flecken, einer davon mit weißem Kern **(2b)**.
RAUPE Bis 33 mm lang, ziemlich untersetzt, graugrün oder graubraun mit stummelförmigen, zusätzlichen Bauchbeinen am 7. und 8. Segment, auf dem Rücken des 6. Segments mit einem deutlichen, roten Höcker **(2a)**.
NAHRUNGSPFLANZEN An vielen verschiedenen Laubhölzern, Eingriffeliger Weißdorn (*Crataegus monogyna*), Schlehe (*Prunus spinosa*), Salweide (*Salix caprea*).
VORKOMMEN In Wäldern und offenem Gelände fast überall häufig.
WISSENSWERTES Die Falter fliegen jährlich in 2 Generationen. Die Raupe ist durch ihre Form und Färbung an Zweigen ausgezeichnet getarnt. Sie verpuppt sich am Boden in einem ziemlich festen, weißlichen Gespinst. Die Puppen der zweiten Generation überwintern.

Eingriffeliger Weißdorn > 344 | Schlehe > 346
Salweide > 326 | Rote Heckenkirsche > 360
Haselnuss > 334

3 Fleckenspanner, Pantherspanner

Pseudopanthera macularia—Spanner Geometridae

Sp 23–28 mm ☀

FALTER Flügel gelb mit teilweise in Binden angeordneten braunen, violett schimmernden Flecken, unverkennbar **(3a)**.
RAUPE Bis 25 mm lang, grün mit dunklerer Rückenlinie, daneben mehreren etwas gewellten, feinen weißen Linien, in Höhe der Stigmen mit breiterer, weißer Längsbinde **(3b)**.
NAHRUNGSPFLANZEN An verschiedenen niedrigen Pflanzen, u. a. Gefleckter Taubnessel (*Lamium maculatum*), Aufrechtem Ziest (*Stachys recta*), Dorniger Hauhechel (*Ononis spinosa*) und Rossminze (*Mentha longifolia*).
VORKOMMEN An sonnigen Waldrändern und in sonnigem, trockenem Gelände; vor allem im südlichen und mittleren Deutschland ziemlich häufig.
WISSENSWERTES Die Falter sind vorwiegend tagaktiv. Sie fliegen jährlich in einer Generation und sind im Sonnenschein regelmäßig beim Blütenbesuch zu beobachten. Die Raupe verpuppt sich am Boden in einem mit Erdteilen vermischten Gespinst. Die Puppe überwintert.

Gefleckte Taubnessel > 408 | Aufrechter Ziest > 384
Dornige Hauhechel > 350 | Rossminze > 410

1A

1B

2A

2B

3A

3B

1 Mondfleckspanner *Selenia tetralunaria* —Spanner Geometridae

Sp 30–38 mm

JAN FEBR MÄRZ APRIL MAI JUNI JULI AUG SEPT OKT NOV DEZ

FALTER Flügel am Außenrand etwas gezackt, gelb- oder rotbraun, in der Basalhälfte scharf abgesetzt dunkler, etwa in der Mitte jeweils mit einem mondsichelförmigen, weißen Fleck **(1a)**.
RAUPE Bis 38 mm lang, einem knorrigen Zweig ähnlich, rotbraun oder dunkelbraun, Segmente 4, 5, 7 und 8 mit jeweils einem Höckerpaar, 3. Brustbein auf einer knospenartigen Verdickung **(1b)**.
NAHRUNGSPFLANZEN An vielen verschiedenen Laubhölzern, u. a. Stieleiche (*Quercus robur*), Haselnuss (*Corylus avellana*) und Hängebirke (*Betula pendula*).
VORKOMMEN Vor allem in Laubwäldern, auch in Gärten; fast überall ziemlich häufig.
WISSENSWERTES Die Falter setzen sich meist mit schräg aufgestellten Flügeln ab. Sie fliegen jährlich in 2 Generationen. Die Verpuppung erfolgt zwischen Blättern oder am Boden. Überwinterungsstadium ist die Puppe.

Stieleiche > 332 | Winterlinde > 354
Schwarzerle > 336 |Haselnuss > 334
Salweide > 326 | Hängebirke > 334

2 Nachtschwalbenschwanz *Ourapteryx sambucaria* —Spanner Geometridae

Sp 40–50 mm

JAN FEBR MÄRZ APRIL MAI JUNI JULI AUG SEPT OKT NOV DEZ

FALTER Auffallend großer Spanner geschwänzten Hinterflügeln; Flügel hell gelblich, mit schrägen, dunkleren Linien, vor den Zipfeln der Hinterflügel ein kleiner roter Fleck **(2b)**.
RAUPE Bis 50 mm lang, auffallend schlank, hell gelbgrün oder olivgrün mit undeutlichem, hellerem Seitenstreifen und recht kleinem, flachem Kopf **(2a)**.
NAHRUNGSPFLANZEN An vielen verschiedenen, meist strauchigen Holzgewächsen, u. a. Schwarzem Holunder (*Sambucus nigra*), Gemeiner Waldrebe (*Clematis vitalba*), Zitterpappel (*Populus tremula*), Stachelbeere (*Ribes uva-crispa*), Gemeinem Flieder (*Syringa vulgaris*) und Schlehe (*Prunus spinosa*).
VORKOMMEN In lockeren Wäldern und Gebüschen, auch in Gärten weit verbreitet und in vielen Gegenden recht häufig.
WISSENSWERTES Die nachtaktiven Falter fliegen jährlich in einer Generation; die Raupen betreiben eine perfekte Astmimese. Sie überwintern. Sie verpuppen sich an der Nahrungspflanze zwischen zusammengesponnenen Blättern.

Schwarzer Holunder > 358 | Gemeine Waldrebe > 354
Zitterpappel > 328 |Stachelbeere > 338
Gemeiner Flieder > 358 |Schlehe > 346

3 Federspanner *Colotois pennaria* —Spanner Geometridae

Sp 35–45 mm

JAN FEBR MÄRZ APRIL MAI JUNI JULI AUG SEPT OKT NOV DEZ

FALTER Vorderflügel bräunlich ockerfarben, mit 2 schmalen, nach hinten etwas zusammenlaufenden, dunklen Linien, zwischen ihnen ein dunkler Punkt; Fühler beim Männchen fein doppelt gekämmt (Name; **3a**).
RAUPE Länge bis 50 mm, dunkelgrau, oft lila getönt, auf dem 12. Segment mit einem kegelförmigen Höckerpaar **(3b)**.
NAHRUNGSPFLANZEN An vielen verschiedenen Holzgewächsen, u. a. Stieleiche (*Quercus robur*), Hainbuche (*Carpinus betulus*), Salweide (*Salix caprea*) und Schlehe (*Prunus spinosa*).
VORKOMMEN In Wäldern und Gebüschen, fast überall ziemlich häufig.
WISSENSWERTES Die Falter fliegen erst sehr spät im Jahr in einer Generation. Das Ei überwintert. Die Raupe verpuppt sich zwischen zusammengesponnenen Blättern an der Nahrungspflanze.

Stieleiche > 332 | Hainbuche > 336
Salweide > 326 | Schlehe > 346

1A

1B

2A

2B

3A

3B

1 Schlehenspanner *Angerona prunaria* —Spanner Geometridae

Sp 35–45 mm

JAN FEBR MÄRZ APRIL MAI JUNI JULI AUG SEPT OKT NOV DEZ

FALTER Färbung sehr variabel, normalerweise Flügel hellgelb bis orange mit einem sehr feinen, regelmäßigen Muster aus schwarzen Querstricheln **(1a)**, es gibt aber z. B. auch Falter mit dunkelbraunen Flügeln, die in der Mitte eine gelbe oder rötliche Querbinde tragen.
RAUPE Bis 50 mm lang, hell gelbbraun bis rötlich braun, Segment 5 mit einem Höckerpaar, Segment 9 mit 2 langen Zipfeln **(1b)**.
NAHRUNGSPFLANZEN An verschiedenen, strauchigen Laubhölzern, z. B. Schlehe (*Prunus spinosa*), Faulbaum (*Frangula alnus*) und Heidelbeere (*Vaccinium myrtillus*).

VORKOMMEN Vorwiegend an Waldrändern und in Gärten meist nicht selten.
WISSENSWERTES Die Falter fliegen jährlich meist in 2 Generationen. Die Raupen der 2. Generation überwintern. Die Verpuppung erfolgt zwischen zusammengesponnenen Blättern.

Schlehe > 346 |Rote Heckenkirsche > 360
Zitterpappel > 328 | Faulbaum > 352
Heidelbeere > 356

2 Schneespanner *Phigalia pilosaria (= Apocheima pilosaria)* —Spanner Geometridae

Sp 35–40 mm

JAN FEBR MÄRZ APRIL MAI JUNI JULI AUG SEPT OKT NOV DEZ

FALTER Flügel beim Männchen **(2b)** weißlich oder hellgrau mit einem unscharf begrenzten, dunkleren Fleckenmuster, Fühler fein doppelt gefiedert. Weibchen flugunfähig mit sehr kurzen Flügelstummeln, grau mit hell gefleckten Beinen.
RAUPE Bis 38 mm lang, graubraun bis dunkelbraun oder grünlich, am Rücken der Segmente 5, 6, 7 und 12 mit Borsten tragenden, kegelförmigen Warzen **(2a)**.
NAHRUNGSPFLANZEN An vielen verschiedenen Laubbäumen und Sträuchern, u. a. Stieleiche (*Quercus robur*), Zitterpappel (*Populus tremula*), Salweide (*Salix caprea*).

VORKOMMEN Vor allem an Waldrändern und Feldhecken, weit verbreitet und im Allgemeinen nicht selten.
WISSENSWERTES Die Falter erscheinen als ein allererster Vorfrühlingsbote oft bereits mitten im Winter. Die Männchen sieht man tagsüber oft an Wänden unter Lichtquellen ruhen. Die flugunfähigen Weibchen sind dagegen schwer zu finden. Die Raupen verpuppen sich im Erdboden. Die Puppe überwintert.

Stieleiche > 332 | Zitterpappel > 328 | Salweide > 326
Hainbuche > 336 |Schlehe > 346

3 Alpen Dickleibspanner *Lycia alpina* —Spanner Geometridae

Sp 30–35 mm

JAN FEBR MÄRZ APRIL MAI JUNI JULI AUG SEPT OKT NOV DEZ

FALTER Auffällig untersetzt, eher an einen Spinner erinnernd, Männchen **(3a)** mit ziemlich schmalen Flügeln, diese weißlich mit graubraunen Querbinden; Weibchen **(3b)** flugunfähig mit winzigen Flügelstummeln, schwarz mit zottiger, weißer Behaarung.
RAUPE Bis 40 mm lang, weißlich mit gelber Rücken- und Seitenbinde, dicht schwarz gepunktet **(3c)**.
NAHRUNGSPFLANZEN An niedrigen, krautigen und strauchigen Pflanzen, z. B. an Futter-Esparsette (*Onybrychis viciifolia*), Gemeiner Schafgarbe (*Achillea millefolia*) und Salweide (*Salix caprea*).

VORKOMMEN In den Alpen zwischen 1 100 und 2 500 m weit verbreitet und im Allgemeinen nicht selten.
WISSENSWERTES Die Weibchen sind unmittelbar nach der Schneeschmelze oft auf Alpenmatten zu beobachten. Die flugfähigen Männchen dagegen sieht man sehr viel seltener. Die Raupen graben sich zur Verpuppung in den Erdboden ein. Die Puppen überwintern in den meisten Fällen zweimal.

Futter-Esparsette > 402 | Gemeine Schafgarbe > 370
Salweide > 326

1A

1B

2A

3A

3B

2B

3C

1 Pappelspanner *Biston strataria* —Spanner Geometridae

Sp 40–50 mm

JAN FEBR MÄRZ APRIL MAI JUNI JULI AUG SEPT OKT NOV DEZ

FALTER Flügel sehr variabel gefärbt, im typischen Fall Vorderflügel hell silbergrau oder graubraun mit 2 gezackten, dunkelbraunen Querbinden, die Flügel können aber auch vollkommen schwarz gefärbt sein; Männchen **(1b)** mit doppelt gefiederten Fühlern.

RAUPE Länge bis 55 mm, braun oder olivgrün, mit seitlichen Höckerpaaren am 7. und 8. Segment, auf dem 11. Segment ein Querwulst; Kopf in der Mitte eingekerbt **(1a)**.

NAHRUNGSPFLANZEN Auf vielen verschiedenen Laubbäumen und Sträuchern, u. a. auf Stieleiche (*Quercus robur*), Zitterpappel (*Populus tremula*), Winterlinde (*Tilia cordata*), Hängebirke (*Betula pendula*) und Salweide (*Salix caprea*).

VORKOMMEN Vorwiegend in Laubwäldern, Parkanlagen und auch in Gärten; in Mitteleuropa weit verbreitet und fast überall ziemlich häufig.

WISSENSWERTES Die Falter fliegen jährlich in einer Generation und erscheinen bereits sehr zeitig im Vorfrühling. Oft fliegen sie bereits in Nächten mit Temperaturen um den Gefrierpunkt. Die Raupen sind nachtaktiv und ruhen tagsüber an Zweigen. Dabei strecken sie wie die meisten zweigähnlichen Spannerraupen ihren Körper meist schräg in die Höhe und sind in dieser Haltung kaum von wirklichen Zweigen zu unterscheiden. Andererseits vermögen sie sich dank ihrer fehlenden 3 Bauchfußpaare und dem lang gestreckten Körperbau wie die meisten Spannerraupen sehr schnell fortzubewegen: Sie ziehen das Hinterende mit den Nachschiebern und dem letzten verbliebenen Bauchfußpaar bis unmittelbar an den Brustabschnitt heran, nehmen dabei mit dem beinfreien Körperabschnitt einen „Katzenbuckel" ein und strecken anschließend den Vorderköper gerade nach vorn. Durch diese „spannerartige" Fortbewegungsweise sind sie deutlich schneller beweglich als andere Raupen. Zur Verpuppung gräbt sich die Raupe des Pappelspanners in den Erdboden ein. Die Puppe überwintert.

Stieleiche > 332 | Zitterpappel > 328
Winterlinde > 354 | Hängebirke > 334
Salweide > 326

2 Birkenspanner *Biston betularia* —Spanner Geometridae

Sp 35–60 mm

JAN FEBR MÄRZ APRIL MAI JUNI JULI AUG SEPT OKT NOV DEZ

FALTER Flügel auffallend lang und schmal, weißlich, Vorderflügel am Vorderrand mit schwarzen, nicht ganz bis zur Flügelmitte reichenden Querbinden und zahlreichen dunklen Punkten und Flecken, Männchen mit doppelt gefiederten Fühlern **(2c)**; Gelegentlich treten völlig schwarze Falter mit einfarbig schwarzen Flügeln auf (forma *carbonaria*).

RAUPE Bis 60 mm lang, grün, grünlich braun oder dunkelbraun, Segment 8 seitlich jeweils mit einem kleinen Höcker **(2b)**; Kopf hellbraun, in Ansicht von vorn herzförmig **(2a)**.

NAHRUNGSPFLANZEN An vielen verschiedenen Laubbäumen und Sträuchern, u. a. an Stieleiche (*Quercus robur*), Hängebirke (*Betula pendula*), Schwarzerle (*Alnus glutinosa*), Salweide (*Salix caprea*) und Schlehe (*Prunus spinosa*).

VORKOMMEN Vor allem in lockeren Wäldern, an Birkenalleen und im Randbereich von Mooren, in den meisten Gegenden ziemlich häufig.

WISSENSWERTES Die nachtaktiven Falter fliegen jährlich in einer Generation. Die normal hell gefärbten Tiere sind auf der hellen Birkenrinde ausgezeichnet getarnt; die schwarze Form ist dafür auf dunkler Baumrinde fast unsichtbar. Da sie zuerst in den Industriegebieten Englands beobachtet wurde, entwickelte man daraus die Theorie des „Industriemelanismus", die besagt, dass dunkel gefärbte, durch Mutation entstandene Tiere in den durch Industrieabgase verunreinigten Gebieten ihre normal gefärbten, helleren Artgenossen verdrängen, da sie weniger leicht von ihren Verfolgern gefunden werden. Diese Theorie wurde aber in neuerer Zeit mehr oder weniger zu den Akten gelegt, da solche Schwärzlinge auch in Reinluftgebieten bei vielen Tierarten immer wieder entstehen und plötzlich sehr häufig auftreten können, ohne dass sich dafür wirklich plausible Gründe finden ließen. Die Raupen ruhen tagsüber an den Zweigen und sind hier hervorragend getarnt. Sie verpuppen sich im Erdboden. Die Puppe überwintert.

Stieleiche > 332 |Hängebirke > 334
Schwarzerle > 336 | Salweide > 326 |Schlehe > 346

1A

1B

2A

2B

2C

1 | Großer Frostspanner *Erannis defoliaria* —Spanner Geometridae | Sp 30–40 mm

FALTER Flügel beim Männchen **(1a)** sehr variabel gefärbt und gezeichnet, am häufigsten hellbraun oder weißlich mit 2 dunklen Querbinden, oft auch fast einfarbig graubraun oder gelblich, immer aber etwa in der Mitte des Vorderflügels mit einem dunklen Punkt; Weibchen vollkommen flügellos, flugunfähig. Körper hellgrau mit kontrastreich abgesetzten, schwarzen Punkten.
RAUPE Bis 32 mm lang, rotbraun oder gelblich, oft kontrastreich gefleckt, über den Stigmen mit feiner, schwarzer Linie **(1b)**.
NAHRUNGSPFLANZEN An vielen verschiedenen Laubbäumen und Sträuchern, u. a. an Stieleiche (*Quercus robur*), Hainbuche (*Carpinus betulus*), Schlehe (*Prunus spinosa*), oder Apfelbaum (*Malus domestica*).
VORKOMMEN In Wäldern und offenem Gelände, auch in Gärten überall häufig.
WISSENSWERTES Die Falter erscheinen meist erst nach den ersten Nachtfrösten. Die Raupen richten normalerweise keine Schäden an, können sich aber gelegentlich stark vermehren und schädlich werden. Die Eier überwintern.

Stieleiche > 332 |Hainbuche > 336
Hängebirke > 334 | Schlehe > 346
Eingriffeliger Weißdorn > 344 | Apfelbaum > 342

2 | Nadelholz-Baumspanner *Peribatodes secundaria* —Spanner Geometridae | Sp 30–35 mm

FALTER Flügel graubraun mit ziemlich kontrastreich abgesetzten, schwärzlichen, etwas gezackten Querlinien; Männchen mit sehr lang gekämmten Fühlern **(2a)**.
RAUPE Bis 40 mm lang, rotbraun mit dunklen, rautenförmigen Rückenflecken, seitlich gelb gefleckt **(2b)**.
NAHRUNGSPFLANZEN An Nadelbäumen, vor allem Fichte (*Picea abies*), Waldkiefer (*Pinus sylvestris*) und Wacholder (*Juniperus communis*).
VORKOMMEN In Wäldern und in Heiden weit verbreitet und im Allgemeinen nicht selten.
WISSENSWERTES Die Falter fliegen jährlich meist in einer Generation, bilden in den Südalpen aber regelmäßig auch eine zweite Generation aus. Die nachtaktiven Raupen fressen nur an Nadelhölzern, halten sich tagsüber aber gelegentlich auch auf Laubhölzern auf **(wie in 2b)**. Dies kann leicht zur Verwechslung mit sehr ähnlichen, an Laubbäumen und Sträuchern lebenden Verwandten führen. Die Raupe überwintert. Die Verpuppung erfolgt im Erdboden.

Fichte > 324 | Waldkiefer > 324 |Wacholder > 326

3 | Großer Eichenspanner *Hypomecis roboraria* (*= Boarmia roboraria*)—Spanner Geometridae | Sp 40–50 mm

FALTER Auffallend großer, unscheinbar gefärbter Spanner, größte einheimische Spannerart. Flügel hellgrau mit meist nur undeutlich abgesetzten, dunklen Zackenbinden **(3b)**.
RAUPE Bis 50 mm lang, dunkel rotbraun bis graubraun, manchmal gelblich gezeichnet, am Rücken des 5. und 11. Segments mit deutlichem Buckel,
6. Segment auf der Bauchseite verdickt **(3a)**.
NAHRUNGSPFLANZEN An verschiedenen Laubbäumen, z. B. Stieleiche (*Quercus robur*), Bergulme (*Ulmus glabra*), Rotbuche (*Fagus sylvatica*), Hängebirke (*Betula pendula*) und Apfelbaum (*Malus domestica*).
VORKOMMEN Vor allem in Laubwäldern, auch in Gärten, in den meisten Gegenden nicht selten.
WISSENSWERTES Die Falter fliegen jährlich in einer Generation; unter günstigen Umständen erscheint noch eine zweite, unvollständige Generation. Die Raupe imitiert geradezu meisterhaft einen dürren Zweig. Sie überwintert und verpuppt sich dicht unter der Erdoberfläche in einem lockeren Gespinst.

Stieleiche > 332 | Bergulme > 330 | Rotbuche > 330
Hängebirke > 334 | Apfelbaum > 342

1A
1B
2A
2B
3A
3B

1 Heidespanner *Ematurga atomaria*
—Spanner Geometridae

Sp 22–30 mm ☀

FALTER Geschlechter deutlich verschieden, Männchen **(1a)** mit doppelt gekämmten Fühlern und hell gelbbrauner Flügel-Grundfärbung, Weibchen **(1b)** mit fadenförmigen Fühlern und weißlicher Grundfärbung, beide mit braunen Querbinden und zahlreichen feinen Querstricheln.
RAUPE Bis 30 mm lang, grün oder graubraun, oft mit hellen Rückenzeichnungen und dunklen, unterbrochenen Seitenstreifen **(1c)**.
NAHRUNGSPFLANZEN An Besenheide (*Calluna vulgaris*), Gemeinem Hornklee (*Lotus corniculatus*), Färberginster (*Genista tinctoria*) und anderen niedrigen Kräutern und Sträuchern.
VORKOMMEN In Heidegebieten und auf Magerrasen, auch in Moorgebieten weit verbreitet und vielerorts häufig.
WISSENSWERTES Die Falter fliegen in wärmebegünstigten Lagen meist in 2 Generationen im Jahr, in ungünstigeren nur in einer. Sie sind tagaktiv und bei warmem Wetter recht fluglustig. Die Verpuppung erfolgt im Boden. Überwinterungsstadium ist die Puppe.

Besenheide > 356 | Gemeiner Hornklee > 380
Gemeine Flockenblume > 414 | Färberginster > 348
Gagelstrauch > 330

2 Kiefernspanner *Bupalus piniaria*
—Spanner Geometridae

Sp 28–35 mm ☀

FALTER Männchen mit beidseitig stark gekämmten, Weibchen **(2a)** mit fadenförmigen Fühlern; Flügel entweder dunkelbraun mit weißlich oder gelbbraun aufgehellter Basalhälfte (vorwiegend beim Männchen) oder ziemlich einfarbig bräunlich (vorwiegend beim Weibchen).
RAUPE Bis 30 mm lang, leuchtend hellgrün mit gelben und weißen Längsstreifen **(2b)**.
NAHRUNGSPFLANZEN Vorzugsweise an der Waldkiefer (*Pinus sylvestris*), daneben aber auch an Fichte (*Picea abies*), Weißtanne (*Abies alba*) und Wacholder (*Juniperus communis*).
VORKOMMEN In Nadelwäldern, vor allem Kiefernwäldern und sonstigen mit Kiefern bewachsenen Standorten im Allgemeinen nicht selten.
WISSENSWERTES Der Kiefernspanner neigt gelegentlich zur Massenvermehrung und kann dann zum gefürchteten Waldschädling werden. Die Falter fliegen jährlich in einer Generation, die Männchen fliegen auch am Tag. Die Eier werden in Reihen an den Nadeln abgelegt. Die Raupen sind durch ihre Streifenzeichnung zwischen Kiefernnadeln ausgezeichnet getarnt. Die Verpuppung erfolgt im Boden.

Waldkiefer > 324 | Fichte > 324 |Weißtanne > 324
Europäische Lärche > 324 | Wacholder > 326

3 Weißspanner *Cabera pusaria*
—Spanner Geometridae

Sp 25–28 mm

FALTER Flügel weiß mit dunkler Bestäubung und 3 braunen, ziemlich gerade verlaufenden, feinen Querlinien **(3a)**.
RAUPE Bis 35 mm lang, deutlich abgeflacht, grün oder bräunlich, auf jedem Segment mit einem roten Rückenfleck **(3b)**.
NAHRUNGSPFLANZEN An verschiedenen Laubbäumen und Sträuchern, vor allem Salweide (*Salix caprea*), Hängebirke (*Betula pendula*), Bergulme (*Ulmus glabra*), Schwarzerle (*Alnus glutinosa*) und Stieleiche (*Quercus robur*).
VORKOMMEN In Laubwäldern fast überall ziemlich häufig.
WISSENSWERTES Die Falter fliegen jährlich meist in 2 Generationen, in ungünstigeren Lagen nur in einer. Die Verpuppung erfolgt im Erdboden in einem lockeren Gespinst. Die Puppe überwintert.

Salweide > 326 | Hängebirke > 334 | Bergulme > 330
Schwarzerle > 336 | Stieleiche > 332

1A
2A
1B
2B
1C
3A
3B

1 | **Silberblatt, Perlglanzspanner** *Campaea margaritata* —Spanner Geometridae

Sp 30–40 mm

FALTER Flügel weißlich grün, Vorderflügel mit 2 fast geraden, nach hinten sich annähernden, weißen Linien, die auf einer Seite olivgrün gesäumt sind, Hinterflügel nur mit einer derartigen Linie **(1a)**.
RAUPE Bis 37 mm lang, im Querschnitt mit gerundetem Rücken und flachem Bauch, an der Seitenkante mit weißen Haarfransen und einem zusätzlichen Bauchfußpaar am 8. Segment; Färbung sehr variabel **(1b)**.
NAHRUNGSPFLANZEN An vielen verschiedenen Laubhölzern, z. B. Hainbuche (*Carpinus betulus*), Stieleiche (*Quercus robur*).
VORKOMMEN In Wäldern und Gebüschen fast überall ziemlich häufig.
WISSENSWERTES Die Falter fliegen jährlich meist in 2 Generationen. Die Raupe verschmilzt durch die seitlichen Haarfransen vollkommen mit ihrer Unterlage. Sie überwintert und verpuppt sich im Frühjahr in einem unterirdischen Gespinst.

Rotbuche > 330 | Hainbuche > 336 | Stieleiche > 332
Hängebirke > 334 | Salweide > 326 | Schlehe > 346

2 | **Hellgebänderter Steinspanner** *Charissa pullata* —Spanner Geometridae

Sp um 30 mm
RL 2

FALTER Flügel, vor allem die Hinterflügel, am Außenrand rundlich gezähnt und mit langen Haarfransen; Färbung heller oder dunkler graubraun bis fast weiß, mit undeutlichen, gezackten Querlinien, schwer von verwandten Arten zu unterscheiden **(2a)**.
RAUPE Bis 25 mm lang, hell bräunlich mit dunkleren Schrägflecken und einer weißlichen Längsbinde unter den Stigmen, oben auf dem 11. Segment mit 2 spitzen Höckern **(2b)**.
NAHRUNGSPFLANZEN Gebietsweise mit Vorliebe an Mauerraute (*Asplenium ruta-muraria*), sonst z. B. an Roter Heckenkirsche (*Lonicera xylosteum*), Himbeere (*Rubus idaeus*).
VORKOMMEN Vor allem in felsigen Schluchten, an Geröllhalden und steilen Hängen; vorzugsweise im Bergland, fast überall nur vereinzelt.
WISSENSWERTES Die Falter fliegen jährlich in einer Generation. Die Raupe überwintert.

Mauerraute > 322 | Rote Heckenkirsche > 360
Himbeere > 340 | Besenginster > 350
Feld-Thymian > 412

3 | **Frühlings-Kreuzflügel** *Alsophila aescularia* —Spanner Geometridae

Sp 25–35 mm

FALTER Männchen **(3a)** mit auffallend schmalen, langen Flügeln, diese graubraun mit 2 meist undeutlichen, helleren Querbinden; Weibchen völlig flügellos, einfarbig graubraun, am Hinterende mit deutlichem Haarbusch.
RAUPE Länge bis 26 mm, hellgrün mit dunklerer Rückenbinde und weißlichen Längsbinden, am 8. Segment mit einem winzigen zusätzlichen Bauchfußpaar **(3b)**.
NAHRUNGSPFLANZEN An verschiedenen Laubhölzern, insbesondere Schlehe (*Prunus spinosa*).
VORKOMMEN An Waldrändern, in Heckenlandschaften und in Gärten ziemlich häufig.
WISSENSWERTES Die Falter erscheinen bereits sehr zeitig im Jahr in einer Generation. Das Männchen legt, anders als die meisten Spanner, im Sitzen die Flügel flach übereinander. Das Weibchen heftet die Eier in ringförmigen Gelegen an Zweigspitzen. Die Raupe ähnelt der des Kleinen Frostspanners (>232), ist aber durch das rudimentäre zusätzliche Beinpaar unverkennbar. Die Puppe überwintert.

Schlehe > 346 | Stieleiche > 332 | Rotbuche > 330
Bergahorn > 338

1A

2A

1B

2B

3A

3B

1 | Grünes Blatt *Geometra papilionaria* —Spanner Geometridae | Sp 40–50 mm

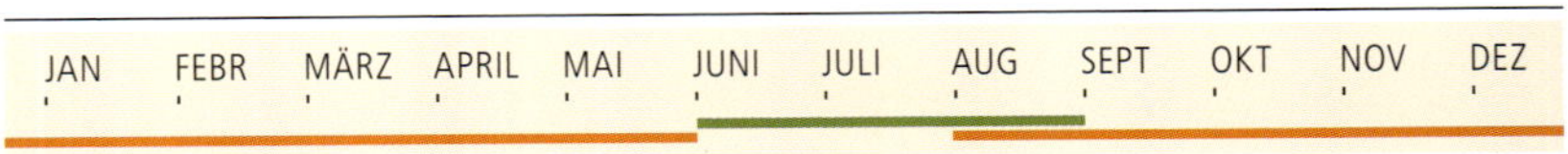

FALTER Ziemlich groß, Flügel hell blaugrün, Vorderflügel mit 3, Hinterflügel mit 2 aus weißen Stricheln zusammengesetzten Querbinden **(1a)**.
RAUPE Länge bis 30 mm, für eine Spannerraupe ausgesprochen plump und bucklig, auf den Segmenten 2, 5, 6, 7, 8 und 11 mit hohen, teilweise roten Rückenhöckern, Färbung ansonsten hellgrün oder bräunlich, oft heller gefleckt oder vorn und hinten braun, dazwischen grün gefärbt **(1b)**.
NAHRUNGSPFLANZEN Meist an Hängebirke (*Betula pendula*), gelegentlich an Rotbuche (*Fagus sylvatica*) und anderen Laubhölzern.
VORKOMMEN In feuchten Wäldern, in Heidegebieten, auch in Gärten stellenweise nicht selten.
WISSENSWERTES Die Falter fliegen jährlich in einer Generation. Die Raupe ähnelt einem Birkenfruchtzapfen. Die Jungraupe überwintert frei am Zweig. Die Verpuppung erfolgt am Boden.

Hängebirke > 334 | Rotbuche > 330

2 | Birken-Gürtelpuppenspanner *Cyclophora albipunctata* —Spanner Geometridae | Sp 20–25 mm

FALTER Flügel weißlich, oft rosa getönt, etwa in der Mitte jeweils mit einem roten Ringfleck, feiner, dunkler Punktierung und undeutlichen, aus schwarzen Punkten zusammengesetzten Linien **(2a)**.
RAUPE Bis 23 mm lang, zi emlich einfarbig hell bräunlich oder grünlich mit braunem Kopf, nur seitlich am 4. Segment ein schwarzer Punkt **(2b)**, oft aber auch dunkelbraun mit deutlicher Fleckenzeichnung.
NAHRUNGSPFLANZEN Meist an der Hängebirke (*Betula pendula*).
VORKOMMEN In lockeren Wäldern und auf mit Birken bewachsenen Heideflächen, nicht häufig.
WISSENSWERTES Die Falter fliegen jährlich meist in zwei Generationen, in ungünstigeren Lagen auch nur in einer. Die Raupe ruht in gestreckter Körperhaltung oder mit spiralig eingerolltem Vorderkörper meist an der Unterseite der Birkenblätter. Sie verwandelt sich – als große Ausnahme unter den Nachtfaltern – in eine Gürtelpuppe, die mit einem Gürtelfaden um die Körpermitte an einem Blatt befestigt ist. Dies gilt auch für die übrigen Arten dieser Gattung. Überwinterungsstadium ist die Puppe.

Hängebirke > 334

3 | Olivgrüner Bindenspanner *Chloroclysta siterata* —Spanner Geometridae | Sp 25–30 mm

FALTER Vorderflügel in der Grundfärbung oliv-bräunlich, mit einem dunkleren, zum Vorderrand erweiterten Mittelfeld und kurz vor der Spitze einem weißen Randfleck **(3a)**.
RAUPE Bis 27 mm lang, sehr schmal gebaut, hellgrün mit zwei spitzen Zipfeln am Hinterende, oft am Rücken mit roten Längsstrichen oder mit einfarbig rotem Bauch **(3b)**.
NAHRUNGSPFLANZEN An Laubhölzern wie Zitterpappel (*Populus tremula*), Salweide (*Salix caprea*), Stieleiche (*Quercus robur*), Bergahorn (*Acer pseudoplatanus*), Winterlinde (*Tilia cordata*) und Faulbaum (*Frangula alnus*).
VORKOMMEN In trocken und feuchten, Laubwäldern fast überall häufig.
WISSENSWERTES Die Falter fliegen jährlich in einer sehr lang gestreckten Generation. Sie schlüpfen im Spätsommer, ziehen sich im November in ein Winterquartier zurück und erscheinen wieder ab Ende Februar, um sich zu paaren und fortzupflanzen. Die Raupe sitzt frei auf der Nahrungspflanze. Sie verpuppt sich am Erdboden.

Zitterpappel > 328 | Salweide > 326 | Stieleiche > 332
Bergahorn > 338 | Winterlinde > 354 | Faulbaum > 352

1A

1B

2A

2B

3A

3B

1 Kleiner Kreuzdornspanner *Philereme vetulata* —Spanner Geometridae

Sp um 30 mm

FALTER Flügel am Außenrand wellenförmig gezähnt, unscheinbar graubraun mit nur schwach abgesetzten, dunkleren Wellenlinien **(1a)**.
RAUPE Bis 20 mm lang, ziemlich plump, Rücken schwärzlich, in der Mitte mit 2 schmalen, weißen Längsbinden; Körperseiten gelblich mit schwarzen Punkten **(1b)**.
NAHRUNGSPFLANZEN Vorwiegend an Echtem Kreuzdorn (*Rhamnus catharticus*) und Faulbaum (*Frangula alnus*).
VORKOMMEN An gebüschreichen Trockenhängen und Waldrändern, auch an Gebüschen in Feuchtgebieten; nicht häufig, wird aber vermutlich oft übersehen.
WISSENSWERTES Die unscheinbaren Falter fliegen jährlich in einer Generation. Das Ei überwintert. Die recht bunte Raupe verbirgt sich in einem sehr markanten, leicht zu findenden Schlupfwinkel. Sie faltet Blätter ihrer Nahrungspflanze zusammen und verspinnt sie zu einem blasenartigen Gehäuse, das etwas an eine Erbsenschote erinnert. Auch die Verpuppung erfolgt in diesem Gehäuse, gelegentlich wohl auch am Boden.

Echter Kreuzdorn > 352 | Faulbaum > 352
Eingriffeliger Weißdorn > 344

2 Kleiner Frostspanner *Operophtera brumata* —Spanner Geometridae

Sp 22–28 mm

FALTER Die Männchen und Weibchen sehen vollkommen unterschiedlich aus. Flügel des Männchens hellbraun bis blassgrau mit undeutlichen bräunlichen Querlinien **(2a)**. Das Weibchen **(2b)** ist flugunfähig. Es besitzt nur noch winzige Flügelstummel. Ähnlich aber weniger zahlreich ist der Buchen-Frostspanner (*Operophtera fagata*). Die Männchen sind etwas größer. Ihre Hinterflügel sind heller weißlichgrau mit einer deutlichen Mittellinie.
RAUPE Bis 20 mm lang, hell gelblich grün mit schmalen weißen Längsbinden **(2c)**. Die kleinen hellgrünen Räupchen schlüpfen im Frühjahr aus den überwinternden Eiern. Insbesondere im Mai nagen sie massenhaft an den Blättern. Die Räupchen spinnen sich zwischen jungen Blättern ein schwaches Gespinst, das sie vor Fressfeinden schützen soll. Trotzdem bilden sie im Frühjahr für einige Vogelarten (z. B. die Meisen) die Hauptnahrung für ihre Jungen.
NAHRUNGSPFLANZEN Bisher an über 100 verschiedenen Laubbäumen und Sträuchern nachgewiesen, u. a. an Haselnuss (*Corylus avellana*), Apfelbaum (*Malus domestica*), Schlehe (*Prunus spinosa*).
VORKOMMEN Einer unserer häufigsten Nachtfalter! Kommt in nahezu allen Lebensräumen mit Ausnahme von Wiesen- und Ackerflächen vor. Überall dort, wo für die Raupen geeignete Baum- und Straucharten wachsen – insbesondere in Obstwiesen. Selbst an völlig isoliert stehenden einzelnen Obstbäumen.
WISSENSWERTES Die nachtaktiven Falter erscheinen meist ab Mitte Oktober, wenn die Bodentemperatur längere Zeit auf ca. 5° C abgesunken ist. Sie fliegen dann bis zum Jahresende, sogar in Frostnächten. Die Männchen schwärmen nachts in Wäldern, Obstplantagen und Parks. Ihr nächtliches Treiben lässt sich sehr gut mit einer Taschenlampe beobachten. Insbesondere an den Stämmen der Laubbäume kann man dann auch die völlig unterschiedlich aussehenden Frostspanner-Pärchen beim Begattungsakt beobachten **(2d)**. Die an den Baumstämmen sitzenden Männchen findet man auch tagsüber problemlos. Selbst in den Städten sitzen die vom Licht angelockten Spanner oft in großer Zahl an den beleuchteten Schaufenstern der Geschäfte. Viele Obstbaumbesitzer bekämpfen die Art. Sie bringen im Herbst mit Klebstoff beschichtete Manschetten, sogenannte Leimringe, an den Stämmen ihrer Bäume an. Die flügellosen Weibchen schlüpfen im Boden aus den Puppen und klettern dann mit ihren sechs kräftigen Beinen den Stamm des Wirtsbaumes hinauf. Für sie stellen die Leimringe eine unüberwindbare Barriere dar.
Die sehr schnelle Ausbreitung der Art blieb lange Zeit rätselhaft. Die flugunfähigen Weibchen haben nur einen sehr beschränkten Aktionsradius und können auch nicht von den Männchen während der Paarung im Flug mitgetragen werden. Deshalb ist die Ausbreitung des Frostspanners den jungen Raupen vorbehalten. Die frischgeschlüpften Eiraupen spinnen Fäden und lassen sich an diesen mit dem Wind über weite Strecken verfrachten, ähnlich wie es die Jungspinnen im sogenannten Altweibersommer praktizieren. So ist die rasche Besiedlung neugepflanzter Anlagen oder völlig isoliert stehender Bäume zu erklären.

Haselnuss > 334 | Apfelbaum > 342 | Schlehe > 346
Winterlinde > 354 | Salweide > 326

1A

1B

2A

2B

2C

2D

1 | Eichen-Prozessionsspinner *Thaumetopoea processionea* —Zahnspinner Notodontidae | Sp 25–35 mm

JAN FEBR MÄRZ APRIL MAI JUNI JULI AUG SEPT OKT NOV DEZ

FALTER Vorderflügel grau, an der Basis deutlich heller, mit undeutlich abgesetzten, dunklen Querbinden; Hinterflügel weißlich, am Innenwinkel mit dunklem Punkt, der in eine schwache, graue Bogenlinie übergeht; Fühler beim Männchen **(1a)** stark, beim Weibchen schwach gekämmt.
RAUPE Bis 40 mm lang, mit breitem, schwarzem Rückenband, seitlich davon hellgrau; auf jedem Segment 8 gelbbraune Warzen mit Büscheln weißer, bis 10 mm langer Haare **(1b)**.
NAHRUNGSPFLANZEN Nur an der Stieleiche (*Quercus robur*) und anderen Eichenarten.
VORKOMMEN Vorzugsweise in warmen, etwas feuchten Eichenwäldern; in Mitteleuropa vor allem in klimatisch begünstigten Gebieten weit verbreitet (im Norden seltener) und mittlerweile fast überall recht häufig, in vielen Gegenden mit deutlicher Ausbreitungstendenz.
WISSENSWERTES Die nachtaktiven Falter fliegen jährlich in einer Generation. Das Weibchen legt die Eier in dichten Eispiegeln von ca. 100–200 Stück an Eichenzweige und überzieht sie mit einem bräunlichen Drüsensekret, in das einzelne Schuppenhaare eingebettet sind. Die etwa 20 mm großen Gelege überwintern und sind auf der Rinde nur sehr schwer zu entdecken. Die mit dem Laubaustrieb schlüpfenden Jungraupen marschieren gemeinsam in einer einreihigen Prozession zur Nahrungsquelle. Sie fressen die aufbrechenden Knospen aus und überziehen sie mit einem gemeinsamen Gespinst. Nach der 4. Häutung stellen sie am Stamm einen klammerbeutelartigen Gespinstsack her, in dem sie fortan ihre Ruhephasen gemeinsam verbringen **(1c)**. Gegen Abend verlassen sie jeweils das Gespinst in einer jetzt oft mehrreihigen Prozession, um an z. T. weit entfernten Zweigen zu fressen und meist bereits vor Tagesanbruch, gemeinsam zurückzukehren **(1d)**. Ab dem 3. Stadium besitzen sie winzige, nur etwa 1/3 mm lange Brennhaare, die am Rücken in dichten Polstern angeordnet sind und bei Beunruhigung regelrecht „abgeschossen" werden können. Diese Brennhaare sind mit bloßem Auge nicht sichtbar, schweben in der Nähe der Raupen oft in der Luft und führen bei den meisten Menschen zu erheblichen allergischen Reaktionen, wenn sie auf die Haut geraten. Meist kommt es zu geröteten und stark juckenden, blasigen Hautausschlägen, zusätzlich zu schmerzhaften Schleimhautreizungen, die vor allem in den Augen und in der Lunge sehr unangenehm sein können. Manche Menschen sind aber auch immun gegen das Gift der Brennhaare. Die Brennhaare sind übrigens auch in den Gespinstnestern enthalten und können noch nach über 10 Jahren ihre unheilvolle Wirkung verbreiten. Der Kuckuck ist unempfindlich gegenüber der Giftwirkung dieser Brennhaare und vertilgt die Raupen sogar mit besonderer Vorliebe. Die Raupen verpuppen sich meist in ihrem Gespinst, manchmal auch an der Stammbasis im Erdboden.

Stieleiche > 332

2 | Pinien-Prozessionsspinner *Thaumetopoea pityocampa* —Zahnspinner Notodontidae | Sp 35–45 mm

JAN FEBR MÄRZ APRIL MAI JUNI JULI AUG SEPT OKT NOV DEZ

FALTER Etwas größer als der Eichen-Prozessionsspinner, meist heller und kontrastreicher gezeichnet **(2b)**; Hinterflügel mit dunklem Fleck am Innenwinkel, ohne Binde.
RAUPE Bis 50 mm lang, am Rücken bis herab zu den Stigmen schwarz, darunter hellgrau gefärbt; oben dicht rostrot, an den Seiten weißlich behaart **(2c)**.
NAHRUNGSPFLANZEN Vorwiegend an der Waldkiefer (*Pinus sylvestris*) und weiteren *Pinus*-Arten, seltener auch an der Europäischen Lärche (*Larix decidua*) und anderen Koniferen.
VORKOMMEN In warmen, trockenen Kiefernforsten; im Mittelmeergebiet häufig. In Deutschland kommt die Art nicht vor.
WISSENSWERTES Der deutsche Name ist irreführend, da die Art nicht auf Pinien spezialisiert ist, sondern an verschiedenen Kiefernarten frisst. Die nachtaktiven Falter fliegen jährlich in einer Generation. Die Eier werden in ringförmigen Gelegen an Kiefernnadeln abgelegt. Die Raupen bauen kugelige Gespinste an den Zweigen der Nahrungspflanze **(2a)**. Sie überwintern halbwüchsig. Am Ende ihrer Entwicklung wandern sie in langer Prozession zum Verpuppungsplatz, um sich dort gemeinsam einzugraben.

Waldkiefer > 324 | Europäische Lärche > 324

1A

1B

1C

1D

2A

2B

2C

1 | **Großer Gabelschwanz** *Cerura vinula* —Zahnspinner Notodontidae | Sp 58–75 mm

FALTER Körper weißgrau, Hinterleib mit schmalen, schwarzen Querbinden; Vorderflügel ebenfalls weißgrau, vor dem Außenrand mit mehreren schmalen, schwarzen Bogenlinien **(1a)**.
RAUPE Bis 80 mm lang, leuchtend hellgrün mit schwarzbrauner, weiß gesäumter Rückenzeichnung, die in der Körpermitte zu jeder Seite dreieckig erweitert ist; Brustbeine schwarz, hell geringelt; Hinterende mit einer langen Schwanzgabel **(1b)**.
NAHRUNGSPFLANZEN An Zitterpappel (*Populus tremula*) und anderen Pappelarten sowie Salweide (*Salix caprea*).
VORKOMMEN Vorwiegend an etwas feuchten, sonnigen bis halbschattigen Stellen mit Pappel- und Weidenbeständen, z. B. an Wald- und Wegrändern sowie in Kiesgruben und am Ufer von Gewässern; in Mitteleuropa weit verbreitet.
WISSENSWERTES Die nachtaktiven Falter erscheinen jährlich in einer Generation. Das Weibchen legt die halbkugeligen, rotbraunen, etwa 1,5 mm großen Eier meist paarweise auf der Blattoberseite der Nahrungspflanze ab. Die im letzten Stadium auffallend große Raupe zeigt bei Beunruhigung ein recht imposantes Drohverhalten **(1b)**: Sie wendet dem Störenfried ihren Kopf zu und zieht ihn in das erste Brustsegment zurück, wodurch der Brustabschnitt stark aufgebläht wird und um die Kopfkapsel herum ein grell rot leuchtender Ring erscheint, der oben 2 schwarze Scheinaugen trägt. Zugleich wird die Schwanzgabel emporgestreckt und aus ihrer Spitze quellen rote, dünne Schläuche hervor, die zitternd-tänzelnde Bewegungen vollführen. Im roten Ring unter der Kopfkapsel ist außerdem als schmaler Spalt eine Drüsenmündung zu erkennen. Aus ihr kann die Raupe, wenn alles Drohen nicht den gewünschten Erfolg zeigt, dem Angreifer schließlich noch bis auf etwa 30 cm einen Tropfen Ameisensäure entgegenspritzen. Die Verpuppung erfolgt an der Rindenoberfläche, meist an der Stammbasis dicht über dem Erdboden. Die Raupe nagt sich hier eine flache Mulde und baut aus Spinnfäden und den abgenagten Spänen einen flach eiförmigen, sehr festen und dickwandigen Kokon, der äußerst schwer zu entdecken ist. In diesem Kokon überwintert die Puppe. Um später diesen Kokon überhaupt verlassen zu können, sondert der schlüpfende Falter eine Flüssigkeit ab, die die Kokonhülle aufweicht.

Zitterpappel > 328 | Salweide > 326

2 | **Hermelinspinner, Weißer Gabelschwanz** *Cerura erminea* —Zahnspinner Notodontidae | Sp 50–70 mm

FALTER Ähnlich dem Großen Gabelschwanz, doch insgesamt deutlich heller, fast schneeweiß mit nur schwach entwickelten, dunklen Zeichnungen **(2a)**; schwarze Querbinden auf der Oberseite des Hinterleibs sehr breit, viel breiter als die zwischen ihnen liegenden weißen Streifen.
RAUPE Bis 70 mm lang, sehr ähnlich der des Großen Gabelschwanzes; dunkler Rückenfleck seitlich mit einem schmalen Streifen bis zu den Bauchfüßen herabreichend, dieser Streifen hinten breit weiß gesäumt; Brustbeine einfarbig dunkelbraun **(2b)**.
NAHRUNGSPFLANZEN Vorzugsweise an Zitterpappeln (*Populus tremula*) und anderen Pappelarten, seltener auch an Salweide (*Salix caprea*), Korbweide (*Salix viminalis*) und weiteren schmalblättrigen Weidenarten.
VORKOMMEN An feuchten Stellen mit Pappel- und Weidenbeständen, besonders in Auwäldern und an Gewässerufern, in den meisten Gegenden deutlich seltener als der Große Gabelschwanz, in Ostdeutschland (Brandenburg) aber gebietsweise ziemlich häufig.
WISSENSWERTES Die Art fliegt jährlich meist in einer Generation, kann aber gelegentlich (vor allem in wärmebegünstigten Gebieten) eine zweite Generation hervorbringen. Die Eier sind deutlich flacher als beim Großen Gabelschwanz. Die Raupe lebt offenbar vorzugsweise im Kronenbereich und wird daher nur selten gefunden. Sie zeigt ein ähnliches Drohverhalten wie die der verwandten Art. Die Verpuppung erfolgt ebenfalls in einem sehr festen, ausgezeichnet getarnten, mit Rindenteilen vermischten Kokon an Baumrinde. Die Puppe überwintert.

Zitterpappel > 328 | Salweide > 326
Korbweide > 328

1A

1B

2A

2B

1/2 **Zickzackspinner** *Notodonta ziczac*
—Zahnspinner Notodontidae

Sp 37–48 mm

JAN FEBR MÄRZ APRIL MAI JUNI JULI AUG SEPT OKT NOV DEZ

FALTER Vorderflügel am Vorderrand hellgrau mit dunkleren Zeichnungen, in der hinteren Hälfte zimtbraun; in der Spitzenhälfte ein rundlicher, dunkelgrauer Fleck, der zur Flügelbasis hin von einem dunklen Bogenstreifen begrenzt wird **(1b)**.
RAUPE Bis 40 mm lang, auf dem 5. und 6. Segment mit einem spitzen, schräg nach hinten und auf dem 11. Segment einem nach oben gerichteten Höcker; Grundfärbung variabel, z. B. graugrün, rosaviolett oder hell gelbbraun, die Segmente meist zimtfarbig oder orange **(1a, 1c)**.
NAHRUNGSPFLANZEN Vorzugsweise an Zitterpappel (*Populus tremula*) und Salweide (*Salix caprea*), daneben aber auch an weiteren Laubbäumen und Sträuchern wie Hängebirke (*Betula pendula*) und Haselnuss (*Corylus avellana*).
VORKOMMEN Meist an etwas feuchten, halbschattigen, mit Pappel- und Weidengebüschen bewachse-nen Stellen, etwa an Waldwegen, in Kiesgruben oder am Rand von Mooren; in Mitteleuropa weit verbreitet und in den meisten Gegenden ziemlich häufig.
WISSENSWERTES Der nachtaktive Falter fliegt jährlich in tieferen Lagen fast überall in 2 Generationen. Die Eier werden in kleinen Gruppen an den Blättern der Nahrungspflanze abgelegt. Die Raupen ruhen in den Fresspausen meist an der Unterseite von Blattstielen oder Zweigen. Dabei winkeln sie meist das Hinterende mit den winzigen Nachschiebern gegenüber dem übrigen Körper stark ab und heben den vorderen Körperabschnitt etwas empor. In dieser zickzackförmigen Körperhaltung (Name) sind sie kaum noch als Raupe zu erkennen **(1c)**. Sie sind damit zwar gut etwa vor den Blicken von Vögeln geschützt, werden dafür aber von zahlreichen Parasiten, insbesondere Raupenfliegen und Schlupfwespen, heimgesucht. Auch das Schicksal der in **1c** abgebildeten Raupe ist bereits besiegelt. An ihrem Körper sind mehrere längliche, weiße Eier einer Raupenfliege zu erkennen. Die aus diesen Eiern schlüpfenden Maden werden in ihren Körper eindringen und sie in wenigen Tagen aufzehren. Die Raupen, die ihren Verfolgern entkommen sind, verpuppen sich am Ende ihrer Entwicklung in einem lockeren Gespinst am Boden oder dicht unter der Erdoberfläche. Die Entwicklung von der Eiablage bis zur Verpuppung kann unter günstigen Bedingungen nach etwa 4 Wochen abgeschlossen sein, sodass bereits Anfang Juli die ersten Falter der 2. Generation erscheinen. Ihre Nachkommen überwintern als Puppe.
ÄHNLICHE ART Große Ähnlichkeit mit der Raupe des Zickzackspinners besitzt die des wesentlich selteneren, aber an ähnlichen Orten vorkommenden **Gelbbraunen Zahnspinners** (*Notodonta torva*) **(2)**. Sie hat 3 noch etwas höhere Rückenhöcker, und der Höcker auf dem 11. Segment ist hinten rot und davor in einem schmalen Streifen weißlich gefärbt.

Zitterpappel > 328 | Salweide > 326
Hängebirke > 334 | Haselnuss > 334

3 **Dromedarspinner** *Notodonta dromedarius*
—Zahnspinner Notodontidae

Sp 35–45 mm

JAN FEBR MÄRZ APRIL MAI JUNI JULI AUG SEPT OKT NOV DEZ

FALTER Vorderflügel grau mit dunklen Zackenbinden und einer rötlichen und gelben Fleckenzeichnung **(3a)**.
RAUPE Bis 38 mm lang, auf dem 4., 5., 6., 7. und 11. Segment mit spitzen Rückenhöckern, von denen die vorderen am Ende rot und weiß gefleckt sind; Grundfärbung sehr variabel, meist gelbgrün, seltener olivbraun oder graubraun **(3b)**.
NAHRUNGSPFLANZEN Vorzugsweise an Hängebirke (*Betula pendula*) und Schwarzerle (*Alnus glutinosa*), seltener auch an Zitterpappel (*Populus tremula*), Salweide (*Salix caprea*) oder Haselnuss (*Corylus avellana*).
VORKOMMEN An trockenen und feuchten Stellen mit Birken und Erlen, etwa an Waldrändern und in Moor- und Heidegebieten, in den meisten Gegenden nicht selten.
WISSENSWERTES Die Falter fliegen meist in 2 Generationen im Jahr. Sie sind nachtaktiv und werden oft von künstlichen Lichtquellen angezogen, die Weibchen allerdings viel seltener als die Männchen. Die Raupe verpuppt sich im Erdboden. Die Puppe der 2. Generation überwintert.

Hängebirke > 334 | Schwarzerle > 336
Zitterpappel > 328 | Salweide > 326
Haselnuss > 334

1A

1B

1C

2

3A

3B

1/2 Pappel-Porzellanspinner *Pheosia tremula* —Zahnspinner Notodontidae

Sp 46–56 mm

FALTER Grundfarbe der Vorderflügel weißlich, am Vorderrand kurz vor der Spitze mit einem größeren, schwarzen Schrägfleck; Hinterrand schwarz mit 2–3 vom Außenrand ausgehenden, schmalen, weißlichen Keilflecken, davor zimtbraun **(1a)**.

RAUPE Bis 60 mm lang, auffallend schlank und stark glänzend, auf dem 11. Segment mit kegelförmigem Rückenhöcker, in 2 Färbungsvarianten:

1. hellgrün mit weißlich aufgehelltem Rücken und dunkelgrünem Bauch, Stigmen schwarz mit weißem Hof, darunter eine gelbe Längsbinde **(1c)**,
2. ziemlich einfarbig graubraun bis violettbraun, im Bereich der Stigmen oft mit dunklen Querbinden **(1b)**.

NAHRUNGSPFLANZEN Vorwiegend an Zitterpappel (*Populus tremula*) und anderen Pappelarten sowie Salweide (*Salix caprea*), Korbweide (*Salix viminalis*) und anderen Weiden.

VORKOMMEN Vorzugsweise in lockeren Wäldern, an Waldrändern und in Parkanlagen; in Mitteleuropa weit verbreitet und fast überall ziemlich häufig.

WISSENSWERTES Die nachtaktiven Falter erscheinen jährlich meist in 2 Generationen. Sie fliegen oft künstliche Lichtquellen an. Dabei erscheinen die Weibchen meist kurz nach Einbruch der Dunkelheit, die Männchen dagegen erst deutlich nach Mitternacht. Das Weibchen legt die flachen, weißlichen Eier einzeln oder in kleinen Gruppen an Blattunterseiten oder Zweige der Nahrungspflanze. Die Raupen halten sich meist in gut erreichbaren Höhen, oft an Stockausschlägen, auf und werden daher nicht selten gefunden. Die Verpuppung erfolgt im Erdboden in einer mit Gespinst ausgekleideten Höhle. Die Herbstpuppen überwintern.

ÄHNLICHE ART Der zum Verwechseln ähnliche, etwa gleich häufige **Birken-Porzellanspinner** (*Pheosia gnoma*) hat im schwarzen Streifen am Hinterrand des Vorderflügels einen ziemlich breiten, leuchtend weißen Keilfleck und daneben einen schmalen, weißen Strich **(2b)**. Seine stark glänzende Raupe hat auch bei brauner Grundfärbung ein gelbes Seitenband, das deutlich breiter ist als bei der anderen Art **(2a)**. Sie entwickelt sich meist an Birken, seltener auch an Pappeln.

Zitterpappel > 328 | Salweide > 326
Korbweide > 328

3 Erpelschwanz *Clostera curtula* —Zahnspinner Notodontidae

Sp 26–35 mm

FALTER Grundfärbung hell graubraun bis rötlich braun, am Rücken des Brustabschnitts mit dunkel kastanienbraunem Sattelfleck, Hinterende mit einem flachen, dunkelbraunen Afterbusch, der beim Männchen meist deutlich zweizipfelig ist; Vorderflügel mit schmalen, weißen Querbinden, am Außenrand mit großem, dunkelbraunem Fleck **(3b)**.

RAUPE Bis 35 mm lang, ziemlich untersetzt und fettig glänzend, auf dem 4. und 11. Segment mit niedrigem, schwarzem Rückenhöcker und feiner, weißer Behaarung; Grundfärbung sehr variabel, hell gelblich, grünlich oder dunkel schiefergrau, mit gelben Zeichnungen und feinen, schwarzen Flecken **(3a)**.

NAHRUNGSPFLANZEN Vorwiegend an Zitterpappel (*Populus tremula*), Salweide (*Salix caprea*), Korbweide (*Salix viminalis*) und anderen Pappel- und Weidenarten, gelegentlich wohl auch an anderen Laubbäumen.

VORKOMMEN In gebüschreichen Lebensräumen, etwa an Waldrändern, in Heckenlandschaften und in Gärten weit verbreitet und fast überall recht häufig.

WISSENSWERTES Die nachtaktiven Falter fliegen jährlich meist in 2 Generationen. In der Ruhehaltung werden die Vorderbeine gerade nach vorn gestreckt und die Hinterleibsspitze mit dem flachen Afterbusch („Erpelschwanz") zwischen den Flügeln emporgehoben **(3b)**. Durch diese eigenartige Körperhaltung und ihr Zeichnungsmuster sind die ruhenden Falter an Zweigen kaum zu entdecken. Die Eier werden in kleinen Gruppen an Blättern und Zweigen der Nahrungspflanze abgelegt. Die Raupen fressen vorwiegend nachts und halten sich tagsüber meist in einem Gehäuse aus flach miteinander versponnenen Blättern verborgen. Die Verpuppung erfolgt ebenfalls zwischen zusammengesponnenen Blättern. Die Herbstpuppen überwintern.

Zitterpappel > 328 | Salweide > 326
Korbweide > 328

1A

1B

2A

1C

2B

3A

3B

1 | **Palpenspinner** *Pterostoma palpina*
—Zahnspinner Notodontidae

Sp 35–52 mm

FALTER Kiefertaster („Palpen") auffallend verlängert, lang buschig behaart und gerade nach vorn gestreckt; Vorderflügel gelbbraun mit meist nur schwach entwickelten, dunkleren Zeichnungen, etwa in der Mitte des Hinterrandes (also beim sitzenden Falter am oberen Rand des Flügels) mit einem dreieckigen, am Rand lang bewimperten, zahnartigen Fortsatz **(1a)**.
RAUPE Bis 40 mm lang, mit etwas erniedrigtem Brustabschnitt und flachem Kopf, hell bläulich grün, am Rücken fast weißlich mit feinen, weißen Längslinien, seitlich vom Kopf bis zur Spitze der Nachschieber mit gelblich weißer, oben dunkel gesäumter Längsbinde, die am 1. Segment zusätzlich rosa gezeichnet ist **(1b)**.
NAHRUNGSPFLANZEN An Zitterpappel (*Populus tremula*), Salweide (*Salix caprea*), Korbweide (*Salix viminalis*) und anderen Pappeln und Weiden, nach Literaturangaben noch an weiteren Laubbäumen.
VORKOMMEN In verschiedenen mit Laubbäumen und Sträuchern bewachsenen Lebensräumen, etwa an Waldrändern, in Alleen, in Kiesgruben sowie in Gärten und Parkanlagen; bei uns fast überall ziemlich häufig.
WISSENSWERTES Der nachtaktive Falter fliegt jährlich meist in 2 Generationen und ruht tagsüber mit dachförmig aufgestellten Flügeln an Baumrinde oder einem Zweig. Die weit vorgestreckten Palpen und der lang bewimperte Zahn am Flügelrand verändern dabei den eigentlichen Körperumriss, sodass der Falter sehr schwer zu entdecken ist. Der eigenartige Zahn am Hinterrand des Vorderflügels ist auch bei einigen weiteren Zahnspinnern zu finden und war Anlass für den Familiennamen. Beide Geschlechter fliegen oft künstliche Lichtquellen an, die Weibchen oft bereits kurz nach Einbruch der Dämmerung, die Männchen meist erst nach Mitternacht. Die Eiablage erfolgt einzeln oder in kleinen Gruppen an Blätter der Nahrungspflanze. Die Jungraupe stellt ein sehr markantes Fraßbild her. Sie beginnt meist an der Blattspitze und verzehrt die Blattfläche beiderseits der Mittelrippe. In den Fresspausen sitzt sie auf der stehen gebliebenen, fadenartig vorstehenden Blattrippe **(1c)**. Die ältere Raupe dagegen sitzt meist am Blattstiel oder an einem Zweig. Die Verpuppung erfolgt am Boden in einem lockeren Kokon. Die Herbstpuppen überwintern.

Zitterpappel > 328 | Salweide > 326
Korbweide >328

2 | **Ahorn-Herbstspinner** *Ptilophora plumigera*
—Zahnspinner Notodontidae

Sp 31–40 mm

FALTER Männchen **(2a)** mit beiderseits sehr lang federartig gekämmten Fühlern, diese beim Weibchen **(2b)** mit kurzen Sägezähnen; Vorderflügel rostbraun oder graubraun mit etwas dunklerem, von 2 undeutlichen, gelbbraunen Linien begrenztem Mittelfeld.
RAUPE Bis 30 mm lang, glänzend hellgrün mit 2 schmalen, weißen Rückenlinien **(2c)**.
NAHRUNGSPFLANZEN Vorwiegend an Feldahorn (*Acer campestre*) und Bergahorn (*Acer pseudoplatanus*) sowie an weiteren Ahornarten.
VORKOMMEN Vor allem in lockeren Laub- und Mischwäldern sowie in Heckenlandschaften, Parkanlagen und Gärten; in Mitteleuropa weit verbreitet und vielerorts ziemlich häufig, im Norden und im höheren Bergland seltener.
WISSENSWERTES Die Falter fliegen jährlich in einer Generation und erscheinen ausgesprochen spät im Jahr, meist nach den ersten Nachtfrösten. Der Schwerpunkt der Flugzeit liegt im November, doch sind einzelne Falter manchmal noch Ende Dezember zu beobachten. Nach einem sehr frühen Wintereinbruch erscheinen die Tiere offenbar erst im Frühjahr. Vor allem die Männchen fliegen gern künstliche Lichtquellen an, meist bereits in der frühen Dämmerung. Das Weibchen legt die halbkugeligen, dunkelbraunen Eier in kleinen Gruppen an Ahornknospen ab. Ihr oberer Pol ist weiß; etwas weiter unten findet sich ein heller Ring. Die Jungraupe bohrt sich zunächst in eine Knospe ein, später frisst sie an den Blättern. Sie entwickelt sich sehr rasch (unter günstigen Temperaturbedingungen in weniger als 3 Wochen) und verpuppt sich am Boden in einem lockeren Gespinst.

Feldahorn > 338 | Bergahorn > 338

1A

1B

1C

2A

2B

2C

1 Kamelspinner *Ptilodon capucina*
—Zahnspinner Notodontidae

Sp 30–45 mm

FALTER Brustabschnitt mit kegelförmigem Haarschopf, („Kapuze" wissenschaftlicher Name) der an einen Kamelhöcker erinnert; Vorderflügel am Hinterrand mit deutlichem, einen schwarzen Haarschopf tragendem Zahn, hell gelbbraun bis dunkel rötlich braun mit 2 schwarzen Zackenbinden **(1a)**.
RAUPE Bis 30 mm lang, auf dem 11. Segment mit 2 zapfenartigen, roten Rückenhöckern; hellgrün oder rosabräunlich mit roten Beinen, seitlich in Höhe der Stigmen eine schmale, gelbe, rot gefleckte Längsbinde **(1b, 1c)**.
NAHRUNGSPFLANZEN An zahlreichen verschiedenen Laubbäumen und Sträuchern, u. a. Hängbirke (*Betula pendula*), Rotbuche (*Fagus sylvatica*), Stieleiche (*Quercus robur*), Zitterpappel (*Populus tremula*), Salweide (*Salix caprea*), Haselnuss (*Corylus avellana*) und Schwarzerle (*Alnus glutinosa*).
VORKOMMEN In vielen verschiedenen, mit Laubbäumen und Sträuchern bewachsenen Lebensräumen, z. B. an Waldrändern, an Alleen, in Gärten und Parkanlagen; in Mitteleuropa fast überall recht häufig.
WISSENSWERTES Die nachtaktiven Falter erscheinen jährlich in 2 Generationen. Sie ruhen tagsüber meist an Baumstämmen und sind hier hervorragend getarnt. Das Weibchen legt die Eier in kleinen Gruppen dicht neben den Blattrand an die Unterseite des Blattes. Die Jungraupen leben zunächst in kleinen Gesellschaften, zerstreuen sich aber mit zunehmendem Wachstum. Als Abwehrhaltung biegen sie ihren Vorderkörper halbkreisförmig nach hinten und strecken die Brustbeine nach außen; gleichzeitig heben sie ihr Hinterende empor. Diese interessante Körperhaltung wird aber meist nur für kurze Zeit eingenommen, wenig später sind die Raupen meist nicht mehr dazu zu bewegen. Die Verpuppung erfolgt am Boden oder dicht unter der Erdoberfläche in einer mit nur wenigen Gespinstfäden ausgekleideten Höhle. Die Herbstpuppen überwintern.

Hängebirke > 334 | Rotbuche > 330
Stieleiche > 332 | Zitterpappel > 328
Salweide > 326 | Haselnuss > 334
Schwarzerle > 336

2 Ahorn-Zahnspinner *Ptilodon cucullina*
—Zahnspinner Notodontidae

Sp 30–40 mm

FALTER Ähnlich dem Kamelspinner, Vorderflügel aber am Außenrand mit einem weißen, grau gezeichneten Fleck; durch diesen Fleck zieht sich außerdem ein bräunlicher Streifen **(2a)**.
RAUPE Bis 30 mm lang, hell gelblich oder grünlich mit fast weißem Rücken, auf den 4 vorderen Segmenten mit einem zusammenhängenden, dunklen Rückenfleck, Segmente 5 und 6 mit niedrigem Rückenhöcker, Segment 11 mit einem ziem-lich hohen Höcker mit roter Spitze (im Unterschied zur Raupe des Kamelspinners hier aber nur mit einem Höcker!) **(2b)**.
NAHRUNGSPFLANZEN An Feldahorn (*Acer campestre*) und Bergahorn (*Acer pseudoplatanus*).
VORKOMMEN Vorwiegend in trockenen bis mäßig feuchten Laubmischwäldern und an mit Gebüschen bewachsenen, warmen Hängen, auch in Gärten und Parkanlagen; in Mitteleuropa weit verbreitet und im Allgemeinen nicht selten, in den meisten Gebieten aber bei weitem nicht so häufig wie der Kamelspinner.
WISSENSWERTES Die Falter erscheinen jährlich in 1–2 Generationen; die 2. Generation ist dabei oft unvollständig. Sie fliegen gern an künstliche Lichtquellen, meist vor Mitternacht. Die weißen oder hell grünlichen, halbkugeligen Eier werden in kleinen Gruppen an Blättern und Zweigen der Nahrungspflanze abgelegt. Unter günstigen Temperaturbedingungen können die Raupen bereits nach etwa einer halben Woche schlüpfen. Die ausgewachsene Raupe hat kaum Ähnlichkeit mit der des nahe verwandten Kamelspinners, sondern viel eher mit der des Zickzackspinners. Sie besitzt auf den gleichen Segmenten wie diese unpaare Rückenhöcker, von denen die beiden vorderen nur angedeutet sind. Sie nimmt oft auch eine ganz ähnliche Ruhehaltung ein. Die Raupe verpuppt sich am Erdboden in einem lockeren Gespinst. Überwinterungsstadium ist die Puppe.

Feldahorn > 338 | Bergahorn > 338

1A

1B

1C

2A

2B

1 Mondvogel *Phalera bucephala* —Zahnspinner Notodontidae

Sp 48–65 mm

JAN FEBR MÄRZ APRIL MAI JUNI JULI AUG SEPT OKT NOV DEZ

FALTER Vorderseite des abgestutzten Brustabschnittes mit dem nach unten versetzten Kopf gelb gefärbt; Vorderflügel hellgrau mit dunklen Querstreifen und am Außenrand einem gelben, runden Fleck **(1a)**.
RAUPE Bis 70 mm lang, gelb mit 7 schwarzen, in der Mitte jedes Segmentes durch einen gelben Ring unterbrochenen Längsbinden, ziemlich lang und fein flaumig weiß behaart **(1b, 1d)**; Kopf schwarz, vorn mit gelber Zeichnung in Form eines umgedrehten „Y" **(1e)**.
NAHRUNGSPFLANZEN An zahlreichen verschiedenen Laubbäumen und Sträuchern, u. a. Salweide (*Salix caprea*), Hängebirke (*Betula pendula*), Stieleiche (*Quercus robur*), Winterlinde (*Tilia cordata*), Rotbuche (*Fagus sylvatica*), Haselnuss (*Corylus avellana*) und Zitterpappel (*Populus tremula*).
VORKOMMEN In sonnigen bis halbschattigen Lebensräumen mit Laubbäumen und Gebüschen, etwa in lockeren Laubwäldern und in Gärten und Parkanlagen; fast überall häufig.
WISSENSWERTES Die nachtaktiven Falter fliegen jährlich in einer Generation. Sie täuschen durch ihre Form und Zeichnung geradezu perfekt einen abgebrochenen, morschen Zweig vor. Das Weibchen legt die halbkugeligen Eier in größeren, sehr regelmäßig angeordneten Eispiegeln an die Blattunterseite **(1c)**. Die weißlichen Eier tragen am oberen Pol einen dunklen Punkt. Die Jungraupen bleiben zunächst zusammen und verzehren mit parallel zueinander angeordneten Körpern in so genannten „Raupenspiegeln" gemeinsam das Blatt **(1b)**. Im vorletzten oder im letzten Stadium beginnen sie sich zu zerstreuen. Auf der Suche nach einem geeigneten Verpuppungsplatz legen sie oft größere Wegstrecken zurück, um sich schließlich im Boden zu vergraben. Die Verpuppung erfolgt in einer mit nur wenig Gespinst ausgekleideten Höhle. Die Puppe überwintert, gelegentlich zweimal.

Salweide > 326 | Hängebirke > 334
Stieleiche > 332 | Winterlinde > 354
Rotbuche > 330 | Haselnuss > 334
Zitterpappel > 328

2 Buchen-Zahnspinner *Stauropus fagi* —Zahnspinner Notodontidae

Sp 45–64 mm

JAN FEBR MÄRZ APRIL MAI JUNI JULI AUG SEPT OKT NOV DEZ

FALTER Vorderflügel graubraun mit hellerem Flügelansatz, oft mit dunklerem, durch helle Zackenbinden abgesetztem Mittelfeld; Hinterflügel in der Vorderhälfte wie die Vorderflügel, dahinter einfarbig grau **(2a)**.
RAUPE Bis 60 mm lang, von ausgesprochen skurriler Gestalt; 2. und 3. Brustbeinpaar stark verlängert, letzte 3 Hinterleibsringe zu einem keulenartigen Anhang umgebildet, der am Ende statt der Nachschieber 2 gebogene, antennenartige Fortsätze trägt; Jungraupe sehr dünn und lang gestreckt, schwarzbraun gefärbt, ausgewachsene Raupe rotbraun oder graubraun, mit sehr massigem Körper **(2b)**.
NAHRUNGSPFLANZEN An vielen verschiedenen Laubbäumen und Sträuchern, vor allem an Rotbuche (*Fagus sylvatica*), Hainbuche (*Carpinus betulus*), Haselnuss (*Corylus avellana*), Stieleiche (*Quercus robur*), Hängebirke (*Betula pendula*) und Feldahorn (*Acer campestre*).
VORKOMMEN In Laubwäldern und Mischwäldern, auch in Parkanlagen fast überall ziemlich häufig.
WISSENSWERTES Die nachtaktiven Falter erscheinen über einen recht langen Zeitraum. Dabei ist nicht ganz klar, ob es sich um zwei Generationen oder um unterschiedliche Schlüpfzeiten der einzelnen Exemplare handelt. Beim Sitzen werden die Hinterflügel weit unter den Vorderflügeln hervorgeschoben **(2a)**. In dieser Haltung setzt sich das Muster der Vorderflügel auf dem frei liegenden Teil der Hinterflügel fort (der verborgene Teil ist dagegen einfarbig grau!). Die skurrile Raupe nimmt bei Beunruhigung eine sehr imposante Gestalt an, indem sie ihren Vorderkörper emporreckt und die langen Beine weit ausstreckt; gleichzeitig klappt sie ihr kolbenförmiges Hinterleibsende über den mittleren Rumpfabschnitt **(2b)**. Dabei erinnert sie an eine gefährlich anmutende, räuberische Fangschrecke. Die Jungraupe ähnelt dagegen einer großen Ameise. Die Verpuppung erfolgt am Boden in einem dichten Gespinst. Die Puppe überwintert.

Rotbuche > 330 | Hainbuche > 336
Haselnuss > 334 | Stieleiche > 332
Hängebirke > 334 | Feldahorn > 338

1A

1B

1C

1D

1E

2A

2B

1 Pergamentspinner *Harpyia milhauseri*
—Zahnspinner Notodontidae

Sp 40–52 mm

JAN FEBR MÄRZ APRIL MAI JUNI JULI AUG SEPT OKT NOV DEZ

FALTER Vorderflügel weißlich grau mit dunklen Längsadern, 2 kleinen, dunklen Flecken am Vorderrand und in größerer Ausdehnung verdunkeltem Hinterrand, parallel zum Außenrand mit verwaschener, gelbbrauner Binde, die den dunklen Teil am Hinterrand unterbricht **(1a)**.
RAUPE Bis 60 mm lang, von sehr bizarrer Gestalt; 4. Segment mit langem, am Ende gegabeltem Rückenfortsatz, die folgenden 5 Segmente mit Rückenhöckern und jeweils einem kleinen, gegabelten Fortsatz, 11. Segment mit hohem, spitzem Rückenhöcker und 2 seitlichen Spitzen, Nachschieber zu kurzen Zipfeln umgewandelt; Färbung leuchtend grün, Rücken und Körperflanken teilweise gelbbraun, Kopf hellbraun, oben mit 2 Spitzen **(1b)**.
NAHRUNGSPFLANZEN Vorwiegend an Stieleiche (*Quercus robur*) und Rotbuche (*Fagus sylvatica*), seltener auch an Hainbuche (*Carpinus betulus*), Hängebirke (*Betula pendula*) und einigen weiteren Laubbäumen.
VORKOMMEN Vorzugsweise in warmen Eichenwäldern, seltener auch in Buchenwäldern und sonstigen Laubwäldern, gelegentlich auch in Parkanlagen und Gärten; in Mitteleuropa weit verbreitet, aber fast überall nur vereinzelt.
WISSENSWERTES Die wenig auffälligen, nachtaktiven Falter fliegen jährlich meist in einer, unter günstigen Bedingungen auch in 2 Generationen. Die Eier werden einzeln oder in kleinen Gruppen meist an der Blattunterseite abgelegt. Die sehr attraktiven Raupen scheinen sich vorwiegend in den höheren Bereichen der Baumkronen zu entwickeln und werden daher nicht oft gefunden. Die Jungraupe befrisst das Blatt von der Mitte aus und lässt dabei die Blattadern stehen. Sie ruht in ringförmig zusammengekrümmter Körperhaltung. Später frisst sie vom Blattrand aus und verzehrt die ganze Blattfläche. Die ausgewachsene Raupe ist durch ihre merkwürdige Gestalt und die körperauflösende, scheckige Zeichnung hervorragend getarnt. In der Ruhehaltung wird, wie bei verschiedenen anderen Zahnspinnerraupen, der Kopf etwas abgesenkt und der hintere Körperabschnitt angewinkelt. Zur Verpuppung nagt sie, ähnlich wie die Raupen der Gabelspinner, eine flache Mulde in die Baumrinde und stellt aus den Nagespänen und ihren Spinnfäden einen sehr festen, flacheiförmigen Kokon her. Dieser wird meist 1–2 Meter über dem Boden angelegt und ist sehr schwer zu finden, leichter nach dem Schlüpfen des Falters durch das auffällige Schlupfloch. Die Puppe überwintert. Viele Puppen fallen allerdings Spechten und anderen Vögeln zum Opfer, die die Kokons nicht selten aufpicken.

Stieleiche > 332 | Rotbuche > 330
Hainbuche > 336 | Hängebirke > 334

2 Silberfleck-Zahnspinner *Spatalia argentina*
—Zahnspinner Notodontidae

Sp 32–40 mm
RL V

JAN FEBR MÄRZ APRIL MAI JUNI JULI AUG SEPT OKT NOV DEZ

FALTER Brustabschnitt am Rücken mit kegelförmigem Haarschopf, Hinterleibsspitze beim Männchen **(2a)** mit seitwärts gegabeltem Schwanzpinsel; Vorderflügel graubraun bis hell rötlichbraun, in der Mitte mit einem dreieckigen Silberfleck, der von kleineren Silberflecken umrahmt wird, am Hinterrand mit großem, rostrot beschupptem Zahn.
RAUPE Bis 50 mm lang, an einen knorrigen Eichenzweig erinnernd, graubraun oder rotbraun mit knotigen Rückenhöckern auf dem 4. und 11. Segment **(2b)**.
NAHRUNGSPFLANZEN An Stieleiche (*Quercus robur*) und anderen Eichenarten, nach Literaturangaben angeblich auch an Pappeln und Weiden.
VORKOMMEN In warmen, lockeren Eichenwäldern; in Mitteleuropa in wärmebegünstigten Gebieten, z. B. im Rheintal und im südlichen Steigerwald, auch im Nordosten Deutschlands, aber überall ziemlich selten.
WISSENSWERTES Die Falter fliegen jährlich in 2 Generationen. Die Raupen benötigen als Nahrung harte Eichenblätter; das junge Eichenlaub wird von ihnen schlecht vertragen. Im ersten Stadium verzehrt die Raupe nur die oberen Zellschichten und ruht am Blattrand. Später frisst sie das ganze Blatt, lässt aber die Adern stehen und benutzt diese als Ruheplatz. Überwinterungsstadium ist die Puppe.

Stieleiche > 332

1A

1B

2A

2B

1/2 **Pfeileule** *Acronicta psi* —Eulen Noctuidae

Sp 30–40 mm

JAN FEBR MÄRZ APRIL MAI JUNI JULI AUG SEPT OKT NOV DEZ

FALTER Vorderflügel meist hellgrau, seltener graubraun oder braun mit mehreren schwarzen, verzweigten Längsstrichen, die z. T. wie Pfeile aussehen **(1a)**; diese Zeichnungen aber oft nicht so deutlich wie auf der Abbildung.
RAUPE Bis 38 mm lang, auf dem Rücken des 4. Segments ein sehr hoher schwarzer, behaarter, fingerförmiger Zapfen, auf dem 11. Segment ein kegelförmiger, deutlich niedrigerer; schwarz mit gelbem Rückenband und weißer Seitenbinde, dazwischen rote Querstriche **(1b)**.
NAHRUNGSPFLANZEN An vielen verschiedenen Laubbäumen und Sträuchern, u. a. an Salweide (*Salix caprea*), Hainbuche (*Carpinus betulus*), Haselnuss (*Corylus avellana*), Hängebirke (*Betula pendula*), Rotbuche (*Fagus sylvatica*), Eingriffeligem Weißdorn (*Crataegus monogyna*) und Schlehe (*Prunus spinosa*).
VORKOMMEN An Waldrändern, Gärten und vielen anderen mit Gebüschen bewachsenen Lebensräumen und fast überall häufig.
WISSENSWERTES Die nachtaktiven Falter fliegen oft künstliche Lichtquellen an und gehen auch gern an Schmetterlingsköder. Sie sitzen tagsüber meist an Baumstämmen, wo sie durch ihre Zeichnung ausgezeichnet getarnt sind. Im Jahr erscheinen in der Regel 2 Generationen. Die sehr auffällige Raupe hält sich auch auf größeren Bäumen meist an Zweigen in Kopfhöhe auf und ist daher leicht zu finden. Sie verpuppt sich in morschem Holz oder am Erdboden. Die Puppe überwintert.
ÄHNLICHE ART Die sehr ähnliche, in den meisten Gegenden deutlich seltenere **Dreizack-Pfeileule** (*Acronicta tridens*) besitzt eine dunklere, meist braune Grundfärbung. Sie ist von dunkel gefärbten Exemplaren der Pfeileule nur sicher durch Genitaluntersuchung des Männchens zu unterscheiden. Viel einfacher ist sie dagegen durch ihre Raupe zu erkennen **(2)**. Diese besitzt einen viel niedrigeren Höcker auf dem 4. Segment und auf dem 11. einen kaum erkennbaren Höcker. Sie ähnelt der Raupe des Schwans (>288), tendiert aber mehr zu orangefarbenen statt roten Farbtönen.

Salweide > 326 | Hainbuche > 336
Haselnuss > 334 | Hängebirke > 334
Rotbuche > 330 | Eingriffeliger Weißdorn > 344
Schlehe > 346

3 **Erlen-Rindeneule** *Acronicta alni* —Eulen Noctuidae

Sp 33–38 mm

JAN FEBR MÄRZ APRIL MAI JUNI JULI AUG SEPT OKT NOV DEZ

FALTER Vorderflügel hellgrau oder bräunlich mit schwarzer Querbinde und schwarzem Hinterrand, außerdem mit weniger deutlichen, dunklen Zeichnungen, darunter einem dunkel gekernten Ringfleck vor der Querbinde **(3b)**.
RAUPE Bis 35 mm lang, mit paarigen, am Ende spatelförmig erweiterten Haaren, in der Jugend vorn bräunlich, ab dem 9. Segment weißlich gefärbt **(3c)**, im letzten Stadium schwarz mit leuchtend gelben Rückenflecken **(3a)**.
NAHRUNGSPFLANZEN Vorwiegend an Schwarzerle (*Alnus glutinosa*) und anderen Erlenarten, daneben auch an Zitterpappel (*Populus tremula*), Salweide (*Salix caprea*), Haselnuss (*Corylus avellana*), Bergahorn (*Acer pseudoplatanus*), Schlehe (*Prunus spinosa*) und einigen weiteren Laubbäumen und Sträuchern.
VORKOMMEN Vorwiegend in etwas feuchten Laubwäldern, etwa Erlenbruchwäldern, daneben aber z. B. auch auf Streuobstwiesen und gelegentlich sogar in Gärten; in Mitteleuropa weit verbreitet, aber an den Fundorten meist nur vereinzelt.
WISSENSWERTES Die Falter erscheinen jährlich in einer Generation, z. T. zusätzlich in einer meist unvollständigen zweiten. Die Jungraupe unterscheidet sich sehr deutlich vom letzten Raupenstadium. In der Ruhehaltung krümmt sie ihren Vorderkörper so weit ein, dass der Kopf neben dem 8. Segment zu liegen kommt. In dieser Haltung sieht sie exakt so aus wie ein Vogelexkrement **(3c)**. Die ausgewachsene Larve dagegen entspricht mit ihrem gelbschwarzen Zeichnungsmuster dem weit verbreiteten Wespenschema, das möglichen Angreifern eine besondere Wehrhaftigkeit symbolisiert **(3a)**. Zur Verpuppung bohrt sie sich in morsches Holz ein. Die Puppe überwintert.

Schwarzerle > 336 | Zitterpappel > 328
Salweide > 326 | Haselnuss > 334
Bergahorn > 338 | Schlehe > 346

1A

1B

2

3A

3B

3C

1 Ahorn-Rindeneule *Acronicta aceris*
—Eulen Noctuidae

Sp 35–45 mm

FALTER Schwer von den anderen Arten dieser Seite zu unterscheiden, aber etwas größer als diese; Vorderflügel grau mit feiner, dunklerer Fleckenzeichnung, in der Flügelmitte ein dunkler Ringfleck **(1a)**.
RAUPE Länge bis 40 mm, grau mit einer Reihe rautenförmiger, schwarz umrandeter, weißer Rückenflecke und regelmäßig angeordneten, gelben oder orangefarbenen Haarbüscheln **(1b)**.
NAHRUNGSPFLANZEN Vorzugsweise an Bergahorn (*Acer pseudoplatanus*), Gewöhnlicher Rosskastanie (*Aesculus hippocastanum*) und Stieleiche (*Quercus robur*) und einigen weiteren Laubbäumen und Sträuchern.
VORKOMMEN Vor allem in lockeren Laubwäldern und an Alleen; weit verbreitet, aber nicht häufig.
WISSENSWERTES Die Falter fliegen jährlich in 1–2 Generationen. Die unverwechselbare Raupe rollt sich bei der leichtesten Erschütterung zu einer Art Igel zusammen und ist dann kaum noch als Raupe zu erkennen **(1c)**. Sie verpuppt sich in einem Kokon, in den auch ihre Haare mit eingesponnen sind. Die Puppe überwintert.

Bergahorn > 338 | Gewöhnliche Rosskastanie > 352
Stieleiche > 332 | Salweide > 326 | Haselnuss > 334

2 Großkopf-Rindeneule *Acronicta megacephala*
—Eulen Noctuidae

Sp um 35 mm

FALTER Vorderflügel grau mit kaum erkennbarer dunklerer Zeichnung, in der Flügelmitte ein heller Ringfleck und vor der Flügelspitze eine, etwas hellere Fläche **(2a)**.
RAUPE Bis 35 mm lang, deutlich abgeflacht mit auffallend großem, schwarz gestreiftem Kopf und langer, seitlich abstehender, heller Behaarung; Färbung grau oder bräunlich, mit dunklen, rot gepunkteten Rückenflecken, auf dem 10. Segment ein großer, hellgelber Fleck **(2b)**.
NAHRUNGSPFLANZEN Vorzugsweise an der Zitterpappel (*Populus tremula*) und weiteren Laubgehölzen.
VORKOMMEN Vor allem in feuchten Laubwäldern, in den meisten Gebieten nicht selten.
WISSENSWERTES Die Falter fliegen jährlich in 1–2 Generationen. Die Raupe ruht meist in hakenförmig eingekrümmter Körperhaltung **(2b)**. Die Verpuppung erfolgt in bis zu 3 m Höhe an Baumstämmen unter loser Rinde. Die Puppe überwintert.

Zitterpappel > 328 | Salweide > 326
Stieleiche > 332

3 Wolfsmilch-Rindeneule *Acronicta euphorbiae*
—Eulen Noctuidae

Sp 22–28 mm
RL 2

FALTER Vorderflügel grau, fast ohne jede Zeichnung **(3a)**.
RAUPE Bis 36 mm lang, dunkelgrau bis schwarz, auf dem Rücken des 2. Segments mit roter Querbinde, auf den folgenden Segmenten paarige, gelbe Flecke, unter den Stigmen eine rote Längsbinde **(3b)**.
NAHRUNGSPFLANZEN Vorzugsweise an Zypressenwolfsmilch (*Euphorbia cyparissias*) und Gemeiner Schafgarbe (*Achillea millefolia*).
VORKOMMEN An trockenen, offenen Stellen wie Trockenrasen und Binnendünen, ziemlich selten.
WISSENSWERTES Die nachtaktiven Falter fliegen jährlich meist in 2 Generationen. Die Raupen sind tagaktiv und an ihren Nahrungspflanzen meist leicht zu finden. Sie verpuppen sich unter Steinen in einem festen Kokon. Die Puppe überwintert.

Zypressenwolfsmilch > 382
Gemeine Schafgarbe > 370 | Heidelbeere > 356
Besenginster > 350 | Hängebirke > 334
Gagelstrauch > 330

1A
1B
2A
1C
3A
2B
3B

1 | Ampfer-Rindeneule *Acronicta rumicis* —Eulen Noctuidae | Sp 30–35 mm

FALTER Ähnlich den Arten der vorangegangenen Seite, am Hinterrand des Vorderflügels aber mit einem kleinen hakenförmigen, weißen Fleck **(1a)**.
RAUPE Länge bis 38 mm, Grundfärbung rotbraun oder graubraun mit grauen und braunen Borstenbüscheln, in der Rückenmitte eine Reihe roter Punkte, daneben weißliche Flecke, unter den Stigmen ein gelblich weißes, rot geflecktes Längsband **(1b)**.
NAHRUNGSPFLANZEN An vielen verschiedenen Kräutern und Holzgewächsen, u. a. an Salweide (*Salix caprea*), Stumpfblättrigem Ampfer (*Rumex obtusifolius*), Brombeere (*Rubus fruticosus*)und Löwenzahn (*Taraxacum officinale*).
VORKOMMEN In sehr verschiedenen, meist offenen Lebensräumen, fast überall häufig.
WISSENSWERTES Die Falter fliegen jährlich meist in 2, z. T. sogar in 3 Generationen. Die tagsüber frei sichtbaren Raupen verpuppen sich am Erdboden oder zwischen Pflanzen in einem pergamentartigen Kokon. Überwinterungsstadium ist die Puppe.

Salweide > 326 | Stumpfblättriger Ampfer > 422
Brombeere > 340 | Zypressenwolfsmilch > 382
Besenheide > 356 | Spitzwegerich > 426
Gemeine Flockenblume > 414 | Löwenzahn > 394

2 | Ried-Weißstriemeneule *Simyra albovenosa* —Eulen Noctuidae | Sp 30–35 mm

FALTER Vorderflügel weißlich oder leicht bräunlich mit oft undeutlichen, grauen Längsstrichen **(2a)**.
RAUPE Bis 35 mm lang, Grundfärbung heller oder dunkler grau, mit schwärzlicher Rückenbinde, seitlich davon gelb und rot gefleckten Längsstreifen und unter den Stigmen einer weißen Längsbinde, außerdem mit orangefarbenen, jeweils ein Borstenbüschel tragenden Warzen **(2b)**.
NAHRUNGSPFLANZEN Oft an Schilfrohr (*Phragmites australis*) und Rohrglanzglas (*Phalaris arundinacea*) oder Waldsegge (*Carex sylvatica*) und anderen Sauergräsern, aber auch an verschiedenen Kräutern wie Gemeinem Gilbweiderich (*Lysimachia vulgaris*) und Wiesenplatterbse (*Lathyrus palustris*).
VORKOMMEN Auf Feuchtwiesen, ziemlich selten.
WISSENSWERTES Die Falter erscheinen jährlich in 2 Generationen. Die tag- und nachtaktiven Raupen sitzen meist frei auf den Nahrungspflanzen. Sie verpuppen sich zwischen Pflanzenteilen. Überwinterungsstadium ist die Puppe.

Schilfrohr > 434 | Rohrglanzgras > 432
Waldsegge > 434 | Gemeiner Gilbweiderich > 390
Wiesenplatterbse > 378

3 | Liguster-Rindeneule *Craniophora ligustri* —Eulen Noctuidae | Sp 30–35 mm

FALTER Vorderflügel dunkeloliv bräunlich, in der Mitte mit deutlicher Ringzeichnung, am Flügelansatz und vor dem Außenrand weißlich **(3a)**.
RAUPE Bis 30 mm lang, ziemlich untersetzt, hellgrün mit wenigen langen, dünnen Haaren, weißer Rückenlinie und seitlich davon einem schmalen, gelben Streifen **(3b)**.
NAHRUNGSPFLANZEN Vor allem an Gewöhnlicher Esche (*Fraxinus excelsior*) und Liguster (*Ligustrum vulgare*), auch an Gemeinem Flieder (*Syringa vulgaris*).
VORKOMMEN In lockeren Laubwäldern und Gebüschen, im Allgemeinen nicht selten.
WISSENSWERTES Die Falter fliegen jährlich meist in 2 Generationen. Die im Gegensatz zu den übrigen Haareulenraupen (= Arten dieser und derer vorangegangener Seiten) nur schwach behaarten Raupen sind an ihren Nahrungspflanzen sehr gut getarnt. Überwinterungsstadium ist die Puppe.

Gewöhnliche Esche > 358 | Liguster > 358
Gemeiner Flieder > 358

1A

1B

2A

2B

3A

3B

1 Blaues Ordensband *Catocala fraxini* —Eulen Noctuidae

Sp 75–95 mm
RL V §

FALTER Größter europäischer Eulenfalter. Vorderflügel graubraun mit 2 doppelten, dunklen Zackenbinden, in der Mitte ein runder, heller Fleck; Hinterflügel schwarz mit bogenförmiger, hellblauer Binde **(1a)**.
RAUPE Bis 90 mm lang, hell graubraun, deutlich abgeflacht und am Seitenrand mit Haarfransen, oben auf dem 8. Segment ein dunkler Querwulst **(1b)**.
NAHRUNGSPFLANZEN An Zitterpappel (*Populus tremula*) und anderen Pappelarten, nach Literaturangaben auch an anderen Laubbäumen.
VORKOMMEN Vorzugsweise in feuchten Laubwäldern, besonders Auwäldern, daneben auch an Pappelalleen und sogar in Gärten; in Mitteleuropa weit verbreitet, aber in den meisten Gegenden nur vereinzelt.
WISSENSWERTES Die auffallend großen und schönen Falter erscheinen jährlich in einer Generation. Sie fliegen bereits kurz nach Sonnenuntergang und sind gelegentlich an blutenden Bäumen oder überreifen Früchten bei der Nahrungsaufnahme zu beobachten. Wie die übrigen Ordensbänder lassen sie sich relativ leicht durch alkoholhaltige Schmetterlingsköder anlocken. Anders als die meisten anderen Ordensbänder fliegen sie auch regelmäßig Lichtquellen an und sind daher gelegentlich morgens an nachts beleuchteten Hauswänden und unter Straßenlampen zu finden. Normalerweise ruhen sie tagsüber an Baumstämmen und sind dort in ihrer Ruhehaltung mit flach aneinander gelegten Vorderflügeln schwer zu entdecken. Bei Beunruhigung spreizen sie die Flügel auseinander und präsentieren die farbigen Hinterflügel. Den damit verbundenen Schreckeffekt können sie u.U. zur Flucht nutzen; möglicherweise soll er dem Angreifer auch einfach eine Wehrhaftigkeit vortäuschen, die der Falter aber offensichtlich gar nicht besitzt. Die Eier werden in kleinen Gruppen an Pappelrinde abgelegt und überwintern. Die Raupe hält sich offenbar vorzugsweise im Kronenbereich der Bäume auf und wird daher nur selten gefunden. Sie schmiegt sich tagsüber fest an einen Zweig an und verschmilzt dank ihrer Färbung sowie der flachen Unterseite und der seitlichen Haarfransen völlig mit ihrer Unterlage. Die Verpuppung erfolgt am Erdboden in einem lockeren Gespinst.

Zitterpappel > 328

2 Rotes Ordensband *Catocala nupta* —Eulen Noctuidae

Sp 65–75 mm
§

FALTER Vorderflügel sehr ähnlich wie beim Blauen Ordensband, doch im Allgemeinen etwas kontrastärmer gezeichnet; Hinterflügel rot mit einer breiten, schwarzen Saumbinde, in der Flügelmitte eine weitere, etwas geknickte schwarze Binde, die kurz vor dem Hinterrand endet **(2a)**.
RAUPE Bis 70 mm lang, hellgrau oder rötlich braun, mit gelblichem Höcker auf dem 8. Segment, sonst sehr ähnlich der Raupe des Blauen Ordensbandes **(2b)**.
NAHRUNGSPFLANZEN An Korbweide (*Salix viminalis*) und anderen schmalblättrigen Weidenarten sowie Zitterpappel (*Populus tremula*) und weiteren Pappelarten.
VORKOMMEN Vor allem in feuchten Laubwäldern, regelmäßig auch in Parkanlagen und Gärten; weit verbreitet und fast überall ziemlich häufig, das bei weitem häufigste heimische Ordensband.
WISSENSWERTES Die Falter erscheinen jährlich in einer Generation. Sie sind vorwiegend nachtaktiv, fliegen manchmal aber bereits in der Abenddämmerung oder sogar tagsüber (besonders bei sehr schwüler Witterung). Wie die anderen Ordensbänder saugen sie vorzugsweise an blutenden Bäumen und an gärendem Obst, fliegen aber eher selten an künstliche Lichtquellen. Die Eier werden an der Baumrinde abgelegt und überwintern. Die nachtaktive Raupe ruht tagsüber an einem Zweig oder Baumstamm und ist dort sehr schwer zu entdecken, manchmal versteckt sie sich auch unter loser Rinde. Nicht selten liegen ihre Ruheplätze in mehreren Metern Entfernung von den Fraßplätzen. Die Verpuppung erfolgt in einem lockeren Gespinst zwischen Blättern oder unter loser Borke.
ÄHNLICHE ARTEN Fünf weitere, wesentlich seltenere Ordensbänder mit roten Hinterflügeln.

Korbweide > 328 | Zitterpappel > 328

1A

1B

2A

2B

1/2 Gelbes Ordensband *Catocala fulminea*
—Eulen Noctuidae

Sp 45–52 mm
RL 3 §

JAN FEBR MÄRZ APRIL MAI JUNI JULI AUG SEPT OKT NOV DEZ

FALTER Vorderflügel kontrastreicher gezeichnet als bei den übrigen Ordensbändern, etwa in der Mitte mit einer weißgrauen, nach hinten verschmälerten und den Hinterrand nicht erreichenden Querbinde, äußere Zackenbinde nahe dem Vorderrand mit 2 sehr langen, nach außen gerichteten Zacken; Hinterflügel gelb mit 2 bogenförmigen, schwarzen Querbinden, die äußere kurz vor dem Ende unterbrochen **(1a)**.
RAUPE Bis 60 mm lang, grau oder braun, auf dem 8. Segment mit sehr langem, fingerförmigem Hautzapfen **(1b)**.
NAHRUNGSPFLANZEN Meist an Schlehe (*Prunus spinosa*), gelegentlich auch an weiteren Sträuchern aus der Familie der Rosengewächse.
VORKOMMEN An warmen und trockenen, gebüschreichen Stellen, z. B. in lockeren Laubwäldern, auf verbuschenden Trockenrasen und in aufgelassenen Weinbergen; in Deutschland vor allem in wärmebegünstigten Gegenden, ziemlich selten, in der letzten Zeit fast überall deutlich zurückgehend.
WISSENSWERTES Die nachtaktiven Falter fliegen jährlich in einer Generation. Sie werden gelegentlich von Lichtquellen angelockt und gehen auch gern an blutende Bäume und Schmetterlingsköder. Die an Zweigen abgelegten Eier überwintern. Die Raupe ruht wie die übrigen Ordensbandraupen tagsüber eng an Zweige angeschmiegt. Der lange Höcker imitiert dabei den Stumpf eines abgebrochenen Zweiges.
ÄHNLICHE ART Das mit 35–43 mm Spannweite etwas kleinere **Südliche Gelbe Ordensband** (*Catocala nymphagoga*) hat weniger kontrastreich gezeichnete Vorderflügel und eine breitere Saumbinde im Hinterflügel **(2a)**. Es fehlt in Deutschland, ist aber im Mittelmeergebiet bis zum Südrand der Alpen fast überall ziemlich häufig. Seine hellgrau bis bräunlich gefärbte Raupe hat einen niedrigen Höcker auf dem 8. Segment und entwickelt sich an verschiedenen Eichenarten **(2b)**. Bei Beunruhigung schnellt sie sich von ihrem Zweig davon und lässt sich zu Boden fallen.

Schlehe > 346

3 Zackeneule, Zimteule *Scoliopteryx libatrix*
—Eulen Noctuidae

Sp 40–45 mm

JAN FEBR MÄRZ APRIL MAI JUNI JULI AUG SEPT OKT NOV DEZ

FALTER Vorderflügel mit stark gezacktem Außenrand, zimtbraun mit rosa Tönung, in der Basalhälfte mit orangefarbenen Zeichnungen **(3a)**.
RAUPE Länge bis 50 mm, auffallend lang gestreckt, hellgrün mit einer gelbweißen Seitenlinie **(3b)**.
NAHRUNGSPFLANZEN An Salweide (*Salix caprea*), Korbweide (*Salix viminalis*), Zitterpappel (*Populus tremula*) und anderen Weiden- und Pappelarten.
VORKOMMEN In vielen verschiedenen Lebensräumen mit Weiden- und Pappelbeständen, etwa in Laubwäldern, Kiesgruben, bachbegleitenden Gehölzstreifen und auch in Gärten weit verbreitet und fast überall ziemlich häufig.
WISSENSWERTES Die Falter sind nachtaktiv und mit ihrem ziemlich festen Saugrüssel in der Lage, Früchte anzustechen. So wurde schon mehrfach beobachtet, dass sie bei Nacht ihren Rüssel in Brombeeren bohrten und den Saft saugten. Sie fliegen jährlich meist in 2 Generationen, in kühleren Regionen nur in einer. Die erste Generation erscheint ab Ende Juni. Sie wird im Spätsommer von der 2. Generation abgelöst, deren Falter im Spätherbst Höhlen, feuchte Keller und ähnliche Quartiere aufsuchen, um dort den Winter zu verbringen. In einigen Höhlen der Schwäbischen Alb, besonders solchen, in denen Wasser fließt, sind in jedem Winter, einzelne Falter zu entdecken. Sie sitzen hier meist an der Decke, manchmal zu mehreren dicht nebeneinander. Oft sind sie über und über mit Wassertröpfchen bedeckt, sodass sie im Lampenschein wie mit Perlen besetzt glitzern **(3c)**. Sie benötigen eine hohe Luftfeuchtigkeit, um die Winterruhe zu überleben. Zu trockene Räume werden von ihnen meist bereits nach kurzer Zeit wieder verlassen. Manchmal schon im Februar, spätestens Ende April erscheinen sie wieder im Freien, um an den Nahrungspflanzen Eier abzulegen. Die Raupen befressen die Zweige meist von der Spitze her. Sie verpuppen sich an der Pflanze zwischen zusammengesponnenen Blättern oder am Erdboden.

Salweide > 326 | Korbweide > 328
Zitterpappel > 328

1A

1B

2A

3A

2B

3B

3C

1 | Scheck-Tageule *Callistege mi* —Eulen Noctuidae

Sp 25–30 mm ☀

JAN FEBR MÄRZ APRIL MAI JUNI JULI AUG SEPT OKT NOV DEZ

FALTER Vorderflügel graubraun, in der Mitte mit einer ornamentalen, kontrastreich abgesetzten Zeichnung, die an das Profil einer Faschingsmaske erinnert **(1a)**; Hinterflügel dunkelbraun mit weißen oder gelblichen, bogenförmigen Binden und Flecken.
RAUPE Bis 40 mm lang, auffallend schmal und lang gestreckt, unbehaart und mit nur 2 funktionsfähigen Bauchbeinpaaren; Grundfärbung blass gelbbraun bis weißlich gelb, am Rücken eine schmale, helle Linie, daneben zwei breite, dunkle Längsbinden, die auch in mehrere feine, braune Linien aufgeteilt sein können, unter den Stigmen ein weißliches Längsband **(1b)**.
NAHRUNGSPFLANZEN An verschiedenen Schmetterlingsblütlern wie Rotklee (*Trifiolium pratense*), Flügelginster (*Genista sagittalis*), Echtem Steinklee (*Melilotus officinalis*) und Vogelwicke (*Vicia cracca*).
VORKOMMEN Vorwiegend in trockenem, offenem Gelände, etwa an Waldrändern, auf Trockenrasen und mageren Bergwiesen, daneben auch auf Feuchtwiesen im Randbereich von Mooren, nicht aber auf überdüngten, intensiv bewirtschafteten Fettwiesen; weit verbreitet und in den meisten Gegenden nicht selten.
WISSENSWERTES Die Falter fliegen jährlich in einer Generation. Nur selten treten im Hochsommer einzelne Exemplare einer unvollständigen 2. Generation auf. Die Falter sind als große Ausnahme unter den Eulen ausschließlich tagaktiv und im Sonnenschein öfters beim Blütenbesuch zu beobachten. Sie sind recht scheu uns sitzen meist mit leicht geöffneten Vorderflügeln. Sie schwärmen teilweise noch bis in die Dämmerung, stellen aber spätestens bei Einbruch der Dunkelheit alle Aktivitäten ein. Die Raupen fressen sowohl tagsüber als auch bei Nacht. Sie bewegen sich ähnlich wie Spanneraupen, von denen sie aber leicht durch die beiden Bauchbeinpaare zu unterscheiden sind. Oft werden sie nicht an ihren Nahrungspflanzen, sondern z. B. an Gräsern ruhend gefunden. Vermutlich sind verschiedene Literaturangaben, die nicht Schmetterlingsblütler, sondern Vertreter anderer Pflanzenfamilien als Nahrungspflanzen nennen, auf derartige Beobachtungen ruhender Raupen zurückzuführen. Die Raupen sind erschütterungsempfindlich und lassen sich bei Störungen leicht fallen. Sie rollen sich dabei eng zusammen und sind dann am Boden schwer zu entdecken. Die Verpuppung erfolgt in einem Kokon am Boden oder an einer Pflanze. Die Puppe überwintert.

Rotklee > 400 | Flügelginster > 348
Echter Steinklee > 378 | Vogelwicke > 416

2 | Braune Tageule *Euclidia glyphica* —Eulen Noctuidae

Sp 25–30 mm ☀

JAN FEBR MÄRZ APRIL MAI JUNI JULI AUG SEPT OKT NOV DEZ

FALTER Vorderflügel graubraun mit 2 dunkelbraunen Querbinden, einer dunklen Saumbinde und einem ebenso gefärbten, dreieckigen Fleck kurz vor der Flügelspitze; Hinterflügel dunkelbraun mit gelblicher Zeichnung **(2a)**.
RAUPE Bis 40 mm lang, ähnlich der Raupe der Scheck-Tageule, doch mit 3 Bauchbeinpaaren, von denen das 1. etwas kleiner ist; Grundfärbung gelbbraun mit feinen, dunklen Längsstreifen und heller Seitenbinde **(2c)**.
NAHRUNGSPFLANZEN An verschiedenen Schmetterlingsblütlern wie Luzerne (*Medicago sativa*), Gemeinem Hornklee (*Lotus corniculatus*), Vogelwicke (*Vicia cracca*), Rotklee (*Trifolium pratense*), Wiesenplatterbse (*Lathyrus pratensis*) und Hufeisenklee (*Hippocrepis comosa*).
VORKOMMEN In trocken und feuchten, offenen Lebensräumen, z. B. auf Moorwiesen, blütenreichen Bergwiesen und Trockenrasen, in Mitteleuropa weit verbreitet und fast überall ziemlich häufig.
WISSENSWERTES Die Falter fliegen jährlich meist in 2 Generationen. Sie sind, ähnlich wie die verwandte Scheck-Tageule, ausschließlich tagaktiv und oft beim Blütenbesuch zu beobachten. Das Weibchen legt die Eier reihenweise auf die Blätter der Nahrungspflanze **(2b)**, gelegentlich aber auch an trockene Grasblätter. Die Raupe ruht tagsüber meist an der Nahrungspflanze. Sie bewegt sich ähnlich wie eine Spannerraupe. Die Verpuppung erfolgt am Boden. Überwinterungsstadium ist die Puppe.

Luzerne > 416 | Gemeiner Hornklee > 380
Vogelwicke > 416 | Rotklee > 400
Wiesenplatterbse > 378 | Hufeisenklee > 382

1A

1B

2A

2B

2C

1 Eisenhut-Höckereule *Euchalcia variabilis*
—Eulen Noctuidae

Sp 33–38 mm
RL V

JAN FEBR MÄRZ APRIL MAI JUNI JULI AUG SEPT OKT NOV DEZ

FALTER Vorderflügel graubraun, oft olivfarben getönt, mit rosafarbenen Bereichen und 4 schmalen, hellen Querlinien, die mehr oder weniger parallel zum Außenrand verlaufen **(1a)**.
RAUPE Bis 35 mm lang, mit nur 2 Paar Bauchbeinen, Grundfärbung gelb mit vielen Haar tragenden, schwarzen Punktwarzen, in der Rückenmitte eine dunkelgraue Linie, Bauch grünlich grau **(1b)**.
NAHRUNGSPFLANZEN Vorwiegend am Wolfs-Eisenhut (*Aconitum vulparia*), seltener an der Akeleiblättrigen Wiesenraute (*Thalictrum aquilegifolium*).
VORKOMMEN Vorwiegend an feuchtschattigen Stellen im Bergland, etwa in Schluchtwäldern oder am Rand von Bachtälern; ziemlich verbreitet.
WISSENSWERTES Die Falter fliegen jährlich in einer Generation. Die Raupen überwintern sehr klein. Nach der Überwinterung kann man sie verhältnismäßig leicht zwischen zusammengefalteten, etwas angewelkten Eisenhutblättern finden. Oft sitzen die älteren Raupen aber auch frei auf der Nahrungspflanze.

Wolfs-Eisenhut > 372 | Gelber Eisenhut > 372
Akeleiblättrige Wiesenraute > 398

2 Eisenhut-Goldeule *Polychrysia moneta*
—Eulen Noctuidae

Sp 32–37 mm

JAN FEBR MÄRZ APRIL MAI JUNI JULI AUG SEPT OKT NOV DEZ

FALTER Vorderflügel gelblich braun mit dunkleren Adern, etwa in der Mitte eine silbrig weiße, ringförmige Zeichnung **(2a)**.
RAUPE Bis 35 mm lang, ziemlich untersetzt und nur mit 2 Paar Bauchfüßen; grün mit hellerem Rücken, neben dem Rücken 2 schmale, weiße Linien **(2b)**.
NAHRUNGSPFLANZEN Vorwiegend am Wolfs-Eisenhut (*Aconitum vulparia*) und anderen Eisenhutarten.
VORKOMMEN Vorwiegend an feuchtschattigen Stellen in Wäldern, gelegentlich auch in offenem Gelände; vor allem im süddeutschen Bergland, nach Norden seltener.
WISSENSWERTES Die Art bewohnt oft gemeinsam mit der Eisenhut-Höckereule die gleichen Lebensräume. Die Raupen wachsen z. T. schnell heran und ergeben noch im Hochsommer eine 2. Faltergeneration, andere gehen wie die Nachkommen der 2. Generation in die Winterruhe. Die Jungraupen verspinnen die Blätter an der Triebspitze miteinander, die älteren nagen von unten her die Blattfläche an, sodass dann Teile des Blattes schlaff herunterhängen. Darunter halten sie sich tagsüber meist verborgen. Die Verpuppung erfolgt in einem leuchtend gelben Kokon an der Nahrungspflanze oder unter Blättern in deren Nähe.

Wolfs-Eisenhut > 372 | Gelber Eisenhut > 372

3 Wiesenrauten-Goldeule *Lamprotes c-aureum*
—Eulen Noctuidae

Sp um 35 mm
RL 2

JAN FEBR MÄRZ APRIL MAI JUNI JULI AUG SEPT OKT NOV DEZ

FALTER Voderflügel bräunlich violett, am Außen- und Hinterrand mit großen, goldenen Flecken **(3a)**.
RAUPE Bis 35 mm lang, nur mit 2 Bauchfußpaaren, hell graugrün mit dunkelgrünen Schrägflecken, am Rücken mit zahlreichen Höckern **(3b)**.
NAHRUNGSPFLANZEN An Akeleiblättriger Wiesenraute (*Thalictrum aquilegifolium*), gelegentlich auch an anderen Hahnenfußgewächsen.
VORKOMMEN Vorwiegend an feuchtschattigen Standorten, insbesondere in Schluchtwäldern und Auwäldern; vor allem im süddeutschen Bergland, überall ziemlich selten.
WISSENSWERTES Die Falter fliegen jährlich in einer Generation. Die Jungraupen überwintern. Die Raupen ruhen in gekrümmter Haltung an der Blattunterseite und sind hier durch ihre Form auflösende Zeichnung sehr gut getarnt.

Akeleiblättrige Wiesenraute > 398

1A

2A

1B

2B

3A

3B

1 | **Gammaeule** *Autographa gamma* —Eulen Noctuidae

Sp 35–40 mm ☀

JAN FEBR MÄRZ APRIL MAI JUNI JULI AUG SEPT OKT NOV DEZ

FALTER Grundfärbung der Vorderflügel hell graubraun oder rötlich braun, mit schwarzbraunen oder rotbraunen Zeichnungen, in der Flügelmitte eine silbrig weiße „Gamma"-förmige Zeichnung; Hinterflügel gelbbraun mit breitem, dunklem Außensaum **(1a, 1b)**.

RAUPE Bis 35 mm lang, nach vorn etwas verjüngt und mit nur 2 Bauchfußpaaren; hellgrün mit schmalen, hellen Rückenlinien und einer etwas breiteren, weißen Längsbinde in Höhe der Stigmen; Kopf jederseits meist mit einem schwarzen Streifen **(1c)**.

NAHRUNGSPFLANZEN An vielen verschiedenen krautigen Pflanzen aus unterschiedlichsten Verwandtschaftskreisen, u. a. an Luzerne (*Medicago sativa*), Kopfsalat (*Lactuca sativa*), Großer Brennnessel (*Urtica dioica*), Gemüsekohl (*Brassica oleracea*), Rotklee (*Trifolium pratense*).

VORKOMMEN Vorwiegend in offenem Gelände, auf Kulturflächen ebenso wie auf unbearbeitetem Gelände aller Art, überall sehr häufig.

WISSENSWERTES Die Gammaeule ist der häufigste Wanderfalter in Mitteleuropa, gleichzeitig hier aber auch heimisch. Die Falter sind fast während der gesamten wärmeren Jahreszeit zu beobachten; am zahlreichsten treten sie im Hochsommer in Erscheinung. Die Überwinterung erfolgt im Raupenstadium, möglicherweise aber hin und wieder auch als Falter oder Puppe. Bei uns kann die Art offenbar nur in klimatisch begünstigten Gebieten den Winter überstehen. Die heimischen Bestände werden dann aber immer wieder durch Zuwanderer aus Südeuropa aufgefrischt. Die Generationenfolge ist nicht klar zu erkennen, man kann jedoch jährlich von 2–3 Faltergenerationen ausgehen. Die Falter sind vorwiegend nachts, oft aber auch tagsüber beim Blütenbesuch zu beobachten **(1b)**. Die Eier werden vom Weibchen einzeln an der Blattunterseite abgelegt. Die Raupen entwickeln sich mit besonderer Vorliebe an verschiedenen Kulturpflanzen und können dabei bisweilen Schäden anrichten. Die Verpuppung erfolgt in einem weißlichen Gespinst zwischen Blättern.

Luzerne > 416 |Kopfsalat > 394
Große Brennnessel > 424 | Gemüsekohl > 374
Rotklee > 400 | Wilde Möhre > 366
Wiesensalbei > 420 |Löwenzahn > 394

2 | **Messingeule** *Diachrysia chrysitis* —Eulen Noctuidae

Sp 28–35 mm

JAN FEBR MÄRZ APRIL MAI JUNI JULI AUG SEPT OKT NOV DEZ

FALTER Vorderflügel rötlich braun mit 2 großen, grüngolden glänzenden Metallflecken, die oft durch eine Brücke miteinander verbunden sind **(2a)**.

RAUPE Bis 35 mm lang, mit nur 2 Bauchfußpaaren, hellgrün oder blaugrün, Rücken heller mit nicht immer sehr deutlichen, grünen Winkelflecken, seitlich eine schmale, weißliche Längsbinde **(2b)**.

NAHRUNGSPFLANZEN Mit Vorliebe an der Großen Brennnessel (*Urtica dioica*), daneben aber auch an Gefleckter Taubnessel (*Lamium maculatum*), Natternkopf (*Echium vulgare*) und weiteren krautigen Pflanzen.

VORKOMMEN Vorwiegend in offenem bis halbschattigem Gelände, etwa an Waldrändern, auf Brachland und in Gärten, fast überall häufig.

WISSENSWERTES Die Messingeule wird neuerdings von einigen Autoren in 2 Arten aufgetrennt, die sich vor allem an der Flügelzeichnung unterscheiden sollen. Tiere, bei denen die beiden Metallflecke durch eine deutliche Brücke verbunden sind (wie bei dem in **2a** abgebildeten Exemplar), werden danach der Art *Diachrysia stenochrysis* zugeordnet, während solche mit getrennten Flecken „echte" *D. chrysitis* sind. Da es aber auch Übergangsformen gibt, ist diese Auffassung sehr umstritten. Eine sichere Bestimmung ist nur durch DNA-Analyse möglich. Die Messingeule fliegt bei uns meist in 2 Generationen im Jahr. Die Falter sind oft in der Dämmerung beim Blütenbesuch zu beobachten, manchmal auch tagsüber. Die Jungraupen halten sich meist auf der Nahrungspflanze auf und ruhen an der Blattunterseite. Die nachtaktiven älteren Raupen verbergen sich dagegen tagsüber meist am Boden und kommen erst zur Nahrungsaufnahme aus ihren Verstecken hervor. Die Überwinterung erfolgt als halbwüchsige Raupe.

Große Brennnessel > 424
Gefleckte Taubnessel > 408 | Natternkopf > 420

1A

1B

1C

2A

2B

1 Lattichmönch *Cucullia lactucae*
—Eulen Noctuidae

Sp um 50 mm
RL V §

FALTER Eulenfalter mit vergleichsweise stromlinienförmigem Körperbau und Flügelschnitt, dadurch etwas an einen kleinen Schwärmer erinnernd; auf dem Rücken des Brustabschnitts mit einem kapuzenförmigen, grauen Haarschopf, der den Kopf nach vorn überragt; Vorderflügel grau mit dunklen Längsadern und verschwommenen, dunklen Querbinden **(1a)**.

RAUPE Bis 50 mm lang, weißlich, am Rücken und an den Seiten mit leuchtend gelben Längsbinden, zwischen ihnen paarige, schwarze Rückenflecke **(1b)**.

NAHRUNGSPFLANZEN Vorwiegend an Kompasslattich (*Lactuca serriola*) und anderen Latticharten, auch am Kopfsalat (*Lactuca sativa*).

VORKOMMEN Vorzugsweise in halbschattigen bis schattigen Lebensräumen, insbesondere in verschiedenen Waldtypen und ihren Saumbereichen, auch auf Ruderalflächen und gelegentlich in Gärten; vor allem im süddeutschen Bergland, doch nirgends häufig, in Norddeutschland sehr selten.

WISSENSWERTES Etwas breitflügliger als der sehr ähnliche **Kräutermönch** (*Cucillia lucifusa*). Die Falter fliegen jährlich in einer Generation. Sie sind nachtaktiv, kommen aber wie die meisten Möncharten eher selten an künstliche Lichtquellen. Tagsüber ruhen sie an Baumrinde oder Pflanzenstängeln und sind dort durch ihre unscheinbare Färbung schwer zu entdecken. Viel leichter findet man die auffällig gezeichneten Raupen, die tagsüber meist völlig frei auf der Nahrungspflanze sitzen. Ihre sehr auffällige Färbung ist vermutlich ein Warnsignal, das einen möglichen Angreifer auf ihren unangenehmen Geschmack hinweisen soll. Die Raupen ernähren sich vorzugsweise von den Blütenknospen, Blüten und unreifen Früchten ihrer Nahrungspflanze und gehen erst, wenn diese verzehrt sind, an die Blätter. Die Verpuppung erfolgt in einem unterirdischen Kokon. Die Puppe überwintert, gelegentlich mehrfach.

Kompasslattich > 396 | Kopfsalat > 394
Raue Gänsedistel > 396

2 Braunwurzmönch *Cucullia scrophulariae*
—Eulen Noctuidae

Sp um 45 mm
§

FALTER Wie der Lattichmönch mit deutlichem, aber noch längerem Haarschopf auf dem Brustabschnitt; Vorderflügel hell rötlich braun, am Vorderrand dunkelbraun mit hellgrauer Bestäubung, am Hinterrand weißlich **(2a)**.

RAUPE Bis 50 mm lang, Grundfärbung weiß mit leicht bläulicher Tönung, auf jedem Segment mit 3 gelben Flecken, die von dicken, schwarzen Punkten und Strichen eingerahmt werden **(2b)**.

NAHRUNGSPFLANZEN Vorwiegend an der Geflügelten Braunwurz (*Scrophularia umbrosa*) und anderen Braunwurzarten, seltener auch an der Mehligen Königskerze (*Verbascum lychnitis*) und anderen Arten dieser Gattung.

VORKOMMEN Vorzugsweise an etwas feuchten, offenen bis halbschattigen Stellen, etwa an Waldsäumen, an Gräben und in Kiesgruben, im südlichen und mittleren Deutschland weit verbreitet und meist nicht selten, im Norden offenbar fehlend.

WISSENSWERTES Die Falter fliegen jährlich in einer Generation. Die Eier werden einzeln an Blütenknospen und Blüten der Nahrungspflanze abgelegt. Die auffälligen Raupen sitzen stets völlig frei auf der Pflanze. Auch bei dieser Art ist die Färbung offensichtlich als Warnfärbung zu deuten, die wohl auf einen unangenehmen Geschmack hinweist. Die Raupen halten sich vorzugsweise im Bereich der Blütenstände auf und verzehren hier Knospen, Blüten und heranreifende Früchte. Erst wenn diese aufgezehrt sind, werden auch die Blätter befressen. Zur Verpuppung gräbt sich die Raupe in den Erdboden ein und stellt dort einen sehr festen Kokon her. Die Überwinterung erfolgt als Puppe.

ÄHNLICHE ART Der sehr ähnliche, in den meisten Gegenden viel häufigere **Braune Mönch** *(Cucullia verbasci)* ist am Vorderrand des Vorderflügels dunkel rotbraun ohne hellgraue Bestäubung. Seine Raupe **(3)** ist äußerst schwer von der des Braunwurzmönchs zu unterscheiden. Ihre Färbung ist reinweiß ohne bläuliche Tönung, und die schwarzen Punkte sind etwas feiner. Sie lebt außerdem vorzugsweise an Königskerzen, seltener an Braunwurz-Arten.

Geflügelte Braunwurz > 410
Mehlige Königskerze > 370

1A

1B

2A

2B

3

1 | Pyramideneule *Amphipyra pyramidea* —Eulen Noctuidae

Sp 40–52 mm

JAN FEBR MÄRZ APRIL MAI JUNI JULI AUG SEPT OKT NOV DEZ

FALTER Vorderflügel graubraun, mit rußfarbenem, zur Flügelspitze durch eine helle Binde scharf abgesetztem, zur Basis dagegen kaum kontrastierendem Mittelfeld, darin eine weißliche, ringförmige Zeichnung **(1a)**.
RAUPE Bis 42 mm lang, bläulichgrün mit zahlreichen weißlichen Punkten, heller, in den Segmenten 3-5 unterbrochener Seitenlinie und einem massiven, kegelförmigen Rückenhöcker **(1b)**.
NAHRUNGSPFLANZEN An verschiedenen Laubbäumen und Sträuchern, u. a. an Salweide (*Salix caprea*), Haselnuss (*Corylus avellana*) und Gewöhnlicher Esche (*Fraxinus excelsior*).
VORKOMMEN Vor allem in Wäldern, Gärten und Parkanlagen, überall ziemlich häufig.
WISSENSWERTES Etwas seltener ist die erst 1968 von der Pyramideneule abgetrennte **Svenssons Pyramideneule** (*Amphipyra berbera*) die lebhafter gezeichnet ist. Die Falter fliegen jährlich in einer Generation. Die Eier werden an der Rinde abgelegt und überwintern. Die Raupe sitzt frei an der Unterseite von Zweigen, ist hier aber durch ihre Färbung und den aufgehellten Rücken (Gegenschattierung!) gut getarnt.

Salweide > 326 | Haselnuss > 334 | Himbeere > 340
Bergahorn > 338 | Gewöhnliche Esche > 358

2 | Sphinxeule *Asteroscopus sphinx* —Eulen Noctuidae

Sp um 45 mm

JAN FEBR MÄRZ APRIL MAI JUNI JULI AUG SEPT OKT NOV DEZ

FALTER Körper auffallend pelzig behaart, Vorderflügel graubraun mit dunkelbraunen und schwarzen Längsstrichen **(2b)**.
RAUPE Bis 50 mm lang, ähnlich der Raupe der Pyramideneule, aber ohne helle Punkte und mit stumpfem, niemals kegelförmig zugespitztem Höcker auf dem 11. Segment **(2a)**.
NAHRUNGSPFLANZEN An vielen verschiedenen Laubbäumen und Sträuchern, u. a. an Salweide (*Salix caprea*), Haselnuss (*Corylus avellana*), Stieleiche (*Quercus robur*).
VORKOMMEN In Wäldern und Gebüschen, auf Streuobstwiesen weit verbreitet und im Allgemeinen nicht selten.
WISSENSWERTES Die nachtaktiven Falter fliegen jährlich in einer Generation, meist nach den ersten Nachtfrösten. Die Eier überwintern. Die tag- und nachtaktiven Raupen ruhen meist an der Unterseite von Zweigen mit halbkreisförmig erhobenem Vorderkörper und abgespreizten Beinen in der „Sphinx"-Haltung.

Salweide > 326 | Haselnuss > 334 | Stieleiche > 332
Schlehe > 346 | Feldahorn > 338
Gewöhnliche Esche > 358

3 | Blaukopf *Diloba caeruleocephala* —Eulen Noctuidae

Sp 30–40 mm

JAN FEBR MÄRZ APRIL MAI JUNI JULI AUG SEPT OKT NOV DEZ

FALTER Vorderflügel braun mit violetter Tönung, am Vorderrand mit silbrig weißem, dunkler gekerntem Fleck **(3a)**.
RAUPE Bis 40 mm lang, grauweiß mit gelben Rücken- und Seitenflecken und schwarzen, Borsten tragenden Punktwarzen **(3b)**.
NAHRUNGSPFLANZEN An holzigen Rosengewächsen, vor allem an der Schlehe (*Prunus spinosa*), daneben aber z. B. auch an Apfelbaum (*Malus domestica*) und Zwetschge (*Prunus domestica*).
VORKOMMEN Vorzugsweise an Waldrändern und in Gebüschen, in Mitteleuropa vor allem im Bergland weit verbreitet, aber nicht häufig.
WISSENSWERTES Die nachtaktiven Falter fliegen jährlich in einer Generation. Die Eier überwintern.

Schlehe > 346 | Apfelbaum > 342
Eingriffeliger Weißdorn > 344 | Zwetschge > 344

1A

1B

2A

2B

3A

3B

1 | Schwarzes Ordensband *Mormo maura*
—Eulen Noctuidae

Sp 55–65 mm
RL V

FALTER Vorderflügel dunkelbraun, mit schwarzbraunem Mittelfeld, das sich zum Vorderrand hin in einzelne, annähernd würfelförmige Flecke auflöst **(1a)**; Hinterflügel schwarzbraun mit 2 undeutlich abgesetzten, hellen Querbinden.
RAUPE Bis 70 mm lang, heller oder dunkler graubraun, mit schwarzem Querstreifen oben auf dem 11. Segment, hellen seitlichen Schrägstreifen und orangefarbenen Stigmen **(1b)**.
NAHRUNGSPFLANZEN An verschiedenen Laubbäumen und Sträuchern wie Korbweide (*Salix viminalis*), Schwarzerle (*Alnus* glutinosa) und Gewöhnlicher Esche (*Fraxinus excelsior*), auch an Großer Brennnessel (*Urtica dioica*) und weiteren Kräutern.
VORKOMMEN In Wäldern und offenem Gelände in Gewässernähe, im südlichen und mittleren Deutschland ziemlich selten, im Mittelmeergebiet recht häufig.
WISSENSWERTES Die auffallend großen, nachtaktiven Falter fliegen jährlich in einer Generation. Die Raupe überwintert. Die Verpuppung erfolgt zwischen Pflanzenteilen oder am Boden in einem lockeren Gespinst.

Korbweide > 328 | Schwarzerle > 336
Große Brennnessel > 424 | Gewöhnliche Esche > 358

2 | Achateule *Phlogophora meticulosa*
—Eulen Noctuidae

Sp 45–50 mm

FALTER Vorderflügel hellbraun, in der Mitte mit einer dunklen Zeichnung aus ineinander verschachtelten Dreiecken, am Außenrand deutlich gezackt **(2a)**.
RAUPE Bis 45 mm lang, leuchtend hellgrün bis bräunlich, mit dunkler, weißlich punktierter Rückenlinie und dunklen Schrägstreifen an der Seite **(2b)**, manchmal aber auch fast einfarbig.
NAHRUNGSPFLANZEN An vielen verschiedenen, vorwiegend krautigen Pflanzen, u. a. an Wurmfarn (*Dryopteris filix-mas*), Großer Brennnessel (*Urtica dioica*), Salweide (*Salix caprea*) und Löwenzahn (*Taraxacum officinale*).
VORKOMMEN In Wäldern und offenem Gelände, auch in Gärten, ja sogar Häusern, überall häufig.
WISSENSWERTES Die nachtaktiven Falter fliegen jährlich meist in 2 Generationen. Sie legen im Sitzen ihre Flügel etwas in Falten und erinnern sehr an dürres Laub (2a). Die Raupe überwintert und ist auch an milden Wintertagen aktiv.

Echter Wurmfarn > 322 | Große Brennnessel > 424
Salweide > 326 | Stumpfblättriger Ampfer > 422
Besenheide > 356 | Liguster > 358 7 Löwenzahn > 394

3 | Weißpunkt-Graseule *Mythimna albipunctata*
—Eulen Noctuidae

Sp 30–35 mm
☀

FALTER Vorderflügel fast einheitlich rostbraun, in der Mitte mit einem weißen, von einem dunklen Hof umgebenen Punkt **(3a)**.
RAUPE Bis 40 mm lang, hell gelbbraun mit dunkler, nach vorn erlöschender Mittellinie und daneben jederseits einer weiteren dunklen Linie **(3b)**.
NAHRUNGSPFLANZEN An verschiedenen Süßgräsern wie Fiederzwenke (*Brachypodium pinnatum*), Pfeifengras (*Molinia caerulea*) und Landreitgras (*Calamagrostis epigeios*).
VORKOMMEN Vorwiegend in trockenem, offenem, gelegentlich auch in feuchtem Gelände; weit verbreitet und fast überall recht häufig.
WISSENSWERTES Die nacht-, bisweilen auch tagaktiven Falter fliegen jährlich meist in 2 Generationen. Die Raupen überwintern und verbergen sich tagsüber zwischen Pflanzenresten.

Fiederzwenke > 432 | Pfeifengras > 434
Landreitgras > 432

1A

1B

2A

3A

2B

3B

1 Trapezeule, Mordraupeneule *Cosmia trapezina*
—Eulen Noctuidae

Sp 25–33 mm

JAN FEBR MÄRZ APRIL MAI JUNI JULI AUG SEPT OKT NOV DEZ

FALTER Grundfärbung der Vorderflügel graugelb, graubraun oder rotbraun; Mittelfeld dunkler oder der Grundfärbung entsprechend, annähernd trapezförmig, nach beiden Seiten durch eine helle und eine dunkle Linie kontrastreich abgesetzt **(1b)**.
RAUPE Bis 28 mm lang, heller oder dunkler grün, mit 3 weißlichen Rückenlinien, einer oft undeutlichen, dunklen Seitenlinie und zahlreichen schwarzen, hell gesäumten, Borsten tragenden Punktwarzen **(1a)**.
NAHRUNGSPFLANZEN An vielen verschiedenen Laubbäumen und Sträuchern, u. a. an Hainbuche (*Carpinus betulus*), Haselnuss (*Corylus avellana*), Bergahorn (*Acer pseudoplatanus*), Stieleiche (*Quercus robur*), Schlehe (*Prunus spinosa*) und Winterlinde (*Tilia cordata*).
VORKOMMEN Vorwiegend in Wäldern und Gebüschen, auch in Gärten und Parkanlagen; in Mitteleuropa weit verbreitet und fast überall häufig.
WISSENSWERTES Die nachtaktiven Falter erscheinen jährlich in einer Generation. Sie fliegen gern an künstliche Lichtquellen und gehen auch regelmäßig an Schmetterlingsköder. Die Eier überwintern. Die sowohl tag- als auch nachtaktive Raupe ist unter allen heimischen Schmetterlingsraupen die berüchtigste „Mordraupe". Sie ernährt sich nicht nur von pflanzlicher Nahrung, sondern verzehrt ebenso gern andere Raupen, sowohl solche der eigenen Art als auch andere. Ein solches Verhalten ist auch bei verschiedenen anderen, normalerweise vegetarisch lebenden Raupen zu beobachten, wenn diese in zu engen Behältnissen und zu mehreren gemeinsam gehalten werden. Die Trapezeulenraupe wurde aber auch im Freiland unter völlig natürlichen Verhältnissen schon wiederholt beim Überwältigen anderer Raupen beobachtet. Sie beißt dabei ihrem Opfer zunächst meist in den Rücken des Brustabschnitts, sodass dieses keine Möglichkeit hat, sich mit den eigenen Mundwerkzeugen zur Wehr zu setzen. Anschließend wird die Beute vollkommen durchgekaut und der dabei austretende Saft aufgesogen **(1a, 1c)**. Der ganze Vorgang kann bis über eine halbe Stunde dauern; am Schluss bleibt vom Opfer nur eine leere Hülle zurück. Da sie mit besonderer Vorliebe die Raupen des Kleinen Frostspanners verzehrt (auch auf den hier gezeigten Bildern), dürfte ihr sogar eine gewisse Bedeutung bei der biologischen Schädlingsbekämpfung zukommen. Die Verpuppung erfolgt meist zwischen zusammengesponnenen Blättern.

Hainbuche > 336 | Haselnuss > 334 | Bergahorn > 338
Stieleiche > 332 | Schlehe > 346 | Winterlinde > 354

2 Purpurglanzeule *Euplexia lucipara*
—Eulen Noctuidae

Sp 27–32 mm

JAN FEBR MÄRZ APRIL MAI JUNI JULI AUG SEPT OKT NOV DEZ

FALTER Vorderflügel braun mit schwarzbraunem Mittelfeld, das zur Flügelspitze hin in einen gelblich weißen, oft dunkler gezeichneten Fleck übergeht **(2a)**.
RAUPE Bis 35 mm lang, grün oder bräunlich, mit einer aus hellen Strichen zusammengesetzten Rückenlinie und schwachen, dunklen Schrägstreifen an den Seiten **(2b)**, auf dem 11. Segment mit 2 auffallenden, weißen Punkten, die von hinten wie 2 „Rücklichter" erscheinen **(2c)**.
NAHRUNGSPFLANZEN An zahlreichen verschiedenen krautigen und holzigen Pflanzen, u. a. an Wurmfarn (*Dryopteris filix-mas*), Haselnuss (*Corylus avellana*), Großer Brennnessel (*Urtica dioica*), Gemeiner Waldrebe (*Clematis vitalba*), Rührmichnichtan (*Impatiens noli-tangere*) und Brombeere (*Rubus fruticosus*).
VORKOMMEN Vorwiegend an halbschattigen bis schattigen, meist etwas feuchten Stellen, insbesondere in Wäldern, doch auch in Parkanlagen und Gärten; in Mitteleuropa weit verbreitet und in den meisten Gegenden ziemlich häufig.
WISSENSWERTES Die nachtaktiven Falter erscheinen jährlich meist in einer Generation; gelegent-lich wird aber eine unvollständige 2. Generation ausgebildet. Sie fliegen oft künstliche Lichtquellen an und gehen auch gern an Schmetterlingsköder. Die Raupe frisst vorwiegend nachts, bei trüber Witterung aber auch tagsüber. Sie verpuppt sich in einer Höhle im Erdboden. Die Puppe überwintert.

Echter Wurmfarn > 322 | Haselnuss > 334
Große Brennnessel > 424 | Gemeine Waldrebe > 354
Rührmichnichtan > 384 | Brombeere > 340

1A

1B

1C

2A

2B

2C

1 Violett-Gelbeule *Xanthia togata* —Eulen Noctuidae

Sp 27–30 mm

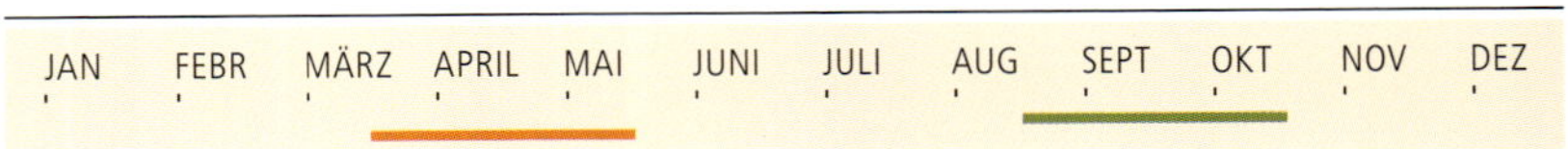

FALTER Vorderflügel dottergelb mit kleinen, rotvioletten Flecken und einer ebenso gefärbten Binde parallel zum Außenrand **(1a)**.

RAUPE Länge bis 25 mm, dunkelbraun mit schwarzem, weiß gestreiftem Nackenschild, zahlreichen hellen Punkten und einer nur schwach erkennbaren, hellen Rückenlinie **(1b, 1c)**.

NAHRUNGSPFLANZEN Zunächst an Kätzchen der Salweide (*Salix caprea*) und weiteren breitblättrigen Weidenarten, seltener auch an solchen der Zitterpappel (*Populus tremula*) und anderer Pappeln, später an Brombeere (*Rubus fruticosus*), Rauschbeere (*Vaccinium uliginosum*) und verschiedenen anderen Pflanzen.

VORKOMMEN Vor allem in Weidengebüschen an Waldrändern, auf Feuchtwiesen oder am Ufer von Gewässern; in Mitteleuropa allgemein verbreitet und in den meisten Gegenden nicht selten.

WISSENSWERTES Die nachtaktiven Falter fliegen jährlich in einer Generation. Sie erscheinen erst recht spät im Jahr, schwerpunktmäßig im September. Das Weibchen legt die Eier in Reihen von bis zu 10 Stück an Weidenzweigen in die Vertiefung zwischen Rinde und der Knospenschuppe einer Blütenknospe **(1d)**. Die Eier überwintern. Kurz nach dem Aufbrechen der Knospen schlüpfen die Jungraupen. Sie bohren sich in das Blütenkätzchen ein und befressen dieses von innen her. Nachdem das Kätzchen wenig später vertrocknet und zu Boden gefallen ist, wird es von den mittlerweile halbwüchsigen Raupen verlassen **(1b)**. Sie ernähren sich fortan von verschiedenen niedrigen Pflanzen, z. B. von Brombeerblättern **(1c)**. Mitte bis Ende Mai graben sie sich ins Erdreich ein und spinnen einen Kokon. In diesem bleiben sie noch längere Zeit als Ruhelarve liegen, um sich erst danach zu verpuppen.

ÄHNLICHE ARTEN Neben dieser gibt es noch mehrere weitere Arten von Gelbeulen mit z. T. sehr ähnlicher Lebensweise. Ebenfalls in den meisten Gegenden nicht selten ist die **Bleich-Gelbeule** (*Cirrhia icteritia*), die auf ihren gelben Flügeln eine sehr variable, rotviolette Zeichnung trägt, meist aber nicht in Form einer zusammenhängenden Binde. Manchmal ist diese Zeichnung bis auf einen kleinen, ringförmigen Fleck reduziert. Ihre Raupe entwickelt sich ebenfalls zunächst in den Kätzchen von Pappeln und Weiden und geht dann später auf verschiedene am Boden wachsende Pflanzen über.

Salweide > 326 | Zitterpappel > 328
Brombeere > 340 | Rauschbeere > 356

2 Heidekraut-Bunteule *Anarta myrtilli* —Eulen Noctuidae

Sp 20–22 mm
RL V ☀

FALTER Ziemlich kleiner Eulenfalter, Vorderflügel mit graubrauner oder rotbrauner Grundfärbung und recht kontrastreich abgesetzten weißen, gelben und schwarzen Zeichnungen **(2a)**; Hinterflügel gelb mit breiter, schwarzer Saumbinde.

RAUPE Bis 25 mm lang, heller oder dunkler grün mit stark kontrastierenden, weißen und gelben Zeichnungselementen, die als Punkte, kurze Striche und Winkel ausgebildet sind **(2b)**.

NAHRUNGSPFLANZEN Vorzugsweise an der Besenheide (*Calluna vulgaris*), seltener auch an weiteren Heidekrautgewächsen.

VORKOMMEN An feuchten und trockenen Standorten des Heidekrauts, z. B. auf sandigen Heideflächen, auf trocken gelegten, abgetorften Moorflächen und sogar in offenen Hochmooren; in Deutschland vor allem in etwas kühleren Lagen, etwa in Norddeutschland, in den Mittelgebirgen und im Alpenvorland; in vielen Gegenden nicht selten, doch gebietsweise deutlich zurückgehend.

WISSENSWERTES Die Falter fliegen jährlich meist in 2 Generationen; die zweite ist aber oft unvollständig. Sie sind, anders als die meisten übrigen Eulen, vorwiegend tagaktiv, fliegen aber gelegentlich auch nachts an künstliche Lichtquellen. Sie sind oft beim Blütenbesuch zu beobachten, besonders am Heidekraut. Die Eier werden einzeln an der Nahrungspflanze abgelegt. Die sehr markant gezeichneten Raupen fressen tagsüber, sind aber durch ihr Zeichnungsmuster auf der Nahrungspflanze gut getarnt und daher gar nicht so leicht zu finden. Die Verpuppung erfolgt im Erdboden. Die Puppen, die sich nicht mehr im Sommer häuten, überwintern.

Besenheide > 356

1A

1B

1C

1D

2A

2B

1 Gothica-Kätzcheneule *Orthosia gothica*
—Eulen Noctuidae

Sp 30–35 mm

FALTER Vorflügel graubraun, leicht rosa getönt, in der Mitte mit einer sehr kontrastreich abgesetzten, schwarzen Zeichnung, die an ein etwas altertümlich wirkendes Schriftzeichen (gotische Minuskel) erinnert **(1a)**.
RAUPE Bis 40 mm lang, grün, glatt und ziemlich glänzend, mit 3 schmalen, gelblichen Rückenlinien und einer breiten, scharf abgesetzten, weißen Seitenbinde in Höhe der Stigmen **(1b)**.
NAHRUNGSPFLANZEN An verschiedenen Laubhölzern wie Salweide (*Salix caprea*), Stieleiche (*Quercus robur*) und Schlehe (*Prunus spinosa*), aber auch an Großer Brennnessel (*Urtica dioica*), Knoblauchsrauke (*Alliaria petiolata*) und anderen krautigen Pflanzen.
VORKOMMEN An Waldrändern, in Gebüschen und Gärten sowie in vielen anderen Lebensräumen bei uns fast überall häufig.
WISSENSWERTES Die nachtaktiven Falter fliegen in einer Generation sehr zeitig im Jahr und besuchen regelmäßig blühende Weiden. Die Raupen sind ebenfalls nachtaktiv und verpuppen sich am Erdboden. Die Puppe überwintert.

Salweide > 326 | Stieleiche > 332 | Schlehe > 346
Große Brennnessel > 424 | Knoblauchsrauke > 362

2 Rundflügel-Kätzcheneule *Orthosia cerasia*
—Eulen Noctuidae

Sp 30–35 mm

FALTER Vorderflügel hell zimtbraun mit heller und dunkler Linie parallel zum Außenrand und meist nur schwach erkennbaren, hellen Ringflecken **(2b)**.
RAUPE Länge bis 40 mm, gelbgrün, gelb punktiert, mit gelblicher Rücken- und Seitenlinie in Höhe der Stigmen; oben auf dem 11. Segment ein breiter, gelber Querstreifen **(2a)**.
NAHRUNGSPFLANZEN An verschiedenen Laubhölzern, u. a. an Zitterpappel (*Populus tremula*), Salweide (*Salix caprea*), Rotbuche (*Fagus sylvatica*), und Schwarzem Holunder (*Sambucus nigra*).
VORKOMMEN Vorwiegend an Waldrändern, an Hecken, auf Moorwiesen und in Gärten, fast überall ziemlich häufig.
WISSENSWERTES Auch diese Eule fliegt in einer Generation schon sehr zeitig im Jahr. Sie ist regelmäßig beim nächtlichen Blütenbesuch an Weidenkätzchen zu beobachten, oft zusammen mit der Gothica-Kätzcheneule. Nicht selten fliegt sie bereits in der späten Dämmerung. Die Verpuppung erfolgt am Erdboden. Die Puppe überwintert.

Zitterpappel > 328 | Salweide > 326 | Rotbuche > 330
Stieleiche > 332 | Schwarzer Holunder > 358

3 Flohkrauteule *Melanchra persicariae*
—Eulen Noctuidae

Sp 37–40 mm

FALTER Vorderflügel schwarzbraun mit einem weißen, innen bräunlich gezeichneten, nierenförmigen Fleck **(3a)**; dieser kann aber auch stark verdunkelt und dann kaum sichtbar sein.
RAUPE Bis 45 mm lang, grünlich oder bräunlich, am Rücken mit dunklen Winkelflecken, die auf dem 4. und 5. sowie auf dem 11. Segment breiter und dunkler gefärbt sind; weitere dunkle Schrägflecke jeweils in Höhe der Stigmen **(3b)**.
NAHRUNGSPFLANZEN An Haselnuss (*Corylus avellana*), Himbeere (*Rubus idaeus*), Großer Brennnessel (*Urtica dioica*) und vielen anderen Pflanzen.
VORKOMMEN In sehr unterschiedlichen, vorwiegend aber schattigen Lebensräumen, fast überall häufig.
WISSENSWERTES Die nachtaktiven Falter fliegen jährlich in einer Generation. Die Puppe überwintert.

Haselnuss > 334 | Himbeere > 340
Schwarzer Holunder > 358
Große Brennnessel > 424 | Kohldistel > 394

1A

1B

2A

2B

3A

3B

1 Hausmutter *Noctua pronuba*
—Eulen Noctuidae

Sp 45–55 mm

FALTER Vorderflügel sehr variabel gefärbt und gezeichnet, in der Grundfärbung rotbraun, graubraun oder gelblich, fast einfarbig oder kontrastreich hell und dunkel gefleckt, in der Mitte meist mit einem hellen, ringförmigen und einem nierenförmigen Fleck **(1a)**; Hinterflügel gelb mit schwarzer Binde vor dem Außenrand.
RAUPE Bis 50 mm lang, grün oder hellbraun, mit schmaler, heller Rückenlinie und 2 Reihen schwarzer, außen hell gesäumter Rückenflecke in der hinteren Körperhälfte **(1b)**.
NAHRUNGSPFLANZEN An vielen verschiedenen Kräutern und Holzgewächsen, u. a. an Brombeere (*Rubus fruticosus*), Großer Brennnessel (*Urtica dioica*und Löwenzahn (*Taraxacum officinale*).
VORKOMMEN In Wäldern und offenem Gelände überall häufig.
WISSENSWERTES Die vorwiegend nachtaktiven Falter fliegen über einen langen Zeitraum, im Jahr aber nur in einer Generation. Sie legen im Sommer eine längere Ruhepause ein. Die Raupe überwintert. Die Verpuppung erfolgt in einer Erdhöhle.

Salweide > 326 | Brombeere > 340
Große Brennnessel > 424 | Gemeines Labkraut > 368
Löwenzahn > 394

2 Gelbe Bandeule *Noctua fimbriata*
—Eulen Noctuidae

Sp 45–55 mm

FALTER Vorderflügel ähnlich variabel gefärbt und gezeichnet wie bei der Hausmutter, am Vorderrand kurz vor der Spitze mit einem dreieckigen, dunklen Fleck, außerdem mit 2 schmalen, weißen Linien parallel zum Außenrand **(2a)**.
RAUPE Bis 55 mm lang, hellbraun oder grün, hinter den Stigmen jeweils mit einem kleinen, schwarzen Fleck **(2b)**.
NAHRUNGSPFLANZEN An verschiedenen Sträuchern und Kräutern, u. a. an Salweide (*Salix caprea*), Schlehe (*Prunus spinosa*), Besenginster (*Sarothamnus scoparius*), Großer Brennnessel (*Urtica dioica*) und Löwenzahn (*Taraxacum officinale*).
VORKOMMEN Vorwiegend an Waldrändern und in offenem Gelände, fast ebenso häufig wie die Hausmutter.
WISSENSWERTES Die vorwiegend nachtaktiven Falter fliegen jährlich in einer Generation. Die Raupe überwintert. Sie versteckt sich tagsüber am Boden und klettert bei Nacht oft mehrere Meter hoch auf Sträucher, um dort vorzugsweise an Blütenknospen und jungen Blättern zu fressen.

Salweide > 326 | Schlehe > 346 | Besenginster > 350
Große Brennnessel > 424 | Löwenzahn > 394

3 Weißlichgelbe Grasbüscheleule *Apamea lithoxylaea*
—Eulen Noctuidae

Sp 43–50 mm

FALTER Vorderflügel hell cremefarben, in der Mitte mit undeutlicher, bräunlicher Schattierung und am Außenrand mit spießförmigen, dunkelbraunen Flecken **(3a)**.
RAUPE Bis 45 mm lang, hell bräunlich oder rötlich mit schwarzem Nackenschild, mit zahlreichen Borsten tragenden, schwarzen Punktwarzen **(3b)**.
NAHRUNGSPFLANZEN An den Wurzeln von Wiesenrispengras (*Poa pratensis*) und verschiedenen anderen Gräsern.
VORKOMMEN In trockenen bis mäßig feuchten, grasigen Lebensräumen, etwa auf Trockenrasen, nicht zu stark gedüngten Wiesen und auch in Gärten; weit verbreitet und in den meisten Gebieten nicht selten.
WISSENSWERTES Die nachtaktiven Falter fliegen jährlich in einer Generation. Die ebenfalls nachtaktive Raupe führt eine sehr versteckte Lebensweise. Sie lebt überwiegend unterirdisch, frisst an Graswurzeln und wird daher recht selten gefunden.

Wiesen-Rispengras > 430

1A

1B

2A

3A

2B

3B

1 Forleule, Kieferneule *Panolis flammea* —Eulen Noctuidae

Sp 30–33 mm

FALTER Vorderflügel sehr variabel gefärbt und gezeichnet, Grundfärbung dabei zwischen hellrot, weißlich grau und graugrün schwankend; in der Mitte ein meist deutlich erkennbarer, heller, runder und nierenförmiger Fleck **(1a)**.
RAUPE Bis 40 mm lang, grün mit 3 weißen Rückenstreifen und einer weiteren weißen, unten gelb gerandeten Längsbinde in Höhe der Stigmen **(1b)**.
NAHRUNGSPFLANZEN Vorwiegend an der Waldkiefer (*Pinus sylvestris*), außerdem an Weißtanne (*Abies alba*) und Fichte (*Picea abies*).
VORKOMMEN Vor allem in lockeren Kiefernwäldern auf sandigem oder felsigem Untergrund, auch z. B. in Steinbrüchen und Gärten, in den meisten Gegenden nicht selten.
WISSENSWERTES Forl ist ein anderer Name für Kiefer. Die nachtaktiven Falter fliegen bereits sehr zeitig im Jahr in einer Generation. Die Raupen halten sich vorwiegend in den Kronen der Kiefern auf und sind durch ihre Zeichnung hervorragend getarnt. Sie verpuppen sich meist im Boden. Die Puppe überwintert. Bisweilen kommt es in Kiefernbeständen zur Massenentwicklung dieser Art.

Waldkiefer > 324 | Weißtanne > 324 | Fichte > 324

2 Klosterfrau *Panthea coenobita* —Eulen Noctuidae

Sp 40–50 mm

FALTER Körper und Vorderflügel weiß mit kontrastreich abgesetzter, schwarzer Flecken- und Bindenzeichnung, etwas an die Nonne (>282) erinnernd **(2b)**.
RAUPE Bis 60 mm lang, rot und schwarz gezeichnet, seitlich mit weißen Schrägstreifen, am Rücken und seitlich mit weißen Haarpinseln **(2a)**.
NAHRUNGSPFLANZEN Ausschließlich an Nadelbäumen, insbesondere an Fichte (*Picea abies*).
VORKOMMEN Vorwiegend in Nadelwäldern, weit verbreitet und in den meisten Gegenden nicht selten.
WISSENSWERTES Die in der älteren Literatur meist als selten bezeichnete Art hat sich offenbar bei uns mit dem Anbau der Fichte stark ausgebreitet. Die nachtaktiven Falter fliegen jährlich in einer Generation. Die auffälligen Raupen leben wohl vorwiegend in der Kronenregion und werden daher nicht oft gefunden. Sie verpuppen sich am Boden in einem pergamentartigen Kokon. Die Puppe überwintert.

Fichte > 324 | Weißtanne > 324 | Waldkiefer > 324
Europäische Lärche > 324

3 Haseleule *Colocasia coryli* —Eulen Noctuidae

Sp 27–35 mm

FALTER Vorderflügel in der Basalhälfte dunkelbraun mit ringförmigem, dunkel gekerntem Fleck, in der Spitzenhälfte scharf abgesetzt hell graubraun **(3a)**.
RAUPE Bis 35 mm lang, meist hell bräunlich, weißlich oder rötlich mit breiter, schwarzer Rückenlinie, am 2. Segment 2 schräg nach vorn gerichtete, rotbraune oder schwarze Haarpinsel, je ein weiterer, kürzerer Haarpinsel am Rücken des 4., 5. und 11. Segments **(3b)**.
NAHRUNGSPFLANZEN An verschiedenen Laubhölzern, vor allem an Hainbuche (*Carpinus betulus*), Haselnuss (*Corylus avellana*), Rotbuche (*Fagus sylvatica*) und Stieleiche (*Quercus robur*).
VORKOMMEN In Laubwäldern sowie Gärten und Parks fast überall häufig.
WISSENSWERTES Die Haseleule fliegt jährlich meist in 2 Generationen. Die Jungraupen leben zwischen locker zusammengesponnenen Blättern, die ausgewachsenen findet man an der Blattunterseite. Überwinterungsstadium ist die Puppe.

Hainbuche > 336 | Haselnuss > 334
Rotbuche > 330 | Stieleiche > 332

1A

1B

2A

2B

3A

3B

Trägspinner und Graueulchen

1 | **Nonne** *Lymantria monacha* —Trägspinner Lymantriidae

Sp 34–55 mm

FALTER Vorderflügel weiß mit schwarzen Zackenbinden und einzelnen schwarzen Punkten **(1b)**, gelegentlich stark verdunkelt, im Extremfall einfarbig schwarz; Fühler des Männchens zweiseitig stark gefiedert **(1a)**.

RAUPE Bis 60 mm lang, Grundfärbung hellgrau bis dunkelbraun, auf dem Rücken ein breites, in jedem Segment buchtig erweitertes, dunkles Band, das auf dem 8. Segment von einem hellen Fleck unterbrochen wird; auf jedem Ring außerdem 8 Warzen, die jeweils ein dunkles Borstenbüschel tragen **(1c)**.

NAHRUNGSPFLANZEN An vielen verschiedenen Laub- und Nadelgehölzen, u. a. an Fichte (*Picea abies*), Waldkiefer (*Pinus sylvestris*), Weißtanne (*Abies alba*), Europäischer Lärche (*Larix decidua*), Stieleiche (*Quercus robur*), Rotbuche (*Fagus sylvatica*), Zitterpappel (*Populus tremula*), Apfelbaum (*Malus domestica*) und Heidelbeere (*Vaccinium myrtillus*).

VORKOMMEN Fast ausschließlich in Wäldern, in Laub- und Mischwäldern ebenso wie in reinen Nadelwäldern, aber mit einer Bevorzugung feucht-kühler Bereiche; in Mitteleuropa weit verbreitet und im Allgemeinen nicht selten.

WISSENSWERTES Die Falter fliegen jährlich in einer Generation. Die Eier werden in lockeren Gruppen an der Rinde von Stämmen und Zweigen abgelegt; im Gegensatz zum Schwammspinner werden die Gelege nicht mit Haaren abgedeckt. Die Raupen überwintern fertig entwickelt in der Eihülle. Die Jungraupen besitzen ausgesprochen lange Haarbüschel. Sie lassen sich damit von Luftströmungen davontragen, um so neue Gebiete zu besiedeln. Sie gehören zu den wenigen Raupen, die sich an Nadelbäumen genauso entwickeln können wie an Laubhölzern. Gelegentlich neigt diese Art zu Massenvermehrungen mit Kahlfraß ganzer Wälder. Derartige Kalamitäten wurden aber nur aus Nadelwaldgebieten bekannt.

Fichte > 324 | Waldkiefer > 324 | Weißtanne > 324 |
Europäische Lärche > 324 | Stieleiche > 332
Rotbuche > 330 | Zitterpappel > 328
Apfelbaum > 342 | Heidelbeere > 356

2 | **Schwammspinner** *Lymantria dispar* —Trägspinner Lymantriidae

Sp 32–60 mm

FALTER Beide Geschlechter sehr verschieden: Weibchen **(2a)** deutlich größer als das Männchen, mit weißen oder gelbweißen, mit dunklen Zackenbinden gezeichneten Vorderflügeln; das Männchen **(2e)** dagegen mit braunen Flügeln und stark gefiederten Fühlern **(2b)**.

RAUPE Bis 70 mm lang, sehr variabel gefärbt, meist aber mit grauer Grundfärbung und feinem, gelblichem Linienmuster, vordere 5 Segmente mit jeweils 2 roten, die hinteren 6 Segmente mit blauen Rückenwarzen **(2c)**; Kopf hell gelbbraun, vorn mit 2 schwarzen Streifen **(2d)**.

NAHRUNGSPFLANZEN An vielen verschiedenen Laubbäumen und Sträuchern, u. a. an Stieleiche (*Quercus robur*), Zitterpappel (*Populus tremula*), Salweide (*Salix caprea*), Winterlinde (*Tilia cordata*), Eingriffeligem Weißdorn (*Crataegus monogyna*), Apfelbaum (*Malus domestica*) und Eberesche (*Sorbus aucuparia*).

VORKOMMEN Vorwiegend in lockeren Laubwäldern, insbesondere Eichenwäldern, meist an wärmebegünstigten Stellen; in Deutschland am häufigsten in Gebieten mit Weinbauklima; deutlich in Ausbreitung begriffen.

WISSENSWERTES Die Falter fliegen jährlich in einer Generation. Das Weibchen legt die Eier in einem bis zu 60 mm langen, ovalen Gelege an die Baumrinde und überzieht sie anschließend mit einer massiven Schicht ihrer gelbbraunen Afterwolle **(2a)**. Die Raupen überwintern fertig entwickelt in der Eihülle und lassen sich nach dem Schlüpfen im Frühjahr vom Wind davontragen.
Sie fressen nur an Laubbäumen. Die Verpuppung erfolgt in einem lockeren Gespinst z. B. in Rindenritzen oder unter Steinen. Vor allem wenn mehrere warme Sommer aufeinander folgen, neigt auch diese Art gelegentlich zu Massenvermehrungen, die zur Entlaubung ganzer Wälder führen können und oft erst nach einigen Jahren durch entsprechende Vermehrung ihrer Parasiten und sonstigen Feinde wieder in sich zusammenbrechen.

Stieleiche > 332 | Zitterpappel > 328
Salweide > 326 | Winterlinde > 354
Eingriffeliger Weißdorn > 344 | Apfelbaum > 342
Eberesche > 342 | Vogelbeere > 342

1A
1B
2A
1C
2B
2C
2D
2E

1 | **Buchen-Streckfuß** *Calliteara pudibunda* (= *Dasychira pudibunda*)—Trägspinner Lymantriidae | Sp 37–67 mm

FALTER Vorderflügel hellgrau mit 2–4 dunklen Zackenbinden, beim Männchen **(1a)** oft mit verdunkeltem Mittelfeld; Vorderbeine auffallend lang und dicht pelzig behaart.
RAUPE Bis 50 mm lang, mit langer, dichter Behaarung, rasierpinselartigen Haarbüscheln am Rücken der Segmente 4–7 und einem schmäleren, längeren Haarpinsel auf dem 11. Segment; tritt in verschiedenen Farbvarianten auf: Grundfärbung entweder grünlich gelb bis gelb und die vorderen Pinsel gelb oder weiß **(1b)** oder Grundfärbung rosabräunlich, vordere Pinsel weißlich rosa **(1c)**; der hintere Pinsel variiert dabei jeweils von rot bis schwarz.
NAHRUNGSPFLANZEN An vielen verschiedenen Laubbäumen und Sträuchern, vor allem an Salweide (*Salix caprea*), Hainbuche (*Carpinus betulus*), Rotbuche (*Fagus sylvatica*), Stieleiche (*Quercus robur*), Haselnuss (*Corylus avellana*), Hängebirke (*Betula pendula*), Apfelbaum (*Malus domestica*) und Eberesche (*Sorbus aucuparia*).
VORKOMMEN Vorwiegend in Laubwäldern, daneben auch z. B. an Hecken und Straßenrändern sowie in Parkanlagen und Gärten; in Mitteleuropa weit verbreitet und in den meisten Gegenden nicht selten.
WISSENSWERTES Die Falter fliegen jährlich in einer ziemlich lang gestreckten Generation. Der Flugbeginn ist dabei stark von der Temperaturentwicklung im Frühjahr abhängig. Die Tiere sind nachtaktiv und werden oft von künstlichen Lichtquellen angezogen, besonders die Männchen. Tagsüber ruhen sie mit schräg ausgestreckten Vorderbeinen („Streckfuß") an Baumstämmen. Die Eier werden in Gelegen von bis zu 300 Stück an Baumrinde oder Zweigen abgelegt. Die Jungraupen leben zunächst in „Raupenspiegeln" zusammen, zerstreuen sich aber bereits nach kurzer Zeit und fressen dann einzeln. Die vor allem im letzten Stadium ausgesprochen attraktive Raupe zeigt ein sehr markantes Abwehrverhalten: Bei Beunruhigung zieht sie ihren Kopf ein und krümmt den Vorderkörper stark nach unten, sodass sich die vorderen Rumpfringe aufblähen und zwischen ihnen tief schwarze Häute sichtbar werden **(1b, 1c)**. Mit den damit besonders ins Auge springenden Haarbüscheln will sie offensichtlich auf deren Reizwirkung beim möglichen Verzehr hinweisen. Sie verpuppt sich in einem mit ihren Haaren gespickten Kokon am Erdboden. Die Puppe überwintert.

Salweide > 326 | Hainbuche > 336 | Rotbuche > 330
Stieleiche > 332 | Haselnuss > 334 | Hängebirke > 334
Apfelbaum > 342 | Eberesche > 342
Vogelbeere > 342

2/3 | **Ginster-Streckfuß** *Gynaephora fascelina* (= *Calliteara fascelina*)—Trägspinner Lymantriidae | Sp 35–45 mm RL 2

FALTER Vorderflügel grau mit feiner, dunkler Sprenkelung und 2 dunklen, oft orange gesprenkelten Querbinden **(2a)**.
RAUPE Bis 50 mm lang, heller oder dunkler grau, am Rücken der Segmente 4–8 mit jeweils einem schwarzen, seitlich von weißen Haaren flankierten Haarpinsel, ein weiterer, rein schwarzer Pinsel auf dem 11. Segment **(2b)**.
NAHRUNGSPFLANZEN An verschiedenen Kräutern und Holzgewächsen, u. a. an Besenginster (*Sarothamnus scoparius*), Eingriffeligem Weißdorn (*Crataegus monogyna*), Brombeere (*Rubus fruticosus*), Besenheide (*Calluna vulgaris*), Futter-Esparsette (*Onobrychis viciifolia*), Wiesensalbei (*Salvia pratensis*) und Gemeinem Hornklee (*Lotus corniculatus*).
VORKOMMEN In sonnigem, offenem Gelände z. B. Magerrasen, vor allem im Bergland; in Mitteleuropa fast überall stark zurückgehend, in den Alpen gebietsweise noch ziemlich häufig.
WISSENSWERTES Die Falter fliegen jährlich in einer Generation. Die Eigelege werden vom Weibchen mit der schwarzen Afterwolle bedeckt. Die Jungraupe überwintert.
ÄHNLICHE ART Die sehr ähnliche Raupe des **Mondfleck-Bürstenspinners** (*Gynaephora selenitica*) **(3)** hat hinter dem Kopf 2 zusätzliche schwarze Haarpinsel. Sie lebt auf trockenen, offenen Magerrasen und ernährt sich vor allem von Schmetterlingsblütlern.

Besenginster > 350 | Eingriffeliger Weißdorn > 344
Brombeere > 340 | Besenheide > 356
Futter-Esparsette > 402 | Wiesensalbei > 420
Gemeiner Hornklee > 380

1A

1B

1C

2A

3

2B

Trägspinner und Graueulchen

1 | Kleiner Bürstenspinner, Schlehen-Bürstenspinner

Orgyia antiqua — Trägspinner Lymantriidae

Sp 25–30 mm ☀

JAN FEBR MÄRZ APRIL MAI JUNI JULI AUG SEPT OKT NOV DEZ

FALTER Beide Geschlechter sehr verschieden, Männchen (**1d** und **1a**, linkes Tier) mit rostbraunen, dunkel gezeichneten Vorderflügeln am Innenwinkel mit weißem, dunkel umrandetem Fleck und stark gefiederten Fühlern (**1f**, linkes Tier); Weibchen flugunfähig (**1a**, rechtes Tier, **1b**, **1e**) sehr plump, grau, mit winzigen Flügelstummeln.
RAUPE Eine der farbenprächtigsten heimischen Schmetterlingsraupen, bis 30 mm lang, schiefergrau mit leuchtend roten Punktwarzen, die jeweils ein Haarbüschel tragen; auf den Segmenten 4–7 gelblich weiße oder bräunliche, rasierpinselartige Rückenbürsten, auf dem 11. Segment ein Büschel aus kürzeren braunen und langen schwarzen, am Ende zu kleinen Bürsten verzweigten Haaren, weitere derartige Büschel auch seitlich am 1., 4. und 5. Segment **(1c)**.
NAHRUNGSPFLANZEN An vielen verschiedenen Laubbäumen und Sträuchern, z. B. an Schlehe (*Prunus spinosa*), Eingriffeligem Weißdorn (*Crataegus monogyna*), Himbeere (*Rubus idaeus*), Eberesche (*Sorbus aucuparia*), Salweide (*Salix caprea*) und Bergahorn (*Acer pseudoplatanus*), auch an verschiedenen krautigen Pflanzen.
VORKOMMEN In Wäldern wie in offenem Gelände, regelmäßig auch in Gärten, fast überall häufig.
WISSENSWERTES Trotz ihrer tagaktiven Lebensweise werden die Falter, die im Jahr in 2 Generationen erscheinen, relativ selten gefunden. Dies erklärt sich zum einen aus der extrem geringen Beweglichkeit der flugunfähigen Weibchen, zum andern aus dem sehr ungestümen Flug der Männchen, der es kaum zulässt, diese genauer wahrzunehmen. Das interessante Paarungsverhalten ist aber überall leicht zu beobachten, sogar inmitten von Ortschaften, wenn man einmal ein Weibchen aus einer Raupe gezogen hat. Dieses setzt sich nach dem Schlüpfen außen auf seinen Kokon, streckt seine Legeröhre etwas aus der Hinterleibsspitze hervor und entsendet dabei einen Duftstoff zum Anlocken eines Partners **(1e)**. Oft nach weniger als einer halben Stunde kommt ein Männchen herbeigeflogen und vollzieht die Paarung **(1a, 1f)**. Damit erlischt die Entsendung des Lockstoffs, sodass keine weiteren Männchen erscheinen. Unmittelbar nach der Paarung beginnt das Weibchen mit der Eiablage. Es klebt seinen gesamten Eivorrat außen auf den Kokon **(1g)** und stirbt wenig später. Die von der ersten Generation abgelegten Eier schlüpfen nach wenigen Tagen, die der 2. Generation überwintern.

Schlehe > 346 | Eingriffeliger Weißdorn > 344
Himbeere > 340 | Eberesche > 342 | Salweide > 326
Bergahorn > 338 | Vogelbeere > 342

1B

1C

1D

1E

1F

1G

1 | Goldafter *Euproctis chrysorrhoea* —Trägspinner Lymantriidae

Sp 28–38 mm

JAN FEBR MÄRZ APRIL MAI JUNI JULI AUG SEPT OKT NOV DEZ

FALTER Vorderflügel weiß, manchmal mit kleinen, schwarzen Punkten (die aber, wenn vorhanden, ziemlich klar begrenzt sind); am Hinterende mit einem goldbraunen Afterbusch (Name), besonders mächtig beim Weibchen entwickelt **(1a, 1b)**.

RAUPE Bis 45 mm lang, graubraun mit heller Marmorierung und paarigen weißen, seitlichen Rückenflecken; in der Mitte des 9. und 10. Segments mit je einer leuchtend roten Trichterwarze **(1d)**.

NAHRUNGSPFLANZEN An verschiedenen Laubbäumen und Sträuchern, vor allem an Hainbuche (*Carpinus betulus*), Birnbaum (*Pyrus communis*), Apfelbaum (*Malus domestica*), Eingriffeligem Weißdorn (*Crataegus monogyna*), Schlehe (*Prunus spinosa*) und Stieleiche (*Quercus robur*).

VORKOMMEN Vorwiegend an Waldrändern, an Alleen und auf Streuobstwiesen; früher allgemein verbreitet und vielerorts häufig, in neuerer Zeit fast überall ziemlich selten geworden.

WISSENSWERTES Die nachtaktiven Falter fliegen jährlich in einer Generation. Sie reagieren auf Störung oft mit einem sehr ausgeprägten Totstellreflex. Dabei legen sie die Beine zurück, krümmen die Hinterleibsspitze nach unten und lassen sich auf die Seite fallen. In dieser Haltung tritt der dichte, goldbraune Afterbusch besonders deutlich hervor. Seine Haare enthalten Giftstoffe. Das Weibchen legt die Eier in länglichen Gelegen an Zweige oder Blätter der Nahrungspflanze und bedeckt sie mit seiner leuchtend gefärbten Afterwolle **(1c)**. Die Raupen eines Geleges bleiben lange Zeit zusammen und ruhen in den Fresspausen in einem weißen, etwa 5–10 cm großen Gespinstnest an der Spitze eines Zweiges. In diesem Gespinst gehen sie mit etwa 4 mm Größe auch in die Winterruhe. An milden Vorfrühlingstagen sonnen sie sich außen auf ihrem Nest und nagen von Zeit zu Zeit an Knospen ihrer Nahrungspflanze. Nach dem Austreiben der Blätter wachsen sie rasch heran, behalten ihr Nest aber nach wie vor als gemeinsame Unterkunft **(1e)**. Sie besitzen Brennhaare, die auf der Haut zu stärkerem Juckreiz führen können; die Wirkungen sind aber bei weitem nicht so unangenehm wie bei den Prozessionsspinnern (>234). Aus ihren beiden Trichterwarzen können sie außerdem ein Sekret absondern, das die Raupe mit dem Kopf auf dem Körper verteilt. Die Wirkung dieses Sekrets ist nicht ganz klar; möglicherweise dient es ebenfalls der Abschreckung von Feinden. Die Verpuppung erfolgt teils einzeln, teils gemeinsam in kleinen Gruppen in einem gelblichen Gespinst, meist an Zweigen der Nahrungspflanze. Die Art neigt gelegentlich zur Massenvermehrung mit völligem Kahlfraß, besonders an Obstbäumen. Meist bauen sich diese in einigen Jahren allmählich auf, um dann wieder von ganz allein durch die Wirkung von Parasiten und Krankheiten in sich zusammenzubrechen.

Hainbuche > 336 | Birnbaum > 342
Apfelbaum > 342 | Eingriffeliger Weißdorn > 344
Schlehe > 346 |Stieleiche > 332

2 | Schwan *Euproctis similis* —Trägspinner Lymantriidae

Sp 26–36 mm

JAN FEBR MÄRZ APRIL MAI JUNI JULI AUG SEPT OKT NOV DEZ

FALTER Sehr ähnlich dem Goldafter, doch Afterbusch etwas heller gelblich und dunkle Zeichnungen, sofern vorhanden, unscharf begrenzt **(2a)**.

RAUPE Bis 45 mm lang, schwarz mit doppelter orangefarbener Rückenlinie, einer roten Seitenlinie und dazwischen weißen Flecken; auf dem 4., 5. und 11. Segment mit einem schwarzen Querwulst **(2b)**.

NAHRUNGSPFLANZEN An verschiedenen Laubbäumen und Sträuchern, u. a. an Salweide (*Salix caprea*), Schlehe (*Prunus spinosa*), Stieleiche (*Quercus robur*), Apfelbaum (*Malus domestica*) und Faulbaum (*Frangula alnus*).

VORKOMMEN Vorzugsweise in etwas feuchten, lockeren Wäldern; im Allgemeinen nicht selten.

WISSENSWERTES Die nachtaktiven Falter fliegen jährlich in einer Generation. Die Eigelege werden vom Weibchen mit der Afterwolle bedeckt. Im deutlichen Unterschied zum Goldafter zerstreuen sich die Raupen bald nach dem Schlüpfen und werden daher stets einzeln angetroffen. Sie überwintern als Jungraupen in einem etwa 5 mm großen Gespinst an Zweigen.

Salweide > 326 | Schlehe > 346 | Stieleiche > 332
Apfelbaum > 342 | Faulbaum > 352

1A

1B

1C

1D

1E

2A

2B

1 | **Schilf-Bürstenspinner** *Laelia coenosa* —Trägspinner Lymantriidae

Sp um 40 mm
RL 2

FALTER Beide Geschlechter mit auffallend langen und dünnen, gelb gefärbten Beinen (die Art wird daher auch als „Gelbbein" bezeichnet); Vorderflügel fast einfarbig, beim Männchen **(1a)** hell graubraun, beim Weibchen **(1d)** schneeweiß; Männchen außerdem mit sehr lang gefiederten Fühlern **(1b)**.

RAUPE Bis 45 mm lang, hell gelblich mit gelben Haarbüscheln auf dem Rücken der Segmente 4–7, einem schmäleren und längeren Haarpinsel auf dem 11. Segment und 2 weiteren, ähnlichen Pinseln an den Seiten des 1. Segments **(1c)**.

NAHRUNGSPFLANZEN Vor allem am Schilfrohr (*Phragmites australis*), daneben aber auch an anderen Süß- und Sauergräsern.

VORKOMMEN Vorwiegend in ausgedehnten Schilfröhrichten im Uferbereich von Gewässern;
in Europa an weit auseinander liegenden Fundpunkten, so im östlichen Norddeutschland, in der Umgebung des Neusiedler Sees, in der Poebene und in der Camargue, an den Fundorten oft sehr zahlreich, in den dazwischen liegenden Gebieten dann wieder vollkommen fehlend.

WISSENSWERTES Die Falter erscheinen im Norden ihres Verbreitungsgebietes jährlich in einer Generation von Juni bis August. Im Süden tritt regelmäßig im August und September eine zweite Generation auf. Die nachtaktiven Tiere werden manchmal sehr zahlreich von künstlichen Lichtquellen angezogen, die Weibchen aber deutlich stärker als die Männchen. Die Eier besitzen die Form eines niedrigen Zylinders. Sie sind etwas breiter als hoch, in der Mitte leicht eingesenkt und tragen am oberen Pol einen dunklen Punkt. Sie werden vom Weibchen in regelmäßigen Reihen an Gräsern abgelegt. Die auffällige Raupe sitzt tagsüber frei auf der Nahrungspflanze und ist hier oft schon aus großer Entfernung sichtbar. Sie überwintert (sofern sie sich nicht noch im gleichen Jahr zum Falter entwickelt) und verpuppt sich im Frühjahr in einem gelblichen, länglich eiförmigen Kokon an der Nahrungspflanze. In seine Wand sind die gelben Raupenhaare mit eingewoben. Die längeren, schwarzen Haare sind am Vorderende des Kokons konzentriert und bilden hier die spätere Ausschlüpfreuse.

Schilfrohr > 434

2 | **Schwarzes L** *Actornis l-nigrum* —Trägspinner Lymantriidae

Sp 35–45 mm

FALTER Ganzer Falter schneeweiß, etwa in der Mitte des Vorderflügels eine schwarze Zeichnung in Form eines „L" (Name) **(2a)**.

RAUPE Bis 50 mm lang, etwas abgeflacht, rotbraun oder graubraun mit gelblicher Marmorierung, die vorderen 3 Segmente mit dichter fuchsroter und recht langer, schwarzer Behaarung und dadurch deutlich verdickt erscheinend, die übrigen Segmente mit seitlichen, weißen Haarbüscheln, außerdem am Rücken der Segmente 4, 5, 9, 10 und 11 mit weißen, auf dem 6.–8. Segment mit braunen Haarbürsten **(2b)**.

NAHRUNGSPFLANZEN An Rotbuche (*Fagus sylvatica*), Winterlinde (*Tilia cordata*), Stieleiche (*Quercus robur*), Salweide (*Salix caprea*) sowie einigen weiteren Laubhölzern.

VORKOMMEN In lockeren Laubwäldern weit verbreitet, meist nicht selten.

WISSENSWERTES Die nachtaktiven Falter fliegen jährlich in einer Generation. Beide Geschlechter werden von künstlichen Lichtquellen angezogen, die Männchen aber häufiger als die Weibchen. Die Eier ähneln in der Form denen des Schilf-Bürstenspinners (s.o.), sind aber noch etwas flacher (etwa doppelt so breit wie hoch). Die Jungraupen springen bei Störungen von den Blättern, indem sie ihren Körper in der Mitte nach unten zusammenklappen. Der Fall wird durch ihre lange Behaarung abgebremst, sodass sie gewissermaßen zu Boden segeln. Sie überwintern im 3. oder 4. Stadium am Boden zwischen trockenen Blättern. Sie werden bereits vor dem Laubaustrieb wieder munter und nagen dann zunächst an dürren Blättern, bis wieder frisches Laub zur Verfügung steht. Gegen Ende des Frühlings verpuppen sie sich zwischen locker miteinander versponnenen Blättern an Zweigen der Nahrungspflanze.

Rotbuche > 330 | Winterlinde > 354
Stieleiche > 332 | Salweide > 326

1A

1B

1C

2A

1D

2B

1 | **Pappelspinner** *Leucoma salicis* —Trägspinner Lymantriidae

Sp 37–50 mm
RL V

JAN FEBR MÄRZ APRIL MAI JUNI JULI AUG SEPT OKT NOV DEZ

FALTER Körper und Flügel einfarbig weiß, nur die Fußglieder schwarz und weiß geringelt **(1a)**.
RAUPE Bis 40 mm lang, Grundfärbung graublau am Rücken schwarz mit großen, weißen Flecken in der Rückenmitte und daneben leuchtend roten, Haar tragenden Punktwarzen, weitere derartige Warzen an den Rumpfseiten **(1b)**.
NAHRUNGSPFLANZEN An Zitterpappel (*Populus tremula*) und anderen Pappelarten sowie an Salweide (*Salix caprea*), Korbweide (*Salix viminalis*) und anderen Weidenarten, nach Literaturangaben auch noch an weiteren Laubbäumen und Sträuchern.
VORKOMMEN Vorwiegend in offenem bis halbschattigem, etwas feuchtem Gelände mit Pappel- und Weidenbeständen, etwa an Waldrändern, an Alleen, an Gewässerufern und auch in Gärten und Parkanlagen; in Mitteleuropa weit verbreitet, jedoch in den meisten Gebieten deutlich seltener geworden.
WISSENSWERTES Die nachtaktiven Falter erscheinen jährlich in einer Generation. Sie werden wie viele ihrer nächsten Verwandten oft von künstlichen Lichtquellen angezogen. Tagsüber ruhen sie gern an Baumstämmen. Bei Beunruhigung scheiden sie am Rücken des Brustabschnitts einen gelben Flüssigkeitstropfen ab, der bitter schmecken soll und offenbar giftig ist. Das Weibchen legt die Eier in mehreren Gelegen von etwa 50–80 Stück an Blättern und Zweigen der Nahrungspflanze ab. Anschließend werden sie mit einem schaumartigen weißen, später erhärtenden Sekret überzogen. Die Raupen eines Geleges bleiben zunächst zusammen und fressen gemeinsam an der Blattunterseite, ohne dabei die oberste Blattschicht zu zerstören. Mit einer Größe von 3–4 mm zerstreuen sie sich und stellen einzeln in Rindenritzen oder zwischen dürren Blättern ovale Überwinterungsgespinste her. Nach der Überwinterung wachsen sie rasch zur endgültigen Größe heran und verpuppen sich an Zweigen der Nahrungspflanze in einem lockeren Gespinst. Die Art tritt an ihren Fundorten meist in geringer Individuenzahl auf. Früher kam es aber auch gelegentlich zu lokalen Massenvermehrungen, bei denen manchmal Pappelalleen vollkommen entlaubt wurden. Die Meldungen über derartige Ereignisse liegen aber schon über 50 Jahre zurück.

Zitterpappel > 328 | Salweide > 326
Korbweide > 328

2 | **Buchen-Kahneule, Jägerhütchen** *Pseudoips prasinana* —Graueulchen Nolidae

Sp 30–35 mm

JAN FEBR MÄRZ APRIL MAI JUNI JULI AUG SEPT OKT NOV DEZ

FALTER Vorderflügel hellgrün mit 2–3 weißen, oft undeutlichen Schrägstreifen; Hinterflügel beim Männchen gelb, beim Weibchen weiß; Beine an der Vorderseite rot gefärbt **(2a)**.
RAUPE Bis 35 mm lang, unbehaart, hellgrün mit zahlreichen gelblichen Punkten und 2 schmalen, gelblichen Längsbinden; hinter dem Kopf eine gelbe Querbinde, unmittelbar vor den Nachschiebern ein kurzer, roter Strich; Bauchfüße mit auffällig verbreiterter „Fußsohle" **(2b)**.
NAHRUNGSPFLANZEN An verschiedenen Laubbäumen und Sträuchern, besonders an Rotbuche (*Fagus sylvatica*), Hängebirke (*Betula pendula*), Stieleiche (*Quercus robur*) und Esskastanie (*Castanea sativa*).
VORKOMMEN In Laubwäldern, vor allem in Buchen- und Eichenwäldern weit verbreitet und in den meisten Gebieten ziemlich häufig.
WISSENSWERTES Die Buchen-Kahneule wurde früher zusammen mit den übrigen Kahneulen (die sich durch ebenfalls grünliche Grundfärbung auszeichnen) den Eulen zugeordnet; neuerdings stellt man sie zu den Graueulchen. Die Buchen-Kahneule wird wegen ihrer grünen, in Ruhelage dachförmig zusammengelegten Flügel auch als „Jägerhütchen" bezeichnet. Sie fliegt jährlich in den wärmeren Regionen meist in 2 Generationen, in kühleren Gebieten nur in einer. Die Falter sind dämmerungs- und nachtaktiv und sitzen tagsüber meist an der Unterseite von Blättern. Die auffallend flachen, radiär gerippten Eier werden einzeln an der Blattoberseite abgelegt. Die Raupen fressen vorwiegend nachts. Sie verpuppen sich in einem ziemlich festen, bräunlichen Gespinst, meist an einem Blatt. Der Kokon ist am Vorderende gekielt, wie die Unterseite eines Kahns **(2c)**. Die am Rücken rötlich gefärbte Puppe überwintert **(2d)**.

Rotbuche > 330 | Hängebirke > 334
Stieleiche > 332 | Esskastanie > 332

1A

1B

2A

2B

2C

2D

1 Rosaroter Flechtenbär *Miltochrista miniata* —Bärenspinner Arctiidae

Sp 23–27 mm ☀

FALTER Vorderflügel rosarot bis orange, am Vorder- und Außenrand kräftiger gefärbt, parallel zum Außenrand mit einer schwarzen Punktreihe und einer ebenso gefärbten Schleifenbinde **(1a)**.
RAUPE Bis 17 mm lang, grau gefärbt, auf dem 2. und allen folgenden Segmenten mit einem dichten, schwarzgrauen Borstenkranz **(1b)**.
NAHRUNGSPFLANZEN An Gelbflechte (*Xanthoria parietina*) und anderen Flechtenarten.
VORKOMMEN In recht verschiedenen Waldtypen, doch auch in offenem Gelände, wie etwa in Heckenlandschaften oder auf Riedwiesen; weit verbreitet, aber nicht häufig.
WISSENSWERTES Die Falter erscheinen jährlich in einer Generation. Sie sind vorwiegend nachtaktiv, werden gelegentlich aber auch tagsüber beim Blütenbesuch beobachtet. Die Eiablage erfolgt in kleinen Gruppen an Baumrinde. Die Raupen leben vorzugsweise an Zweigen von Laubbäumen und verzehren die daran wachsenden Flechten. Sie überwintern halbwüchsig unter der Rinde.

Gelbflechte > 322

2 Elfenbein-Flechtenbär *Cybosia mesomella* —Bärenspinner Arctiidae

Sp 25–33 mm ☀

FALTER Vorderflügel gelb oder weiß mit gelbem Vorder- und Außenrand, am Vorder- und Hinterrand jeweils mit einem schwarzen Punkt **(2a)**; Hinterflügel heller oder dunkler grau.
RAUPE Bis 25 mm lang, schwarzgrau mit dichter und langer schwarzgrauer Behaarung, einzelne Haare dabei jeweils miteinander verklebt; Kopf dunkel rotbraun **(2b)**.
NAHRUNGSPFLANZEN An Gelbflechte (*Xanthoria parietina*) und anderen Flechtenarten.
VORKOMMEN In Wäldern und offenem Gelände, besonders gern in einem kleinräumigen Mosaik aus beidem; in Mitteleuropa weit verbreitet und in den meisten Gegenden nicht selten.
WISSENSWERTES Die Falter fliegen jährlich in einer Generation. Sie sind vorwiegend nachtaktiv, werden aber oft auch tagsüber beobachtet, da sie sich an ihren Ruheplätzen leicht aufscheuchen lassen. Die Eier werden in kleinen, lockeren Gruppen abgelegt. Die Raupen halten sich offenbar meist in Bodennähe auf. Sie überwintern halbwüchsig. Die Verpuppung erfolgt in einem dichten, mit vielen Raupenhaaren durchsetzten Gespinst.

Gelbflechte > 322

3 Rotkragen-Flechtenbär *Atolmis rubricollis* —Bärenspinner Arctiidae

Sp 25–35 mm ☀

FALTER Ganz schwarz mit rotem oder orangefarbenem Halskragen, auch der hintere Teil des Hinterleibs leuchtend orange **(3a)**.
RAUPE Bis 27 mm lang, dunkelgrau mit gelblich weißer Marmorierung und auf jedem Segment 6 roten Punktwarzen; Kopf schwarz mit 2 weißen Schrägstreifen **(3b)**.
NAHRUNGSPFLANZEN An Gelbflechte (*Xanthoria parietina*) und anderen Flechtenarten.
VORKOMMEN Vorwiegend in Wäldern, vor allem Nadelwäldern; in den meisten Gegenden häufig.
WISSENSWERTES Die Falter fliegen jährlich in einer Generation. Sie sind vorwiegend nachtaktiv, fliegen aber oft auch tagsüber. Die Eier werden meist in kleinen Gruppen an Zweigen abgelegt. Die Raupen leben vorzugsweise an Nadelholzzweigen und ernähren sich von deren Flechtenbewuchs. Die Puppe überwintert. Die Art neigt manchmal zu ausgesprochener Massenvermehrung.

Gelbflechte > 322

1A

1B

2A

3A

2B

3B

1 Vierpunkt-Flechtenbär *Lithosia quadra* —Bärenspinner Arctiidae

Sp um 40 mm
RL 3

JAN FEBR MÄRZ APRIL MAI JUNI JULI AUG SEPT OKT NOV DEZ

FALTER Größter heimischer Flechtenbär, Geschlechter deutlich verschieden; Männchen **(1c)** mit grauen, an der Basis gelben Vorderflügeln, Weibchen **(1a)** mit gelben bis gelbweißen, jeweils mit 2 blauschwarzen Punkten gezeichneten Vorderflügeln.
RAUPE Bis 28 mm lang, schwarzgrau mit heller Marmorierung, am Rücken weißlich mit schmalen, grauen Längsstreifen und großen, roten Punktwarzen **(1b)**.
NAHRUNGSPFLANZEN An Gelbflechte (*Xanthoria parietina*) und anderen Flechtenarten.
VORKOMMEN Vorwiegend in Wäldern, seltener auch in offenem Gelände; stark im Rückgang begriffen.
WISSENSWERTES Die nachtaktiven Falter fliegen jährlich in einer Generation. Die Eier werden zu etwa 20–50 Stück an der Unterseite von Blättern abgelegt. Die Raupen fressen vorzugsweise Flechten, die an Laub- und Nadelbäumen wachsen, die älteren daneben auch an den Blättern verschiedener Bäume. Sie überwintern mit ca. 4–5 mm Größe unter Baumrinde. Auch die Verpuppung erfolgt später dort in einem lockeren Gespinst.

Gelbflechte > 322

2 Gewöhnlicher Flechtenbär, Gelbleib-Flechtenbär *Eilema complana* — Bärenspinner Arctiidae

Sp 28–35 mm
☀

JAN FEBR MÄRZ APRIL MAI JUNI JULI AUG SEPT OKT NOV DEZ

FALTER Vorderflügel sehr schmal, grau mit schmalem, gelbem Vorderrandstreifen, dieser bis zur Flügelspitze gleich breit **(2a)**; Hinterflügel hell ockergelb.
RAUPE Bis 25 mm lang, schwarzgrau mit paarigen, orangefarbenen Rückenflecken, vor denen jeweils kleinere, weiße Flecke liegen **(2b)**.
NAHRUNGSPFLANZEN An Gelbflechte (*Xanthoria parietina*) und einigen anderen Flechtenarten.
VORKOMMEN In Wäldern unterschiedlichster Art und auch in offenem Gelände weit verbreitet; in den meisten Gegenden der häufigste Flechtenbär.
WISSENSWERTES Die vorwiegend nachtaktiven Falter fliegen jährlich in einer Generation. Die Tiere rollen ihre Flügel in Ruhelage eng um den Körper. Die Raupen leben teils am Boden, teils an Zweigen. Zur Überwinterung verkriechen sie sich unter Baumrinde oder unter Steinen. Die Verpuppung erfolgt unter Rinde oder am Boden.
ÄHNLICHE ARTEN Es gibt einige weitere, meist deutlich seltenere Arten dieser Gattung mit sehr ähnlicher Flügelzeichnung, bei denen aber in der Regel der gelbe Flügelrandstreifen zur Flügelspitze hin verschmälert ist.

Gelbflechte > 322

3 Trockenwiesen-Flechtenbär, Dunkelstirniger Flechtenbär *Eilema lutarella* — Bärenspinner Arctiidae

Sp um 25 mm
RL V ☀

JAN FEBR MÄRZ APRIL MAI JUNI JULI AUG SEPT OKT NOV DEZ

FALTER Vorderflügel einfarbig ockergelb **(3a)**, Hinterflügel in der vorderen Hälfte dunkelgrau, dahinter wie die Vorderflügel gefärbt.
RAUPE Bis 17 mm lang, dunkelgrau mit hellbrauner Marmorierung, am Rücken eine schwarze Längsbinde und seitlich davon nicht sehr deutliche, gelbbraune Flecke **(3b)**.
NAHRUNGSPFLANZEN An Gelbflechte (*Xanthoria parietina*) und weiteren Flechtenarten.
VORKOMMEN In sonnigem, offenem Gelände, vor allem im Bergland auf Trockenrasen und Heiden; ziemlich selten.
WISSENSWERTES Die Falter erscheinen jährlich in einer Generation. Sie fliegen sowohl tagsüber bei Sonnenschein als auch nachts. Die Weibchen lassen ihre Eier einfach zu Boden fallen. Die Raupe lebt sehr versteckt am Boden zwischen dichter Vegetation. Sie überwintert sehr klein und verpuppt sich erst im Sommer in einem feinen, mit Pflanzenteilen vermischten Gespinst.

Gelbflechte > 322

1A

1B

1C

2A

2B

3A

3B

1/2 | **Gelber Alpen-Flechtenbär** *Setina aurita* —Bärenspinner Arctiidae

Sp 25–32 mm
RL R § ☀

JAN FEBR MÄRZ APRIL MAI JUNI JULI AUG SEPT OKT NOV DEZ

FALTER Vorderflügel weißlich gelb bis kräftig orangegelb, mit bis kurz vor die Flügelspitze schwarz gezeichnetem Adernetz; parallel zum Außenrand eine unterschiedlich stark entwickelte Reihe schwarzer Punkte **(1a)**; bisweilen dunkle Punkte auf der ganzen Flügelfläche und dunkles Adernetz dann fehlend.
RAUPE Bis 22 mm lang, schwarz mit in 5 Längsreihen angeordneten, gelben Flecken und sehr langen, schwarzen Haaren **(1b)**.
NAHRUNGSPFLANZEN An Gelbflechte (*Xanthoria parietina*) und verschiedenen anderen Flechtenarten.
VORKOMMEN Nur in den Alpen zwischen etwa 1000 und über 3000 m Höhe in offenem, steinigem oder felsigem Gelände, hier in vielen Gebieten aber ziemlich häufig.
WISSENSWERTES Die Falter zeigen in Abhängigkeit von der Höhenlage eine bemerkenswerte Variationsbreite in ihrer Flügelzeichnung. Während man oberhalb 2 000 m ausschließlich Tiere mit der abgebildeten Streifenzeichnung findet, treten in tieferen Höhenlagen zunehmend auch solche mit nur aus Punkten bestehender Zeichnung auf. Die verschiedenen Zeichnungstypen können aber auch nebeneinander am gleichen Fundort vorkommen (zumindest in Höhenlagen von unter 2000 m). Die Tiere sind ausschließlich tagaktiv und lassen sich bei Dunkelheit, ganz im Gegensatz zu fast allen übrigen Bärenspinnern, auch nicht durch künstliche Lichtquellen anlocken. Das Weibchen legt die Eier an Steine. Die Raupen fressen den Flechtenbewuchs auf der Steinoberfläche und verstecken sich in den Fresspausen unter Steinen. Sie benötigen je nach Höhenlage 1–3 Jahre für ihre Entwicklung. Im Gegensatz zu den meisten übrigen Raupen in diesen Regionen werden sie an milden Wintertagen regelmäßig aktiv und nehmen auch Nahrung auf. Die Verpuppung erfolgt ebenfalls unter Steinen in einem feinen Gespinst.
ÄHNLICHE ART Der täuschend ähnliche **Trockenrasen-Flechtenbär** (*Setina irrorella*) besitzt die gleiche Variabilität in Färbung und Zeichnung. Auch hier können die Vorderflügel ein Streifen- oder Punktemuster tragen **(2a, 2b)**. Er kommt oft zusammen mit dem Gelben Alpen-Flechtenbär am gleichen Fundort vor, fliegt aber tagsüber und in der Nacht und lässt sich leicht durch Licht anlocken. Daneben kommt der Trockenrasen-Flechtenbär auch außerhalb der Alpen an warmen, offenen Stellen vor, besonders auf Trockenrasen.

Gelbflechte > 322

3 | **Weißfleckwidderchen** *Amata phegea* (= *Syntomis phegea*)—Bärenspinner Arctiidae

Sp 30–45 mm
RL 3 § ☀

JAN FEBR MÄRZ APRIL MAI JUNI JULI AUG SEPT OKT NOV DEZ

FALTER Mit schmalen, langen, weiß gefleckten Vorderflügeln, dadurch sehr an ein Widderchen erinnernd; Hinterflügel wie die Vorderflügel gezeichnet, doch nur etwa halb so lang, Hinterleib mit gelben Ringen auf dem 1. und 5. Segment **(3a)**.
RAUPE Bis 30 mm lang, schwarz mit dichter, in Ringen angeordneter, schwarzbrauner Behaarung und rotbraunem Kopf **(3b)**.
NAHRUNGSPFLANZEN An verschiedenen krautigen Pflanzen, u. a. an Spitzwegerich (*Plantago lanceolata*), Stumpfblättrigem Ampfer (*Rumex obtusifolias*), Gemeinem Labkraut (*Galium album*) und Löwenzahn (*Tussilago farfara*).
VORKOMMEN An warmen, offenen bis halbschattigen Standorten, besonders an Waldrändern und in trockenen Heckenlandschaften mit Steinen oder Felsen; in Deutschland sehr lokal verbreitet, fehlt in weiten Gebieten, z. B. Süddeutschland; in den Südalpen und im Mittelmeergebiet häufig.
WISSENSWERTES Die Falter dieser Art erinnern zwar sehr an *Zygaena*-Arten, die Raupen zeigen aber deutlich die Verwandtschaft zu den übrigen Bärenspinnern. Im Gegensatz zu echten Widderchen setzen sich die tagaktiven Tiere stets mit flach ausgebreiteten Flügeln. Sie fliegen jährlich in einer Generation. Die Eier werden in dichten Haufen an der Unterseite eines Blattes abgelegt. Die Raupen bevorzugen verwelkte Pflanzen gegenüber frischen. Sie überwintern fast ausgewachsen und verpuppen sich im Frühjahr in einem mit Haaren vermischten Gespinst am Boden.

Spitzwegerich > 426 | Stumpfblättriger Ampfer > 422
Gemeines Labkraut > 368 | Löwenzahn > 394

1A

1B

2A

2B

3A

3B

1 | Gestreifter Grasbär *Spiris striata* (= *Coscinia striata*) —Bärenspinner Arctiidae

Sp 30–40 mm
RL V § ☀

JAN FEBR MÄRZ APRIL MAI JUNI JULI AUG SEPT OKT NOV DEZ

FALTER Vorderflügel sehr schmal, hellgelb mit schwarzen Streifen, die jeweils zwischen den Flügeladern liegen, Hinterflügel dottergelb mit mehr oder weniger ausgedehnter, schwarzer Bindenzeichnung am Vorder- und Außenrand; die Zeichnung insgesamt aber sehr variabel, beim Männchen **(1a)** viel deutlicher als beim Weibchen, manchmal fehlen hier sogar die dunklen Zeichnungen auf den Vorderflügeln.

RAUPE Bis 28 mm lang, schwärzlich mit feiner, weißer Sprenkelung und einer scharf abgesetzten, roten Rückenlinie, seitlich unter den Stigmen eine weißliche Längsbinde **(1b)**.

NAHRUNGSPFLANZEN Vorzugsweise an verschiedenen Gräsern wie Aufrechter Trespe (*Bromus erectus*) und Schafschwingel (*Festuca ovina*), daneben aber auch an Kleinem Sauerampfer (*Rumex acetosella*), Wiesensalbei (*Salvia pratensis*) und anderen Kräutern.

VORKOMMEN An sehr offenen, sandigen oder steinigen, wärmebegünstigten Stellen, vor allem auf lückigen Magerrasen, auf Kalkschutthalden oder auch an Bahndämmen; in Deutschland vor allem im Bergland Süddeutschlands und in den Sandgebieten des ostdeutschen Flachlands, nicht häufig und an vielen Stellen in der letzten Zeit ganz verschwunden.

WISSENSWERTES Die tagaktiven, ziemlich unauffälligen Falter ruhen wie manche Flechtenbären mit zigarrenartig um den Leib gerollten Flügeln **(1a)** und können leicht mit Kleinschmetterlingen verwechselt werden. Sie fliegen jährlich in einer Generation. Die Männchen sind ziemlich flugtüchtig und lassen sich sehr leicht aus der niedrigen Vegetation aufscheuchen; die viel trägeren Weibchen fliegen dagegen nur bei warmen Temperaturen und auch nur am frühen Nachmittag. Die Eier werden in Ringen von bis zu 100 Stück an dürre Grashalme geklebt. Die Raupen fressen sowohl tagsüber als auch nachts und erreichen bis zum Herbst eine Größe von ca. 8 mm. Sie überwintern unter Grasbüscheln und beginnen bereits sehr zeitig im Jahr wieder mit der Nahrungsaufnahme. Sie fressen nicht nur an frischen Pflanzenteilen, sondern ebenso auch an vertrockneten. Die Verpuppung erfolgt am Boden in einem durchscheinenden, weißlichen Gespinst.

Aufrechte Trespe > 430 | Schafschwingel > 430
Kleiner Sauerampfer > 422 | Wiesensalbei > 420

2 | Weißer Grasbär *Coscinia cribaria* —Bärenspinner Arctiidae

Sp 30–40 mm
RL V ☀

JAN FEBR MÄRZ APRIL MAI JUNI JULI AUG SEPT OKT NOV DEZ

FALTER Vorderflügel weiß mit einer sehr variablen, dunklen Fleckung **(2a)**; diese kann fast fehlen, aber auch aus dichten Punktreihen bestehen; Hinterflügel weiß mit unterschiedlich starker Verdunklung vom Vorderrand aus, im Extremfall vollständig dunkelgrau.

RAUPE Bis 25 mm lang, am Rücken schwarz mit weißer Rückenlinie, an den Seiten und unten hell bräunlich, am ganzen Körper mit igelartig abstehenden, schwarzen und weißen Haarborsten **(2b)**.

NAHRUNGSPFLANZEN An Gräsern wie Schafschwingel (*Festuca ovina*) ebenso wie an anderen niedrigen Pflanzen, etwa Besenheide (*Calluna vulgaris*), Spitzwegerich (*Plantago lanceolata*) und Löwenzahn (*Taraxacum officinale*).

VORKOMMEN An ähnlichen Orten wie der Gestreifte Grasbär, besonders auf sandigem, steppenartigem Gelände; in Deutschland vor allem in den Sandgebieten im Norden und Osten, ziemlich selten; in den Südalpen gebietsweise recht häufig.

WISSENSWERTES Die Falter sind regional unterschiedlich gezeichnet; im Süden dominieren fast einfarbig weiße **(2a)**, im Norden stärker punktierte Tiere. Sie fliegen jährlich meist in einer, in den Südalpen oft in 2 Generationen. Im Gegensatz zum Gestreiften Grasbären sind die Tiere nachtaktiv und ruhen tagsüber mit eng zusammengelegten Flügeln, lassen sich aber leicht aufscheuchen. Die Eier werden ringförmig an Grashalme geklebt. Die Raupen überwintern und werden oft an milden Wintertagen wieder aktiv. Sie scheinen verwelktes Futter zu bevorzugen und verpuppen sich zwischen Pflanzenteilen oder unter Steinen in einem lockeren Gespinst.

Schafschwingel > 430 | Besenheide > 356
Spitzwegerich > 426 | Löwenzahn > 394

1A

1B

2A

2B

1 | **Labkrautbär** *Watsonarctia deserta (= Eucharia casta)* —Bärenspinner Arctiidae

Sp 27–32 mm
RL 1 §

FALTER Beide Geschlechter mit ausgesprochen untersetztem, dicht und lang behaartem Körper, Vorderflügel weiß, am Außenrand mit breiter, schwarzer, in der Mitte eingebuchteter Binde, schwarzem Basalfleck und ebenso gefärbter, oft unterbrochener Mittelbinde; Hinterflügel nur am Außenrand mit dunkler Binde, beim Männchen **(1a)** weiß, beim Weibchen kräftig rosa.
RAUPE Länge bis 30 mm, graubraun mit unterbrochener, weißlicher Rückenlinie und paarigen, dunkelbraunen Flecken, an den Seiten rosa bis weißlich gezeichnet **(1b)**.
NAHRUNGSPFLANZEN Vorzugsweise an Echtem Labkraut (*Galium verum*), gelegentlich an anderen Labkraut-Arten.
VORKOMMEN Vorzugsweise in trockenem, sehr warmem, steppenartigem Gelände, insbesondere auf felsigen oder sandigen Trockenrasen; in Deutschland nur am Kaiserstuhl, auch im benachbarten Elsass, sehr selten; in den Südalpen, im südöstlichen Europa und im Mittelmeergebiet stellenweise ziemlich häufig.
WISSENSWERTES Die nachtaktiven Falter fliegen jährlich in einer Generation. Die Männchen werden stark von künstlichen Lichtquellen angezogen, erscheinen aber erst in den frühen Morgenstunden am Licht. Die sehr flugträgen Weibchen legen ihre Eier in kleinen Haufen an niedrige Pflanzen. Die Raupen fressen nur nachts und halten sich tagsüber unter Grasbüscheln oder trockenem Laub verborgen. Nachts sind sie dagegen ausgesprochen mobil und wandern weit umher. Man kann sie daher mit einer Taschenlampe relativ leicht entdecken. Zur Verpuppung spinnen sie unter Steinen oder in der dichten Vegetation einen ziemlich festen, braunen Kokon, in den meist auch Bodenteile mit eingewoben sind. Die Puppe überwintert.

Echtes Labkraut > 388

2 | **Fleckenbär** *Chelis maculosa* —Bärenspinner Arctiidae

Sp um 27 mm
RL 1 §

FALTER Vorderflügel hellbraun, mit kleinen drei- oder viereckigen, teilweise auch runden, schwarzen Flecken, die meist in 3 Reihen angeordnet sind; Hinterflügel rosarot mit größeren, schwarzgrauen Flecken **(2a)**.
RAUPE Bis 25 mm lang, heller oder dunkler graubraun mit schwärzlichem Rücken und feinem, rötlichem Mittelstreifen, an den Seiten mit rötlichen Zeichnungen **(2b, 2c)**.
NAHRUNGSPFLANZEN Am Echten Labkraut (*Galium verum*), seltener auch an anderen Labkraut-Arten.
VORKOMMEN In sehr warmem und offenem, steppenartigem Gelände, vorwiegend auf Sandboden; in Deutschland sehr selten und an vielen früheren Fundorten verschwunden, derzeit nur noch aus Ostdeutschland gemeldet, in Südosteuropa bis Ungarn und in den Südalpen noch häufiger.
WISSENSWERTES Die nachtaktiven Falter erscheinen jährlich in einer Generation, sollen in Südeuropa aber auch 2 Generationen im Jahr ausbilden können. In höheren Lagen der Alpen kann die Entwicklung auch 2 Jahre dauern. Die Männchen fliegen gern künstliche Lichtquellen an. Die sehr flugträgen Weibchen bleiben meist in der Nähe ihres Schlüpfortes in der niedrigen Vegetation und lassen bei der Eiablage die Eier einfach zu Boden fallen. Da sie sich dabei praktisch nicht bewegen, bilden die oft mehr als 100 Eier nach und nach größere Haufen. Die Raupen verbergen sich tagsüber am Boden in der dichten Vegetation. Sie sind am ehesten nachts mit einer Taschenlampe auf ihren Nahrungspflanzen zu entdecken. Sie überwintern und verpuppen sich am Boden in einem lockeren Gespinst. Wie bei vielen anderen Bärenspinnern bleibt die letzte Raupenhaut am Hinterende der sehr beweglichen, weißlich bereiften Puppe hängen.
ÄHNLICHE ART Der sehr ähnliche **Schweizer Alpenbär** (*Chelis simplonica*) unterscheidet sich vom Fleckenbär durch geringe Unterschiede in der Flügelzeichnung sowie durch seine grau-bräunliche Flügelunterseite (diese ist bei *Ch. maculosa* mehr rötlich braun). Die Art kommt nur in den Schweizer Alpen zwischen 1 740 und 2 600 m Höhe vor und lebt hier in sehr offenem, steinigem und felsigem Gelände, oft in nächster Nähe von Murmeltierbauten.

Echtes Labkraut > 388

1A

1B

2A

2B

2C

1 | **Streifenbär, Gletscherbär** *Grammia quenseli* (= *Holarctia quenseli*)—Bärenspinner Arctiidae

Sp um 35 mm ☀

JAN FEBR MÄRZ APRIL MAI JUNI JULI AUG SEPT OKT NOV DEZ

FALTER Vorderflügel schwarz mit unterschiedlich breit hell ockergelb nachgezogenen Flügeladern, Hinterflügel dunkelgrau mit mehr oder weniger ausgedehnten, gelben Zeichnungen am Außenrand; die hellen Zeichnungen beim Weibchen **(1a)** viel großflächiger als beim Männchen.
RAUPE Bis 30 mm lang, schwarz mit feiner, heller Rückenlinie, am Rücken mit schwarzen, seitlich mit gelblichen, jeweils ein Borstenbüschel tragenden Warzen; diese Borsten am Rücken schwarzgrau, seitlich heller, im unteren Bereich rötlich **(1b)**.
NAHRUNGSPFLANZEN An vielen verschiedenen, niedrigwüchsigen alpinen Pflanzen, z. B. an Alpen-Frauenmantel (*Alchemilla alpina*) und Alpen-Wegerich (*Plantago alpina*).
VORKOMMEN In Mitteleuropa nur in den Zentralalpen in Höhen zwischen 2000 und 2700 m auf grasigen Alpenmatten und steinigen Geröllfeldern; überall ziemlich selten, in Deutschland fehlend; weitere Vorkommen im nördlichen Skandinavien.
WISSENSWERTES Die Entwicklung zum Falter dauert in der Regel 2 Jahre. Beide Geschlechter fliegen tagsüber, die Weibchen aber nur bei günstigen Temperaturverhältnissen. Die Eier werden bei der Eiablage einfach zu Boden fallen gelassen. Die Raupen halten sich tagsüber meist unter Steinen verborgen. Sie überwintern das erste Mal halbwüchsig, das zweite Mal im letzten Stadium. Die Verpuppung erfolgt, anders als bei den übrigen alpinen Bärenspinnern, nicht unter Steinen, sondern im dichten Pflanzengewirr in einem ziemlich festen, mit Pflanzenteilen durchmischten Gespinst.

Alpen-Frauenmantel > 426 | Alpen-Wegerich > 426

2 | **Matterhornbär** *Holarctia cervini* —Bärenspinner Arctiidae

Sp um 30 mm ☀

JAN FEBR MÄRZ APRIL MAI JUNI JULI AUG SEPT OKT NOV DEZ

FALTER Je nach Fundort sehr variabel in Färbung und Zeichnung der Flügel; Vorderflügel mit hell ockergelber bis leuchtend orangegelber Grundfärbung, mit schiefergrauer Fleckenzeichnung; diese kann fast fehlen, aber auch so ausgedehnt sein, dass von der hellen Grundfärbung nur ein feines Netzmuster übrig bleibt **(2a)**.
RAUPE Bis 25 mm lang, schwarz mit längerer schwarzer, an den Seiten grauer Behaarung und einem zitronengelben Rückenstreifen **(2c)**.
NAHRUNGSPFLANZEN An verschiedenen niedrigen Pflanzen, u. a. an Alpen-Frauenmantel (*Alchemilla alpina*) und Alpen-Wegerich (*Plantago alpina*).
VORKOMMEN Nur von wenigen Fundorten in den Österreichischen, Schweizer und Französischen Zentralalpen bekannt, hier meist zwischen 2600 und 3200 m, selten tiefer, auf kaum bewachsenen, mit schieferigen Gesteinsplatten bedecktem Gelände.
WISSENSWERTES Der Matterhornbär gehört zu den wenigen endemischen Schmetterlingen der Alpen. Er wurde erst 1863 am Gornergrat am Fuß des Matterhorns entdeckt, erst über 50 Jahre später auch außerhalb der Walliser Alpen. Man kann davon ausgehen, dass er die Eiszeiten in eisfrei gebliebenen Regionen innerhalb der Alpen, die damals über die Gletscher hinausragten, überdauert und nach dem Zurückweichen des Eises sein Verbreitungsgebiet kaum erweitert hat. Durch die schon lang andauernde Isolierung der einzelnen Populationen erklärt sich die deutliche Verschiedenheit der Falter in den einzelnen Vorkommensgebieten. An den hochalpinen Fundorten dauert die Vegetationsperiode selten länger als 3–4 Monate im Jahr. Die Entwicklung dauert daher mindestens 2, oft vermutlich sogar 3 Jahre. Die Männchen fliegen tagsüber umher und suchen die meist unter etwa 20 cm großen Steinplatten sitzenden Weibchen auf. Diese legen ihre Eier in lockeren Eispiegeln an die Unterseite von Steinen **(2b)**. Die Raupen müssen an ihren Fundorten sehr starke Temperaturschwankungen ertragen. Auch im Sommer treten immer wieder Nachtfröste auf, während tagsüber durch die extreme Strahlungsenergie die Bodentemperatur leicht auf deutlich über 30 °C steigen kann. Diese extremen Schwankungen werden durch die wie Wärmespeicherplatten wirkenden flachen Steine etwas ausgeglichen. Die Verpuppung erfolgt ebenfalls unter Steinen in einem lockeren, weißlichen Gespinst.

Alpen-Frauenmantel > 426 | Alpen-Wegerich > 426

1A

1B

2A

2B

2C

1 Zimtbär, Rostbär *Phragmatobia fuliginosa* —Bärenspinner Arctiidae

Sp 30–35 mm

JAN FEBR MÄRZ APRIL MAI JUNI JULI AUG SEPT OKT NOV DEZ

FALTER Vorderflügel rostrot bis dunkel zimtbraun, meist mit einem dunklen Punkt, Hinterflügel hell karminrot mit dunklen Flecken oder dunkler Außenrandbinde **(1a)**.
RAUPE Bis 35 mm lang, schwarzgrau mit dichten Büscheln rotbrauner oder hell graubrauner Haare, am Rücken mit hellem Längsstreifen, der aber durch das dichte Haarkleid schwer zu erkennen ist **(1b)**.
NAHRUNGSPFLANZEN An vielen verschiedenen strauchigen und krautigen Pflanzen, etwa an Brombeere (*Rubus fruticosus*), Schlehe (*Prunus spinosa*), Echtem Mädesüß (*Filipendula ulmaria*), Spitzwegerich (*Plantago lanceolata*), Jakobskreuzkraut (*Senecio jacobaea*) und Löwenzahn (*Taraxacum officinale*).
VORKOMMEN Überall im Offenland, Kulturfolger, regelmäßig in Gärten und Parks; in Mitteleuropa weit verbreitet und fast überall ziemlich häufig.
WISSENSWERTES Die vorwiegend nachtaktiven, selten auch tagsüber fliegenden Falter erscheinen jährlich meist in 2 Generationen. Die erste Generation ist dabei immer viel schwächer vertreten als die zweite. Das Weibchen legt die Eier in sehr großen Eispiegeln an die Unterseite von Blättern, insgesamt bis zu etwa 500 Stück.Die aus den Eiern der 2. Generation geschlüpften Raupen erreichen bis zum Herbst das letzte Stadium. Sie überqueren im September und Oktober auf der Suche nach einem geeigneten Winterquartier oft Wege und Straßen und werden dann regelmäßig gefunden. Nicht selten laufen sie auch kurz nach Einsetzen der Schneeschmelze über Schneeflächen hinweg. Sie verpuppen sich im zeitigen Frühjahr ohne weitere Nahrungsaufnahme in einem ziemlich festen, graubraunen Kokon zwischen Pflanzenteilen.

Brombeere > 340 | Schlehe > 346
Echtes Mädesüß > 366 | Spitzwegerich > 426
Jakobskreuzkraut > 392 | Löwenzahn > 394

2 Wegerichbär *Parasemia plantaginis* —Bärenspinner Arctiidae

Sp 32–38 mm
RL V ☼

JAN FEBR MÄRZ APRIL MAI JUNI JULI AUG SEPT OKT NOV DEZ

FALTER Färbung und Zeichnung der Flügel sehr variabel, beim Männchen **(2b)** Flügel weißlich oder hell gelblich (Hinterflügel oft kräftig gelb) mit mehr oder weniger ausgedehnter, schwarzer Fleckenzeichnung, diese kann so stark verdichtet sein, dass kaum etwas von der hellen Grundfärbung übrig bleibt; beim Weibchen **(2a)** ähnlich, doch Hinterflügel rot oder (seltener) gelb und Flügel niemals so stark verdunkelt; bei fast allen Zeichnungstypen bildet die helle Grundfärbung der Vorderflügel vor deren Spitze eine eckige „4" bzw. deren Spiegelbild; Hinterleib meist beim Männchen gelb, beim Weibchen rot mit schwarzer Zeichnung.
RAUPE Bis 35 mm lang, dunkelgrau mit schwarzer und grauer, ab dem 3. Segment leuchtend fuchsroter, im hinteren Körperabschnitt dann wieder grauer Behaarung **(2c)**.
NAHRUNGSPFLANZEN An vielen verschiedenen niedrigen Pflanzen, etwa an Kleinem Habichtskraut (*Hieracium pilosella*), Löwenzahn (*Taraxacum officinale*) und Spitzwegerich (*Plantago lanceolata*).
VORKOMMEN In mehr oder weniger offenem Gelände, z. B. auf Waldlichtungen, auf Feuchtwiesen und vor allem in alpinen Grasheiden; in Mitteleuropa ehemals weit verbreitet, aber vielerorts mit deutlichen Rückgangstendenzen, in den Alpen dagegen noch ziemlich häufig.
WISSENSWERTES Die große Variationsbreite in der Flügelzeichnung ist oft schon bei den Abkömmlingen eines einzigen Eigeleges zu beobachten. Weibchen mit gelben Hinterflügeln kommen allerdings fast nur in den Hochlagen der Alpen vor. Die Falter erscheinen jährlich in einer Generation. Die recht flugtüchtigen Männchen sind tagaktiv; die trägen Weibchen fliegen meist nur kurze Strecken in den Abendstunden. Die Eier werden in großen Eispiegeln an die Unterseite beliebiger Blätter geklebt, auch an Pflanzen, die die Raupen als Nahrung ablehnen. Die sehr flinken Raupen sind tagaktiv und werden oft beim Umherwandern gefunden. Sie überwintern halbwüchsig und verpuppen sich im Frühjahr am Boden in einem weißlichen, lockeren Gespinst.

Kleines Habichtskraut > 396 | Löwenzahn > 394
Spitzwegerich > 426

1A

2A

1B

2B

2C

1 Gelber Fleckleibbär *Spilarctica lutea (= Spilosoma lutea)* —Bärenspinner Arctiidae

Sp 28–40 mm

FALTER Flügel beim Männchen **(1a)** gelb, beim Weibchen **(1b)** heller, oft fast weiß, mit schwarzen Punkten, die vor dem Außenrand des Vorderflügels meist eine ziemlich regelmäßige, schräge Querreihe bilden; Hinterleib beider Geschlechter gelb mit kräftiger, schwarzer Fleckung.
RAUPE Bis 40 mm lang, grau mit einer weißlichen Längsbinde über den Stigmen und dichten Büscheln dunkelbrauner und rötlicher Haare **(1c)**.
NAHRUNGSPFLANZEN An verschiedenen strauchigen und krautigen Pflanzen, etwa an Himbeere (*Rubus idaeus*), Gemeiner Waldrebe (*Clematis vitalba*), Großer Brennnessel (*Urtica dioica*) und Kohldistel (*Cirsium oleraceum*).
VORKOMMEN In mehr oder weniger offenem, nicht zu trockenem Gelände, etwa an Waldrändern, auf Feuchtwiesen und auch in Gärten, wenig anspruchsvoll; in Mitteleuropa weit verbreitet und in den meisten Gegenden ziemlich häufig.
WISSENSWERTES Die nachtaktiven Falter erscheinen entgegen anders lautender Literaturangaben jährlich offenbar nur in einer Generation, lediglich in klimatisch besonders begünstigten Gebieten wie etwa in den Südalpen wird auch eine unvollständige zweite Generation ausgebildet. In der Zucht ist es dagegen recht einfach, eine zweite Faltergeneration im Jahr heranzuziehen. Die Tiere werden stark von künstlichen Lichtquellen angezogen und sind daher z. B. oft morgens unter Straßenlampen zu finden. Bei stärkerer Störung nehmen sie eine charakteristische Schreckhaltung ein, indem sie sich tot stellen, die Beine anlegen und den Hinterleib nach unten krümmen. Dabei fallen sie auf die Seite und präsentieren ihren gelb und schwarz gefleckten Hinterleib, der offenbar für Angreifer ein Warnsignal darstellt. Die Eier werden in großen Gelegen an beliebigen Pflanzen abgelegt. Die Raupen wachsen bis zum Herbst heran und verpuppen sich in einem ziemlich festen, mit zahlreichen Raupenhaaren durchsetzten Kokon. Die Puppe überwintert.

Himbeere > 340 | Gemeine Waldrebe > 354
Große Brennnessel > 424 | Kohldistel > 394

2 Weiße Tigermotte, Breitflügeliger Fleckleibbär *Spilosoma lubricipeda*—Bärenspinner Arctiidae

Sp 30–42 mm

FALTER Ähnlich dem Gelben Fleckleibbär, doch Flügel meist rein weiß, seltener etwas gelblich, mit meist zahlreichen schwarzen Punkten gesprenkelt; diese Punkte nicht in einer regelmäßigen Reihe angeordnet **(2b)**.
RAUPE Bis 40 mm lang, graubraun mit weißlichem oder hell rötlichem Rückenstreifen, dicht dunkelbraun behaart **(2a)**.
NAHRUNGSPFLANZEN An zahlreichen verschiedenen Pflanzen, etwa an Großer Brennnessel (*Urtica dioica*), Besenginster (*Sarothamnus scoparius*), Luzerne (*Medicago sativa*), Natternkopf (*Echium vulgare*) und Löwenzahn (*Taraxacum officinale*).
VORKOMMEN In sehr verschiedenen offenen bis halbschattigen Lebensräumen, in lockeren Wäldern und auf trockenen wie feuchten Wiesen ebenso wie auf landwirtschaftlichen Kulturflächen und in Gärten; in Mitteleuropa weit verbreitet und fast überall häufig.
WISSENSWERTES Die nachtaktiven Falter fliegen jährlich meist in einer Generation, in klimatisch begünstigten Gebieten wird oft eine meist unvollständige zweite Generation ausgebildet. Die Eier werden in größeren Eispiegeln meist an die Unterseite von Blättern geklebt. Die Raupen können sehr schnell laufen. Sie verpuppen sich in einem ziemlich festen, mit Raupenhaaren durchmischten Gespinst. Die Puppe überwintert.
ÄHNLICHE ARTEN Der **Schmalflügelige Fleckleibbär** (*Spilosoma urticae*) besitzt etwas schmälere Vorderflügel, ist meist viel schwächer dunkel punktiert und fliegt nur auf naturnahen Feuchtwiesen. Der **Amerikanische Webebär** (*Hyphantria cunea*) hat meist ungefleckte weiße Flügel (außerdem einen weißen Hinterleib). Er trat erstmals in Ungarn auf und hat sich in vielen Ländern Europas ausgebreitet. Wenige Nachweise in Deutschland. Die nach 1940 aus Nordamerika eingeschleppte Art neigt zur Massenvermehrung und hat sich v. a. in osteuropäischen Ländern zum gefürchteten Obstbaumschädling entwickelt.

Große Brennnessel > 424 | Besenginster > 350
Luzerne > 416 | Natternkopf > 420
Löwenzahn > 394

1A

1B

1C

2A

2B

1 | **Purpurbär** *Rhyparia purpurata* —Bärenspinner Arctiidae

Sp 38–48 mm
RL 3 § ☀

FALTER Unverkennbar. Vorderflügel gelb mit kleinen graubraunen bis violettbraunen Flecken, die mehr oder weniger in 5 Querreihen angeordnet sind; Hinterflügel rosarot mit schwarzen Flecken **(1a)**.
RAUPE Bis 50 mm lang, schwarz mit einer Reihe weißer Rückenflecke sowie weißen Schrägflecken an der Seite und orange gefärbten Stigmen, Behaarung am Rücken gelb oder fuchsrot, an den Seiten weißlich **(1b, 1c)**.
NAHRUNGSPFLANZEN An zahlreichen verschiedenen Sträuchern und Kräutern, u. a. an Brombeere (*Rubus fruticosus*), Schlehe (*Prunus spinosa*), Besenginster (*Sarothamnus scoparius*), Gemeinem Labkraut (*Galium album*), Wiesensalbei (*Salvia pratensis*), Spitzwegerich (*Plantago lanceolata*), Gemeiner Kratzdistel (*Cirsium vulgare*), Gemeiner Flockenblume (*Centaurea jacea*), Löwenzahn (*Taraxacum officinale*) und Wildem Dost (*Origanum vulgare*).
VORKOMMEN Vorwiegend in offenem, trockenem, nicht zu niedrig bewachsenem Gelände, z. B. an sonnigen Waldrändern und auf höherwüchsigen Trockenrasen, daneben aber auch an feuchten Stellen, etwa in Feuchtheiden und selbst in offenen Moorgebieten; in Deutschland weit verbreitet, aber überall ziemlich selten, gebietsweise in letzter Zeit stark zurückgegangen.
WISSENSWERTES Die Falter erscheinen jährlich in einer Generation. Sie sind nachtaktiv und fliegen erst nach Mitternacht künstliche Lichtquellen an, lassen sich aber auch tagsüber leicht aufscheuchen. Das Weibchen legt die Eier in Eispiegeln von meist etwa 100 Stück an die Blattunterseite niedrig wüchsiger Pflanzen. Die Raupen erreichen bis zum Herbst eine Größe von etwa 10 mm und überwintern am Boden. Im Frühjahr wachsen sie ziemlich rasch heran und sitzen jetzt oft tagsüber gut sichtbar in der Vegetation. Sie verpuppen sich am Boden in einem zähen, weißlichen Gespinst. Bei der Zucht passiert es gelegentlich, dass die Raupen frisch gehäutete Puppen anfressen.

Brombeere > 340 | Schlehe > 346 |
Besenginster > 350 | Gemeines Labkraut > 368
Wiesensalbei > 420 | Spitzwegerich > 426
Gemeine Kratzdistel > 414
Gemeine Flockenblume > 414 | Löwenzahn > 394
Wilder Dost > 410

2 | **Rotrandbär** *Diacrisia sannio* —Bärenspinner Arctiidae

Sp 33–45 mm
☀

FALTER Geschlechter sehr verschieden; Männchen **(2a)** deutlich größer als das Weibchen, mit ockergelben, rot gerandeten Vorderflügeln, die in der Mitte einen roten Fleck tragen, Hinterflügel gelblich weiß mit variabler, dunkler Zeichnung; Weibchen **(2c)** mit orange-bräunlichen, dunkel geaderten Vorderflügeln, Hinterflügel gelb mit schwarzen Zeichnungen.
RAUPE Bis 40 mm lang, dunkelbraun mit weiß und orange gefleckter Rückenlinie; Behaarung weißlich, schwarz und rotbraun **(2b)**.
NAHRUNGSPFLANZEN An verschiedenen krautigen und strauchigen Pflanzen, etwa an Großer Brennnessel (*Urtica dioica*), Gemeinem Labkraut (*Galium album*), Spitzwegerich (*Plantago lanceolata*) und Gagelstrauch (*Myrica gale*).
VORKOMMEN Vorzugsweise auf Feuchtwiesen und Waldwiesen, daneben auch auf Trockenrasen und an warmen, sonnigen Hängen; in Mitteleuropa weit verbreitet, aber nur stellenweise häufiger.
WISSENSWERTES Die Falter fliegen in wärmebegünstigten Gebieten, wie etwa im Oberrheintal, jährlich in 2 Generationen, in ungünstigeren Gebieten nur in einer. Die Tiere sind vorwiegend nachtaktiv. Die recht scheuen Männchen lassen sich tagsüber leicht aufscheuchen. Sie verstecken sich anschließend gleich wieder tief in der Vegetation. Die Weibchen sind wesentlich träger, fliegen aber manchmal ebenfalls tagsüber umher. Sie legen ihre Eier in kleineren Eispiegeln an die Blattunterseite der Nahrungspflanze. Die Raupen fressen vorwiegend nachts und sind tagsüber schwer zu finden. Bei Störungen können sie außerordentlich schnell davonlaufen. Sie erreichen bis zum Herbst eine Länge von etwa 10 mm und verkriechen sich zur Überwinterung gern in hohlen Pflanzenstängeln, etwa von Doldengewächsen. Sie verpuppen sich am Boden in einem dünnen, grauen Gespinst.

Große Brennessel > 424 | Gemeines Labkraut > 368
Spitzwegerich > 426 | Gagelstrauch > 330

1A

1B

1C

2A

2B

2C

1 | **Augsburger Bär** *Pericallia matronula* —Bärenspinner Arctiidae

Sp 65–80 mm
RL 1 § ☀

FALTER Größter heimischer Bärenspinner, Vorderflügel dunkelbraun mit einer Reihe gelblich weißer Flecke entlang des Vorderrandes, ein kleiner derartiger Fleck oft auch am Innenwinkel; Hinterflügel gelb mit schwarzen Flecken; Hinterleib leuchtend rot, am Rücken mit einer schwarzen Fleckenreihe **(1a, 1b)**.
RAUPE Bis 100 mm lang, schwarzgrau mit dichten Büscheln bis 15 mm langer, dunkel rotbrauner und hellbrauner Haare **(1d)**.
NAHRUNGSPFLANZEN Vor allem an verschiedenen Sträuchern, doch auch an krautigen Pflanzen, z. B. an Haselnuss (*Corylus avellana*), Himbeere (*Rubus idaeus*), Roter Heckenkirsche (*Lonicera xylosteum*) und Löwenzahn (*Taraxacum officinale*).
VORKOMMEN Vorwiegend in locker bewaldetem, warmem, von felsigen Bereichen durchsetztem Gelände, oft in der Nähe von Gewässern; in Mitteleuropa an weit auseinander liegenden Fundorten, überall mit stark rückläufiger Bestandsentwicklung, in Deutschland nur noch in Baden-Württemberg und Bayern.
WISSENSWERTES Der sehr attraktive, nachtaktive Falter gehört zu den größten Raritäten unter den heimischen Schmetterlingen. Trotz guter Nachweismöglichkeiten durch den Lichtfang (die Männchen, viel seltener auch die Weibchen, fliegen sehr gern und bereits deutlich vor Mitternacht künstliche Lichtquellen an) wird er an fast allen seiner noch existierenden Flugorte nur noch ganz sporadisch beobachtet. Er benötigt zwei Jahre zu seiner Entwicklung und ist daher an den meisten seiner Fundorte auch nur alle 2 Jahre überhaupt noch zu finden. Die Weibchen legen die Eier in lockeren Eispiegeln auf Blättern ab **(1c)**. Die Raupen fressen zunächst vorwiegend an verschiedenen Sträuchern. Nach der zweiten Überwinterung scheinen sie dagegen niedrige Pflanzen zu bevorzugen. Die Verpuppung erfolgt in einem dichten und sehr zähen Gespinst, in das auch Haare und Pflanzenteile eingewoben sind.

Haselnuss > 334 | Himbeere > 340
Rote Heckenkirsche > 360 | Löwenzahn > 394

2 | **Schwarzer Bär** *Arctia villica* —Bärenspinner Arctiidae

Sp 45–60 mm
RL 2 § ☀

FALTER Vorderflügel schwarz mit etwa 8 rundlichen, weißen Flecken unterschiedlicher Größe; Hinterflügel gelb mit meist 4 schwarzen Fleckenreihen; Brustabschnitt schwarz, Hinterleib vorn gelb, hinten rot **(2a)**.
RAUPE Bis 50 mm lang, schwarz mit hellbraunen Haarbüscheln, Kopf und alle Beine rot **(2b)**.
NAHRUNGSPFLANZEN An verschiedenen Sträuchern und krautigen Pflanzen, vor allem an Brombeere (*Rubus fruticosa*), Gefleckter Taubnessel (*Lamium maculatum*), Löwenzahn (*Taraxacum officinale*) und Spitzwegerich (*Plantago lanceolata*).
VORKOMMEN An sehr warmen, offenen bis halbschattigen, trockenen Stellen, vor allem auf Trockenrasen und locker mit Gebüsch bewachsenen Südhängen; in Deutschland nur an wenigen wärmebegünstigten Stellen, etwa im Mittelrhein, Mosel- und Nahetal und an der Oder, hier aber überall sehr selten und vom Aussterben bedroht; vom Mittelmeergebiet bis in die Südalpen dagegen stellenweise noch ziemlich häufig.
WISSENSWERTES Die Falter erscheinen jährlich in einer Generation. Sie sind vorwiegend nachtaktiv, doch fliegen die Männchen, seltener die Weibchen, bei günstigen Temperaturen gelegentlich auch tagsüber. Die Eier werden in Eispiegeln von durchschnittlich etwa 100 Stück an die Unterseite von Blättern gelegt. Die Raupe überwintert und verpuppt sich im Frühjahr in einem lockeren, weißlichen Gespinst am Boden.

Brombeere > 340 | Gefleckte Taubnessel > 408
Löwenzahn > 394 | Spitzwegerich > 426

1A

1B

1C

1D

2A

2B

1 Brauner Bär *Arctia caja*
—Bärenspinner Arctiidae

Sp 45–65 mm
RL V §

FALTER Vorderflügel dunkelbraun mit einem verzweigten, weißen Linienmuster, Hinterflügel leuchtend hellrot mit rundlichen, blauschwarz glänzenden Flecken; Hinterleib in der Farbe der Hinterflügel **(1a, 1b)**.
RAUPE Bis 60 mm lang, schwarzbraun, am Rücken mit schwarzen, seitlich mit weißen Punktwarzen; Behaarung am Rücken sehr lang, schwarz mit hellgrauen Spitzen, an den Seiten und am Rücken der ersten 3 Segmente etwas kürzer und fuchsrot bis dunkel rotbraun **(1d)**; jüngere Raupen mit viel hellerer, vorwiegend gelbbrauner Behaarung **(1c)**.
NAHRUNGSPFLANZEN An vielen verschiedenen Sträuchern und Kräutern, z. B. an Salweide (*Salix caprea*), Himbeere (*Rubus idaeus*), Brennnessel (*Urtica dioica*) und Echtem Mädesüß (*Filipendula ulmaria*).
VORKOMMEN Vorzugsweise an offenen bis halbschattigen, etwas feuchten Stellen, etwa auf Lichtungen in Auwäldern, in lockeren Wäldern am Rand von Mooren und auf verbuschenden Magerrasen, regelmäßig auch in Gärten und Parkanlagen; in Mitteleuropa weit verbreitet, aber in den meisten Gegenden deutlich seltener als früher.
WISSENSWERTES Die Falter erscheinen jährlich in einer Generation. Sie sind ausschließlich nachtaktiv und fliegen gern künstliche Lichtquellen an, allerdings meist erst nach Mitternacht. Tagsüber sitzen sie mit geschlossenen Vorderflügeln auf Blättern oder an Baumstämmen **(1b)**. Bei einer Beunruhigung, etwa wenn man sie mit einem Finger kurz antippt, spreizen sie die Flügel weit auseinander. Zwischen Kopf und Brustabschnitt erscheint dann ein roter Drüsenring, aus dem ein unangenehm riechendes Sekret abgesondert wird. Gleichzeitig werden oft die beiden Fühler eng aneinander gelegt **(1a)**. Die Eier werden in unterschiedlich großen, einschichtigen Eispiegeln zu manchmal über 500 Stück an der Unterseite von Blättern abgelegt. Die Raupen überwintern mit knapp 10 mm Größe und verpuppen sich in einem feinen, mit Haaren vermischten Gespinst. Der Braune Bär lässt sich leicht über viele Generationen züchten. Unter günstigen Temperaturbedingungen lässt sich dabei ein Abstand von einem Monat von Generation zu Generation erreichen, obwohl unter Freilandbedingungen immer nur eine Generation im Jahr entsteht. Bei derartigen Zuchten schlüpfen manchmal Falter mit stark abweichender Färbung, etwa solche mit einfarbig weißen oder braunen Vorderflügeln. Derartige Tiere kommen als große Seltenheit auch im Freiland vor.

Salweide > 326 | Himbeere > 340
Brennnessel > 424 | Echtes Mädesüß > 366

2 Engadiner Bär *Arctia flavia*
—Bärenspinner Arctiidae

Sp 45–70 mm

FALTER Vorderflügel ähnlich wie beim Braunen Bär, doch Grundfarbe noch dunkler, fast schwarz, und helle Streifen schmäler und weniger verzweigt, Außenrand weißlich; Hinterflügel gelb mit schwarzbraunen Flecken, Hinterleib rot mit schwarzen Rückenflecken, am Ende schwarz **(2a, 2b)**.
RAUPE Bis 70 mm lang, schwarz mit langer, dunkelgrauer und hell gelblicher, jeweils abwechselnd in hellen und dunklen Ringen angeordneter Behaarung **(2c)**.
NAHRUNGSPFLANZEN An verschiedenen, meist niedrigwüchsigen Pflanzen, etwa an Alpen-Wegerich (*Plantago alpina*), Alpen-Frauenmantel (*Alchemilla alpina*) und Wolfs-Eisenhut (*Aconitum vulparia*).
VORKOMMEN Nur in den Hochlagen der Alpen zwischen 1800 und 3000 m, selten tiefer, vorzugsweise in der Nähe von Gletschern in Südlage auf alpinen Geröllfeldern; in den Zentralalpen weit verbreitet, aber fast überall ziemlich selten; verhältnismäßig häufig im östlichen Graubünden und im Ötztal, in Deutschland fehlend.
WISSENSWERTES Der schöne, nachtaktive Falter benötigt 2–3 Jahre zu seiner Entwicklung. Er fliegt gern an künstliche Lichtquellen, erscheint aber meist erst nach Mitternacht. Die ebenfalls rein nachtaktiven Raupen halten sich tagsüber unter großen Steinplatten verborgen. Sie verpuppen sich hier auch in einem sehr umfangreichen, zweischichtigen Gespinst. Die Überwinterung erfolgt jeweils im Raupenstadium.

Alpen-Wegerich > 426 | Alpen-Frauenmantel > 426
Wolfs-Eisenhut > 372 | Gelber Eisenhut > 372

1A

1B

1C

1D

2A

2B

2C

1 | Englischer Bär *Arctia festiva (= Arctia hebe)* —Bärenspinner Arctiidae

Sp 45–60 mm
RL 0 §

JAN FEBR MÄRZ APRIL MAI JUNI JULI AUG SEPT OKT NOV DEZ

FALTER Vorderflügel weiß mit teilweise unterbrochenen, schmal gelb gesäumten Querbinden, Hinterflügel hellrot mit großen, schwarzen Flecken; Fühler beim Männchen **(1b)** deutlich gekämmt, beim recht plumpen Weibchen **(1a)** schwach gesägt.
RAUPE Bis 50 mm lang, dunkelgrau, oberhalb der Stigmen mit langer dunkelgrauer und hell gelblich grauer Behaarung, weiter unten mit hell fuchsroten Haaren **(1c)**.
NAHRUNGSPFLANZEN An verschiedenen meist niedrigwüchsigen Kräutern, etwa an Zypressenwolfsmilch (*Euphorbia cyparissias*), Gemeiner Schafgarbe (*Alchemilla millefolia*), Wilder Möhre (*Daucus carota*), Feldthymian (*Thymus pulegoides*) und Spitzwegerich (*Plantago lanceolata*).
VORKOMMEN Auf sehr dürrem und sandigem, steppenartigem Gelände, besonders auf Binnendünen und fast vegetationsfreiem Brachgelände; vor allem im Südosten Europas, nördlich bis in die Ungarische Tiefebene; in Deutschland seit 1977 verschollen.
WISSENSWERTES Dieser vielleicht schönste aller europäischen Bärenspinner kam noch vor etwa 100 Jahren in vielen Gegenden Deutschlands vor, etwa im Taubertal, im Raum Nürnberg, auf dem Mainzer Sand, im Elbetal bei Hamburg, in Thüringen und besonders in Mecklenburg und in der Oberlausitz. Fast alle Populationen fielen aber bereits vor über 50 Jahren der intensivierten Bearbeitung der bevorzugt besiedelten Brachflächen zum Opfer. Bis in die siebziger Jahre des 20. Jahrhunderts wurde der Falter dann noch auf einer nur etwa 50 mal 50 m großen Fläche bei Stendal beobachtet; 1977 fand man als letzten Nachweis noch einen einzelnen Flügel. Die nachtaktiven Falter erscheinen jährlich in einer Generation. Das sehr träge Weibchen beginnt erst zu fliegen, nachdem es einen Teil seiner Eier abgelegt hat. Diese werden in mehrschichtigen Haufen an die Nahrungspflanze geklebt. Die Raupen legen während der sommerlichen Dürre eine mehrwöchige Ruhepause ein, fressen wieder bis zum Herbst und gehen dann halbwüchsig in die Winterruhe. Danach wachsen sie schnell heran und verpuppen sich teilweise bereits im März in einem lockeren Gespinst.

Zypressenwolfsmilch > 382
Gemeine Schafgarbe > 370 | Wilde Möhre > 366
Feldthymian > 412 | Spitzwegerich > 426

2 | Russischer Bär, Spanische Fahne *Euplagia quadripunctaria (= Callimorpha quadripunctaria)*—Bärenspinner Arctiidae

Sp 45–55 mm
FFH § ☀

JAN FEBR MÄRZ APRIL MAI JUNI JULI AUG SEPT OKT NOV DEZ

FALTER Vorderflügel schwarz mit blaugrünem Schimmer und weißgelben, schrägen Querbinden, die vor der Flügelspitze ein „V“ bilden; Hinterflügel leuchtend rot mit 3–4 schwarzen Flecken **(2a)**.
RAUPE Bis 50 mm lang, schwarzgrau mit gelblicher Rückenlinie, in einer Reihe angeordneten, weißen Seitenflecken und rotbraunen Warzen, die jeweils ein kurzes, helles Borstenbüschel tragen **(2b)**.
NAHRUNGSPFLANZEN An verschiedenen Sträuchern und Kräutern, z. B. an Himbeere (*Rubus idaeus*), Wiesensalbei (*Salvia pratensis*), Fuchs' Kreuzkraut (*Senecio fuchsii*), Großer Brennnessel (*Urtica dioica*), Kleinem Wiesenknopf (*Sanguisorba minor*) und Natternkopf (*Echium vulgare*).
VORKOMMEN An Waldrändern, auf etwas verbuschten Trockenrasen und an ähnlichen Stellen; vorwiegend in wärmebegünstigten Gebieten Süddeutschlands, nicht häufig, doch in manchen Jahren gebietsweise sehr zahlreich.
WISSENSWERTES Die Art ist durch ein Massenauftreten auf der griechischen Insel Rhodos bekannt, das alljährlich Tausende von Touristen anlockt. Der Falter wird oft auch als „Spanische Fahne“ bezeichnet; dieser Name wird allerdings manchmal für den Schönbären (>318) verwendet. Die tagaktiven Falter fliegen jährlich in einer Generation. Im Gegensatz zu den meisten übrigen Bärenspinnern besitzen sie einen gut entwickelten Saugrüssel und sind daher oft beim Blütenbesuch zu beobachten. Das Weibchen legt die Eier in lockeren Eispiegeln an die Blattunterseite der Nahrungspflanze. Die Jungraupe überwintert. Vor der Überwinterung frisst sie vorzugsweise an Kräutern, danach mehr an Himbeere und anderen Holzgewächsen.

Himbeere > 340 | Wiesensalbei > 420
Fuchs' Kreuzkraut > 392 | Große Brennnessel > 424
Kleiner Wiesenknopf > 424 | Natternkopf > 420

1A

1B

1C

2A

2B

1 | **Schönbär** *Callimorpha dominula* —Bärenspinner Arctiidae

Sp 40–50 mm
☀

JAN FEBR MÄRZ APRIL MAI JUNI JULI AUG SEPT OKT NOV DEZ

FALTER Vorderflügel schwarz, deutlich blaugrün schillernd, mit weißen und an der Flügelbasis mit gelben Flecken; Hinterflügel leuchtend rot mit schwarzen Flecken **(1b)**.
RAUPE Bis 40 mm lang, schwarz, am Rücken und an den Seiten jeweils mit einer gelben Fleckenbinde; zwischen den gelben Flecken jeweils weiße Punkte **(1a)**.
NAHRUNGSPFLANZEN An vielen verschiedenen Sträuchern und Kräutern, u. a. an Himbeere (*Rubus idaeus*), Salweide (*Salix caprea*), Haselnuss (*Corylus avellana*), Roter Heckenkirsche (*Lonicera xylosteum*), Großer Brennnessel (*Urtica dioica*), Fuchs' Kreuzkraut (*Senecio fuchsii*), Echtem Mädesüß (*Filipendula ulmaria*) und Kohldistel (*Cirsium oleraceum*).
VORKOMMEN Im Gegensatz zum Russischen Bären eher an feuchtkühlen Stellen, etwa in feuchten Wäldern und auf Sumpfwiesen; besonders im süddeutschen Bergland und in den niederen Lagen der Alpen gebietsweise ziemlich häufig, in Norddeutschland selten.
WISSENSWERTES Die recht attraktiven Falter erscheinen jährlich in einer Generation. Sie sind vorwiegend dämmerungs- und nachtaktiv, fliegen oft aber auch tagsüber. Die Tiere setzen sich meist mit geschlossenen Flügeln ab und fallen dann kaum auf. Werden sie dagegen aufgescheucht, erscheinen beim Start ganz überraschend die Hinterflügel wie ein roter Lichtblitz, um nach der Landung ebenso schnell wieder zu verschwinden. Wie der Russische Bär ist auch diese Art oft beim Blütenbesuch zu beobachten. Die Eier werden in kleineren Eispiegeln an der Unterseite von Blättern abgelegt. Die Raupen bleiben zunächst zusammen und überwintern, noch recht klein, gemeinsam am Boden zwischen trockenen Blättern. Nach der Überwinterung zerstreuen sie sich allmählich und leben im letzten Stadium schließlich einzeln. Die Verpuppung erfolgt am Erdboden in einem lockeren, weißlichen Gespinst.

Himbeere > 340 | Salweide > 326 | Haselnuss > 334
Rote Heckenkirsche > 360
Große Brennnessel > 424 | Fuchs' Kreuzkraut > 392
Echtes Mädesüß > 366 | Kohldistel > 394

2 | **Blutbär, Jakobskrautbär** *Tyria jacobaeae* —Bärenspinner Arctiidae

Sp 32–42 mm
§ ☀

JAN FEBR MÄRZ APRIL MAI JUNI JULI AUG SEPT OKT NOV DEZ

FALTER Vorderflügel blauschwarz mit karminroten Streifen und 2 roten Punkten; Hinterflügel rot mit dunkel gesäumtem Vorder- und Außenrand **(2a)**.
RAUPE Bis 30 mm lang, leuchtend gelb mit schwarzem Kopf und auf jedem Segment einem schwarzen Rand **(2b)**.
NAHRUNGSPFLANZEN In den meisten Gebieten fast ausschließlich am Jakobskreuzkraut (*Senecio jacobaea*), in den Alpentälern vorzugsweise an Huflattich (*Tussilago farfara*) und Roter Pestwurz (*Petasites hybridus*) oder anderen Pestwurzarten.
VORKOMMEN An offenen, trockenen bis mäßig feuchten Stellen mit reichen Vorkommen der Nahrungspflanzen, etwa auf Trockenrasen, an Wegrändern, Böschungen und Ruderalflächen, in den Alpen gern an Flussufern und auf Geröllfeldern; vor allem in wärmebegünstigten Lagen Süd- und Mitteldeutschlands, vielerorts aber in den letzten Jahren stark zurückgegangen oder sogar ganz verschwunden, in einigen Alpentälern noch recht gut verbreitet.
WISSENSWERTES Die Falter fliegen jährlich in einer Generation, unter günstigen Bedingungen wird in manchen Gebieten offenbar noch eine unvollständige zweite Generation ausgebildet. Die Tiere sind vorwiegend nachtaktiv, lassen sich aber auch tagsüber sehr leicht aufscheuchen. Die Eier werden in kleineren Eispiegeln an der Blattunterseite der Nahrungspflanze abgelegt. Die Raupen sitzen oft in größeren Gruppen nebeneinander frei auf der Nahrungspflanze und bieten mit ihrer kontrastreichen Zeichnung ein recht auffälliges Bild. Es handelt sich hier offenbar um eine Drohfärbung, die auf ihre durch Inhaltsstoffe der Nahrungspflanze zurückzuführende Giftigkeit hinweisen soll. In Blütenständen des Jakobskreuzkrauts wirkt die Färbung aber als Tarnfärbung; hier sind die Raupen gar nicht so leicht zu entdecken. Die Verpuppung erfolgt am Boden in einem lockeren, weißlichen Gespinst. Die Puppe überwintert.

Jakobskreuzkraut > 392 | Huflattich > 392
Rote Pestwurz > 414

1A

1B

2A

2B

Nahrungspflanzen

1 | Krätzflechte *Lepraria* spec. —Krustenflechten | 1–50 cm

MERKMALE Lappige, grünlich weiß, graugrün oder hell gelblich gefärbte, unscharf begrenzte, krustenartige Flechte, die sich am Rand in pulverig-mehlige Körnchen auflöst.
VORKOMMEN Vorwiegend an halbschattigen bis schattigen, luftfeuchten Stellen an Baumstämmen oder Felsen, fast überall häufig.
WISSENSWERTES Krätzflechten sind wie alle Flechten Doppelwesen aus einem Pilz und einer Alge, die in enger Lebensgemeinschaft eine ganz eigene Lebensform ausbilden. Die *Lepraria*-Arten bilden, anders als die meisten Flechten, keine Sporen aus und vermehren sich durch staubartig feine Körnchen, die sich an ihrer Oberfläche ablösen und z. B. leicht durch den Wind verbreitet werden können. Die verschiedenen Arten sind nur durch chemische Untersuchung ihrer Inhaltsstoffe sicher zu unterscheiden.

Dreikant-Zwergsackträger > 40
Schwarzer Mottensackträger > 40

2 | Gelbflechte *Xanthoria parietina* —Krustenflechten | 2–30 cm ganzjährig

MERKMALE Leuchtend dottergelbe oder grünlich gelbe Krustenflechte, am Rand mit flachen, rundlichen Lappen, in der Mitte fast immer mit schüsselförmigen, leuchtend orangefarbenen Fruchtkörpern (Apothecien).
VORKOMMEN An Baumrinde, auf Steinen und selbst auf Beton überall sehr häufig, eine der häufigsten heimischen Flechtenarten.
WISSENSWERTES Diese leicht erkennbare Flechte vermehrt sich über mikroskopisch kleine Sporen, die in den Apothecien gebildet werden. Sie steht hier stellvertretend für eine ganze Reihe weiterer Flechtenarten, die von den verschiedenen Flechtenbären als Nahrung genutzt werden.

Rosaroter Flechtenbär > 294
Elfenbein-Flechtenbär > 94
Rotkragen-Flechtenbär > 294
Vierpunkt-Flechtenbär > 296
Gewöhnlicher Flechtenbär > 296
Trockenwiesen-Flechtenbär > 296
Gelber Alpen-Flechtenbär > 298

3 | Mauerraute *Asplenium ruta-muraria* —Streifenfarngewächse Aspleniaceae | 4–15 cm Juli–Oktober

MERKMALE Ausdauernder Farn mit überwinternden Blättern (Wedeln), Blattspreite im Umriss dreieckig, doppelt gefiedert, Teilblätter rundlich rautenförmig **(3a)**.
VORKOMMEN An sonnigen bis halbschattigen Stellen, vorwiegend auf Kalkfelsen, sehr häufig in Mauerfugen, sogar in den Innenstädten; im südlichen und mittleren Deutschland häufig, besonders im Bergland.
WISSENSWERTES Die Sporen werden im Sommer in kugeligen Sporenkapseln (Sporangien) gebildet, die an der Blattunterseite in streifenförmigen Häufchen, den Sori, angeordnet sind **(3b)**.

Hellgebänderter Steinspanner > 228

4 | Echter Wurmfarn *Dryopteris filix-mas* —Wurmfarngewächse Aspidiaceae | 0,30–1,40 m Juli–September

MERKMALE Ausdauernder Farn mit sommergrünen, einfach gefiederten Wedeln; Blattfiedern tief fiederspaltig, jederseits zu 20–35 Stück am Blattstiel angeordnet.
VORKOMMEN An schattigen Stellen in Laub- und Nadelwäldern, vorwiegend auf kalkarmen Böden; in den meisten Gegenden ziemlich häufig.
WISSENSWERTES Die rundlichen Sori liegen in 2 Reihen an der Unterseite der Blattfiedern; sie werden zunächst jeweils durch einen nierenförmigen Schleier (das Indusium) bedeckt, der mit zunehmender Sporenentwicklung einschrumpft und die Sporen freigibt. Aus den Sporen bildet sich, wie bei allen Farnen, zunächst ein blättriger, flacher Vorkeim (das Prothallium), der männliche und weibliche Geschlechtszellen erzeugt, aus denen sich dann wiederum die eigentliche Farnpflanze bildet.

Achateule > 270 | Purpurglanzeule > 272

1

2

3A

3B

4

1 Weißtanne *Abies alba* —Kiefergewächse Pinaceae

30–50 m
Mai–Juni

MERKMALE Nadelbaum mit dunkelgrauer, glatter Rinde und flachen, 2,5–3 cm langen, in einer Ebene angeordneten Nadeln, diese unterseits mit 2 weißen Wachsstreifen; männliche Blüten kugelig, weibliche Blüten und später die Zapfen aufrecht stehend, Zapfen braun, 10–15 cm lang und ca. 3,5 cm breit, zwischen den Zapfenschuppen weit vorragende, zungenförmige Deckschuppen.
VORKOMMEN Vorzugsweise im Bergland an etwas feuchten Standorten, sowohl auf kalkhaltigen als auch kalkarmen Böden, weit verbreitet, aber örtlich stark zurückgegangen.
WISSENSWERTES Die Weißtanne reagiert empfindlicher auf Umweltveränderungen als die Fichte. Durch ihre tief reichende Pfahlwurzel ist sie aber weniger windempfindlich.

Kiefernspinner > 80 | Kiefernspanner > 226
Forleule > 280 | Klosterfrau > 280 | Nonne > 282

2 Fichte *Picea abies* —Kiefergewächse Pinaceae

30–50 m
Mai–Juni

MERKMALE Nadelbaum mit dunkel rotbrauner, sich in dünnen Schuppen ablösender Rinde; Nadeln 1–2 cm lang, meist deutlich vierkantig, am Zweig meist seitlich und nach oben ausgerichtet; männliche Blüten kugelig, gelbrot und ca. 1 cm groß, weibliche Blüten dunkelrot, aufrecht; reife Zapfen braun, hängend, 12–15 cm lang und mit abgespreizten Schuppen ca. 5 cm breit.
VORKOMMEN Ursprünglich wohl nur im Bergland oberhalb von 800 m, heute fast überall angepflanzt.
WISSENSWERTES Die Fichte ist durch ihren flachen Wurzelteller ziemlich anfällig für Windbruch. Die Monokulturen werden außerdem nicht selten von verschiedenen Insektenarten, insbesondere Borkenkäfern und verschiedenen Schmetterlingsarten (z. B. der Nonne), schwer geschädigt.

Kiefernspinner > 80 | Kiefernschwärmer > 98
Nadelholz-Baumspanner > 224
Kiefernspanner > 226 | Forleule > 280
Klosterfrau > 280 | Nonne > 282

3 Waldkiefer *Pinus sylvestris* —Kieferngewächse Pinaceae

30–50 m
Mai

MERKMALE Nadelbaum mit hellgrauer bis rötlicher, im Alter tief rissiger, in dünnen Schuppen abblätternder Rinde; Nadeln 4–7 cm lang, zu zweit in einer gemeinsamen Scheide; männliche Blütenstände (im Bild links) 5–8 mm lang, eiförmig, gelb, an der Basis austreibender Zweigspitzen; weibliche Blütenstände meist einzeln, zapfenförmig; reife Zapfen 5–8 cm lang.
VORKOMMEN Vor allem auf Sandböden weit verbreitet und fast überall sehr häufig.
WISSENSWERTES Die Waldkiefer besitzt sehr tief reichende Wurzeln und kommt daher besonders gut auch mit sommerlicher Trockenheit zurecht. Die großflächigen Kiefernbestände sind aber im Hochsommer oft durch Waldbrand gefährdet.

Kiefern-Harzgallenwickler > 64 | Kiefernspinner > 80
Kiefernschwärmer > 98 | Nadelholz-Baumspanner > 224
Kiefernspanner > 226 | Pinien-Prozessionsspinner > 234
Forleule > 280 | Klosterfrau > 280 | Nonne > 282

4 Europäische Lärche *Larix deciduas* —Kieferngewächse Pinaceae

25–35 m
April–Mai

MERKMALE Sommergrüner Nadelbaum mit graubrauner, fein längsrissiger Rinde; Nadeln 2–4 cm lang, hellgrün, sehr weich; männliche Blütenstände ca. 1 cm groß, hängend, weibliche Blüten zapfenförmig, aufrecht, rötlich; reife Zapfen nur 2,5–4 cm lang, eiförmig, braun, später abfallend.
VORKOMMEN Ursprünglich nur in den Alpen und einigen höheren Mittelgebirgen heimisch, heute fast überall als Nutzbaum angepflanzt.
WISSENSWERTES Die Lärche bildet an ihren natürlichen Standorten in den Alpen oft dichte Bestände bis in Höhen von über 2300 m. Die Nadeln färben sich vor dem herbstlichen Laubfall intensiv gelb und verleihen dann vielerorts den alpinen Waldbeständen im Bereich der Baumgrenze ihre beeindruckende Herbstfärbung.

Kiefernschwärmer > 98 | Kiefernspanner > 226
Pinien-Prozessionsspinner > 234 | Klosterfrau > 280
Nonne > 282

1

2

3

4

1 | **Wacholder** *Juniperus communis* —Zypressengewächse Cupressaceae

4–6 m
April–Mai

MERKMALE Meist kegelförmig oder buschig wachsender, zweihäusiger (selten einhäusiger) Strauch mit sehr spitzen, stechenden, 1–2 cm langen Nadeln; männliche Blüten meist schräg abwärts gerichtet, eiförmig, ca. 5 mm lang, gelblich gefärbt, weibliche Blüten 2–3 mm lang, aufwärts gerichtet; Fruchtzapfen beerenartig, 6–10 mm im Durchmesser, zunächst grün, später blau.
VORKOMMEN Vorzugsweise auf trockenen, steinigen oder sandigen Böden, auf Kalktrockenrasen in den Mittelgebirgen ebenso wie auf Heideflächen im Flachland oder auf Zwergstrauchheiden oberhalb der Waldgrenze; weit verbreitet.
WISSENSWERTES Der Wacholder tritt gelegentlich in einer baumartigen Wuchsform mit unverzweigtem Hauptstamm („Baumwacholder") auf und kann dann über 10 m Höhe erreichen. In den Alpen kommt dagegen eine ausgesprochen flachwüchsige, vom Grund an stark verzweigte Rasse vor (*J. communis nana*), die kaum mehr als 50 cm Wuchshöhe erreicht. Sie wird z. T. auch als eigene Art betrachtet. In der ursprünglichen Vegetation Mitteleuropas dürfte der Wacholder wohl vorwiegend auf von Natur aus waldfreien Felsköpfen vorgekommen sein, da er die Beschattung durch höhere Bäume schlecht verträgt. Mit der Waldrodung und aufkommender Weidenutzung konnte er sich dann fast überall bei uns stark ausbreiten, da seine stark stechenden, spitzen Nadeln einen sehr wirksamen Fraßschutz darstellen. Auch wenn sich die Trockenrasen und Heideflächen mit der Aufgabe der Beweidung allmählich wieder in Waldgesellschaften zurückverwandeln, sind sie noch lange Zeit durch an lichteren Stellen zurück gebliebene Wacholdersträucher als ehemalige Weideflächen zu erkennen. Wenn sich allerdings das Kronendach des Hochwaldes allmählich schließt, sterben schließlich auch die letzten Wacholder durch Lichtmangel ab.

Nadelholz-Baumspanner > 224 | Kiefernspanner > 226

2 | **Salweide** *Salix caprea* —Weidengewächse Salicaceae

2–10 m
März–April

MERKMALE Höherer zweihäusiger Strauch, seltener Baum, Zweige braun oder rötlich bis fast schwarz, in der Jugend grünlich und fein weiß behaart; Blätter elliptisch, oberseits dunkelgrün, unterseits samtig weiß behaart, meist 4–6 cm lang und 2–3 cm breit, gelegentlich aber bis zu 15 × 10 cm groß **(2c)**; Blütenkätzchen weiß seidenhaarig, aufrecht, vor dem Laub erscheinend, männliche Kätzchen bis 3 cm lang und 2 cm dick (**2a**, mit saugendem Zitronenfalter, *Gonepteryx rhamni*), weibliche bei gleicher Dicke bis 10 cm lang **(2b)**.
VORKOMMEN An meist etwas feuchten Stellen z. B. auf Waldlichtungen, an Waldrändern und in Kiesgruben; fast überall häufig.
WISSENSWERTES Die schon sehr zeitig im Jahr erscheinenden „Palmkätzchen" der Salweide stellen schon seit langer Zeit einen beliebten Vorfrühlingsschmuck dar. In den katholischen Gegenden wird mit ihnen am Palmsonntag, dem letzten Sonntag vor Ostern, die Kirche geschmückt. Die Kätzchen stellen in der blütenarmen Vorfrühlingszeit zugleich eine sehr wichtige Nahrungsquelle für Bienen, aber auch für viele früh fliegende Schmetterlingsarten dar, insbesondere für die ausgewachsen überwinternden Edelfalter. Außerdem ist die Salweide die wichtigste heimische Nahrungspflanze für Schmetterlingsraupen (siehe Kasten). Daher sollte unbedingt darauf verzichtet werden, die Sträucher an Wald- und Wegrändern als unerwünschten „Wildwuchs" zu entfernen.

Hornissenglasflügler > 60 | Weidenbohrer > 62
Buchenmotte > 64 | Frühlings-Wollafter > 70
Ringelspinner > 74 | Eichenglucke > 82
Nagelfleck > 84 | Kleines Nachtpfauenauge > 86
Abendpfauenauge > 90 | Pappelschwärmer > 90
C-Falter > 172 | Trauermantel > 176
Großer Fuchs > 176 |
Eschen-Scheckenfalter, Maivogel > 178
Großer Schillerfalter > 190 | Kleiner Schillerfalter > 192
Gelbspanner > 216 | Mondfleckspanner > 218
Federspanner > 218 | Schneespanner > 220
Alpen-Dickleibspanner > 220 | Pappelspanner > 222
Birkenspanner > 222 | Weißspanner > 226
Silberblatt > 228 | Olivgrüner Bindenspanner > 230
Kleiner Frostspanner > 232
Großer Gabelschwanz > 236 | Hermelinspinner > 236
Zickzackspinner > 238 | Dromedarspinner > 238
Pappel-Porzellanspinner > 240 | Erpelschwanz > 240
Palpenspinner > 242 | Kamelspinner > 244
Mondvogel > 246 | Pfeileule > 250
Erlen-Rindeneule > 250 | Ahorn-Rindeneule > 252
Großkopf-Rindeneule > 252
Ampfer-Rindeneule > 254 | Zackeneule > 258
Pyramideneule > 268 | Sphinxeule > 268
Achateule > 270 | Violett-Gelbeule > 274
Bleich-Gelbeule > 274 | Gothica-Kätzcheneule > 276
Rundflügel-Kätzcheneule > 276 | Hausmutter > 278
Gelbe Bandeule > 278 | Schwammspinner > 282
Buchen-Streckfuß > 284
Kleiner Bürstenspinner > 286 | Schwan > 288
Schwarzes L > 290 | Pappelspinner > 292
Brauner Bär > 314 | Schönbär > 318

1

2A

2B

2C

1 Korbweide *Salix viminalis* —Weidengewächse Salicaceae

2–10 m
März–April

MERKMALE Zweihäusiger Strauch oder seltener Baum mit schlanken, grünlichen oder braunen, in der Jugend fein grau behaarten Zweigen; Blätter schmal lanzettlich, bis 15 cm lang und 1,5 cm breit, oberseits dunkelgrün, etwas glänzend, unterseits dicht silbrig behaart **(1b)**; Blütenkätzchen kurz vor den Blättern erscheinend, fein grau behaart, bis 3,5 cm lang und 1 cm dick **(1a)**.
VORKOMMEN Vorzugsweise an Gewässerufern auf zeitweise überschwemmten Sand- und Schlickböden; in Mitteleuropa weit verbreitet und in den meisten Gebieten ziemlich häufig, besonders in den Tälern der größeren Flüsse.
WISSENSWERTES Die heimischen Weiden neigen stark zur Hybridisierung, sodass es oftmals sehr schwierig ist, die zahlreichen Arten sicher zu erkennen. Für ihre Eignung als Nahrungspflanzen für Schmetterlingsraupen reicht es allerdings in der Regel, zwischen breitblättrigen (wie der Salweide) und schmalblättrigen Weidenarten (wie der Korbweide) zu unterscheiden. Die schlanken, biegsamen Zweige der Korbweide eignen sich besonders gut zum Flechten. Sie wurden daher von alters her in vielen Gegenden Mitteleuropas zur Herstellung von Körben und anderem Flechtwerk verwendet. Durch das wiederholte Stutzen der Zweige entstanden die charakteristischen Kopfweiden-Bestände, die vielerorts Bach- und Flussufer säumen. Leider verfallen die meisten dieser landschaftsprägenden Bestände allmählich, da sich mit dem Ausbleiben des regelmäßigen Stutzens allmählich starke Zweige ausbilden, die die oftmals stark ausgehöhlten Hauptstämme schließlich auseinander brechen lassen. Die alten, hohlen Kopfweiden sind aber ein wichtiger Siedlungsraum z. B. für Vögel und Fledermäuse, zugleich auch für zahlreiche holzbrütende Insekten, darunter auch Schmetterlinge.

Weidenbohrer > 62 | Abendpfauenauge > 90
Pappelschwärmer > 90 | Hermelinspinner > 236
Pappel-Porzellanspinner > 240 | Erpelschwanz > 240
Palpenspinner > 242 | Rotes Ordensband > 256
Zackeneule > 258 | Schwarzes Ordensband > 270
Pappelspinner > 292

2 Zitterpappel *Populus tremula* —Weidengewächse Salicaceae

10–25 m
März–April

MERKMALE Laubbaum mit ziemlich glatter, grauer Rinde; Blätter fast kreisrund oder etwas zugespitzt, graugrün, am Rand stumpf gezähnt, 3–7 cm im Durchmesser und meist über 5 cm lang gestielt **(2b)**; Blütenkätzchen vor den Blättern erscheinend, hängend, 4–11 cm lang und bis 2 cm dick, lang und zottig grau behaart **(2a)**.
VORKOMMEN Vorwiegend an etwas feuchten Stellen in lockeren Wäldern und an Waldrändern; in Mitteleuropa weit verbreitet und fast überall recht häufig.
WISSENSWERTES Die Zitterpappel wird auch als Espe bezeichnet. Ihre großflächigen, langstieligen Blätter bewegen sich bereits bei der leichtesten Luftbewegung (daher spricht man auch von „Zittern wie Espenlaub"). Die pionierfreudige Art ist sehr schnellwüchsig und mit 20–25 Jahren blühfähig. Im Gegensatz zu den zur gleichen Familie gehörenden Weiden, deren Kätzchenblüten von Insekten bestäubt werden, erfolgt die Bestäubung wie bei allen Pappelarten durch den Wind. Auch die Verbreitung der winzigen, mit einem Haarschopf versehenen Samen geschieht auf diesem Wege. Die Samen werden zwar alljährlich in großen Mengen produziert, doch ist der Keimerfolg in aller Regel recht gering. Das sehr weiche und leichte Holz wird vor allem zur Herstellung von Zündhölzern und Papier verwendet. Blätter und Rinde besitzen eine entzündungshemmende und fiebersenkende Wirkung und finden Verwendung in der Volksheilkunde. Die Zitterpappel gehört zu den wichtigsten Nahrungspflanzen heimischer Schmetterlingsraupen und sollte daher bei forstlichen „Reinigungsmaßnahmen" unbedingt geschont werden. Besonders wertvoll sind dabei die strauchförmigen Jungbäume entlang der Waldwege und Waldränder. Gerade hier findet man bevorzugt die Raupen einiger unserer attraktivsten und am stärksten gefährdeten Tagfalter, etwa die des Großen Eisvogels und des Kleinen Schillerfalters.

Hornissenglasflügler > 60 | Kleine Pappelglucke > 72
Kleine Eichenglucke > 82 | Pappelschwärmer > 90
Großer Fuchs > 176
Eschen-Scheckenfalter, Maivogel > 178
Großer Eisvogel > 186 | Kleiner Schillerfalter > 192
Augen-Eulenspinner > 210
Nachtschwalbenschwanz > 218
Schlehenspanner > 220 | Schneespanner > 220
Pappelspanner > 222
Olivgrüner Bindenspanner > 230
Großer Gabelschwanz > 236 | Hermelinspinner > 236
Zickzackspinner > 238 | Dromedarspinner > 238
Pappel-Porzellanspinner > 240
Birken-Porzellanspinner > 240 | Erpelschwanz > 240
Palpenspinner > 242 | Kamelspinner > 244
Mondvogel > 246 | Erlen-Rindeneule > 250
Großkopf-Rindeneule > 252
Blaues Ordensband > 256 | Rotes Ordensband > 256
Zackeneule > 258 | Violett-Gelbeule > 274
Bleich-Gelbeule > 274
Rundflügel-Kätzcheneule > 276 | Nonne > 282
Schwammspinner > 282 | Pappelspinner > 292

1A

1B

2A

2B

1 | **Gagelstrauch** *Myrica gale* —Myricaceae Gagelstrauchgewächse

0,5 – 1,5 m
April–Mai

MERKMALE Sommergrüner, zweihäusiger Strauch; Blätter wechselständig, blaugrün, 2–5 cm lang und 1–2 cm breit, allmählich in den Stiel verschmälert, nur am Spitzenrand schwach gekerbt **(1a)**; Kätzchen braun, bereits vor Laubaustrieb erscheinend, bei männlichen Pflanzen etwa 1 cm lang und zylindrisch **(1b)**, bei weiblichen nur 0,5 cm lang und mehr rundlich.
VORKOMMEN An feuchten Stellen auf torfigem Boden, besonders in Mooren, auf Streuwiesen und am Rand von Bruchwäldern; nur im atlantischen Klimabereich, im nordwestdeutschen Flachland stellenweise häufig.
WISSENSWERTES Der Gagelstrauch wird in Norddeutschland auch vielfach als „Porst" bezeichnet. Dieser Name wird üblicherweise aber für den Sumpfporst (*Rhododendron tomentosum*) verwendet. Dieser Strauch aus der Familie der Heidekrautgewächse kommt ebenfalls nur im Norden Mitteleuropas vor, besitzt aber auffallende weiße Blüten und ist auf kontinentale Klimagebiete beschränkt, so dass sich die Vorkommen beider Arten weitgehend ausschließen.

Heidespanner > 226 | Wolfsmilch-Rindeneule > 252
Rotrandbär > 310

2 | **Bergulme** *Ulmus glabra* —Ulmengewächse Ulmaceae

10–35 m
März–April

MERKMALE Hoher Baum; Blätter am Rand gezähnt und am Ende zugespitzt, an der Basis asymmetrisch (Blattansatz an einer Seite des Blattstiels deutlich vor der anderen); Blüten bereits vor dem Laubaustrieb, fast ungestielt, büschelig angeordnet, mit roten Staubbeuteln; Früchte rundlich geflügelt, Samen in der Mitte oder etwas unterhalb **(2)**.
VORKOMMEN Vorzugsweise in feuchten, schattigen Wäldern, besonders in Schluchten und an nordseitigen Hängen, in Mitteleuropa stark im Rückgang begriffen, vor allem im Bergland.
WISSENSWERTES Die Bergulme leidet stellenweise stark unter dem „Ulmensterben", einer durch einen Schlauchpilz verursachten, meist tödlichen Krankheit. Die Pilzsporen werden dabei offenbar durch den Ulmensplintkäfer, einen Borkenkäfer, weiterverbreitet. Gebietsweise wurden bereits große Ulmenbestände durch diese Erkrankung vollständig vernichtet.

C-Falter > 172 | Ulmen-Fleckenspanner > 214
Großer Eichenspanner > 224 | Weißspanner > 226

3 | **Rotbuche** *Fagus sylvatica* —Buchengewächse Fagaceae

10–40 m
April–Mai

MERKMALE Hoher Baum mit hellgrauer, ziemlich glatter Rinde; Blätter ganzrandig, glatt, am Rand meist etwas wellig; männliche Blütenstände kugelig, hängend, weibliche mit nur 2 Blüten; Früchte („Bucheckern") dunkelbraun, im Querschnitt dreieckig, zu zweit in einem außen bestachelten Kelchbecher **(3)**.
VORKOMMEN Vorwiegend in Laubwäldern und hier oft Reinbestände bildend, auch als Einzelbaum in offenem Gelände (z. B. als „Weidbuche"); bei uns überall häufig.
WISSENSWERTES Die Rotbuche gehört zu den wichtigsten auch ursprünglich bei uns heimischen Waldbäumen. Sie erreicht in der Regel ein Alter von etwa 150 Jahren, kann aber in seltenen Fällen auch 300 Jahre alt werden. Früher wurde auf dünne Buchenholztafeln geschrieben; das Wort „Buch" lässt sich daher von dieser Baumart herleiten. Auf ähnliche Weise erklären sich auch die Buchstaben: Die Germanen pflegten ihre Runen zur Weissagung in Buchenholzstäbchen einzuritzen. Die Buche galt früher allgemein als heiliger Baum; daher wurden in den Stamm von „Kreuzbuchen" oft Kreuze eingeritzt oder an ihnen Marienstatuen angebracht. Auch glaubte man, dass Buchen als heilige Bäume nicht vom Blitz getroffen würden.

Buchenminiermotte > 34
Kleiner Rauchsackträger > 38
Großer Schneckenspinner > 46
Kleiner Schneckenspinner > 46 | Blausieb > 62
Buchenmotte > 64 | Kleine Pappelglucke > 72
Eichenglucke > 82 | Nagelfleck > 84
Wiener Nachtpfauenauge > 88
Ulmen-Fleckenspanner > 214
Großer Eichenspanner > 224 | Silberblatt > 228
Frühlings-Kreuzflügel > 228 | Grünes Blatt > 230
Kamelspinner > 244 | Mondvogel > 246
Buchen-Zahnspinner > 246 | Pergamentspinner > 248
Pfeileule > 250 | Rundflügel-Kätzcheneule > 276
Haseleule > 280 | Nonne > 282
Buchen-Streckfuß > 284 | Schwarzes L > 290
Buchen-Kahneule > 292

1A

1B

2

3

1 | **Esskastanie** *Castanea sativa* —Buchengewächse Fagaceae

10–30 m
Juni

MERKMALE Laubbaum mit hellgrauer, dunkel gefurchter Rinde; Blätter länglich lanzettlich, glänzend dunkelgrün, am Rand spitz gezähnt; männliche Blüten in bis 20 cm langen, aufrecht stehenden, schmalen Kätzchen, weibliche Blüten sehr unscheinbar, meist zu 2–3 an einer kurzen Spindel; Früchte zu 2–3 beieinander, in einer grünen, weich bestachelten Hülle meist 2 braune Nüsse enthaltend, diese jeweils in eine kurze Spitze auslaufend **(1)**.

VORKOMMEN Ursprünglich nicht in Mitteleuropa heimisch, sondern von den Römern aus dem Mittelmeergebiet eingeführt und vor allem an warmen Stellen in Südwestdeutschland eingebürgert; im Mittelmeergebiet weit verbreitet und meist ziemlich häufig.

WISSENSWERTES Die Esskastanie, auch als Edelkastanie bezeichnet, ist sehr langlebig und kann ein Alter von über 500 Jahren erreichen. Die Blüten nehmen bei der Bestäubung eine Zwischenstellung zwischen Wind- und Insektenbestäubung ein. Der am Anfang klebrige Pollen wird zunächst von Insekten verbreitet; nach der Austrocknung wird er dann verweht.

Apfelwickler > 64 | Wiener Nachtpfauenauge > 88
Buchen-Kahneule > 292

2 | **Stieleiche** *Quercus robur* —Buchengewächse Fagaceae

20–50 m
April–Mai

MERKMALE Laubbaum mit tief gefurchter, grauer Rinde und meist breiter, aufgelockerter Krone; junge Zweige grünlich braun, unbehaart; Blätter kurz gestielt, länglich eiförmig, etwa 10–12 cm lang und 7–8 cm breit, tief buchtig gelappt, oberseits dunkelgrün, unterseits heller; männliche Blüten in sehr schmalen, 2–4 cm langen, hängenden Kätzchen **(2b)**, weibliche Blüten kugelig, rotbraun, zu meist 2–4 an einem bis 5 cm langen Stiel **(2c)**; Früchte (Eicheln) länglich eiförmig, 1,5–4 cm lang, in einem flachen Becher, wie die weiblichen Blüten zu mehreren an einem langen Stiel **(2a)**.

VORKOMMEN Sowohl in Wäldern als auch in offenem Gelände; in Mitteleuropa weit verbreitet und fast überall häufig.

WISSENSWERTES Die Stieleiche kann ein hohes Alter und einen Stammumfang von etwa 15 m erreichen; die ältesten heute lebenden Exemplare sind etwa 1 000 Jahre alt, einige aus historischer Zeit überlieferte Bäume sollen sogar ein Alter von 1 300 Jahren erreicht haben. Die Art besitzt eine wichtige Bedeutung als wertvoller Nutzholzlieferant. Aus der Rinde werden außerdem Gerbstoffe gewonnen. Die im Kasten angeführten Schmetterlingsarten unterstreichen darüber hinaus ihre bedeutende Rolle als Nahrungspflanze für zahlreiche Schmetterlingsraupen. Auch viele andere z. T. hochgradig gefährdete Insektenarten sind von Eichenarten abhängig, oft dient ihnen allerdings nicht der lebende Baum, sondern, wie etwa im Fall des Hirschkäfers, das zerfallende Holz abgestorbener Bäume oder tote Teile des ausgehöhlten Stamms als Nahrungsgrundlage für die Larven.

ÄHNLICHE ART Die ebenfalls weit verbreitete **Traubeneiche** (*Quercus petraea*) hat länger gestielte Blätter und ungestielte, direkt den Zweigen aufsitzende Eicheln. Sie hybridisiert oft mit der Stieleiche und dürfte als Nahrungspflanze für Schmetterlingsraupen etwa die gleiche Rolle spielen. Von den alten Germanen wurden die Eichen besonders verehrt. Sie brachten in geheiligten Eichenhainen, deren Betreten Unberufenen bei Todesstrafe verboten war, ihren Göttern Opfer dar. Es war ebenso streng verboten, Zweige abzubrechen oder gar eine Eiche zu fällen. Dieser Schutz galt aber nicht nur den Eichen selbst, sondern auch den an ihnen lebenden Tierarten. Erst mit der Verbreitung des Christentums wurde dieser Mythos entzaubert, und die Eiche galt fortan als Heidenbaum.

Kleiner Rauchsackträger > 38
Großer Schneckenspinner > 46 | Buchenmotte > 64
Hecken-Wollafter > 72 | Kleine Pappelglucke > 72
Ringelspinner > 74 | Eichenglucke > 82
Nagelfleck > 84 | Eichenschwärmer > 92
Blauer Eichenzipfelfalter > 142
Moosgrüner Eulenspinner > 210
Mondfleckspanner > 218
Federspanner > 218 | Schneespanner > 220
Pappelspanner > 222 | Birkenspanner > 222
Großer Frostspanner > 224
Großer Eichenspanner > 224 | Weißspanner > 226
Silberblatt > 228 | Frühlings-Kreuzflügel > 228
Olivgrüner Bindenspanner > 230
Eichen-Prozessionsspinner > 234 | Kamelspinner > 244
Mondvogel > 246 | Buchen-Zahnspinner > 246
Pergamentspinner > 248
Silberfleck-Zahnspinner > 248
Ahorn-Rindeneule > 252 | Großkopf-Rindeneule > 252
Südliches Gelbes Ordensband > 258
Sphinxeule > 268 | Trapezeule > 272
Gothica-Kätzcheneule > 276
Rundflügel-Kätzcheneule > 276 | Haseleule > 280
Nonne > 282 | Schwammspinner > 282
Buchen-Streckfuß > 284 | Goldafter > 288
Schwan > 288 | Schwarzes L > 290 |
Buchen-Kahneule > 292

1

2A

2B

2C

1 | **Hängebirke** *Betula pendula* — Birkengewächse Betulaceae

10–30 m
April–Mai

MERKMALE Laubbaum mit zunächst glatter und weißer, später grauer, tief gefurchter Rinde; Zweige dünn und unbehaart, am Ende meist deutlich herabhängend; Blätter unbehaart, rautenförmig und meist in eine lange Spitze auslaufend, am Rand ungleichmäßig gesägt, 4–7 cm lang und 2–4 cm breit; Blüten mit den Blättern erscheinend, männliche Kätzchen hängend, bis 10 cm lang, weibliche Kätzchen zur Blütezeit aufrecht, bis 4 cm lang und 5 mm dick, zur Fruchtzeit hängend und bis 1 cm dick.
VORKOMMEN In lichten Wäldern, an Waldrändern und auf offenen Flächen, gern an sandigen und etwas feuchten Stellen; in Mitteleuropa weit verbreitet und fast überall häufig, nur in den Kalkgebieten etwas seltener.
WISSENSWERTES Die Hängebirke, auch Weißbirke oder Warzenbirke genannt, ist ausgesprochen schnellwüchsig und stellt sich daher besonders auf Kahlschlägen oder nach Windbrüchen oft als Pioniergehölz ein. Bereits nach einem Jahr können die Jungbäume 1 m Höhe erreichen und bis zu einer Höhe von etwa 15 m jedes Jahr einen weiteren Meter hinzugewinnen. Danach ist das Wachstum dann aber deutlich langsamer, und bereits mit etwa 60 Jahren beginnen viele Bäume abzusterben.
ÄHNLICHE ART Die **Moorbirke** (*Betula pubescens*) hat mehr rundliche Blätter; außerdem sind diese wie die jungen Zweige etwas behaart. Sie ist mehr an ein feucht-kühles Klima angepasst und kommt daher vorzugsweise in Mooren und im höheren Bergland vor. Beide Arten bilden, wo sie zusammen vorkommen, leicht Hybriden aus. An der Moorbirke finden sich weitgehend die gleichen Schmetterlingsraupen wie an der Hängebirke.

Weidenbohrer > 62 | Buchenmotte > 64
Frühlings-Wollafter > 70 | Eichenglucke > 82
Birkenspinner > 84 | Nagelfleck > 84
Lindenschwärmer > 92 | Trauermantel > 176
Heller Sichelflügler > 212 | Großes Jungfernkind > 214
Ulmen-Fleckenspanner > 214
Mondfleckspanner > 218 | Pappelspanner > 222
Birkenspanner > 222 | Großer Frostspanner > 224
Großer Eichenspanner > 224 | Weißspanner > 226
Silberblatt > 228 | Grünes Blatt > 230
Birken-Gürtelpuppenspanner > 230
Zickzackspinner > 238 | Birken-Porzellanspinner > 240
Dromedarspinner > 238 | Kamelspinner > 244
Mondvogel > 246 | Buchen-Zahnspinner > 246
Pergamentspinner > 248 | Pfeileule > 250
Wolfsmilch-Rindeneule > 252
Buchen-Streckfuß > 284 | Buchen-Kahneule > 292

2 | **Haselnuss** *Corylus avellana* — Haselgewächse Corylaceae

2–6 m
Februar–April

MERKMALE Von Grund an stark verzweigter Strauch, seltener Baum, dann aber mit bis zu 12 m Höhe; Zweige hellbraun, mit langen, steifen Haaren; Blätter beiderseits behaart, breit oval bis kreisrund, bis 12 cm lang und 10 cm breit, am Rand doppelt gesägt und am Ende in eine lange Spitze ausgezogen; Blüten deutlich vor den Blättern erscheinend, männliche Kätzchen hängend, um 5 cm lang **(2a)**, weibliche Blüten knospenförmig, mit weit herausragenden, roten Narben **(2b)**; Frucht eine hellbraune, eiförmige, 1,5–2 cm lange Nuss in einer grünen, aus 2 tief zerschlitzten, grünen Hochblättern gebildeten, kelchförmigen Hülle **(2c)**.
VORKOMMEN Vor allem in lockeren Laubmischwäldern und an Waldrändern, bei uns weit verbreitet und überall häufig.
WISSENSWERTES Die Haselnuss ist einer der ersten Frühblüher im Jahreszyklus, aber als typische windbestäubte (Pollenallergie!) Art auf keine Bestäuber angewiesen. Die Nüsse besitzen schon seit alter Zeit ihre Bedeutung als Nahrungsmittel. Vor allem in Südosteuropa wird daher die Pflanze auch heute noch gewerbsmäßig angebaut. In unseren Gärten sind verschiedene Ziersorten verbreitet, insbesondere die „Korkenzieher-Hasel" mit ihren spiralig verdrehten Zweigen und Blättern. Die Blütenkätzchen werden bereits im Spätsommer angelegt und sind im Winter schon fertig entwickelt, sodass sie sich bereits an den ersten warmen Vorfrühlingstagen öffnen können. Die Vermehrung kann nicht nur über die Nüsse, sondern ebenso auch über Absenker erfolgen, also durch Zweige, die den Boden berühren und sich an der Kontaktstelle bewurzeln. Darüber hinaus besitzt der Strauch ein außerordentlich gutes Ausschlagvermögen. Die Art ist daher in Nieder- und Mittelwäldern immer gut vertreten. Die Sträucher können ein Alter von etwa 60–80 Jahren und einen Stammdurchmesser von 7–8 cm erreichen.

Birkenspinner > 84 | Wiener Nachtpfauenauge > 88
C-Falter > 172 | Stachelbeerspanner > 214
Gelbspanner > 216 | Mondfleckspanner > 218
Kleiner Frostspanner > 232 | Zickzackspinner > 238
Dromedarspinner > 238 | Kamelspinner > 244
Mondvogel > 246 | Buchen-Zahnspinner > 246
Pfeileule > 250 | Erlen-Rindeneule > 250
Ahorn-Rindeneule > 252 | Pyramideneule > 268
Sphinxeule > 268 | Trapezeule > 272
Purpurglanzeule > 272 | Flohkrauteule > 276
Haseleule > 280 | Buchen-Streckfuß > 284
Augsburger Bär > 312 | Schönbär > 318

1

2A

2B

2C

1 | **Schwarzerle** *Alnus glutinosa* —Birkengewächse Betulaceae

10–25 m
März–April

MERKMALE Laubbaum mit grauer, fein gefurchter Rinde; Blätter breit oval, an der Spitze stumpf oder leicht eingebuchtet, am Rand etwas wellig und stumpf gezähnt, bis 8 cm lang und 6 cm breit; Blüten vor den Blättern erscheinend, männliche Kätzchen hängend, um 5 cm lang, weibliche Kätzchen schräg abstehend, 5–6 mm lang, dunkelrot gefärbt; Früchte zapfenartig, 8–15 mm lang, zunächst grün, bei der Reife dunkelbraun.
VORKOMMEN Verzugsweise auf nassen, kalkarmen Böden, daher besonders in Bruchwäldern, Auwäldern und am Ufer von Gewässern; in Mitteleuropa weit verbreitet und in den meisten Gegenden recht häufig.
WISSENSWERTES Die Wurzeln der Schwarzerle stehen mit einem Strahlenpilz in Verbindung, der an ihnen zur Bildung kleiner Knöllchen führt. Der Pilz bindet den Luftstickstoff und macht ihn auf diese Weise für den Baum nutzbar. Da der auf diese Weise gebundene Stickstoff auch anderen Pflanzen zugute kommt, spielen Erlen eine wichtige Rolle als Bodenverbesserer.

Weidenbohrer > 62 | Birkenspinner > 84
Heller Sichelflügler > 212 | Mondfleckspanner > 218
Birkenspanner > 222 | Weißspanner > 226
Dromedarspinner > 238 | Kamelspinner > 244
Erlen-Rindeneule > 250 | Schwarzes Ordensband > 270

2 | **Hainbuche** *Carpinus betulus* —Haselgewächse Corylaceae

5–25 m
März–April

MERKMALE Laubbaum mit grauer, ziemlich regelmäßig dunkel gestreifter Rinde, gelegentlich auch strauchförmig wachsend; Blätter länglich eiförmig, etwas gefaltet und am Rand doppelt gesägt, 5–8 cm lang und 3–6 cm breit; Blüten mit den Blättern erscheinend, männliche Kätzchen 4–6 cm, weibliche um 2 cm lang; als Früchte 5–8 mm lange Nüsse, diese jeweils in einem tief dreispaltigen Vorblatt in einer bis 15 cm langen, hängenden Ähre angeordnet.
VORKOMMEN In Laubwäldern, an Waldrändern und oft auch in Hecken, gern an etwas feuchten Stellen; bei uns in den meisten Gegenden ziemlich häufig.
WISSENSWERTES Die Hainbuche, auch Weißbuche genannt, besitzt die Fähigkeit, sich immer wieder durch Stockausschläge zu verjüngen. Sie wurde daher durch die früher vielfach übliche Niederwald- und Mittelwaldbewirtschaftung sehr gefördert. In den meisten anderen Waldgesellschaften ist sie dagegen der Rotbuche deutlich unterlegen, da diese wesentlich bessere Wuchsleistungen vollbringt und damit die lichtbedürftigere, oft strauchförmig bleibende Hainbuche nicht richtig zur Entfaltung kommen lässt.

Kleiner Rauchsackträger > 38
Großer Schneckenspinner > 46 | Ringelspinner > 74
Birkenspinner > 84 | Federspanner > 218
Schneespanner > 220 | Großer Frostspanner > 224
Silberblatt > 228 | Buchen-Zahnspinner > 246
Pergamentspinner > 248 | Pfeileule > 250
Trapezeule > 272 | Haseleule > 280
Buchen-Streckfuß > 284 | Goldafter > 288

3 | **Mistel** *Viscum album* —Mistelgewächse Viscaceae

0,5–1 m
März–Mai

MERKMALE Immergrüner, auf Bäumen wachsender, zweihäusiger Halbschmarotzer **(3b)**; Äste gabelförmig verzweigt, an den Verzweigungsstellen leicht brechend; Blätter spatelförmig, lederartig steif, ganzrandig und bis 8 cm lang **(3a)**; Blüten sehr unscheinbar, 4-zählig, bei den etwas größeren männlichen Blüten Staubbeutel mit der Blütenhülle verwachsen; Frucht eine 6–10 mm große, kugelige, weiße oder gelbliche Beere.
VORKOMMEN Auf meist gut dem Licht ausgesetzten Zweigen verschiedener Laub- und Nadelbäume, vor allem im Tiefland und vorzugsweise an etwas luftfeuchten Standorten; in Mitteleuropa weit verbreitet und gebietsweise ziemlich häufig.
WISSENSWERTES Als Halbschmarotzer entzieht die Mistel ihren Wirten vor allem Wasser und Nährsalze. Mit ihren grünen Blättern ist sie aber ansonsten durchaus in der Lage, die übrigen lebenswichtigen Stoffe durch Assimilation selbst zu produzieren. Nach den verschiedenen Wirtsbäumen werden mehrere Rassen unterschieden, die teilweise auch als eigene Arten betrachtet werden. Die Verbreitung auf andere Bäume erfolgt durch Vögel, die die Beeren fressen und mit ihrem Kot die sehr klebrigen Samen wieder auf anderen Zweigen ausscheiden. Die Samen keimen mit einer Saugwurzel, die den Keimling sofort fest am Zweig verankert.

Blausieb > 62

1

2

3A

3B

1 | **Bergahorn** *Acer pseudoplatanus* —Ahorngewächse Aceraceae

20–30 m
April–Mai

MERKMALE Laubbaum mit grauer oder brauner, schuppig abblätternder Borke; Blätter 8–15 cm breit, bis etwa zur Hälfte handförmig in 3–5 unregelmäßig gezähnte, am Ende stumpf zugespitzte Lappen geteilt; Blüten mit den Blättern erscheinend, meist zwittrig, mit je 5 grünlichen Kelch- und Kronblättern, in einer hängenden Traube angeordnet **(1a)**; Früchte zweiteilig, jeder Teil mit einem schräg abgespreizten, leicht gebogenen, etwa 3 cm langen Flügel; die beiden Flügel bilden miteinander einen spitzen bis stumpfen Winkel **(1b)**.
VORKOMMEN Vorzugsweise in Laubwäldern an etwas feuchten Hängen, an sonnigen ebenso wie an schattigen Standorten; in Mitteleuropa vor allem im Bergland bis in Höhen von etwa 1 500 m weit verbreitet und stellenweise recht häufig, im Flachland ziemlich selten.
WISSENSWERTES Der Bergahorn ist in seiner Jugend raschwüchsig und kann manchmal bis zu 2 m im Jahr zulegen. Später wächst er aber deutlich langsamer und erreicht erst mit 20–40 Jahren die Blühfähigkeit. Er kann ein Alter von etwa 500 Jahren erreichen. Dank seiner verhältnismäßig geringen Empfindlichkeit gegenüber Spätfrösten steigt er gebietsweise bis an die Waldgrenze empor und bildet dann stellenweise sogar Reinbestände. Eindrucksvoll sind vor allem die mit Bergahorn bestandenen, alten Weideflächen in den Alpen, die „Ahornböden". An der basenreichen Rinde der alten Bäume findet sich vielfach eine reiche Besiedlung aus sehr anspruchsvollen, gegenüber Schadstoffen empfindlichen Moosen und Flechten.

Großer Schneckenspinner > 46
Wiener Nachtpfauenauge > 88
Lindenschwärmer > 92 | Frühlings-Kreuzflügel > 228
Olivgrüner Bindenspanner > 230
Ahorn-Herbstspinner > 242
Ahorn-Zahnspinner > 244
Erlen-Rindeneule > 250 | Ahorn-Rindeneule > 252
Pyramideneule > 268 | Trapezeule > 272
Kleiner Bürstenspinner > 286

2 | **Feldahorn** *Acer campestre* —Ahorngewächse Aceraceae

5–20 m
April–Mai

MERKMALE Strauch oder kleiner Baum mit hellbrauner, netzartig gefurchter Rinde; Blätter 4–10 cm breit, bis etwa zur Mitte in 3–5 ganzrandige, an der Spitze abgerundete Lappen geteilt; Blüten kurz nach den Blättern erscheinend, meist zwittrig, ähnlich denen des Bergahorns, aber in wenigblütigen, aufrechten Doldenrispen angeordnet **(2a)**; Früchte mit mehr oder weniger waagerecht abstehenden Flügeln **(2b)**.
VORKOMMEN Vorwiegend in lichten Wäldern, an Waldrändern und in Gebüschen, meist auf kalkreichen Böden; in Mitteleuropa weit verbreitet und meist nicht selten.
WISSENSWERTES Der Feldahorn erreicht etwa mit 25 Jahren die Blühfähigkeit. Er wird nicht älter als etwa 200 Jahre. Da er sich leicht durch Stockausschläge verjüngen kann, wird er durch Nieder- und Mittelwaldbewirtschaftung sehr gefördert.

Ahorn-Herbstspinner > 242
Ahorn-Zahnspinner > 244
Buchen-Zahnspinner > 246 | Sphinxeule > 268

3 | **Stachelbeere** *Ribes uva-crispa* —Stachelbeergewächse Grossulariaceae

0,5–1,5 m
April–Mai

MERKMALE Stark verzweigter Strauch mit hell graubraunen, bestachelten Zweigen; Blätter im Umriss rundlich, bis 4 cm breit, in 3–5 am Rand gekerbte Lappen geteilt; Blüten einzeln oder zu 2–3, hängend, meist 5-zählig, mit zur Blütezeit zurückgeschlagenen, innen roten Kelchblättern und nur halb so langen, weißlichen Kronblättern; Früchte kugelig bis etwas länglich, grünlich oder gelblich, Kulturformen auch rot.
VORKOMMEN An feuchtkühlen schattigen Hängen, etwa in Schluchtwäldern, auch an felsigen Hängen, in Hecken und Auwäldern; in Mitteleuropa vor allem im Bergland, stellenweise nicht selten, im Flachland gebietsweise fehlend.
WISSENSWERTES Die Stachelbeere wird wegen ihrer essbaren Früchte schon seit langem kultiviert. Als altes Kulturrelikt findet man sie heute noch vielerorts auf alten Burgruinen und im Bereich ehemaliger Siedlungen. Die echten Wildpflanzen der natürlichen Standorte unterscheiden sich von den Kultursorten vor allem durch ihre wesentlich kleineren Früchte. Diese sind bei der Reife kahl, während die Früchte von Kulturformen meist deutlich behaart oder beborstet sind.

Distelfalter > 168 | C-Falter > 172
Stachelbeerspanner > 214
Nachtschwalbenschwanz > 218

1A

1B

2A

2B

3

1 Brombeere *Rubus* sect. *Rubus* und *Rubus* sect. *Corylifolii* (= *Rubus fruticosus*)—Rosengewächse Rosaceae

0,5–2 m
Mai–August

MERKMALE Strauch mit bogig aufsteigenden, dicht und lang bestachelten Schösslingen, die sich später am Ende wieder bewurzeln; Blätter meist wintergrün, 3–5-zählig gefiedert; Blattfiedern breit eiförmig, gezähnt und am Ende schmal zugespitzt; Blüten in rispigen bis traubigen Blütenständen, 5-zählig, 1,5–3 cm im Durchmesser, mit weiß bis rosa gefärbten Kronblättern (**1** mit Kaisermantel, *Argynnis paphia*); Frucht eine bei der Reife glänzend schwarze Sammelfrucht.
VORKOMMEN An Wald- und Wegrändern sowie in Gebüschen überall sehr häufig, vor allem auf nährstoffreichen, überdüngten Böden.
WISSENSWERTES Die Brombeere stellt eine äußerst formenreiche Sammelart dar. Allein in Deutschland gibt es ziemlich genau 400 Kleinarten. Die "Brombeeren" verteilen sich auf zwei Sektionen, nämlich die **Echten Brombeeren** (*Rubus* sect. *Rubus*) und die **Haselblatt-Brombeeren** (*Rubus* sect. *Corylifolii*). Da beide Sektionen gleich stark sind, muss man sie beide nennen. Den alten Namen *Rubus fruticosus* agg. verwendet man nicht mehr. Diese Kleinarten unterscheiden sich u. a. in der Art der Bestachelung, in der Blattform und in der Ausbildung der Behaarung. Viele von ihnen haben eine sehr begrenzte Verbreitung. Eine sichere Unterscheidung ist in den meisten Fällen nur gut eingearbeiteten Spezialisten möglich.

Kleiner Rauchsackträger > 38
Großer Sackträger > 38 | Heide-Grünwidderchen > 48
Alpiner Ringelspinner > 76 | Eichenspinner > 78
Kleines Nachtpfauenauge > 86
Brombeer-Perlmuttfalter > 166 | Roseneule > 208
Achat-Eulenspinner > 208 | Ampfer-Rindeneule > 254
Purpurglanzeule > 272 | Violett-Gelbeule > 274
Hausmutter > 278 | Ginster-Streckfuß > 284
Zimtbär > 306 | Purpurbär > 310
Schwarzer Bär > 312

2 Himbeere *Rubus idaeus* —Rosengewächse Rosaceae

0,8–1,5 m
Mai–Juni

MERKMALE Strauch mit aufrechten, anfangs bläulich bereiften, nur etwa 1 mm lang bestachelten Schösslingen; Blätter 3–7-teilig gefiedert, endständiges Fiederblatt meist deutlich größer als die übrigen; Blüten 5-zählig, 15–25 mm im Durchmesser, Kronblätter weiß, schmäler und etwas kürzer als die grünen Kelchblätter; Frucht eine aus zahlreichen kugeligen Teilfrüchten zusammengesetzte, bei der Reife rote Sammelfrucht, die sich leicht vom zapfenförmigen Fruchtträger ablösen lässt.
VORKOMMEN Vorzugsweise an leicht beschatteten Stellen auf Waldlichtungen, an Waldrändern und in Gebüschen; in Mitteleuropa weit verbreitet und fast überall sehr häufig.
WISSENSWERTES Die wohlschmeckenden Früchte der Himbeere werden schon seit langer Zeit gesammelt. Neben der Wildform gibt es eine ganze Reihe von Zuchtformen, die sich vor allem durch die Größe ihrer Früchte von der heimischen Art unterscheiden, oft aber auch weniger Aroma besitzen als diese. Früher wurden auch die getrockneten, jungen Blätter zur Herstellung von Tees verwendet, oft in Verbindung mit anderen Wildkräutern. Sie enthalten Gerbstoffe und Vitamin C und galten u. a. als Mittel gegen Durchfall und innere Blutungen.

Brombeerspinner > 76
Kleines Nachtpfauenauge > 86 | Brombeer-Perlmuttfalter > 166 | Roseneule > 208 | Achat-Eulenspinner > 208 | Hellgebänderter Steinspanner > 228
Pyramideneule > 268 | Flohkrauteule > 276
Kleiner Bürstenspinner > 286
Gelber Fleckleibbär > 308 | Augsburger Bär > 312
Brauner Bär > 314 | Russischer Bär > 316
Schönbär > 318

3 Spierstrauch *Spiraea billardii* —Rosengewächse Rosaceae

0,5–2 m
Juni–Juli

MERKMALE Ausläufer treibender Strauch mit aufrechten, hellbraunen Zweigen; Blätter länglich lanzettlich, in der Spitzenhälfte am Rand gesägt; Blüten rosa, in einer dichten, schmal pyramidenförmigen Rispe angeordnet.
VORKOMMEN Als Zierpflanze oft in Gärten angepflanzt; gelegentlich auf Schuttplätzen, an Wegrändern und Ufern verwildert, besonders in der Nähe von Ortschaften an feuchten, sandigen Stellen.
WISSENSWERTES Der in Gärten oft gepflanzte Spierstrauch stellt offenbar eine Kreuzung aus zwei in Amerika heimischen Arten dar. Er lässt sich, wie die meisten durch Hybridisierung entstandenen Pflanzen, nicht durch Samen vermehren, wird aber sehr oft durch abgerissene Ausläufer, vor allem mit Gartenabfällen, unabsichtlich weiterverbreitet. Wegen dieser Ausläufer ist eine Ausbreitung der Pflanze auch in Gärten schwer zu kontrollieren.

Ligusterschwärmer > 98

1

2

3

1 | **Birnbaum** *Pyrus communis* —Rosengewächse Rosaceae

5–20 m
April–Mai

MERKMALE Laubbaum mit breit pyramidenförmiger Krone, Zweige oft bedornt; Blätter eiförmig, bis 9 cm lang, ganzrandig oder am Rand schwach gesägt, oberseits dunkelgrün, unterseits blaugrün; Blüten 2–4 cm im Durchmesser, weiß, Kronblätter unterseits manchmal rosa, Staubbeutel rot; Frucht die bekannte Birne.
VORKOMMEN In Gärten, auf Streuobstwiesen und als Alleebaum oft gepflanzt; Wildform vor allem in Auwäldern und in wärmebegünstigten, lockeren Laubwäldern, weit verbreitet aber überall ziemlich selten.
WISSENSWERTES Als eine der Ausgangsformen der Kultursorten gilt der Wilde Birnbaum (*Pyrus pyraster*). Er besitzt deutlich bedornte Zweige und holzige, ziemlich kleine Früchte. Die Kulturbirnen entstanden offenbar im Kaukasus durch Einkreuzung weiterer, bei uns nicht heimischer Birnbaum-Arten und Auslese jeweils der Bäume mit den am besten schmeckenden Früchten. In dieser Gegend sind heute noch Vorformen heutiger Kulturbirnen zu finden. Die Zuchtsorten lassen sich nicht durch Aussaat, sondern nur durch auf Wildformen gepfropfte Zweige vermehren.

Weidenbohrer > 62 | Apfelwickler > 64
Ringelspinner > 74 | Kupferglucke > 82
Baumweißling > 124 | Großer Fuchs > 176
Goldafter > 288

2 | **Apfelbaum** *Malus domestica* —Rosengewächse Rosaceae

20–60 cm
Juni–September

MERKMALE Laubbaum mit breiter, runder Krone, Zweige nicht bedornt; Blätter meist breit elliptisch, bis 10 cm lang und 5 cm breit, am Rand gesägt, Blüten 2–3 cm im Durchmesser, weiß oder rosa mit gelben Staubbeuteln; Frucht ein Apfel.
VORKOMMEN In Gärten, auf Streuobstwiesen und als Alleebaum oft gepflanzt; Wildform vor allem in Auwäldern, lichten Laubwäldern, Hecken und Feldgehölzen, ziemlich selten und fast überall deutlich zurückgehend.
WISSENSWERTES Die kultivierten Apfelsorten sind durch Kreuzung verschiedener Arten entstanden. Außer vor allem asiatisch verbreiteten Ausgangsarten ist auch der heimische Holzapfel oder Wildapfel (*Malus sylvestris*) daran beteiligt. Er besitzt sehr kleine, holzige Früchte und bedornte Zweige. Die Blätter sind untererseits nur auf den Nerven behaart. Diese Art besitzt aber offenbar nur einen relativ geringen Anteil am Erbgut der heutigen Kultursorten.

Weidenbohrer > 62 | Blausieb > 62
Apfelwickler > 64 | Ringelspinner > 74
Kupferglucke > 82 | Wiener Nachtpfauenauge > 88
Abendpfauenauge > 90 | Baumweißling > 124
Großer Fuchs > 176 | Großer Frostspanner > 224
Großer Eichenspanner > 224
Kleiner Frostspanner > 232 | Blaukopf > 268
Nonne > 282 | Schwammspinner > 282
Buchen-Streckfuß > 284 | Goldafter > 288
Schwan > 288

3 | **Eberesche, Vogelbeere** *Sorbus aucuparia* —Rosengewächse Rosaceae

3–15 m
Mai–Juni

MERKMALE Baum oder hoher Strauch mit hellgrauer Rinde und grauen oder braunen Zweigen; Blätter unpaarig gefiedert, 10–18 cm lang, jederseits mit 4–9 am Rand gesägten Fiedern; Blüten weiß, 8–9 mm im Durchmesser, in meist 8–12 cm großen, reichblütigen Doldenrispen; Frucht eine 9–10 mm große, kugelige, leuchtend rote Beere mit 3 länglichen Kernen.
VORKOMMEN An gut belichteten, gern etwas feuchten, aber nicht ausgesprochen nassen Standorten, besonders auf Kahlschlägen, an Waldrändern, in lichten Laubwäldern und in Alleen; in Mitteleuropa weit verbreitet und fast überall ziemlich häufig.
WISSENSWERTES Die auffallenden Früchte verbleiben den Winter hindurch an den Zweigen und stellen für viele Vögel eine wichtige Winternahrung dar. Die Art wird daher auch als Vogelbeere bezeichnet. Für Menschen sind die Beeren in rohem Zustand leicht giftig und können z. B. Erbrechen und Durchfälle auslösen. Die Giftwirkung verschwindet aber mit dem Kochen. Es gibt spezielle, an Bitterstoffen arme Sorten, die sich besonders zur Herstellung von Marmelade oder Kompott eignen. Früher wurde aus den Früchten Sorbitol gewonnen, das als Süßungsmittel für Diabetiker verwendet wird, daneben aber auch als mild wirkendes Abführmittel.

Pflaumen-Gespinstmotte > 42
Frühlings-Wollafter > 70 | Kupferglucke > 82
Lindenschwärmer > 92 | Baumweißling > 124
Schwammspinner > 282 | Buchen-Streckfuß > 284
Kleiner Bürstenspinner > 286

1

2

3

1 | **Felsenbirne** *Amelanchier ovalis* —Rosengewächse Rosaceae

1–3 m
April–Juni

MERKMALE Strauch mit eiförmigen, 2–4 cm langen, oberseits dunkelgrünen, an der Unterseite filzig behaarte Blätter; Blüten vor dem Laub erscheinend, 5-zählig, weiß, 2–3 cm im Durchmesser; Früchte kugelig, ca. 1 cm groß, schwarz mit blauer Bereifung.
VORKOMMEN Auf felsigem oder steinigem, meist kalkreichem Untergrund, z. B. auf Felsköpfen und felsigen Trockenrasen oder am Rand warmer Steppenheidewälder; vor allem in wärmeren Teilen des süddeutschen Berglands, nicht häufig, in den Alpen bis in etwa 2 000 m Höhe.
WISSENSWERTES Die kleinen Früchte sind essbar, aber nicht besonders schmackhaft. Der Name dürfte sich wohl eher auf das Wort „Beere" beziehen, das in manchen Dialekten mit dem Wort „Birne" vermischt wird.

Trauerwidderchen > 46

2 | **Gemeine Zwergmispel** *Cotoneaster integerrimus* —Rosengewächse Rosaceae

0,5–2 m
April–Juni

MERKMALE Kleinerer bis mittelhoher Strauch mit eiförmigen, 1,5–4 cm langen und 1–2 cm breiten, ganzrandigen, oberseits grünen und unterseits weißfilzig behaarten Blättern; Blüten 5–zählig, 4–7 mm im Durchmesser, weiß oder rosa; Früchte kugelig, meist rot, 5–6 mm groß.
VORKOMMEN Vorwiegend an kalkreichen, felsigen oder steinigen Stellen, etwa auf Felsköpfen, am Fuß besonnter Felswände und am Rand warmer Trockenwälder; im Bergland Süd- und Mitteldeutschlands und in den Alpen, nicht häufig.
WISSENSWERTES Die Zwergmispel wächst oft zusammen mit der Felsenbirne, ist aber etwas weniger lichtbedürftig als diese. Sie kann daher auch noch im Halbschatten höher wüchsiger Bäume und Sträucher ein Auskommen finden.

Trauerwidderchen > 46

3 | **Eingriffeliger Weißdorn** *Crataegus monogyna* —Rosengewächse Rosaceae

2–8 m
Mai–Juni

MERKMALE Strauch oder, seltener, kleiner Baum mit stark bedornten Zweigen; Blätter etwa bis zur Hälfte in 3–7 an der Spitze gezähnte Lappen geteilt; Blüten 8–15 mm im Durchmesser, weiß mit roten Staubbeuteln und nur einem Griffel (**3** mit Segelfalter, *Iphiclides podalirius*); Früchte etwas länger als breit, dunkelrot, 8–10 mm groß.
VORKOMMEN Vorwiegend an warmen Waldrändern und in Gebüschen, oft in Hecken oder an Straßenrändern gepflanzt; fast überall häufig.
WISSENSWERTES Dieser häufigste Weißdorn ist schwer von einigen nahen Verwandten zu unterscheiden. Die anderen Arten dürften aber den gleichen Schmetterlingsarten als Raupennahrungspflanze dienen.

Großer Sackträger > 38
Pflaumen-Gespinstmotte > 42
Trauerwidderchen > 46 | Heide-Grünwidderchen > 48
Frühlings-Wollafter > 70 | Ringelspinner > 74
Wolfsmilch-Ringelspinner > 74 | Kupferglucke > 82
Segelfalter > 120 | Baumweißling > 124
Silberspinnerchen > 212 | Gelbspanner > 216
Großer Frostspanner > 224
Kleiner Kreuzdornspanner > 232 | Pfeileule > 250
Blaukopf > 268 | Schwammspinner > 282
Ginster-Streckfuß > 284
Kleiner Bürstenspinner > 286 | Goldafter > 288

4 | **Zwetschge** *Prunus domestica* —Rosengewächse Rosaceae

5–10 m
April–Mai

MERKMALE Strauch oder kleiner Baum mit bedornten oder dornenlosen Zweigen; Blätter länglich elliptisch, bis 8 cm lang, am Rand gekerbt oder gesägt; Blüten 2–4 cm im Durchmesser, weiß bis grünlich; Frucht kugelig bis eiförmig, 1–8 cm lang, blau, violett, rot, gelb oder grünlich, meist etwas bereift, mit abgeflachtem Steinkern.
VORKOMMEN In vielen verschiedenen Rassen in Gärten und auf Streuobstwiesen gepflanzt, öfter auch verwildert.
WISSENSWERTES Die Art gibt es in vielen verschiedenen kultivierten Rassen, die z. B. auch als Pflaume, Mirabelle und Reneklode bekannt sind. Echte Wildformen sind dagegen unbekannt.

Wiener Nachtpfauenauge > 88 | Segelfalter > 120
Baumweißling > 124 | Nierenfleck-Zipfelfalter > 140
Pflaumenzipfelfalter > 144 | Blaukopf > 268

1

2

3

4

1 | Schlehe *Prunus spinosa* —Rosengewächse Rosaceae

1–3 m
März–Mai

MERKMALE Sparrig verzweigter Strauch mit zahlreichen, in Dornen endenden Kurztrieben; Blätter 2–4 cm lang, breiter oder schmäler elliptisch, am Rand gesägt, meist kahl; weiße, 5-zählige Blüten mit 1–1,5 cm Durchmesser, meist vor den Blättern erscheinend, an unverzweigten Stielen, aber oft in Büscheln dicht beieinander **(1b)**; Früchte blauschwarz, kugelig oder etwas länglich, 6–18 mm groß, mit Steinkern **(1a)**.

VORKOMMEN Vorwiegend auf kalkhaltigen, steinigen oder lehmigen Böden, auf Trockenrasen ebenso wie an Wald- und Wegrändern oder in Heckengesellschaften; bei uns fast überall sehr häufig.

WISSENSWERTES Die Schlehe, auch Schwarzdorn genannt, kann sich über Wurzelbrut sehr schnell ausbreiten. Die hohe Ausbreitungsgeschwindigkeit stellt bei Biotoppflegemaßnahmen ein Problem dar. So können durch die Schlehe offene, blütenreiche Halbtrockenrasen innerhalb weniger Jahre ihres ganzen Blütenreichtums beraubt werden. Auf der anderen Seite ist die Schlehe aber gleichzeitig eine der wichtigsten Raupennährpflanzen, wie aus der Aufzählung im Kasten deutlich hervorgeht. Allerdings werden bei weitem nicht alle Schlehen in gleicher Weise genutzt. In dicht verwachsenen, hohen Beständen wird man kaum irgendwelche Raupen finden. Ganz anders dagegen verhält es sich mit schlechtwüchsigen, über offenem Boden wachsenden Krüppelschlehen. An solchen oft nur 10–20 cm hohen Zwergen wird man oft ohne Mühe die Raupen mancher seltenen Art entdecken, einige, etwa die des Segelfalters, wird man sogar ausschließlich dort finden. Bei Pflegemaßnahmen sollten solche Zusammenhänge unbedingt beachtet werden. Nicht selten wurden bereits die leichter zu entfernenden Krüppelschlehen gerodet, während die undurchdringlichen Dickichte unangetastet blieben. Auf diese Weise wurde unabsichtlich schon manche wertvolle Schmetterlingspopulation schwer geschädigt. Außer ihrer Rolle als Raupennährpflanze hat die Schlehe auch für viele andere Insekten ihre Bedeutung. So sind ihre bereits zeitig im Jahr geöffneten Blüten eine wichtige Bienenweide; auch einige Schmetterlingsarten zählen zu den regelmäßigen Blütenbesuchern. Die erst spät im Jahr (im September oder Oktober) reifenden Früchte enthalten viel Vitamin C, werden aber erst nach Frosteinwirkung genießbar. Sie lassen sich zu einem ausgezeichneten Gelee verarbeiten, doch bereitet die Trennung des Steinkerns vom Fruchtfleisch einige Schwierigkeiten. Oft werden sie auch zur Herstellung von Likören und Schnäpsen verarbeitet. Das sehr harte Holz wurde früher oft für Drechslerarbeiten verwendet; aus gerade gewachsenen Zweigen wurden Spazierstöcke hergestellt.

Kleiner Rauchsackträger > 38
Pflaumen-Gespinstmotte > 42
Trauerwidderchen > 46
Heide-Grünwidderchen > 48
Frühlings-Wollafter > 70 | Hecken-Wollafter > 72
Kleine Pappelglucke > 72 | Ringelspinner > 74
Brombeerspinner > 76 | Eichenspinner > 78
Kupferglucke > 82 | Kleines Nachtpfauenauge > 86
Segelfalter > 120 | Baumweißling > 124
Nierenfleck-Zipfelfalter > 140
Pflaumenzipfelfalter > 144 | Silberspinnerchen > 212
Stachelbeerspanner > 214 | Gelbspanner > 216
Nachtschwalbenschwanz > 218
Federspanner > 218 | Schlehenspanner > 220
Schneespanner > 220 | Birkenspanner > 222
Großer Frostspanner > 224 | Silberblatt > 228
Frühlings-Kreuzflügel > 228
Großer Kreuzdornspanner > 232
Kleiner Frostspanner > 232 | Pfeileule > 250
Erlen-Rindeneule > 250 | Gelbes Ordensband > 258
Sphinxeule > 268 | Blaukopf > 268
Trapezeule > 272 | Gothica-Kätzcheneule > 276
Gelbe Bandeule > 278
Kleiner Bürstenspinner > 286
Goldafter > 288 | Schwan > 288 | Zimtbär > 306
Purpurbär > 310

2 | Traubenkirsche *Prunus padus* —Rosengewächse Rosaceae

2–10 m
Mai–Juni

MERKMALE Strauch oder Baum mit dunkelgrauer Rinde; Blätter breit lanzettlich, bis 12 cm lang und 6 cm breit, am Rand fein gezähnt; Blüten weiß, 1–1,5 cm im Durchmesser, zu 10–25 in zunächst aufrechten, später hängenden Trauben; Frucht kugelig, schwarz, 6–8 mm groß.

VORKOMMEN Meist an feuchten Stellen an Waldrändern, in Auwäldern oder am Ufer von Gewässern; bei uns weit verbreitet und fast überall häufig.

WISSENSWERTES Außer der häufigen normalen Sippe kommt bei uns als seltene Unterart die **Nordische Traubenkirsche** (*Prunus padus petraea*) vor, die sich von der normalen Unterart durch derbere Blätter und geruchlose Blüten unterscheidet. Sie ist in ihrer Verbreitung auf die höheren Berglagen beschränkt.

Traubenkirschen-Gespinstmotte > 42
Ulmen-Fleckenspanner > 214

1A

1B

2

1 | **Behaarter Ginster** *Genista pilosa* —Schmetterlingsblütengewächse Fabaceae

10–40 cm
April–August

MERKMALE Niederliegender oder aufrecht wachsender Strauch; Blätter lanzettlich, ohne Nebenblätter, 5–15 mm lang und 3–6 mm breit, zunächst behaart, später oft kahl; Blüten um 10 mm lang, gelb; Hülse länglich, 15–25 mm lang, mehrsamig; ganze Pflanze mehr oder weniger deutlich seidenhaarig.
VORKOMMEN Vorwiegend in offenem, lückig bewachsenem Gelände auf kalkarmen, sandigen oder felsigen Böden in wintermilden Lagen, z. B. auf Heideflächen und Magerrasen oder in Felsgebieten; in Deutschland vor allem im norddeutschen Tiefland (z. B. in der Lüneburger Heide) und im kalkarmen Bergland (z. B. im Schwarzwald), nicht häufig und über weite Strecken fehlend.
WISSENSWERTES Der Behaarte Ginster, auch als Heideginster bekannt, eignet sich wegen seiner niedrigen Wuchsform und der leuchtend gelben, dicht stehenden Blüten sehr gut für Steingärten. Er wird daher auch bereits seit dem 18. Jahrhundert als Zierpflanze kultiviert.

Federwidderchen > 44

2 | **Flügelginster** *Genista sagittalis* —Schmetterlingsblütengewächse Fabaceae

10–30 cm
Mai–Juli

MERKMALE Zwergstrauch mit unterirdisch kriechenden, holzigen Trieben und oberirdischen, unverholzten, deutlich geflügelten Stängeln; nicht blühende Stängel 2-flügelig, die blühenden 3- oder mehrflügelig; nur wenige länglich ovale Blätter von 10–20 mm Länge und 5–8 mm Breite; Blüten 10–14 mm lang, gelb; Frucht eine flache, 15–20 mm lange und ca. 5 mm breite Hülse; alle Teile der Pflanze leicht behaart.
VORKOMMEN Vorzugsweise auf niedrig bewachsenen Heiden und Magerrasen, auf kalkarmem, saurem Untergrund, auch auf Kalktrockenrasen, doch dort meist an oberflächlich versauerten, mageren Stellen; vor allem im süddeutschen Bergland weit verbreitet und stellenweise ziemlich häufig, im übrigen Deutschland selten bis fehlend.
WISSENSWERTES Der Flügelginster hat in Anpassung an seine oft sehr trockenen Standorte die Blattfläche, über die viel Wasser verdunstet wird, stark reduziert und dafür die Stängel zu Assimilationsorganen umgebildet.

Brombeerspinner > 76 | Grüner Zipfelfalter > 142
Scheck-Tageule > 260

3 | **Färberginster** *Genista tinctoria* —Schmetterlingsblütengewächse Fabaceae

20–60 cm
Juni–Juli

MERKMALE Niedriger Strauch mit aufrechten oder aufsteigenden, unbedornten Stängeln; Blätter lanzettlich, 1–3 cm lang und 3–7 mm breit, an der Basis mit 2 kleinen, schmalen, hinfälligen Nebenblättern; Blüten 10–15 mm lang, gelb; Hülsen 2–3 cm lang und 3 mm breit; Behaarung der Pflanze individuell sehr unterschiedlich, teils deutlich, teils ganz fehlend.
VORKOMMEN Vorzugsweise auf kalkreichem, aber gern etwas feuchtem Untergrund, besonders auf wechselfeuchten Stellen von Trockenrasen und Moorwiesen, an Waldrändern oder in lockeren Laub- und Kiefernwäldern; in Deutschland vor allem im süddeutschen Berg- und Hügelland, sonst ziemlich selten.
WISSENSWERTES Die Zweige, Blätter und Blüten enthalten die gelben Farbstoffe Genistein und Luteolin und wurden schon zur Römerzeit zum Färben von Leinen und Wolle benutzt. Inzwischen ist diese Methode aber durch leichter erhältliche Farbstoffe verdrängt worden. Die getrockneten, blühenden Zweige finden in der Naturheilkunde Verwendung, besonders als harntreibendes Mittel z.B. bei Gallen- und Nierensteinen, ebenso als Mittel gegen Rheuma, Gicht und Kopfschmerzen.
ÄHNLICHE ART Der im Erscheinungsbild recht ähnliche **Deutsche Ginster** (*Genista germanica*) besitzt deutlich bedornte Zweige. Er kommt vor allem an sonnigen Waldrändern, auf Trockenrasen und in lichten Wäldern, meist auf kalk- und nährstoffarmem Untergrund vor und ist im Bergland Süd- und Mitteldeutschlands gebietsweise nicht selten, im übrigen Gebiet aber nur vereinzelt anzutreffen.

Grüner Zipfelfalter > 142 | Heidespanner > 226

1

2

3

1 | **Besenginster** *Cytisus scoparius* —Schmetterlingsblütengewächse Fabaceae

0,5–2 m
Mai–Juni

MERKMALE Strauch mit rutenförmigen, 5-kantigen, grünen Zweigen; untere Blätter 3-teilig mit 5–20 mm langen ovalen Teilblättern, obere Blätter kleiner und schmäler, oft ungeteilt; Blüten 20–25 mm lang, gelb, einzeln oder zu zweit an Kurztrieben; Fruchthülse bis 6 cm lang und 1 cm breit, an der Kante behaart.
VORKOMMEN Meist in wintermilden Gebieten auf kalkarmen, sandigen oder steinigen Böden, z. B. an Straßenböschungen, an beweideten Hängen und auf Heideflächen; in Mitteleuropa weit verbreitet und meist häufig, in den Kalkgebieten selten.
WISSENSWERTES Die grünen Teile der Pflanze sind sehr frostempfindlich. Daher frieren die Sträucher nach starken Frösten oft bis auf die starken Stammteile zurück oder sterben ganz ab. Die Zweige wurden oft zur Herstellung von Besen verwendet. Die Pflanze wird außerdem oft zur Befestigung lockerer Sandböden und zur Bodenverbesserung angepflanzt.

Großer Sackträger > 38 | Kleespinner > 78
Eichenspinner > 78 | Grüner Zipfelfalter > 142
Hellgebänderter Steinspanner > 228
Wolfsmilch-Rindeneule > 252
Gelbe Bandeule > 278 | Ginster-Streckfuß > 284
Weiße Tigermotte > 308 | Purpurbär > 310

2 | **Dornige Hauhechel** *Ononis spinosa* —Schmetterlingsblütengewächse Fabaceae

20–60 cm
Juni–August

MERKMALE Halbstrauch mit am Grunde holzigen, in den jungen Trieben krautigen Stängeln, meist lang bedornt; untere Blätter 3-teilig mit bis 25 mm langen, gezähnten Blättchen und großen, eiförmigen Nebenblättern, obere meist ungeteilt; Blüten rosa oder purpurrot, 10–20 mm lang; Hülse eiförmig, bis 10 mm lang und mit 1–3 Samen.
VORKOMMEN Vorzugsweise auf trockenem, kalkreichem Untergrund, etwa an Wald- und Wegrändern sowie auf Trockenrasen und extensiv beweideten Flächen; vor allem im Bergland des mittleren und südlichen Deutschland weit verbreitet und gebietsweise häufig, im Flachland ziemlich selten.
WISSENSWERTES Die Dornige Hauhechel ist recht formenreich und tritt z. B. gebietsweise auch in mehr oder weniger unbedornten Exemplaren auf, die dann eine Unterscheidung von verwandten Arten ziemlich erschweren. Auch der Grad der Verholzung ist in verschiedenen Populationen der Pflanze sehr unterschiedlich.

Kleespinner > 78 | Gewöhnlicher Bläuling,
Hauhechelbläuling > 156
Fleckenspanner > 216

3 | **Efeu** *Hedera helix* —Efeugewächse Araliaceae

1–20 m
August–Oktober

MERKMALE Immergrüne verholzte Kletterpflanze; Blätter lederartig derb und meist stark glänzend, an nicht blühenden Trieben schwach 3–5-eckig gelappt bis tief fingerförmig eingeschnitten **(3a)**, an blühenden Zweigen dagegen rautenförmig bis eiförmig, ungelappt und lang zugespitzt **(3b)**; Blüten ziemlich klein und unscheinbar, grünlich, in kugeligen Dolden angeordnet; Früchte kugelig, etwa 10 mm groß, bei der Reife schwarzblau gefärbt.
VORKOMMEN In Wäldern und Gebüschen sowie an Felsen und Mauern, besonders an etwas feuchten, schattigen bis halbschattigen Stellen; bei uns fast überall häufig.
WISSENSWERTES Der Efeu klettert meist an Bäumen, Felsen und Mauern empor und heftet sich mit speziellen Haftwurzeln an der Unterlage fest. Nur gut besonnte Zweige bilden die ungeteilten Blätter aus und kommen zum Blühen. Die Pflanze kann ein Alter von über 400 Jahren und dabei einen Stammdurchmesser von fast einem Meter erreichen. Den Blüten entströmt ein etwas fauliger Geruch. Sie werden von verschiedenen Insekten besucht, vor allem von der seltenen **Efeu-Seidenbiene** (*Colletes hederae*), die ausschließlich an Efeublüten fliegt. Diese ungewöhnlich streng spezialisierte Wildbiene erscheint erst zur sehr späten Blütezeit des Efeus und wurde daher lange Zeit offensichtlich übersehen. Ihre Beschreibung erfolgte erst im Jahr 1993. Obwohl der Efeu nicht auf seinen Trägerbäumen parasitiert, sondern diese nur als Stütze benutzt, kann er die Stämme völlig überwuchern und dabei manchmal sogar zum Absterben bringen.

Gartenbläuling, Faulbaumbläuling > 146

1

2

3A

3B

1 | **Gewöhnliche Rosskastanie** *Aesculus hippocastanum* —Rosskastaniengewächse Hippocastanaceae

10–30 m
April–Juni

MERKMALE Laubbaum mit weit ausladender Krone; Blätter handförmig in 5–7 keilförmig verbreiterte Teilblätter geteilt; Blüten 5-zählig, mit zunächst gelben, dann roten Saftmalen, in aufrechten Trauben angeordnet; Frucht kugelig, bis 6 cm groß, mit bestachelter, grüner Hülle und 2–3 braunen Kastanien.
VORKOMMEN Heimisch auf der südöstlichen Balkanhalbinsel, bei uns oft in Alleen, Parks und Wäldern gepflanzt und an vielen Stellen verwildert.
WISSENSWERTES Der Baum wurde im 16. Jahrhundert erstmals nach Wien gebracht. Er fand großen Anklang und wurde wenig später in vielen verschiedenen Ländern angepflanzt.

Kastanienminiermotte > 34 | Ahorn-Rindeneule > 252

2 | **Faulbaum** *Frangula alnus* —Kreuzdorngewächse Rhamnaceae

1–3 m
Mai–Juni

MERKMALE Strauch mit unbedornten Zweigen; Blätter eiförmig, 2–5 cm lang, meist ganzrandig, selten vor der Spitze etwas gesägt; Blüten 5-zählig, gelblich weiß, etwa 6 mm im Durchmesser, zu 2–10 gebüschelt in den Blattachseln; Frucht kugelig, ca. 8 mm im Durchmesser, zunächst rot, dann schwarz.
VORKOMMEN Meist an etwas feuchten, offenen bis halbschattigen Stellen, etwa in lockeren Wäldern, an Waldrändern und im Randbereich von Mooren, daneben aber z. B. auch auf Trockenrasen; bei uns fast überall häufig.
WISSENSWERTES Die Rinde des Faulbaums und seine Früchte enthalten das Anthraglycosid Glucofrangulin, das Erbrechen und Durchfall auslösen kann. Die Rinde wird daher auch zur Herstellung von Abführmitteln verwendet.

Kleiner Rauchsackträger > 38 | Blausieb > 62
Kupferglucke > 82 | Baumweißling > 124
Zitronenfalter > 132 | Kreuzdornzipfelfalter > 144
Gartenbläuling, Faulbaumbläuling > 146
Ulmen-Fleckenspanner > 214 | Schlehenspanner > 220
Olivgrüner Bindenspanner > 230
Großer Kreuzdornspanner > 232 | Schwan > 288

3 | **Echter Kreuzdorn** *Rhamnus cathartica* —Kreuzdorngewächse Rhamnaceae

1–3 m
Mai–Juni

MERKMALE Strauch mit meist gegenständig verzweigten Trieben, die am Ende oft in Dornen auslaufen; Blätter eiförmig bis fast rundlich, bis 6 cm lang, am Rand fein gezähnt; Blüten 4-zählig, grün, ca. 8 mm im Durchmesser, büschelig zu 2–8 in den Blattachseln; Früchte kugelig, 5–7 mm groß, schwarz.
VORKOMMEN Vorzugsweise an offenen Stellen auf kalkhaltigem, steinigem Untergrund, etwa am Rand von Trockenwäldern oder an buschigen Hängen, daneben aber auch am Rand von Moorgebieten (hier oft in Gesellschaft des Faulbaums).
WISSENSWERTES Die Rinde und die Früchte enthalten wie beim Faulbaum Anthraglycoside, die zur Herstellung von Abführmitteln Verwendung finden. Das sehr harte Holz ist außerdem für Drechselarbeiten gefragt.

Zitronenfalter > 132 | Kreuzdornzipfelfalter > 144
Großer Kreuzdornspanner > 232

4 | **Oleander** *Nerium oleander* —Immergrüngewächse Apocynaceae

2–4 m
Juni–Oktober

MERKMALE Gabelig verzweigter, immergrüner Strauch; Blätter lineal-lanzettlich, ganzrandig; Blüten rot, rosa oder weiß, 5-zählig, 3–4 cm im Durchmesser, in endständigen Doldentrauben.
VORKOMMEN Ursprünglich heimisch im Mittelmeergebiet in zeitweise austrocknenden Bachtälern, inzwischen durch Anpflanzung in Südeuropa fast überall zu finden, besonders an Straßenrändern und in Parkanlagen; bei uns nur im Sommer als Kübelpflanze.
WISSENSWERTES Trotz seiner Frostempfindlichkeit benötigt der Oleander relativ niedrige Wintertemperaturen (5–8 °C) für einen reichlichen Ansatz von Blütenknospen. Die Pflanze enthält hochgiftige Glycoside, die für Menschen eine herzlähmende Wirkung besitzen.

Oleanderschwärmer > 102

1

2

3

4

1 | **Winterlinde** *Tilia cordata* —Lindengewächse Tiliaceae

15–25 m
Juni–Juli

MERKMALE Hoher Baum mit ziemlich dichter, breiter Krone; Blätter rundlich herzförmig, in eine lange Spitze auslaufend, 3–8 cm im Durchmesser, oberseits fast kahl, unterseits in den Winkeln der Blattadern mit rotbraunen Haarbüscheln; Blüten hell gelblich, 10–15 mm im Durchmesser, zu 5–10 an einem flügelartigen Hochblatt; Früchte kugelig, etwa 6 mm groß, holzig.
VORKOMMEN Ursprünglich vor allem in wärmebegünstigten Gebieten auf steinigen, tiefgründigen Böden, besonders in Auwäldern und an Berghängen Süddeutschlands; vielerorts als Alleebaum,
in Wäldern und in Parkanlagen angepflanzt.
WISSENSWERTES Die Winterlinde gehört zu den sich gut aus Stockausschlägen verjüngenden Baumarten. Sie wird daher durch Niederwald- und Mittelwaldbewirtschaftung sehr gefördert.
ÄHNLICHE ART Die **Sommerlinde** (*Tilia platyphyllos*) besitzt bis 15 cm große, oberseits auf den Blattadern meist behaarte Blätter, die unterseits in den Aderwinkeln weiße Haarbüschel tragen. An ihr dürften weitgehend die gleichen Schmetterlingsarten vorkommen.

Birkenspinner > 84 | Lindenschwärmer > 92
Mondfleckspanner > 218 | Pappelspanner > 222
Olivgrüner Bindenspanner > 230
Kleiner Frostspanner > 232 | Mondvogel > 246
Trapezeule > 272 | Schwammspinner > 282
Schwarzes L > 290

2 | **Roter Hartriegel** *Cornus sanguinea* —Hartriegelgewächse Cornaceae

1–4 m
Mai–Juni

MERKMALE Strauch mit rutenförmigen, aufsteigenden bis überhängenden Zweigen; Blätter eiförmig, gegenständig, bis 10 cm lang, ganzrandig, mit 3–5 Paar sehr deutlichen, gebogenen Seitennerven; Blüten nach den Blättern erscheinend, 4-zählig, um 10 mm im Durchmesser, mit sehr schmalen, weißen Kronblättern, in 6–8 cm breiten, 20–100-blütigen, schirmförmigen Trugdolden; Früchte kugelig, 5–8 mm groß, schwarzblau.
VORKOMMEN In lockeren, meist etwas feuchten Laub- und Mischwäldern, an Ufern von Gewässern und an buschigen Hängen, vor allem auf kalkreichen Böden, oft angepflanzt; in Mitteleuropa weit verbreitet und in den meisten Gebieten häufig.
WISSENSWERTES Der Name Hartriegel nimmt auf die Härte des Holzes Bezug. Der Artname erklärt sich aus der leuchtend roten Herbstfärbung der Blätter.

Grüner Zipfelfalter > 142
Gartenbläuling, Faulbaumbläuling > 146

3 | **Gemeine Waldrebe** *Clematis vitalba* —Hahnenfußgewächse Ranunculaceae

1–10 m
Juni–September

MERKMALE Kletterpflanze mit verholzten, kantigen oder gefurchten Trieben; Blätter unpaarig gefiedert, meist mit 3–5 ganzrandigen oder grob gezähnten Teilblättern; Blüten 4-zählig, weiß, 2–3 cm im Durchmesser, in blattachselständigen Rispen oder Trugdolden **(3a)**; Früchte rotbraun, mit 2–3 cm langem, federig behaartem Griffel, den Winter hindurch an der Pflanze bleibend **(3b)**.
VORKOMMEN Vor allem in etwas feuchten Wäldern, an Waldrändern und in Gebüschen; in Deutschland in den meisten Mittelgebirgen recht häufig, im Flachland seltener.
WISSENSWERTES Die Blüten sondern keinen Nektar ab und werden vor allem von Bienen und Fliegen bestäubt. Die Gemeine Waldrebe ist eine der wenigen heimischen Lianen. Sie hält sich dabei im Gegensatz zum Efeu nicht mit Haftwurzeln an der Unterlage fest, sondern umschlingt zur Verankerung andere Pflanzenteile meist mit ihren Blattstielen, oft auch mit ihrem nach links windenden Stängel. Ältere Stämme können etwa Armdicke erreichen. Die oberirdischen Triebe werden aber kaum älter als 25 Jahre; der Wurzelstock kann dagegen ein etwa doppelt so hohes Alter errei-chen. Die Pflanze ist giftig. Ihr Saft kann Hautreizungen bis hin zu Blasenbildung und Entzündungen hervorrufen. Die Blätter werden in der Homöopathie verwendet, besonders bei Lymphdrüsenschwellungen und Hautgeschwüren. Die Gemeine Waldrebe wird gelegentlich in Gärten gepflanzt. Oft dient sie auch als Veredlungsgrundlage für großblütige Zuchtsorten, die aus Kreuzungen verschiedener nicht heimischer Arten entstanden sind.

Nachtschwalbenschwanz > 218
Purpurglanzeule > 272

1

2

3A

3B

1 Besenheide *Calluna vulgaris*
—Heidekrautgewächse Ericaceae

10–50 cm
Juli–September

MERKMALE Zwergstrauch mit schuppenförmigen immergrünen, in 4 Reihen angeordneten Blättern von 2–3 mm Länge; Blüten mit 4 rosafarbenen, etwa 4 mm langen Kelchblättern und 4 ebenso gefärbten, etwas kürzeren Kronblättern, diese nicht miteinander verwachsen, aber mehr oder weniger glockig zusammenneigend.
VORKOMMEN Auf nährstoffarmem, saurem Untergrund, besonders auf Sand- und Torfböden; in den meisten Gegenden häufig, nur in ausgesprochenen Kalkgebieten selten.
WISSENSWERTES Das Heidekraut kann auf mageren Böden Massenbestände entwickeln, ist aber zur Verjüngung auf offene Bodenstellen angewiesen. Nach dem Absterben alter Sträucher bildet sich eine dicke Schicht schwer verrottbarer Reste, auf der die Samen nicht keimen können.

Heide-Grünwidderchen > 48 | Kleespinner > 78
Eichenspinner > 78 | Kleines Nachtpfauenauge > 86
Gartenbläuling, Faulbaumbläuling > 146
Argusbläuling > 154 | Heidespanner > 226
Ampfer-Rindeneule > 254 | Achateule > 270
Heidekraut-Bunteule > 274 | Ginster-Streckfuß > 284
Weißer Grasbär > 300

2 Heidelbeere *Vaccinium myrtillus*
—Heidekrautgewächse Ericaceae

10–50 cm
A

MERKMALE Niedriger, stark verzweigter Strauch; Blätter eiförmig zugespitzt, bis 4 cm lang, am Rand fein gekerbt; Blüten kugelig glockenförmig, nickend, etwa 6 mm groß, rosa oder grünlich gefärbt; Frucht eine kugelige, dunkelblaue, meist bereifte Beere von 5–8 mm Durchmesser.
VORKOMMEN Vorwiegend in nicht zu dichten, etwas feuchten Nadelwäldern auf saurem Untergrund, besonders auf Sand- oder Torfböden; am häufigsten im norddeutschen Tiefland und in den kalkarmen Mittelgebirgen, in den Alpen bis auf über 2 500 m Höhe.
WISSENSWERTES Die Art ist auch als Blaubeere bekannt. Die ausgesprochen wohlschmeckenden Früchte werden z. T. sogar erwerbsmäßig im Freiland gesammelt. Daneben werden Kultursorten angepflanzt, die durch Einkreuzung anderer Arten z. T. deutlich größere Früchte ausbilden.

Eichenspinner > 78 | Kleines Nachtpfauenauge > 86
Schlehenspanner > 220
Wolfsmilch-Rindeneule > 252 | Nonne > 282

3 Rauschbeere *Vaccinium uliginosum*
—Heidekrautgewächse Ericaceae

20–80 cm
Mai–Juli

MERKMALE Stark verzweigter Strauch mit unterirdisch kriechenden Trieben; Blätter eiförmig, ganzrandig, 2–3 cm lang; Blüten länglich glockenförmig, weißlich und meist rosa überlaufen, etwa 5 mm lang; Frucht eine kugelige, dunkelblaue Beere mit 5–8 mm Durchmesser.
VORKOMMEN Auf sauren Böden in Wäldern und am Rand von Mooren sowie in alpinen Zwergstrauchheiden; im norddeutschen Tiefland, in den kalkarmen Mittelgebirgen, im Alpenvorland und in den Alpen bis auf fast 3000 m Höhe ziemlich häufig, in Kalkgebieten ± fehlend.
WISSENSWERTES Die etwas fade schmeckenden Beeren der auch als Moorbeere bekannten Art sind nicht giftig, sollen aber in größeren Mengen eine leicht berauschende Wirkung ausüben.

Eichenspinner > 78 | Kleines Nachtpfauenauge > 86
Hochmoorgelbling > 130
Grüner Zipfelfalter > 142 | Violett-Gelbeule > 274

4 Westlicher Erdbeerbaum *Arbutus unedo*
—Heidekrautgewächse Ericaceae

1,5–5 m
Oktober–März

MERKMALE Immergrüner Strauch oder kleiner Baum; Blätter derb, dunkelgrün und stark glänzend, lanzettlich, am Rand gesägt und bis 8 cm lang; Blüten länglich glockenförmig, weiß bis rosa, etwa 9 mm lang, in hängenden Rispen; Früchte kugelig mit warziger Oberfläche, bei der Reife rot.
VORKOMMEN Im Mittelmeergebiet in immergrünen Wäldern und in der Macchie, oft in Gärten und Parkanlagen gepflanzt; in Mitteleuropa fehlend.
WISSENSWERTES Die erdbeerähnlichen Früchte sind essbar, aber nicht besonders wohlschmeckend. Sie werden zu Marmelade verarbeitet.

Erdbeerbaumfalter > 192

1

2

3

4

1 | **Gewöhnliche Esche** *Fraxinus excelsior* —Ölbaumgewächse Oleaceae

25–40 m
April–Mai

MERKMALE Hoher Laubbaum mit sehr hoch gewölbter, lockerer Krone; Blätter unpaarig gefiedert, bis 35 cm lang, mit 4–7 schmal eiförmigen bis lanzettlichen, am Rand gezähnten Fiederpaaren; Blüten vor den Blättern erscheinend, sehr unscheinbar, in zunächst aufrechten, später überhängenden Rispen; Früchte geflügelt, etwa 3 cm lang.
VORKOMMEN Auf feuchten, nährstoffreichen Böden, vor allem in Schlucht- und Auwäldern; bei uns fast überall häufig.
WISSENSWERTES Die Gewöhnliche Esche ist außerordentlich variabel hinsichtlich der Geschlechtlichkeit ihrer Blüten. Manche Bäume besitzen nur weibliche oder männliche Blüten, andere an einzelnen Zweigen jeweils nur Blüten eines Geschlechts oder auch Zwitterblüten.

Blausieb > 62 | Kleine Pappelglucke > 72
Eichenglucke > 82 | Ligusterschwärmer > 98
Maivogel > 178 | Liguster-Rindeneule > 254
Pyramideneule > 268 | Sphinxeule > 268
Schwarzes Ordens-band > 270

2 | **Liguster** *Ligustrum vulgare* —Ölbaumgewächse Oleaceae

1–5 m
Juni–Juli

MERKMALE Dicht wachsender Strauch mit lanzettlichen, oberseits glänzend dunkelgrünen, ganzrandigen Blättern von bis 6 cm Länge und 2 cm Breite; Blüten 4-zählig, weiß, in bis 7 cm hohen und 4 cm breiten Rispen (**2** mit saugendem Kleinem Schlehen-Zipfelfalter, *Satyrium acaciae*); Frucht eine kugelige, bis 8 mm große, schwarze Beere.
VORKOMMEN In lockeren Wäldern, an Waldrändern, in Gebüschen und an sonnigen Hängen vor allem auf kalkhaltigen Böden nicht selten.
WISSENSWERTES Der Liguster ist eine der beliebtesten Heckenpflanzen, da er bei regelmäßigem Schnitt einen sehr dichten Wuchs zeigt. Er vermehrt sich darüber hinaus stark durch Wurzelbrut, die recht schwer zu bekämpfen ist. Die Pflanze verliert ihre derben Blätter in milden Klimabereichen erst im Frühjahr mit dem Laubaustrieb.

Totenkopfschwärmer > 96 | Ligusterschwärmer > 98
Liguster-Rindeneule > 254 | Achateule > 270

3 | **Gemeiner Flieder** *Syringa vulgaris* —Ölbaumgewächse Oleaceae

3–10 m
April–Mai

MERKMALE Strauch oder kleiner Baum mit am Grunde meist herzförmigen, in eine lange Spitze verschmälerten, ganzrandigen Blättern; Blüten 4-zählig, mit schmaler, bis 12 mm langer Kronröhre und radförmig abgespreizten Blütenblattzipfeln, violett oder weiß, in einer bis 20 cm langen, reichblütigen Rispe angeordnet.
VORKOMMEN Heimisch in Südosteuropa, in Mitteleuropa oft in Gärten und Parks angepflanzt und stellenweise verwildert.
WISSENSWERTES Die Pflanze war früher den vornehmen Gärten begüterter Kreise vorbehalten. Die Blüten enthalten ätherische Öle, die zur Parfümherstellung verwendet werden.

Kleiner Rauchsackträger > 38
Totenkopfschwärmer > 96 | Ligusterschwärmer > 98
Nachtschwalbenschwanz > 218
Liguster-Rindeneule > 254

4 | **Schwarzer Holunder** *Sambucus nigra* —Geißblattgewächse Caprifoliaceae

2–7 m
Juni–Juli

MERKMALE Unangenehm riechender Strauch oder kleiner Baum mit markhaltigen Zweigen; Blätter unpaarig gefiedert, jederseits meist mit 2–3 elliptischen, am Ende zugespitzten und am Rand unregelmäßig gesägten, 5–10 cm langen Teilblättern; Blüten 5-zählig, weiß, in großer Zahl in bis 20 cm breiten, schirmförmigen Trugdolden angeordnet; Früchte kugelig, 5–7 mm groß, schwarz; reife Fruchtstände überhängend.
VORKOMMEN Vorwiegend auf etwas feuchten, nährstoffreichen Böden an Waldrändern, in Gebüschen und lichten Wäldern; bei uns fast überall häufig.
WISSENSWERTES Die Beeren des Schwarzen Holunders ergeben nach dem Abkochen einen wohlschmeckenden Saft, der vor allem in erhitzter Form als bewährtes Erkältungsmittel gilt. Die rohen Beeren sind allerdings giftverdächtig. Sie werden zu Marmelade verarbeitet.

Dreikant-Zwergsackträger > 40
Schwarzer Mottensackträger > 40

1

2

3

4

1 Schneebeere *Symphoricarpos rivularis* — Geißblattgewächse Caprifoliaceae

0,5–2 m
Mai–September

MERKMALE Niedriger Strauch mit unterirdischen Ausläufern; Blätter breit eiförmig, bis 6 cm lang, ganzrandig oder mit wenigen, kurzen Kerben; Blüten 5-zählig, glockenförmig, 5–8 mm lang, weiß, oft rot überlaufen, zu 3–9 in gedrungenen Trauben an der Spitze der Zweige; Frucht eine kugelige, bis 15 mm große, weiße Beere. Knallerbse.

VORKOMMEN Heimisch in Nordamerika, bei uns als Zierstrauch eingeführt, oft verwildert und vielfach auch fest eingebürgert, meist an etwas feuchten, halbschattigen Stellen auf nährstoffreichen Böden, besonders in der Nähe von Siedlungsgebieten.

WISSENSWERTES Knallerbsenstrauch! Blüten und Früchte finden sich oft gleichzeitig am selben Strauch. Die ungewöhnliche, weiße Färbung der Beeren ist offenbar typisch für Früchte, die den Winter hindurch am Strauch verbleiben. Für Vögel sind sie an den unbelaubten Zweigen vor dem dunklen Erdboden dann besonders gut zu finden, sofern kein Schnee liegt. Die Beeren sind für Menschen offenbar giftig; ihr Saft kann u. a. zu Hautreizungen führen.

Hummelschwärmer > 100 | Kleiner Eisvogel > 188

2 Gewöhnlicher Schneeball *Viburnum opulus* — Geißblattgewächse Caprifoliaceae

2–4 m
Mai–Juli

MERKMALE Aufrechter Strauch, seltener kleiner Baum mit meist kantigen Ästen; Blätter sehr ähnlich Ahornblättern, 8–12 cm lang und bis 8 cm breit, 3-lappig mit grob gezähnten Blattabschnitten; Blüten weiß, in etwa 10 cm großen, schirmförmigen Rispen mit stark vergrößerten, sterilen Randblüten; Frucht eine leuchtend rote, beerenähnliche Steinfrucht, kugelig, 8–10 mm groß.

VORKOMMEN Vorwiegend an etwas feuchten, schattigen Stellen auf nährstoffreichem Untergrund, etwa an Waldrändern, in Auwäldern oder in Hecken; bei uns fast überall häufig.

WISSENSWERTES In Gärten wird oft eine besondere Form dieser Art kultiviert, der „Gartenschneeball", bei dem alle Blüten steril sind und den großen Randblüten entsprechen.

Ligusterschwärmer > 98

3 Rote Heckenkirsche *Lonicera xylosteum* — Geißblattgewächse Caprifoliaceae

1–3 m
Mai–Juni

MERKMALE Aufrecht wachsender, stark verzweigter Strauch mit ziemlich dünnen Zweigen; Blätter breit eiförmig, bis 7 cm lang und 5 cm breit, oberseits zerstreut, unterseits dicht und anliegend behaart, ganzrandig; Blütenkrone 2-lippig, gelblich weiß, bis 12 mm lang **(3a)**; Früchte paarweise angeordnete, kugelige, leuchtend hellrote Beeren mit ca. 8 mm im Durchmesser **(3b)**.

VORKOMMEN Meist an halbschattigen bis schattigen Stellen auf kalkreicher Unterlage, etwa in Laub- und Mischwäldern, an Waldrändern und in Gebüschen, in den meisten Gebieten ziemlich häufig.

WISSENSWERTES Der aus dem Griechischen hergeleitete Artname *„xylosteum"* bedeutet „Beinholz" und bezieht sich auf das sehr harte Holz, das sich z. B. gut für Drechselarbeiten eignet. Die auffallenden Beeren enthalten Alkaloide und Saponine. Meist führt der Verzehr zu leichten Vergiftungserscheinungen wie Leibschmerzen und Erbrechen; in der Literatur werden aber auch Todesfälle erwähnt. Die Beeren werden in der Homöopathie vor allem bei Schlafstörungen und Krämpfen verwendet.

ÄHNLICHE ARTEN Bei der ähnlichen **Schwarzen Heckenkirsche** (*Lonicera nigra*) sitzen die paar-weise angeordneten, weißen oder hell rötlichen Blüten an deutlich längeren Stielen (diese sind 3–4-mal so lang wie die Blüten, bei der Roten Heckenkirsche dagegen nur 1–2-mal so lang), und die Beeren sind schwarz gefärbt. Die ziemlich seltene Art kommt bei uns nur in Wäldern im süddeutschen Bergland und in den Alpen vor. Die **Blaue Heckenkirsche** (*Lonicera caerulea*) besitzt dagegen deutlich nickende, sehr kurz gestielte, ebenfalls paarweise angeordnete, gelblich weiße Blüten und blauschwarze, hell bereifte Beeren. Sie kommt vor allem in Bergwäldern der Alpen, vereinzelt auch im Alpenvorland vor.

Hummelschwärmer > 100
Eschen-Scheckenfalter, Maivogel > 178
Kleiner Eisvogel > 188 | Blauschwarzer Eisvogel > 188
Gelbspanner > 216 | Schlehenspanner > 220
Hellgebänderter Steinspanner > 228
Augsburger Bär > 312 | Schönbär > 318

1

2

3A

3B

1 | **Weiße Seerose** *Nymphaea alba* —Seerosengewächse Nymphaeaceae

0,5–3 m
Juni–September

MERKMALE Schwimmblattpflanze mit am Gewässerboden kriechendem, armdickem Wurzelstock; Blätter rundlich, bis 30 cm lang, am Stielansatz herzförmig ausgeschnitten, bis 3 m lang gestielt; Blüten bis 12 cm im Durchmesser, mit 15–25 weißen Kronblättern, die allmählich in die Staubblätter übergehen.
VORKOMMEN Stehende oder langsam fließende, nährstoffreiche Gewässer, vor allem Teiche, Seen und Altwasser; in Mitteleuropa weit verbreitet und meist nicht selten, durch übermäßigen Boots- und Badebetrieb aber vielerorts deutlich zurückgehend.
WISSENSWERTES Die Jungpflanzen bilden zunächst rötlich gefärbte Unterwasserblätter aus, die schon ähnlich geformt sind wie die Schwimmblätter. Bei voll entwickelten Pflanzen kommen solche untergetauchten Blätter nur sehr selten vor.

Laichkrautzünsler > 68

2 | **Knoblauchsrauke** *Alliaria petiolata* —Kreuzblütengewächse Brassicaceae

15–90 cm
April–Juli

MERKMALE Ein- bis mehrjährige Pflanze mit aufrechtem, unverzweigtem oder oben verzweigtem Stängel; Blätter herzförmig, bis 10 cm lang, am Rand grob gezähnt, die unteren länger gestielt als die oberen; Blüten 6–10 mm im Durchmesser, weiß, in Trauben am oberen Teil des Stängels; Frucht eine 2–7 cm lange, schmale Schote.
VORKOMMEN Vorwiegend an halbschattigen bis schattigen, feuchten Stellen auf nährstoffreichen Böden, etwa an Waldwegen, in Schlucht- und Auwäldern sowie auf Schuttplätzen; bei uns weit verbreitet und fast überall häufig.
WISSENSWERTES Die Blätter riechen beim Zerreiben stark nach Knoblauch. Verwendung als Wildkräutersalat.

Aurorafalter > 122 | Kleiner Kohlweißling > 126
Grünader-Weißling > 128
Gothica-Kätzcheneule > 276

3 | **Hederich** *Raphanus raphanistrum* —Kreuzblütengewächse Brassicaceae

20–60 cm
Juni–September

MERKMALE Ein- bis zweijähriges Kraut mit aufrechtem, meist verzweigtem Stängel; untere und mittlere Blätter fiederspaltig bis gefiedert mit sehr großem, eiförmigem Endabschnitt, oberste Blätter ungeteilt; Blüten in lockeren Trauben, weiß oder blass gelb mit 14–20 mm langen Kronblättern; Frucht eine 2–9 cm lange und 3–5 mm dicke Schote, die zwischen den Samen deutlich perlschnurartig eingeschnürt ist.
VORKOMMEN Auf nicht zu trockenen Böden, vor allem als Wildkraut am Rand von Getreidefeldern, auch auf Ödland und in Gärten, fast überall häufig.
WISSENSWERTES Der Hederich gehört zu den wenigen Ackerwildkräutern, die trotz Herbizideinsatz kaum Rückgangstendenzen zeigen. Er gilt mit seinen verschiedenen Formen als Ausgangsart für den kultivierten **Rettich** (*Raphanus sativus*).

Großer Kohlweißling > 126
Kleiner Kohlweißling > 126 | Grünader-Weißling > 128

4 | **Bitteres Schaumkraut** *Cardamine amara* —Kreuzblütengewächse Brassicaceae

15–60 cm
April–Juni

MERKMALE Ausdauernde Pflanze mit kriechendem Wurzelstock; grundständige Blätter nicht in einer Rosette angeordnet, alle Blätter gefiedert, mit 2–5 Fiederpaaren und etwas vergrößerter Endfieder; Blüten mit 5–10 mm langen, weißen Kronblättern und violetten Staubbeuteln; Schoten 20–40 mm lang und nur 1–1,5 mm breit.
VORKOMMEN In Quellfluren und Erlenbruchwäldern sowie in Quellbächen; in Süddeutschland meist häufig, im Norden selten.
WISSENSWERTES Die Pflanze wird oft mit der **Brunnenkresse** (*Nasturtium officinale*), die aber gelbe Staubbeutel besitzt, verwechselt und an ihrer Stelle zu Salat verarbeitet.

Aurorafalter > 122 | Grünader-Weißling > 128

1

2

3

4

1 Weißer Mauerpfeffer *Sedum album* —Dickblattgewächse Crassulaceae

5–20 cm
Juni–August

MERKMALE Ausdauernde Pflanze mit niederliegenden, dicht beblätterten, nicht blühenden und aufsteigenden, locker beblätterten, blühenden Stängeln; Blätter fleischig, zylindrisch oder schmal eiförmig, 5–15 mm lang; Blüten 6–9 mm im Durchmesser, weiß oder rosa, in einer reichblütigen Trugdolde.

VORKOMMEN Auf voll besonntem, steinigem oder felsigem Untergrund, etwa auf Felsköpfen, Mauern, in lückigen Trockenrasen, auf Felsschutthalden oder im Schotter von Bahngleisen; in Felsgebieten Süddeutschlands nicht selten, im übrigen Gebiet nur vereinzelt.

WISSENSWERTES Die Art ist recht pionierfreudig, was etwa bei den Vorkommen im Bahnschotter zu erkennen ist. Sie ist aber empfindlich gegen Beschattung und verschwindet daher, sobald an den Standorten eine höhere Vegetation aufkommt.

Apollofalter > 116

2 Große Fetthenne *Hylotelephium telephium (= Sedum maximum)*—Dickblattgewächse Crassulaceae

30–80 cm
Juli–September

MERKMALE Mit verzweigten Trieben kriechende, ausdauernde Pflanze ohne nicht blühende Stängel; Blätter fleischig, flach, etwa 1,5–3 mal so lang wie breit, am Rand stumpf gezähnt; Blüten gelblich bis grünlich weiß oder schwach rosa, in dichten, schirmförmigen Trugdolden.

VORKOMMEN An felsigen, steinigen oder sandigen Standorten auf kalkarmem und kalkreichem Untergrund, besonders an Wegrändern sowie auf Mauern und Trockenrasen; in Mitteleuropa weit verbreitet, aber fast überall nur in einzelnen Exemplaren; in Südeuropa häufig.

WISSENSWERTES Die Art ist im Erscheinungsbild sehr variabel, vor allem in Blattform und Blütenfarbe, und dann oft schwer von nahe verwandten Arten zu trennen.

Fetthennenbläuling > 148

3 Weißklee *Trifolium repens* —Schmetterlingsblütengewächse Fabaceae

5–20 cm
Mai–Oktober

MERKMALE Ausdauernde, mit verzweigtem, bis 50 cm langem Stängel kriechende Pflanze; Blätter 3-zählig, bis 20 cm lang gestielt, Teilblätter eiförmig, oft mit heller, winkelförmiger Zeichnung; Blüten in kugeligen, bis 25 mm breiten Köpfchen auf einem bis über 30 cm langen Stiel, weiß oder leicht rötlich.

VORKOMMEN Vorwiegend auf nährstoffreichen, etwas frischen, etwa auf Wiesen und Weiden, an Wegrändern sowie auf regelmäßig gemähten Zierrasen, überall sehr häufig.

WISSENSWERTES Der Weißklee ist sehr unempfindlich gegenüber Vertritt; gleichzeitig stellt er eine gute Bienenweide und ein recht nahrhaftes Futter für Weidevieh dar. Er wird nur von wenigen Schmetterlingsarten als Raupennährpflanze genutzt.

Kleespinner > 78
Gewöhnlicher Bläuling, Hauhechelbläuling > 156

4 Bergklee *Trifolium montanum* —Schmetterlingsblütengewächse Fabaceae

10–40 cm
Mai–Juli

MERKMALE Mehrjährige Pflanze mit wenig verzweigtem Stängel; Blätter 3-zählig mit schmal eiförmigen, am Rand mit fein gesägten Teilblättern; Blüten in kugelig-eiförmigen, bis 25 mm hohen und 20 mm breiten Köpfchen, weiß oder gelblich weiß.

VORKOMMEN An sonnigen Waldrändern, auf Trockenrasen in lockeren Wäldern, im Bergland Süd- und Mitteldeutschlands stellenweise ziemlich häufig, im übrigen Gebiet selten.

WISSENSWERTES Ganz im Gegenteil zum häufigen Weißklee ist diese Art empfindlich gegenüber stärkerer Beweidung und Düngung; sie ist daher in der letzten Zeit von vielen früheren Standorten verschwunden.

Kleewidderchen > 58

1

2

3

4

1 | **Echtes Mädesüß** *Filipendula ulmaria* —Rosengewächse Rosaceae

0,5–2 m
Juni–August

MERKMALE Aufrecht wachsende, ausdauernde Pflanze mit meist unverzweigtem, ziemlich dünnem Stängel; Blätter bis 60 cm lang, unpaarig gefiedert, mit 2–5 großen Fiederpaaren, dazwischen jeweils sehr kleinen Fiederblättchen, Endfieder tief dreilappig; Blüten 6–9 mm im Durchmesser, weiß, in sehr dichten Rispen, diese mit kurzem Hauptast und deutlich längeren, den Hauptast übergipfelnden Seitenästen.
VORKOMMEN Auf feuchten bis nassen, nährstoffreichen Böden, z. B. auf Streuwiesen am Rand der Moore, an Ufern von Gewässern oder in lockeren Wäldern; in Mitteleuropa weit verbreitet und in den meisten Gebieten ziemlich häufig.
WISSENSWERTES Die Blüten enthalten ätherische Öle und verbreiten einen leichten Mandelduft. Wegen ihres Aromas wurden sie oft dem Met (bzw. dem Bier) zugesetzt. Daraus erklärt sich der Name „Mädesüß". Die Pflanze wird auch heute noch in der Volksheilkunde, etwa bei rheumatischen Erkrankungen, verwendet.
ÄHNLICHE ART Das viel seltenere **Kleine Mädesüß** (*Filipendula vulgaris*) bleibt mit einer Wuchshöhe von höchstens 60 cm deutlich kleiner, hat aber größere Einzelblüten (bis 18 mm im Durchmesser) und mit 8–25 Fiederblattpaaren viel feiner zerteilte Blätter. Es wächst an deutlich trockeneren Stellen, z. B. in Trockenwäldern.

Alpiner Ringelspinner > 76
Kleines Nachtpfauenauge > 86
Kleiner Würfeldickkopf > 110
Mädesüß-Perlmuttfalter > 166 | Zimtbär > 306
Brauner Bär > 314 | Schönbär > 318

2 | **Kleine Bibernelle** *Pimpinella saxifraga* —Doldengewächse Apiaceae

15–60 cm
Juni–Oktober

MERKMALE Ausdauernde Pflanze mit aufrechtem, gabelig verzweigtem, fein gerilltem Stängel; Blätter unpaarig gefiedert, Grundblätter mit rundlich-eiförmigen, grob gesägten Fiedern, Stängelblätter mit sehr schmalen, z. T. nochmals eingeschnittenen Blattabschnitten; Blüten ca. 2 mm im Durchmesser, weiß, in schirmförmigen Dolden; Dolden und Döldchen ohne Hüllblätter; Früchte 2 mm lang und 1,5 mm breit, undeutlich gerippt.
VORKOMMEN Vorwiegend auf kalkreichen, seltener auch auf kalkarmen, mageren Standorten, etwa auf Trockenrasen, an Wegböschungen oder in Zwergstrauchheiden; vor allem im Bergland verbreitet und gebietsweise ziemlich häufig, im Flachland seltener.
WISSENSWERTES Die Pflanze ist ein guter Zeiger für Magerstandorte. Sie dürfte erst mit dem Menschen in prähistorischer Zeit nach Mitteleuropa eingewandert sein, da sie nur an Stellen wächst, die erst unter dem Einfluss des Menschen waldfrei geworden sind. Die Wurzel hat schleimlösende und entzündungshemmende Wirkungen.

Bibernellwidderchen > 52
Schwalbenschwanz > 120

3 | **Wilde Möhre** *Daucus carota* —Doldengewächse Apiaceae

30–90 cm
Mai–Juli

MERKMALE Ein- bis mehrjährige, meist zweijährige, von Grund an verzweigte Pflanze mit verdickter Wurzel; Blätter 2–3fach gefiedert; Blüten ca. 3 mm im Durchmesser, weiß, in bis 50-strahligen Dolden mit tief zerschlitzten Hüllblättern **(3a)**, in der Doldenmitte meist eine Gruppe steriler, schwarzrot gefärbter Blüten, die auch als „Mohrenblüte" bezeichnet werden **(3b)**; Dolde zur Fruchtzeit in der Mitte nestartig eingesenkt **(3c)**.
VORKOMMEN Auf offenen, nährstoffreichen, meist auch kalkreichen Böden, etwa auf Wiesen, an Straßenrändern und auf Schotterflächen; in Mitteleuropa weit verbreitet und fast überall häufig.
WISSENSWERTES Die Gartenmöhre entstand offenbar durch Kreuzung der Wilden Möhre mit weiteren, aus wärmeren Ländern stammenden Unterarten. Sie unterscheidet sich von den Wildformen vor allem durch die viel dickere, gelbrot gefärbte Wurzel und das Fehlen der „Mohrenblüte". Die gekochten Wurzeln haben durch ihren Pektingehalt eine stopfende Wirkung und sind daher hilfreich bei Durchfallerkrankungen, speziell auch bei Säuglingen. Außerdem besitzen sie wertvolle Inhaltsstoffe, wie ß-Karotin und verschiedene für den Stoffwechsel wichtige Mineralstoffe, insbesondere Kalium.

Schwalbenschwanz > 120 | Gammaeule > 264
Englischer Bär > 316

1

3A

3B

2

3C

1 | Sumpf-Haarstrang *Peucedanum palustre* — Doldengewächse Apiaceae

0,8–1,5 m
Juli–August

MERKMALE Zweijährige Pflanze mit sparrig verzweigtem, hohlem Stängel; untere Blätter lang gestielt, 3fach fiederteilig, mit 1–2 mm breiten Blattzipfeln, Stängelblätter weniger geteilt, auf den Blattscheiden sitzend; Blüten 2,5 mm im Durchmesser, weiß, Dolden und Döldchen mit zahlreichen länglichen Hüllblättern.
VORKOMMEN In Seggenriedern, am Ufer von Gewässern und in Bruchwäldern, oft auf zeitweise überschwemmten Flächen; in Mitteleuropa weit verbreitet, in den meisten Gegenden aber durch Trockenlegung der Feuchtgebiete deutlich zurückgegangen.
WISSENSWERTES Der Sumpf-Haarstrang ist recht variabel in Wuchsform und Blattschnitt; von einigen ähnlichen Arten ist er am besten durch die deutlich sichtbaren Hüllblätter an Dolden und Döldchen zu unterscheiden.

Schwalbenschwanz > 120

2 | Bärwurz *Meum athamanticum* — Doldengewächse Apiaceae

20–60 cm
Mai–August

MERKMALE Ausdauernde Pflanze mit starkem, würzigem Geruch; Blätter 2–3fach fiederteilig mit haarfeinen, quirlig gebüschelten Fiedern letzter Ordnung; Blüten etwa 3 mm im Durchmesser, weiß, in 6–15-strahligen Dolden; Dolden ohne oder mit 1–8, Döldchen mit 3–8 schmalen Hüllblättern.
VORKOMMEN Fast nur auf kalkarmen Bergwiesen in luftfeuchten Lagen; in Deutschland in den höheren Lagen einiger kristalliner Mittelgebirge, wie etwa im Harz, im Bayerischen Wald und im Schwarzwald sowie in den Alpen ziemlich häufig, in den übrigen Gebieten selten.
WISSENSWERTES Die Pflanze wird vom Vieh nicht gefressen und kann sich daher auf Weideflächen stark ausbreiten. Die sehr würzige Wurzel wird in verschiedenen Gebieten zum Ansetzen eines magenstärkenden Schnapses verwendet.

Schwalbenschwanz > 120

3 | Kartoffel *Solanum tuberosum* — Nachtschattengewächse Solanaceae

30–70 cm
Juni–Juli

MERKMALE Ausdauernde Pflanze mit kugeligen bis länglichen, unterirdischen Knollen und stark verzweigtem Stängel; Blätter unterbrochen fiederschnittig (große Fiedern wechseln sich regelmäßig mit kleinen ab); Blüten weiß, violett oder blau, flach ausgebreitet, in der Mitte die kegelförmig aneinander liegenden, gelben Staubbeutel; Frucht eine kugelige, etwa 2 cm große, grünliche Beere.
VORKOMMEN Im 16. Jahrhundert aus Südamerika eingeführte Kulturpflanze; besonders auf Sandböden regelmäßig angebaut, aber nur selten verwildert.
WISSENSWERTES Alle oberirdischen Teile, besonders die Früchte, enthalten das giftige Alkaloid Solanin, das sich aber auch in vergrünten, dem Licht ausgesetzten Knollen bildet.

Totenkopfschwärmer > 96

4 | Gemeines Labkraut *Galium album* — Rötegewächse Rubiaceae

30–80 cm
Mai–September

MERKMALE Ausdauernde Pflanze mit am Boden kriechendem, stark verzweigtem, aufsteigendem Stängel; Blätter länglich lanzettlich, bis 4 cm lang, in 6–8-zähligen Quirlen; Blüten 4-zählig, 3–5 mm im Durchmesser, weiß, in rispigen Blütenständen am Ende des Stängels.
VORKOMMEN Vorzugsweise auf Fettwiesen, an Waldrändern und in lockeren Wäldern, gelegentlich auch auf Trockenrasen; bei uns fast überall häufig.
WISSENSWERTES Die Art ist der häufigste Vertreter aus einem sehr formenreichen Kreis nahe verwandter Arten.

Taubenschwänzchen > 100
Kleiner Weinschwärmer > 106 | Hausmutter > 278
Weißfleckwidderchen > 298 | Purpurbär > 310
Rotrandbär > 310

1

2

3

4

1 | Mehlige Königskerze *Verbascum lychnitis* —Braunwurzgewächse Scrophulariaceae

0,5–1,5 m
Juni–September

MERKMALE Zweijährige Pflanze mit aufrecht wachsendem, im oberen Teil oft verzweigtem Stängel **(1a)**; Grundblätter schmal eiförmig, 20–30 cm lang und 10–15 cm breit, oberseits fast kahl, unterseits dicht weißfilzig; Stängelblätter nach oben kleiner werdend; Blüten 12–20 mm im Durchmesser, mit 5 ungleich großen, am Grunde verwachsenen, radförmig ausgebreiteten, weißen oder hell gelblichen Kronblättern und wollig behaarten Staubfäden **(1b)**.

VORKOMMEN Vorwiegend auf nährstoffreichen, kalkhaltigen Böden, etwa an Straßenrändern, auf Schuttplätzen, an Waldrändern und auch auf Trockenrasen; bei uns in den meisten Gegenden ziemlich häufig, in kalkarmen Gebieten aber selten.

WISSENSWERTES Die Art ist meist an ihren weißen Blüten von den verwandten, stets gelb blühenden Arten leicht zu unterscheiden. Gelblich blühende Exemplare, die gebietsweise auftreten, lassen sich durch die wollig behaarten Staubfäden von den meisten anderen Arten trennen (bei diesen sind in der Regel die beiden unteren Staubfäden kahl).

Roter Scheckenfalter > 182 | Braunwurzmönch > 266
Brauner Mönch > 266

2 | Gemeine Schafgarbe *Achillea millefolium* —Korbblütengewächse Asteraceae

15–60 cm
Juni–September

MERKMALE Ausdauernde Pflanze mit aufrechtem, erst im Bereich des Blütenstandes verzweigtem Stängel; Blätter 2–3fach fiederteilig, mit mindestens 10 Fiederpaaren, die in sehr schmale Zipfel auslaufen; Blütenkörbchen 4–10 mm im Durchmesser, meist mit 5 weißen, seltener rosafarbenen oder roten, zungenförmigen Randblüten, zu 20–100 in einer flachen Trugdolde angeordnet.

VORKOMMEN Auf nährstoffreichen, trockenen bis mäßig feuchten Böden, besonders an Wegrändern, an Böschungen, auf Fettwiesen und Trockenrasen; in Mitteleuropa weit verbreitet und fast überall häufig.

WISSENSWERTES Die Gemeine Schafgarbe ist eine altbekannte Heilpflanze. Sie besitzt z. B. krampflösende und entzündungshemmende Inhaltsstoffe und wird ähnlich wie die Kamille verwendet. Daneben dienen die jungen Blätter auch als Gewürzkraut. Bei besonders empfindlichen Personen kann die frische Pflanze andererseits aber auch zu Hautreizungen führen („Schafgarbendermatitis").

Herbstspinner > 88 | Alpen-Dickleibspanner > 220
Wolfsmilch-Rindeneule > 252 | Englischer Bär > 316

3 | Froschbiss *Hydrocharis morsus-ranae* —Froschbissgewächse Hydrocharitaceae

7–10 cm
Juni–August

MERKMALE Ausdauernde, zweihäusige Schwimmblattpflanze mit frei schwimmenden Rosetten; an 5–20 cm langen Ausläufern entstehen neue Rosetten; Schwimmblätter kreisrund, am Stielansatz tief herzförmig ausgeschnitten, 2–7 cm im Durchmesser und 7–10 cm lang gestielt, Unterwasserblätter fehlen; Blüten ca. 2 cm im Durchmesser, mit 3 grünen Kelchblättern und 3 weißen, am Grund gelben Kronblättern; männliche Blüten **(3)** meist zu dritt lang gestielt in einer 2-blättrigen Hochblattscheide, weibliche einzeln in einem Hochblatt sitzend.

VORKOMMEN In stehenden und langsam fließenden, meist kalkarmen Gewässern, z. B. in Gräben, Tümpeln und Altwassern; im Tiefland weit verbreitet und gebietsweise häufig, im Bergland selten.

WISSENSWERTES Die Pflanze blüht zwar im Allgemeinen reichlich, bildet wegen der zweihäusigen Verteilung der eingeschlechtlichen Blüten aber relativ selten Samen aus. Sie vermehrt sich dafür umso stärker vegetativ durch ihre in den Blattachseln entspringenden Ausläufer. Unter günstigen Bedingungen können sich auf diese Weise schnell geschlossene Schwimmblattdecken bilden. Zum Herbst hin bilden sich an den Enden dieser Ausläufer eiförmige, 8–20 mm lange und 4 mm dicke, aus schuppenförmigen Blättern zusammengesetzte Winterknospen. Im Spätherbst zerfallen die Pflanzen vollständig, nur die Winterknospen bleiben erhalten und sinken auf den Gewässergrund. Im Frühjahr steigen sie wieder zur Oberfläche empor, öffnen sich und bilden erneut Schwimmblätter aus.

Wasserlinsenzünsler > 68

1A

1B

2

3

1 | Gemeine Osterluzei *Aristolochia clematitis* —Osterluzeigewächse

30–60 cm
Mai–September

MERKMALE Ausdauernde, unverzweigte Pflanze mit oft etwas windendem Stängel; Blätter herzförmig, 6–10 cm lang und 4–7 cm breit **(1a)**; Blüten röhrenförmig, am Grund bauchig erweitert und am oberen Ende zu einer eiförmigen Zunge erweitert, gelb, 3–5 cm lang, jeweils zu 2–8 in der Achsel eines Blattes **(1b)**.

VORKOMMEN An warmen Stellen auf kalk- und nährstoffreichen Böden, besonders in alten Weinbergen, an Mauern und in Gebüschen; heimisch im Mittelmeergebiet, bei uns früher als Heilpflanze kultiviert und vor allem in Weinbaugebieten oft verwildert und an vielen Stellen eingebürgert.

WISSENSWERTES Die Blüten haben eine sehr interessante Bestäubungsbiologie. In den Röhren fangen sich vor allem kleine Fliegen, die am glatten Blüteneingang abrutschen und in den Kessel hinabgleiten, durch die nach unten gerichtete Behaarung der Kesselwandung aber nicht entkommen können. Mit dem Welken der Blüten öffnen sich die Staubgefäße und überschütten die Insekten mit Pollen, die Haare schrumpfen und geben den Weg frei. Werden die Fliegen anschließend von einer weiteren Blüte gefangen, führen sie dort mit dem von der anderen Blüte mitgebrachten Pollen die Bestäubung herbei.

Osterluzeifalter > 118

2 | Wolfs-Eisenhut, Gelber Eisenhut *Aconitum vulparia* —Hahnenfußgewächse Ranunculaceae

30–80 cm
Juni–Juli

MERKMALE Ausdauernde Pflanze mit meist aufrecht wachsendem, oberwärts oft verzweigtem Stängel; Grundblätter bis 15 cm im Durchmesser, lang gestielt und handförmig in 5–7 tief eingeschnittene Blattabschnitte geteilt; Stängelblätter sitzend, ebenfalls handförmig 3–5-teilig; Blüten helmförmig, weißlich bis kräftig gelb, 15–20 mm hoch und 5–8 mm breit, am Ende des Stängels und der Seitentriebe in lockeren Trauben.

VORKOMMEN Vorwiegend an halbschattigen bis schattigen, kühlen und etwas feuchten Stellen, etwa in Schluchtwäldern und Auwäldern; in den süddeutschen Mittelgebirgen und in den Alpen gebietsweise ziemlich häufig, im übrigen Gebiet selten.

WISSENSWERTES Der Wolfs-Eisenhut bietet in seiner lang ausgezogenen Helmspitze Nektar an, der hier auf dem normalen Weg nur von langrüssligen Hummeln erreicht werden kann. Oft beißen aber Nektarräuber (z. B. kurzrüsslige Hummeln) die Helmspitze auf und erbeuten den Nektar, ohne dabei die Blüte zu bestäuben.

Eisenhut-Höckereule > 262
Eisenhut-Goldeule > 262 | Engadiner Bär > 314

3 | Raps *Brassica napus* —Kreuzblütengewächse Brassicaceae

0,3–1,5 m
April–Oktober

MERKMALE Ein- bis zweijährige, aufrecht wachsende, im oberen Teil verzweigte Pflanze; untere Stängelblätter gestielt, fiederschnittig mit vergrößertem Endlappen, mittlere und obere Stängelblätter sitzend und ungeteilt; Blüten mit 11–14 mm langen, heller oder kräftiger gelben Kronblättern, 'in reichblütigen Trauben am Ende des Stängels und der Seitenäste; Fruchtschoten 4,5–11 cm lang und 3,5–4 mm dick, am Ende mit deutlichem Schnabel.

VORKOMMEN Sehr häufig auf Feldern als Ölfrucht angebaute Nutzpflanze, gelegentlich auf nährstoffreichen Böden an Wegrändern oder auf Schuttplätzen verwildert.

WISSENSWERTES Der Raps ist nur als Kulturpflanze bekannt. Eine andere Form der gleichen Art ist die Kohlrübe, die sich vor allem durch ihre dicke Rübenwurzel vom Raps unterscheidet. In Kreuzungsexperimenten wurde festgestellt, dass beide offensichtlich aus einer Kreuzung zwischen dem Gemüsekohl (siehe folgende Seite) und dem Rübsen (*Brassica rapa*), der Stammform der Wasserrübe oder Stoppelrübe entstanden sind. Das aus den reifen Rapssamen gepresste Öl wird vor allem als Speiseöl und zur Margarineherstellung genutzt. Daneben dient es zur Lösung fettlöslicher Arzneistoffe und damit zur Herstellung pharmazeutischer Präparate.

Großer Kohlweißling > 126
Kleiner Kohlweißling > 126

1A

1B

2

3

1 | Gemüsekohl *Brassica oleracea* —Kreuzblütengewächse Brassicaceae

0,3–2 m
Mai–Oktober

MERKMALE Einjährige bis ausdauernde Pflanze, nie mit verdickter Wurzel; Blätter etwas verdickt, meist blaugrün, die unteren meist gestielt und ± eingeschnitten, die oberen länglich und ± ganzrandig; Blüten meist schwefelgelb, mit 12–26 mm langen Kronblättern, in einer lockeren Traube angeordnet.
VORKOMMEN Zuchtformen werden bei uns überall angebaut und sind gelegentlich verwildert, Wildformen an Küstenfelsen und auf küstennahen, steinigen Böden in wintermilden Gebieten; in Deutschland nur auf Helgoland, ansonsten an den westeuropäischen Küsten weiter verbreitet.
WISSENSWERTES Aus der heimischen Wildform und einigen nahe verwandten, im Mittelmeergebiet heimischen Rassen wurde durch züchterische Auswahl bereits in vorgeschichtlicher Zeit eine Vielzahl unterschiedlichster Kulturformen herausgezüchtet, die sich z. T. ganz erheblich von der Ausgangsform unterscheiden, etwa Kopfkohl, Kohlrabi, Rosenkohl, Grünkohl, Blumenkohl und viele andere (**1** Brokkoli mit Raupen des Großen Kohlweißlings, *Pieris brassicae*). Heute erscheint es kaum vorstellbar, dass alle der gleichen Art angehören. Die Pflanze wird außer als Gemüse auch in der Heilkunde verwendet. So dient Sauerkrautsaft z. B. als bewährtes Mittel bei Verdauungsstörungen.

Totenkopfschwärmer > 96
Großer Kohlweißling > 126
Kleiner Kohlweißling > 126

2 | Ackersenf *Sinapis arvensis* —Kreuzblütengewächse Brassicaceae

20–80 cm
Mai–Oktober

MERKMALE Einjährige Pflanze mit dünner Pfahlwurzel und aufrechtem, meist verzweigtem Stängel; untere und mittlere Blätter gestielt, länglich eiförmig und unregelmäßig buchtig eingeschnitten bis fiederteilig, obere Stängelblätter sitzend; Blüten mit 8–12 mm langen, schwefelgelben Kronblättern, am Ende des Stängels und der Seitenzweige in lockeren, mäßig reichblütigen Trauben; Frucht eine 25–65 mm lange, kahle oder nur wenig behaarte Schote, die am Ende in einen bis 20 mm langen Schnabel ausläuft.
VORKOMMEN Vorwiegend auf nährstoffreichen, offenen Böden, z. B. auf Äckern und Müllplätzen sowie als Pionierpflanze auf frisch angelegten Straßenböschungen; bei uns allgemein verbreitet und fast überall häufig.
WISSENSWERTES Der Ackersenf kann sich trotz Herbizideinsatz immer noch gut in der Kulturlandschaft behaupten, da seine Samen sehr lang im Boden liegen können und auskeimen, sobald sie etwa durch Umpflügen an die Oberfläche kommen. Angeblich sollen sie bis zu 50 Jahre keimfähig bleiben.

Aurorafalter > 122 | Kleiner Kohlweißling > 126
Grünader-Weißling > 128

3 | Gelber Wau *Reseda lutea* —Resedengewächse Resedaceae

30–60 cm
Mai–Oktober

MERKMALE Einjährige bis mehrjährige Pflanze mit aufrechtem, oft verzweigtem Stängel; Blätter 3-teilig oder fiederteilig, mit schmal linealischen Blattabschnitten **(3a)**; Blüten 6-zählig, 4–7 mm im Durchmesser, hell gelblich, Kronblätter sehr verschieden, die beiden oberen in 3 Zipfel geteilt, die übrigen ungeteilt oder mit schmalem Seitenzipfel, Staubblätter zahlreich **(3b)**; Frucht eine längliche, stumpf 3-kantige, bis 12 mm lange Schote.
VORKOMMEN Auf nährstoffreichen, sandigen oder steinigen Böden, etwa an Wegrändern, auf Ödland und im Schotter von Bahngleisen; bei uns weit verbreitet und in den meisten Gegenden ziemlich häufig.
WISSENSWERTES Die Blüten werden gern von Bienen und Hummeln besucht. Sie werden von Nektar angelockt, der an einer zwischen den Staubgefäßen und den oberen Blütenblättern liegenden Schuppe abgeschieden wird.
ÄHNLICHE ART Der **Färberwau** (*Reseda luteola*) wird mit einer Wuchshöhe von 0,5–1 m deutlich höher und besitzt ungeteilte, schmal-lanzettliche Blätter. Seine Blüten sind 4-zählig. Die im Mittelmeergebiet heimische Art wurde früher als Färbepflanze verwendet. Mit dem in ihr enthaltenen Farbstoff Luteolin ließ sich z.B. Seide licht- und waschecht gelb einfärben. Man findet sie gelegentlich verwildert auf offenen, kalkhaltigen Standorten.

Kleiner Kohlweißling > 126

1

2

3A

3B

1 | **Odermennig** *Agrimonia eupatoria* —Rosengewächse Rosaceae

30–100 cm
Juni–September

MERKMALE Ausdauernde Pflanze mit aufrecht wachsendem, kaum verzweigtem Stängel; Blätter unterbrochen gefiedert, mit grob gezähnten Blattabschnitten; Blüten 7–10 mm im Durchmesser, hellgelb, kurz gestielt in einer langen, schmalen Traube am Ende des Stängels **(1a)**; Früchte länglich eiförmig, hängend, im basalen Abschnitt längs gefurcht und behaart, im Spitzenteil dicht mit starren Haken besetzt **(1b)**.
VORKOMMEN An sonnigen und trockenen, nährstoffreichen Stellen, z. B. an Wegrändern, auf Trockenrasen und am Rand von Gebüschen; bei uns weit verbreitet und fast überall häufig.
WISSENSWERTES Die Blüten bleiben anscheinend jeweils nur einen Tag geöffnet. Durch die große Zahl der übereinander angeordneten Blüten ergibt sich trotzdem eine recht lange Blütezeit. Oft ist der obere Bereich des Blütenstands noch knospig, während im unteren Teil bereits reife Früchte entwickelt sind. Die Früchte stellen typische Klettfrüchte dar, die sich am Fell von Tieren (sehr gern auch an Strümpfen) festheften und auf diese Weise für die Verbreitung der Art sorgen. Die Pflanze wird als Heilmittel bei Durchfallerkrankungen, außerdem als Gurgelmittel bei Entzündungen der Rachenschleimhaut verwendet.

Kleiner Würfeldickkopf > 110

2 | **Gold-Fingerkraut** *Potentilla aurea* —Rosengewächse Rosaceae

5–20 cm
Juni–September

MERKMALE Ausdauernde Pflanze mit ziemlich dickem, verzweigtem Wurzelstock; grundständige Blätter handförmig 5-teilig, mit bis 25 mm langen Blattabschnitten, diese am Ende mit 2–4 Zähnen und am Rand anliegend silbrig behaart; Blüten 15–25 mm im Durchmesser, mit 5 goldgelben, breit herzförmigen, am Ende rundlich ausgeschnittenen Blütenblättern.
VORKOMMEN Auf nährstoff- und kalkarmen Böden, vorzugsweise in subalpinen und alpinen Lagen; in den Alpen besonders in sauren Zwergstrauchheiden und auf Weideflächen zwischen etwa 800 und 3 000 m weit verbreitet und gebietsweise ziemlich häufig, außerhalb der Alpen nur sehr vereinzelt, u. a. im Französischen und Schweizer Jura, in den Hochlagen des Südschwarzwaldes und im Riesengebirge.
WISSENSWERTES Die Bestäubung der Blüten erfolgt vorwiegend durch Fliegen, die Samenverbreitung besonders durch Weidevieh. Die Samen werden z. B. von Rindern und Schafen mit der Nahrung aufgenommen und später mit dem Kot wieder ausgeschieden, ohne dabei ihre Keimfähigkeit einzubüßen. Hierdurch erklärt sich das regelmäßige Auftreten der Art auf Weideflächen.

Alpiner Ringelspinner > 76

3 | **Rötliches Fingerkraut** *Potentilla heptaphylla* —Rosengewächse Rosaceae

5–15 cm
April–Juni

MERKMALE Ausdauernde Pflanze mit niederliegenden, an der Spitz aufsteigenden, rötlichen Stängeln; Grundblätter handförmig meist in 7 lanzettliche Blattabschnitte geteilt, diese wie der Blattstiel dicht zottig behaart; Blüten 10–15 mm im Durchmesser, mit 5 goldgelben, herzförmigen, außen spitz ausgerandeten Kronblättern, nach dem Abblühen nickend.
VORKOMMEN An sonnigen und trockenen Stellen auf steinigem, kalkreichem Untergrund; im süddeutschen Bergland weit verbreitet und gebietsweise ziemlich häufig, nördlich der Mainlinie fehlend.
WISSENSWERTES Die Art ist in ihrer Verbreitung weitgehend auf den mittleren Teil Europas begrenzt und fehlt z. B. in West- und Südeuropa vollständig. Sie ist recht schwer von einigen nahe verwandten Arten abzugrenzen, die aber als Nahrungspflanzen für die gleichen Schmetterlingsraupen dienen dürften. Sehr ähnlich ist z.B. das häufige **Frühlingsfingerkraut** (*Potentilla verna*), dessen Stängel schwächer behaart und meist grün gefärbt sind. Es besitzt ein viel größeres Verbreitungsgebiet als das Rötliche Fingerkraut und kommt z. B. auch im Tiefland regelmäßig vor und besiedelt regelmäßig auch kalkarme Standorte.

Kleiner Würfeldickkopf > 110

1

1B

2

3

1 Bewimperter Steinbrech *Saxifraga aizoides*
—Steinbrechgewächse Saxifragaceae

5–20 cm
Juni–Oktober

MERKMALE Ausdauernde Pflanze mit kriechendem Haupttrieb, von dem zahlreiche bogig aufsteigende Seitentriebe abzweigen, dadurch ein insgesamt rasenförmiges Erscheinungsbild; Blätter schmal lanzettlich, etwas fleischig, am Rand bewimpert; Blüten 7–15 mm im Durchmesser, gelb oder orange, seltener rot, in 2–10-blütigen Trauben am Ende des Stängels.
VORKOMMEN In alpinen Quellfluren am Rand von Bächen und kleinen Rinnsalen; in den Alpen in Höhen zwischen etwa 600 und 3 000 m weit verbreitet und stellenweise häufig, außerhalb der Alpen sehr vereinzelt im Alpenvorland.
WISSENSWERTES Die Art besitzt im Gegensatz zu den meisten übrigen alpinen Steinbrecharten keine grundständige Blattrosette.

Hochalpen-Apollo > 116

2 Wiesenplatterbse *Lathyrus pratensis*
—Schmetterlingsblütengewächse Fabaceae

20–80 cm
Juni–Juli

MERKMALE Ausdauernde Pflanze mit niederliegendem oder kletterndem, 4-kantigem Stängel; Blätter mit nur einem lanzettlichen Fiederpaar, in eine einfache oder verzweigte Ranke auslaufend, am Grund mit einem Paar pfeilförmiger Nebenblätter; Blüten gelb, 10–15 mm lang, in 5–15 cm lang gestielten 3–12-blütigen Trauben; Frucht eine 25–35 mm lange und etwa 5 mm breite Hülse.
VORKOMMEN Auf etwas feuchtem, nährstoffreichem Untergrund, etwa auf Fettwiesen, an Waldrändern und Gebüschen, regelmäßig auch auf Feuchtwiesen im Randbereich von Mooren; bei uns weit verbreitet und fast überall häufig.
WISSENSWERTES Die Blüten besitzen einen komplizierten Bestäubungsmechanismus, der nur von Wildbienen ausgelöst werden kann.

Platterbsenwidderchen > 52
Kleines Fünffleckwidderchen > 58
Kleespinner > 78 | Schmalflügel-Weißling > 122
Ried-Weißstriemeneule > 254
Braune Tageule > 260

3 Echter Steinklee *Melilotus officinalis*
—Schmetterlingsblütengewächse Fabaceae

0,3–2 m
Juni–September

MERKMALE Ein- bis zweijährige, buschig verzweigte, aufrecht wachsende Pflanze; Blätter 3-teilig, mit schmalen, am Rand deutlich gesägten Teilblättern; Blüten 5–7 mm lang, gelb, zu 30–70 kurz gestielt in seiten- und endständigen Trauben; Hülsen 3–5 mm lang, breit eiförmig, meist 1-samig.
VORKOMMEN U. a. an Straßenrändern, am Ufer von Gewässern, auf Ödland und in trockenen Wiesen weit verbreitet und fast überall häufig, in kalkarmen Gebieten seltener.
WISSENSWERTES Der Echte Steinklee wächst oft zusammen mit dem weißblütigen **Weißen Steinklee** (*Melilotus albus*), der eine eigene Art darstellt. Beide entwickeln beim Trocknen einen deutlichen Waldmeisterduft, da sie wie dieser Cumarin enthalten.

Scheck-Tageule > 260

4 Sichelklee *Medicago falcata*
—Schmetterlingsblütengewächse Fabaceae

20–60 cm
Mai–Juli

MERKMALE Ausdauernde Pflanze mit kriechendem, am Ende aufsteigendem ästig verzweigtem Stängel; Blätter mit 3 schmal lanzettlichen Teilblättchen; Blüten 7–10 mm lang, gelb, zu 5–20 in kopfigen Trauben am Ende der Triebe; Hülsen 10–15 mm lang, sichelförmig gebogen.
VORKOMMEN Vorwiegend auf trockenen, kalkreichen Böden, besonders an Rändern von Gebüschen, an Wegböschungen und auf Trockenrasen; in den kalkhaltigen Mittelgebirgen ziemlich häufig, in anderen Gebieten ziemlich selten, über weite Strecken ganz fehlend.
WISSENSWERTES Der Sichelklee ist nahe mit der Luzerne (>416) verwandt. Er ist anspruchsloser als diese, z. B. weniger kälteempfindlich, und wurde daher oft in die Luzerne eingekreuzt.

Kleespinner > 78

1

2

3

4

1 | **Gemeiner Hornklee** *Lotus corniculatus* —Schmetterlingsblütengewächse Fabaceae

5–30 cm
Mai–August

MERKMALE Ausdauernde Pflanze mit langer Pfahlwurzel und wenig verzweigtem, niederliegendem bis aufrecht wachsendem Stängel; Blätter 5-zählig mit sehr kurz gestielten, eiförmigen bis lanzettlichen Teilblättchen; Blüten leuchtend gelb, außen oft etwas rot gezeichnet, 8–13 mm lang, in doldenförmigen, meist 3–6-blütigen Köpfchen, am Grund mit 1–3 manchmal verkümmerten Hochblättern (**1**, mit Gewöhnlichem Bläuling, *Polyommatus icarus*). Hülsen 2–3 cm lang und bis 4 mm dick, mit rundem Querschnitt.
VORKOMMEN In trockenen, mageren wie fetten Wiesen, auch z. B. an Waldrändern und auf Trockenrasen weit verbreitet und fast überall häufig, in den Alpen bis auf fast 3 000 m Höhe.
WISSENSWERTES Von dieser formenreichen Sammelart werden oft 2 Kleinarten abgetrennt. Dabei handelt es sich zum einen um den in den höheren Lagen der Alpen verbreiteten **Alpen-Hornklee** (*Lotus alpinus*), dessen Köpfchen meist nur aus 1–3 ziemlich großen Blüten zusammengesetzt sind, zum andern um den vor allem im nordwestlichen Deutschland vorkommenden **Schmalblättrigen Hornklee** (*Lotus tenuis*), der ziemliche kleine Blüten und auffallend schmale Blätter besitzt.

Esparsettenwidderchen > 50
Sechsfleckwidderchen > 54
Beilfleckwidderchen > 56 | Kleewidderchen > 58
Kleines Fünffleckwidderchen > 58
Sumpfhornklee-Widderchen > 58
Dunkler Dickkopffalter > 108
Schmalflügel-Weißling > 122 | Wander-Gelbling > 130
Argusbläuling > 154
Gewöhnlicher Bläuling, Hauhechelbläuling > 156
Heidespanner > 226 | Braune Tageule > 260
Ginster-Streckfuß > 284 |

2 | **Sumpfhornklee** *Lotus pedunculatus* *(= Lotus uliginosus)* —Schmetterlingsblütengewächse Fabaceae

20–60 cm
Mai–Juli

MERKMALE Sehr ähnlich dem Gemeinen Hornklee, von diesem am besten durch die Blütenzahl zu unterscheiden: Blütenköpfchen meist mit 8–12 Blüten, gelegentlich aber auch mit geringerer Blütenzahl, außerdem Kelchblätter weniger spitz und ihre Spitzen vor dem Aufblühen bogenförmig bis sternförmig abgespreizt.
VORKOMMEN Fast ausschließlich an Feuchtstandorten auf kalkarmem Untergrund, etwa auf Sumpfwiesen, an Gewässerufern und am Rand von Mooren; bei uns weit verbreitet und in den meisten Gebieten nicht selten, in den Kalkgebieten der Mittelgebirge und Alpen aber fast fehlend, sonst in den Alpen nur bis in etwa 1000 m Höhe.
WISSENSWERTES Der Sumpfhornklee ist wie der Gemeine Hornklee für die Landwirtschaft eine recht gute Nahrungspflanze. Beide bringen zwar geringere Erträge als manche Klee-Arten, kommen aber besser mit mageren Böden zurecht und erweisen sich in ihren Beständen als wesentlich dauerhafter.

Sechsfleckwidderchen > 54
Sumpfhornklee-Widderchen > 58

3 | **Süße Bärenschote** *Astragalus glycyphyllos* —Schmetterlingsblütengewächse Fabaceae

20–70 cm
Mai–Juni

MERKMALE Ausdauernde Pflanze mit sehr kräftiger, tief hinabreichender Pfahlwurzel und niederliegendem, oft verzweigtem Stängel; Blätter unpaarig gefiedert, 10–15 cm lang und jederseits mit 9–13 eiförmigen Teilblättchen; Blüten um 14 mm lang, hell grünlich gelb, in kurzen, 2–8 cm lang gestielten, blattachselständigen Trauben; Schoten 3–4 cm lang und bis 5 mm breit.
VORKOMMEN Vorwiegend auf Kalkböden an zeitweise leicht beschatteten Stellen, z. B. an Waldrändern, in lockeren Gebüschen und auf Waldlichtungen; bei uns in den Mittelgebirgen und in den niederen Lagen der Alpen stellenweise ziemlich häufig, im Flachland und in kalkarmen Gebieten selten.
WISSENSWERTES Die Süße Bärenschote kommt vorzugsweise an Saumstandorten vor, die öfters starken Veränderungen unterliegen. Sie ist aber ausgesprochen pionierfreudig und daher in der Lage, schnell neu entstandene, geeignete Flächen zu besiedeln und hier teilweise andere Arten zu verdrängen. Die Pflanze hat einen süßlichen Geschmack und wird daher vom Vieh gern gefressen. Innerhalb der recht artenreichen Gattung *Astragalus* besitzt sie das größte Verbreitungsgebiet. Die meisten übrigen Arten besiedeln oft nur winzige Areale in den Alpen oder kommen nur unter sehr speziellen Standortbedingungen vor, z. B. nur auf Gipsböden oder auf ausgesprochen dürren, kaum bewachsenen Steppenrasen.

Gartenbläuling, Faulbaumbläuling > 146
Kronwickenbläuling > 154
Silber-Bläuling > 158

1

2

3

1 | Wundklee *Anthyllis vulneraria* —Schmetterlingsblütengewächse Fabaceae

10–40 cm
Mai–Juni

MERKMALE Ausdauernde Pflanze mit grundständiger Rosette und einfachem oder verzweigtem Stängel; Grundblätter oft ganzrandig oder nur wenig gefiedert, Stängelblätter mit bis zu 7 Fiederpaaren und deutlich größerem Endblättchen; Blüten 1–2 cm lang, mit bauchig erweitertem, weißlichem Kelch und gelben bis rötlichen Kronblättern, in 10–30-blütigen Köpfen in den Achseln fingerartig geteilter Hochblätter; Hülse im Kelch eingeschlossen, einsamig.

VORKOMMEN Auf trockenen, kalkreichen Böden, etwa an Straßenböschungen, auf Trockenrasen und an sonnigen Waldrändern; im kalkreichen Bergland und in den Alpen (hier bis auf 3 000m) gebietsweise ziemlich häufig, in den übrigen Gebieten selten bis fehlend.

WISSENSWERTES Die Art variiert beträchtlich im Erscheinungsbild. Daher wurde schon eine Vielzahl von Varietäten und Unterarten beschrieben.

Alpen-Widderchen > 56 | Zwergbläuling > 146

2 | Bergkronwicke *Securigera coronata* —Schmetterlingsblütengewächse Fabaceae

30–50 cm
Mai–Juli

MERKMALE Ausdauernde Pflanze mit aufrechtem, wenig verzweigtem Stängel; Blätter blaugrün, mit 7–13 Fiederpaaren; Blüten zu 12–20 in kopfig-doldigen Blütenständen; Hülsen 15–30 mm lang, zwischen den Samen eingeschnürt.

VORKOMMEN Auf kalkhaltigem, steinigem Boden an Waldrändern und in lichten Trockenwäldern; bei uns in einigen Mittelgebirgen und in den niederen Lagen der Alpen, überall ziemlich selten.

WISSENSWERTES Die Blüten haben wie einige andere Schmetterlingsblüten eine typische „Nudelpumpeneinrichtung": Wenn bei der Landung des Insekts die seitlichen Flügel auf das Schiffchen gedrückt werden, wird der Pollen an dessen Spitze herausgepresst und dem Bestäuber an den Hinterleib gepudert.

Bergkronwicken-Widderchen > 50

3 | Hufeisenklee *Hippocrepis comosa* —Schmetterlingsblütengewächse Fabaceae

5–20 cm
Mai–September

MERKMALE Ausdauernde Pflanze mit wenig verzweigten, niederliegenden bis aufsteigenden Stängeln; Blätter unpaarig gefiedert, mit 5–15 Fiederpaaren; Blüten ca. 1 cm lang, in meist 5–15-blütigen Dolden; Hülsen 1–3 cm lang, aus 1–6 hufeisenförmig gebogenen Gliedern zusammengesetzt.

VORKOMMEN Auf kalkreichen, trockenen Böden, z. B. auf Trockenrasen, an Wegböschungen und in lockeren Gebüschen; in den kalkhaltigen Mittelgebirgen und in den Alpen bis auf über 2 000 m Höhe stellenweise häufig, sonst ziemlich selten.

WISSENSWERTES Die eigenartigen, hin und her gebogenen Fruchthülsen platzen bei der Reife nicht auf, sondern zerfallen in jeweils einsamige, hufeisenförmige Abschnitte.

Veränderliches Widderchen > 54
Hufeisenklee-Widderchen > 56
Beilfleckwidderchen > 56
Dunkler Dickkopffalter > 108
Trockenrasen-Gelbling > 130 | Argusbläuling > 154
Himmelblauer Bläuling > 156
Silber-Bläuling > 158 | Braune Tageule > 260

4 | Zypressenwolfsmilch *Euphorbia cyparissias* —Wolfsmilchgewächse Euphorbiaceae

MERKMALE Buschig wachsende, ausdauernde Pflanze mit verholztem Wurzelstock; Blätter schmal linealisch, 1–2 cm lang und 2–3 mm breit; eigentliche Blüten sehr unscheinbar, jeweils eine weibliche mit mehreren männlichen zu einem blütenartigen *„Cyathium"* zusammengefasst, das von gelben Hochblättern umgeben ist.

VORKOMMEN Vorwiegend an Wegrändern und auf Trockenrasen; bei uns meist häufig.

WISSENSWERTES Die Pflanze führt einen durch Diterpene giftigen Milchsaft. Sie wird daher vom Weidevieh nicht gefressen. Gerät sie in größerer Menge ins Heu, kann dies zu schweren Vergiftungen führen.

Zypressenwolfsmilch-Glasflügler > 60
Wolfsmilch-Ringelspinner > 74
Alpiner Ringelspinner > 76
Wolfsmilchschwärmer > 104
Wolfsmilch-Rindeneule > 252
Ampfer-Rindeneule > 254 | Englischer Bär > 316

1

2

3

4

1 | Aufrechter Ziest *Stachys recta* —Lippenblütengewächse Lamiaceae

20–60 cm
Juni–September

MERKMALE Ausdauernde, unverzweigte oder vom Grund an verzweigte Pflanze mit eiförmigen bis lanzettlichen, 2–5 cm langen, am Rand gesägten oder fast ganzrandigen Blättern **(1a)**; Blüten 1–2 cm lang, blassgelb, mit ganzrandiger, am Rand zurückgeschlagener Oberlippe und dreilappiger, rötlich gezeichneter Unterlippe **(1b)**.
VORKOMMEN Vorwiegend auf Kalkböden an Waldrändern, in lockeren Gebüschen, auf Trockenrasen und an felsigen Hängen, auch als Wildkraut an Weg- und Ackerrändern; bei uns in den kalkhaltigen Mittelgebirgen und in den Alpen bis in etwa 2 000 m Höhe gebietsweise ziemlich häufig, in den anderen Gebieten dagegen selten oder sogar fehlend.
WISSENSWERTES Der Name „Ziest“ ist slawischer Herkunft und bedeutet so viel wie „Reiniger“, denn man hielt die Pflanze früher für wirksam gegen Zauberei. Auch andere in bestimmten Regionen übliche volkstümliche Namen wie „Vermainkraut“ und „Rufkraut“ (nach „Vermainen“ und „Berufen“) gehen in diese Richtung.

Roter Scheckenfalter > 182 | Fleckenspanner > 216

2 | Kapuzinerkresse *Tropaeolum majus* —Kapuzinerkressengewächse Tropaeolaceae

0,3–2 m
Juni–Oktober

MERKMALE Einjährige, kahle Pflanze mit niederliegendem oder rankendem, etwas fleischigem Stängel; Blätter kreisrund, bis etwa 10 cm im Durchmesser, Stiel unten in der Blattmitte; Blüten gelb, orange oder hellrot bis dunkel purpurrot, auch verschiedenfarbig gestreift, 4–7 cm im Durchmesser, Kronblätter an der Basis bärtig behaart, Kelch mit einem langen, nach hinten gerichteten Sporn.
VORKOMMEN Zierpflanze aus Südamerika, oft in Gärten gepflanzt und gelegentlich an nährstoffreichen Stellen, meist in der Nähe von Siedlungsbereichen, verwildert.
WISSENSWERTES Die Kapuzinerkresse kriecht meist am Boden, kann aber auch an anderen Pflanzen emporklettern. Dabei umwickelt sie andere Zweige mit ihren spiralig gewundenen Blattstielen. Die frostempfindliche Pflanze ist in ihrer Heimat eigentlich ausdauernd, stirbt bei uns aber bei den ersten Nachtfrösten ab. Die kresseartig schmeckenden Blüten und Blätter werden gelegentlich als Salat verwendet.

Großer Kohlweißlin > 126
Kleiner Kohlweißling > 126

3 | Rührmichnichtan *Impatiens noli-tangere* —Balsaminengewächse Balsaminaceae

0,3–1 m
Juli–Oktober

MERKMALE Einjährige, unbehaarte Pflanze mit aufrechtem, im oberen Teil ästig verzeigtem Stängel; Blätter eiförmig bis länglich eiförmig, zugespitzt und am Rand gezähnt, bis 7 cm lang; Blüten hängend, fast trompetenartig, 2,5–3 cm lang, hellgelb, vorn mit kurzer Ober- und breiter Unterlippe, hinten mit langem, gebogenem Sporn; Frucht eine spindelförmige, 2–3 cm lange Kapsel.
VORKOMMEN In Wäldern an halbschattigen bis schattigen Stellen auf feuchtem bis nassem Untergrund; bei uns weit verbreitet und in den meisten Gegenden ziemlich häufig, im Tiefland aber etwas seltener als in den Mittelgebirgen.
WISSENSWERTES In der Mitte der reifen Fruchtkapsel baut sich mit der Zeit ein hoher Gewebedruck auf, der schließlich bei der leichtesten Berührung die Fruchtblätter aufplatzen und sich spiralig zusammenrollen lässt. Dabei werden die Samen oft meterweit fortgeschleudert. Vor allem an sehr schattigen Stellen werden oft so genannte kleistogame Blüten ausgebildet, die einer geschlossenen Knospe ähneln und sich, ohne sich zu öffnen, selbst befruchten.
ÄHNLICHE ART Das **Kleinblütige Springkraut** (*Impatiens parviflora*) besitzt aufrechte, nur etwa 1 cm lange, hellgelbe Blüten mit geradem Sporn. Die ursprünglich in Mittelasien heimische Pflanze wurde am Anfang des 19. Jahrhunderts bei uns in Botanischen Gärten ausgesät und konnte sich wenig später über ganz Europa ausbreiten. Inzwischen tritt sie fast überall als sehr lästiges, kaum zu bekämpfendes Unkraut in Erscheinung.

Purpurglanzeule > 272

1

1B

2

3

1 | **Weinraute** *Ruta graveolens* —Rautengewächse Rutaceae

20–90 cm
Juni–August

MERKMALE Ausdauernde Pflanze mit holziger Wurzel und aufrechtem, an der Basis oft etwas verholztem Stängel; Blätter etwas fleischig, bis 11 cm lang, unpaarig gefiedert, mit 1–3 fiederspaltigen Fiederpaaren; Blüten 4–5-zählig, 12–18 mm im Durchmesser, grünlich gelb, am Ende des Stängels in einer Trugdolde.

VORKOMMEN Heimisch in Südosteuropa, bei uns öfter in Gärten als Heil- und Gewürzpflanze, gelegentlich verwildert, vor allem in Weinbaugebieten.

WISSENSWERTES Die stark aromatisch riechende Pflanze enthält ätherische Öle, die die Haut gegenüber dem Sonnenlicht überempfindlich machen und zu starken Reizungen führen. Sie wird vereinzelt zum Würzen von Salaten, aber auch als altes Heilmittel z. B. bei Venenentzündungen verwendet.

Schwalbenschwanz > 120

2 | **Nachtkerze** *Oenothera biennis* —Nachtkerzengewächse Onagraceae

0,5–1 m
Juni–September

MERKMALE Zweijährige Pflanze mit rübenförmiger Wurzel und aufrechtem, im oberen Teil oft verzweigtem Stängel; Blätter bis 15 cm lang, eiförmig oder lanzettlich; Blüten 4-zählig, 4–8 cm im Durchmesser, hellgelb, einzeln in den Achseln der oberen Blätter; Frucht eine schmale, bis 3 cm lange, stumpf vierkantige Kapsel.

VORKOMMEN Aus Nordamerika eingeschleppt, z. T. auch aus Gartenanpflanzungen verwildert, besonders an Straßenböschungen und auf Kiesflächen.

WISSENSWERTES Die Blüten entfalten sich so schnell, dass man die Bewegung mit bloßem Auge verfolgen kann. Am nächsten Tag verwelken sie.

Nachtkerzenschwärmer > 102
Mittlerer Weinschwärmer > 106

3 | **Acker-Stiefmütterchen** *Viola arvensis* —Veilchengewächse Violaceae

10–20 cm
April–Oktober

MERKMALE Ein- bis zweijährige Pflanze mit niederliegenden bis aufsteigenden, meist stark verzweigten Stängeln; Blätter 1–2 cm lang, lanzettlich, am Rand ± gekerbt, mit 2 tief fiederspaltigen Nebenblättern; Blüten 10–15 mm groß, hell gelblich, unteres Kronblatt deutlich gespornt.

VORKOMMEN Besonders an Acker- und Wegrändern sowie auf Brachflächen allgemein verbreitet und fast überall häufig, vor allem in kalkarmen Gebieten.

WISSENSWERTES Die Art gehört in die nächste Verwandtschaft des oft an den gleichen Standorten vorkommenden, sehr formenreichen **Wilden Stiefmütterchens** (*Viola tricolor*), das sich von ihr vor allem durch die größeren, meist blau und gelb gefleckten Blüten unterscheidet.

Wander-Perlmuttfalter > 162

4 | **Gemeines Sonnenröschen** *Helianthemum nummularium* —Zistrosengewächse Cistaceae

10–30 m
Juni–September

MERKMALE Ausdauernde Pflanze mit am Grund etwas verholzten, niederliegenden und am Ende aufsteigenden Stängeln; Blätter lineal-lanzettlich bis eiförmig, an der Basis mit 2 lanzettlichen Nebenblättern; Blüten 15–25 mm im Durchmesser, gelb, zu 2–15 in einer Traube am Ende des Stängels.

VORKOMMEN Auf Trockenrasen, in lichten Trockenwäldern und auf Felsschutthalden; in den kalkhaltigen Mittelgebirgen und in den Alpen stellenweise häufig, sonst selten.

WISSENSWERTES Die Blüten bleiben bei trübem Wetter geschlossen.

Heide-Grünwidderchen > 48
Sonnenröschen-Grünwidderchen > 48
Alpen-Widderchen > 56
Brombeerspinner > 76 | Grüner Zipfelfalter > 142
Kleiner Sonnenröschenbläuling > 152
Argusbläuling > 154

1

3

3

4

1 | Pastinak *Pastinaca sativa* —Doldengewächse Apiaceae

0,3–1,2 m
Juli–August

MERKMALE Zweijährige Pflanze mit aufrechtem, stark ästig verzweigtem Stängel; Blätter meist einfach, seltener zweifach gefiedert, mit 2–7 grob gesägten Fiederpaaren; Blüten etwa 2 mm im Durchmesser, gelb, in 5–20-strahligen Dolden, denen Hüllblätter meist fehlen; Früchte etwa 6 mm lang und 5 mm breit, etwas zusammengedrückt und gerippt.
VORKOMMEN Vorwiegend auf kalkhaltigen, nährstoffreichen Böden, z. B. an Straßenböschungen und Wegrändern, auf Ödland und trockenen bis mäßig feuchten Wiesen; bei uns in den meisten Gegenden verbreitet, nur in den kalkarmen Gebieten seltener.
WISSENSWERTES Der Pastinak ist eine alte Kulturpflanze. Bis ins 18. Jahrhundert wurden Formen mit verdickter Wurzel angebaut und als Gemüse gekocht. Der Geschmack der fleischigen Wurzel ähnelt dem von Möhren, ist aber etwas penetranter. Später wurde die Pflanze dann offenbar durch die besser schmeckenden Möhren und Kartoffeln verdrängt.

Schwalbenschwanz > 120

2 | Echter Fenchel *Foeniculum vulgare* —Doldengewächse Apiaceae

0,8–1,5 m
Juli–August

MERKMALE Zweijährige oder ausdauernde Pflanze mit aufrechtem, reich verzweigtem Stängel; Laubblätter im Umriss schmal dreieckig bis eiförmig, 3–4fach gefiedert, mit fadenartig schmalen Blattabschnitten; Blüten etwa 2 mm im Durchmesser, in 4–25-strahligen Dolden von bis 15 cm Durchmesser, Hüllblätter fehlend; Früchte 5–10 mm lang und etwa 2 mm im Durchmesser.
VORKOMMEN Heimisch im Mittelmeergebiet, bei uns öfter als Gewürz- und Gemüsepflanze in Gärten gepflanzt, aber nur selten verwildert.
WISSENSWERTES Bei der Varietät *azoricum*, auch als Zwiebel- oder Gemüsefenchel bekannt, haben die grundständigen Blätter sehr breite, stark verdickte Blattscheiden, die an der Stängelbasis eine bis 10 cm dicke und 15 cm lange Zwiebel bilden, die ein beliebtes Gemüse darstellt. Sie werden oft auch wie die Blattzipfel für Salate verwendet. Die an ätherischen Ölen reichen Samen nimmt man zur Herstellung von Hustentees, aber auch z. B. zum Einmachen von Gurken und anderem Gemüse.

Schwalbenschwanz > 120

3 | Echtes Labkraut *Galium verum* —Rötegewächse Rubiaceae

10–70 cm
Mai–September

MERKMALE Ausdauernde Pflanze mit aufsteigendem bis aufrecht wachsendem, reich verzweigtem Stängel **(3a)**; Blätter schmal linealisch, am Ende zugespitzt, 10–25 mm lang und 0,5–2 mm breit, in 8–12-zähligen Quirlen; Blüten 4-zählig, goldgelb, 2–4 mm im Durchmesser, mit flach ausgebreiteten, am Grund verwachsenen Kronblättern, am Ende des Stängels und der Seitenäste in reichblütigen, dichten Rispen **(3b)**.
VORKOMMEN Vorwiegend an trockenen bis mäßig feuchten, kalkhaltigen, aber nicht zu nährstoffreichen Orten, etwa auf Trockenrasen, an Wegrändern und auf ungedüngten Wiesen, gelegentlich auch auf Streuwiesen im Randbereich von Mooren; in Mitteleuropa weit verbreitet und in den meisten Gebieten häufig, auf kalkarmen Böden aber stellenweise selten und über weite Strecken fehlend.
WISSENSWERTES Der Name Labkraut bezieht sich auf die Eigenschaft eines nicht genau bekannten Inhaltsstoffes. Dieser lässt wie das Lab-Enzym aus dem Magen von Kälbern die Milch gerinnen. Man hielt früher beide Stoffe für identisch und verwendete daher oft auch das Labkraut bei der Käseherstellung. Ein weiterer volkstümlicher Name der Pflanze ist „Unserer lieben Frau Bettstroh", da nach dem Volksglauben die Krippe des Jesuskindes mit dem Stroh dieser Art ausgepolstert wurde. Inzwischen wurde von *Galium verum* die Kleinart *G. wirtgenii* abgegliedert, die sich von der honigduftenden Stammart durch geruchslose Blüten, breitere Blätter und einen etwas aufgelockerten Blütenstand unterscheidet.

Taubenschwänzchen > 100
Labkrautschwärmer > 104
Kleiner Weinschwärmer > 106 7 Labkrautbär > 302
Fleckenbär > 302

1

2

3A

3B

1 Duftende Schlüsselblume *Primula veris* —Primelgewächse Primulaceae

5–20 cm
März–Mai

MERKMALE Ausdauernde Pflanze mit grundständiger Blattrosette; Blätter länglich eiförmig, am Grund in den Stiel verschmälert, 5–20 cm lang und 2–8 cm breit, mit auffallend runzeliger Oberfläche; Blüten 5-zählig, goldgelb, im Schlund mit dottergelben Flecken, 8–15 mm im Durchmesser, zu 5–20 in einer einseitswendigen Dolde am Ende eines bis 20 cm langen Blütenschaftes.
VORKOMMEN Auf kalkhaltigen, sonnigen bis halbschattigen Standorten, z. B. in lichten Wäldern, auf Halbtrockenrasen und trockenen Wiesen; im kalkhaltigen Bergland weit verbreitet und gebietsweise häufig, im übrigen Gebiet ziemlich selten.
WISSENSWERTES Der Name Schlüsselblume bezieht sich auf den Blütenstand, der an einen Schlüsselbund erinnert.

Schlüsselblumen-Würfelfalter > 134

2 Gemeiner Gilbweiderich *Lysimachia vulgaris* —Primelgewächse Primulaceae

0,6–1,2 m
Juni–August

MERKMALE Ausdauernde Pflanze mit aufrechtem, schwach verzweigtem Stängel; Blätter lanzettlich, 8–15 cm lang, gegenständig oder zu 3–4 in Quirlen angeordnet; Blüten mit 5 goldgelben, an der Basis verwachsenen Kronblättern, am Ende des Stängels in Trauben oder Rispen.
VORKOMMEN Auf feuchtem bis nassem, moorigem Untergrund, etwa an Gräben, auf Sumpfwiesen und in lockeren Auwäldern; bei uns weit verbreitet und in den meisten Gebieten ziemlich häufig.
WISSENSWERTES Die Blüten produzieren keinen Nektar, werden aber dennoch regelmäßig von einer Wildbiene, der Schenkelbiene (*Macropis labiata*), besucht, die ausschließlich hier Pollen sammelt und zur Nektargewinnung an andere Pflanzen geht.

Ried-Weißstriemeneule > 254

3 Wiesenwachtelweizen *Melampyrum pratense* —Braunwurzgewächse Scrophulariaceae

10–40 cm
Juni–August

MERKMALE Einjährige Pflanze mit aufrechtem Stängel; Blätter schmal lanzettlich; Blüten 2-lippig, weißlich gelb oder gelb, 1–2 cm lang, mit einem deutlich geöffneten, dunkler gelb gefleckten Schlund, zu meist 4–10 in einer einseitswendigen Traube am oberen Ende des Stängels.
VORKOMMEN Vorzugsweise auf etwas sauren, nährstoffarmen Böden in Wäldern, auf Heiden, in Mooren und auf Magerwiesen; bei uns weit verbreitet und gebietsweise recht häufig.
WISSENSWERTES Die Pflanze gehört wie die Mistel zu den Halbschmarotzern. Sie zapft mit ihren Wurzeln die von anderen Pflanzen, insbesondere verschiedenen Bäumen und Heidekrautgewächsen, an und entzieht diesen im vor allem verschiedene Nährsalze.

Wachtelweizen-Scheckenfalter > 184

4 Gemeines Leinkraut *Linaria vulgaris* —Braunwurzgewächse Scrophulariaceae

20–60 cm
Juni–September

MERKMALE Ausdauernde, aufrechte, am Grund oder im Bereich des Blütenstandes verzweigte Pflanze; Blätter lineal-lanzettlich, 2–6 cm lang und 1–5 mm breit; Blüten gelb, 2-lippig mit orangefarbenem Gaumen, mit Sporn 2–3,5 cm lang, am Ende des Stängels in dichter, vielblütiger Traube.
VORKOMMEN An nährstoffreichen Stellen z. B. an Wegrändern, auf Waldlichtungen und in Kiesgruben; in Mitteleuropa weit verbreitet und fast überall häufig.
WISSENSWERTES Auf dem orangefarbenen Gaumen verlaufen zwei parallele Haarstreifen. Diese zwingen die Nektar suchenden Hummeln dazu, ihren Saugrüssel genau dazwischen in der glatten Mittelrinne einzuführen und dadurch ihren Körper in die passende Bestäubungsposition zu bringen.

Roter Scheckenfalter > 182

1

2

3

4

1 | **Huflattich** *Tussilago farfara* —Korbblütengewächse Asteraceae

5–30 cm
Februar–Mai

MERKMALE Ausdauernde Pflanze mit bis 2 m langen, unterirdisch kriechenden Sprossen; Blätter alle grundständig, meist erst nach den Blüten erscheinend, rundlich oder breit eiförmig, bis 20 cm im Durchmesser, am Rand mit 5–12 seicht ausgeschnittenen, am Rand schwarzzähnigen Lappen (1b); zur Blütezeit jeweils ein gelbes, bis 12 mm breites Körbchen mit weiblichen Zungen- und männlichen Röhrenblüten am Ende eines schuppig beblätterten Stängels (1a); Früchte ca. 4 mm lang, mit langen, weißen Haarborsten.
VORKOMMEN Vorzugsweise an etwas offenen Stellen auf feuchten, nährstoffreichen Böden, etwa in Kiesgruben und Steinbrüchen, an Wegrändern, auf Schuttplätzen und Erdabrissen; bei uns fast überall häufig.
WISSENSWERTES Der Name Huflattich bezieht sich auf die hufähnliche Blattform. Ein Tee aus den getrockneten Blättern gilt als bewährtes Mittel gegen Husten und Heiserkeit sowie Entzündungen der Rachenschleimhaut, wird wegen bedenklicher Nebenwirkungen aber kaum noch verwendet.

Blutbär > 318

2 | **Fuchs' Kreuzkraut** *Senecio ovatus* —Korbblütengewächse Asteraceae

0,8–1,4 m
Juli–September

MERKMALE Ausdauernde Pflanze mit aufrechtem, im oberen Abschnitt verzweigtem, meist rot überlaufenem Stängel; Blätter eiförmig bis lanzettlich, am Rand scharf und fein gesägt; Blüten gelb, in Körbchen mit 5–8 Zungen- und 6–15 Röhrenblüten in einer reichblütigen, doldig angeordneten Rispe am Ende des Stängels.
VORKOMMEN Vorwiegend auf Waldlichtungen und Kahlschlagflächen sowie in Auwäldern und an Waldrändern; in den Mittelgebirgen meist ziemlich häufig, in den übrigen Regionen zerstreut bis selten.
WISSENSWERTES Die Gattung Kreuzkraut wird auch als „Greiskraut" bezeichnet. Die Art gehört zur Sammelart Hain-Kreuzkraut (*Senecio nemorensis*), in der eine ganze Reihe schwer trennbarer Formen zusammengefasst werden. Neuerdings wird offenbar auch das Fuchs' Kreuzkraut noch weiter aufgeteilt, sodass die einzelnen Arten allmählich nur noch für Spezialisten unterscheidbar sind. Glücklicherweise spielen diese nomenklatorischen Feinheiten für die Funktion der Pflanze als Nahrungspflanze von Schmetterlingsraupen keine Rolle.

Russischer Bär > 316 | Schönbär > 318

3 | **Jakobskreuzkraut** *Senecio jacobaea* —Korbblütengewächse Asteraceae

0,3–1,2 m
Juli–September

MERKMALE Zweijährige bis mehrjährige Pflanze mit verzweigter, kriechender Grundachse und aufrechten, im oberen Teil verzweigten Stängeln; Blätter tief fiederteilig mit schmal lanzettlichen, gezähnten Blattabschnitten; Blüten gelb, in 15–20 mm breiten Körbchen aus 11–15 weiblichen Zungenblüten und 60–80 zwittrigen Röhrenblüten, diese in einem rispigen, doldenartig angeordneten Blütenstand am Ende des Stängels. Körbchen mit 1–2 sehr kurzen Außenhüllblättern.
VORKOMMEN Vorzugsweise auf etwas kalkhaltigen und nährstoffreichen Böden, etwa an Straßenrändern, auf Ödland, an Waldrändern und auf buschigen Hängen; besonders im mittleren und südlichen Deutschland weit verbreitet und in den meisten Gegenden häufig.
WISSENSWERTES Der Name Jakobskreuzkraut bezieht sich auf die Blütezeit um Jakobi (25. Juli). Die Pflanze enthält giftige Alkaloide, die Leberschäden und sogar Krebs auslösen können. Sie wurde früher vielfach als Heilpflanze z. B. gegen Blutungen verwendet.
ÄHNLICHE ART Das sehr ähnliche **Raukenblättrige Kreuzkraut** (*Senecio erucifolius*) wird oft mit dem Jakobskreuzkraut verwechselt. Die Körbchen tragen unten 4–6 Außenhüllblätter, die fast so lang sind wie die eigentlichen, inneren Hüllblätter. Außerdem sind die Blätter in mehr längliche, nach außen zugespitzte Abschnitte zerteilt (beim Jakobskreuzkraut wirken die Blattabschnitte dagegen mehr rundlich). Die nicht seltene Art wächst an ähnlichen Standorten wie *Senecio jacobaea*.

Zimtbär > 306 | Blutbär > 318

1A

1B

2

3

1 | **Kohldistel** *Cirsium oleraceum* —Korbblütengewächse Asteraceae | 0,3–1,5 m Juni–Oktober

MERKMALE Ausdauernde Pflanze mit meist unverzweigtem Stängel; Blätter hell gelbgrün, für eine Distel ausgesprochen weich, kaum stechend, eiförmig, ungeteilt oder fiederteilig; Blüten weißlich gelb, alle röhrenförmig, in 20–35 mm langen und 10–25 mm breiten Körbchen, diese meist zu 2–6 am Ende des Stängels in den Achseln breit eiförmiger, grüner Blätter.
VORKOMMEN Auf feuchten, nährstoffreichen Böden, z. B. auf Sumpfwiesen, an Gewässerufern, in Mooren und Auwäldern; bei uns weit verbreitet und fast überall häufig.
WISSENSWERTES Die Kohldistel wird im Gegensatz zu anderen Disteln im Allgemeinen gern vom Vieh gefressen. In Russland und Sibirien wird sie sogar als Gemüse gegessen, in Westeuropa geschah dies nur in Notzeiten. Die Blüten werden eifrig von vielen verschiedenen Insekten besucht, besonders gern z. B. auch vom Zitronenfalter, der auf der Pflanze besonders gut getarnt ist. Bei schlechtem Wetter dienen die Hohlräume zwischen den Blütenständen oftmals verschiedenen Insekten, z. B. Hummeln und Ohrwürmern, als Unterschlupf.

Distelfalter > 168 | Flohkrauteule > 276
Gelber Fleckleibbär > 308 | Schönbär > 318

2 | **Löwenzahn** *Taraxacum* sect. *Ruderalia (= Taraxacum officinale)*—Korbblütengewächse Asteraceae | 5–50 cm März–November

MERKMALE Ausdauernde Pflanze mit Pfahlwurzel und grundständiger Blattrosette; Blätter im Umriss schmal eiförmig bis lanzettlich, bis fast auf die Mittelrippe grob sägezahnartig eingeschnitten; Blüten leuchtend gelb, alle zungenförmig und zwittrig, in 25–50 mm breiten Körbchen am Ende unverzweigter, innen hohler Stiele; Früchte etwa 4 mm lang, mit einem mehr als doppelt so langen, dünnen Schnabel, der am Ende einen schirmförmigen, weißen Haarkranz trägt. Fallschirmchen!
VORKOMMEN Überall auf stickstoffreichen Böden, insbesondere auf überdüngten Wiesen und Weiden, eine der häufigsten heimischen Pflanzenarten.
WISSENSWERTES Den Löwenzahn gibt es nicht. Die Gattung *Taraxacum* (Löwenzähne) ist eine äußerst formenreiche Sammelart. Allein in Deutschland gibt es etwa 400 Arten, die sich in zwölf Sektionen unterteilen. Die „klassischen" Löwenzähne der fetten Wiesen finden sich in der sect. *Ruderalia*, sodass man dort konsequenterweise *Taraxacum* sect. *Ruderalia* als Sammelbezeichnung angibt. Der Löwenzahn stellt für viele Schmetterlingsraupen eine wichtige Nahrungspflanze dar. Bei der Zucht eignet er sich besonders für Arten, die hinsichtlich ihrer Nährpflanzen nicht festgelegt sind, etwa viele Eulen und Bärenspinner.

Herbstspinner > 88 | Ampfer-Rindeneule > 254
Gammaeule > 264 | Achateule > 270
Hausmutter > 278 | Gelbe Bandeule > 278
Weißfleckwidderchen > 298 7 Weißer Grasbär > 300
Zimtbär > 306 | Wegerichbär > 306
Weiße Tigermotte > 308 | Purpurbär > 310
Augsburger Bär > 312 | Schwarzer Bär > 312

3 | **Kopfsalat** *Lactuca sativa* —Korbblütengewächse Asteraceae | 30–100 cm Juli–August

MERKMALE Zweijährige Pflanze mit spindelförmiger Wurzel und aufrechtem Stängel; untere Blätter ungeteilt oder sägezähnig, eine dichte Rosette bildend, Stängelblätter eiförmig und ganzrandig, mit herzförmigem Grund Stängel umfassend **(3a)**; Blüten gelb, alle zungenförmig, in kleinen Körbchen, die am Ende des Stängels eine umfangreiche, oft doldenförmig ausgebreitete Rispe bilden **(3b)**.
VORKOMMEN In Gärten und auf Feldern in verschiedenen Zuchtsorten kultiviert und gelegentlich verwildert.
WISSENSWERTES Der Kopfsalat ist eine uralte Kulturpflanze, die bereits im Altertum bekannt war. Von den Römern wurde er wegen seiner Appetit anregenden Wirkung gern als Vorspeise gegessen, soll später aber wegen angeblich einschläfernder Wirkung ans Ende der Speisenfolge verlegt worden sein. Schon damals erfolgte die Zubereitung mit Essig und Olivenöl. Die im Frühjahr sprießenden Köpfe wurden auch für den Sommer mit Essig und Salzlacke eingemacht. Später wurde dann die Zucht das ganze Jahr hindurch betrieben. Schon zu Zeiten der Römer waren bereits mehrere verschiedene Sorten bekannt. Die Herkunft der Pflanze ist noch ziemlich unklar. Es gibt Vermutungen, dass die Wildformen aus dem nördlichen Indien stammen könnten; ebenso gelten aber auch arabische Länder und Sibirien als mögliche Ursprungsgebiete.

Gammaeule > 264 | Lattichmönch > 266

1

2

3A

3B

1 | **Kompasslattich** *Lactuca serriola* —Korbblütengewächse Asteraceae

0,3–1,8 m
Juli–September

MERKMALE Überwinternde, einjährige bis zweijährige Pflanze mit spindelförmiger Wurzel; Blätter steif, bläulich grün, an der Unterseite stachelig, fiederspaltig mit etwas zurückgebogenen, grob gezähnten Blattabschnitten **(1a)**; Blüten gelb, alle zungenförmig, in ziemlich kleinen Körbchen, die am Ende des Stängels in einer großen, pyramidenförmigen Rispe angeordnet sind **(1b)**.
VORKOMMEN Auf nährstoffreichen Böden z. B. an Straßenrändern, auf Schuttplätzen und am Rand von Äckern; vorzugsweise in den wärmeren Teilen Mitteleuropas, hier stellenweise recht häufig, im Norden und in den klimatisch ungünstigen Regionen seltener.
WISSENSWERTES Die Blätter des Kompasslattichs zeigen eine sehr raffinierte Ausrichtung nach dem Licht. Die ursprünglich vom Stängel aus nach Norden und Süden gerichteten Blätter drehen dabei ihre Blattflächen senkrecht, die nach Osten und Westen gerichteten dagegen schmiegen sich flach an den Stängel, sodass sich aus Osten und Westen eine senkrechte Aufsicht auf die Ober- und Unterseiten ergibt **(1a)**. Richtungsgebend hierfür ist der Sonnenstand am Morgen und Abend. Durch diese Ausrichtung wird eine Überhitzung der Blätter während des höchsten Sonnenstands vermieden. Diese Anordnung der Blätter zeigt sich besonders deutlich bei frei stehenden Pflanzen.

Lattichmönch > 266

2 | **Raue Gänsedistel** *Sonchus asper* —Korbblütengewächse Asteraceae

0,3–1,2 m
Juni–Oktober

MERKMALE Einjährige, auffallend steife Pflanze mit meist ungeteilten, am Rand dornig gezähnten Blättern, die mit ihrem herzförmigen Grund den Stängel umfassen; Blüten gelb, alle zungenförmig, in 15–25 mm breiten Körbchen, die am Ende des Stängels in einer Traube angeordnet sind.
VORKOMMEN Auf nährstoffreichen, oft fast unbewachsenen Böden, etwa auf Schuttplätzen, an Wegrändern, in Gärten und am Rand von Äckern, bei uns fast überall häufig.
WISSENSWERTES Die Art ist sehr veränderlich im Aussehen und gehört im Herbst regelmäßig zu den am spätesten noch blühenden Pflanzen. Bei vielen Exemplaren öffnen sich sogar erst im September oder Oktober die ersten Blüten.
ÄHNLICHE ART Die sehr ähnliche **Kohl-Gänsedistel** (*Sonchus oleraceus*) hat weniger stark bestachelte, weichere Blätter. Sie wächst oft an den gleichen Standorten, ist aber in den meisten Gegenden etwas seltener.

Lattichmönch > 266

3 | **Kleines Habichtskraut** *Hieracium pilosella* —Korbblütengewächse Asteraceae

5–30 cm
Mai–Oktober

MERKMALE Ausdauernde Pflanze mit grundständiger Blattrosette. Blätter schmal eiförmig bis lanzettlich, ganzrandig, oberseits dunkelgrün mit zahlreichen 3–7 mm langen Haaren, unterseits dicht weißfilzig; Blüten hellgelb, alle zungenförmig, in 2–3 cm breiten Körbchen am Ende unverzweigter, meist blattloser Stängel.
VORKOMMEN Auf nährstoffarmen, trockenen und voll besonnten Böden, auf kalkarmem ebenso wie auf kalkreichem Untergrund, etwa auf Trockenrasen und Magerwiesen, an Straßenböschungen oder in Sandgruben; in Mitteleuropa weit verbreitet und in den meisten Gebieten ziemlich häufig.
WISSENSWERTES Das Kleine Habichtskraut bildet von seiner Rosette aus meist mehrere lange Ausläufer, die in größeren Abständen mit zum Ende hin immer kleiner werdenden Blättern besetzt sind und an ihrem Ende neue Rosetten bilden, die sich wiederum auf die gleiche Weise vermehren. Dadurch kann eine einzige Pflanze neu entstandene, offene Flächen in kürzester Zeit mit einem dichten Blattwerk überziehen. Auch bei dieser Art handelt es sich um eine Sammelart, die von Spezialisten in zahlreiche Kleinarten aufgespalten wurde, die sich vor allem in Form und Anordnung der Hüllblätter unterscheiden, aber für Nicht-Spezialisten kaum unterscheiden lassen.

Herbstspinner > 88
Gewöhnlicher Scheckenfalter > 182
Wegerichbär > 306

1A

1B

2

3

1 | **Schlangen-Knöterich** *Bistorta officinalis* (*= Polygonum bistorta*)—Knöterichgewächse Polygonaceae

30–90 cm
Mai–August

MERKMALE Ausdauernde Pflanze mit verzweigter, schlangenartig gewundener Grundachse und aufrechten, unverzweigten Stängeln; Grundblätter und untere Stängelblätter länglich eiförmig, gestielt, bis 15 cm lang, obere Blätter schmäler und ungestielt; Blüten 4–5 mm lang, rosa, in einer dichtblütigen, bis 5 cm langen und 1 cm dicken, endständigen Scheinähre (**1** mit Blauschillerndem Feuerfalter, *Lycaena helle* – Nahrungspflanze der Raupe).
VORKOMMEN Auf feuchten bis nassen, gut gedüngten Wiesen, am Ufer von Gräben und Bächen, auch an feuchten Stellen in lockeren Wäldern; bei uns weit verbreitet und in vielen Gegenden häufig, im Süden vor allem im Bergland, in den Alpen bis in etwa 2 000 m Höhe.
WISSENSWERTES Der Schlangen-Knöterich bildet an seinen Standorten durch seinen weit verzweigten Wurzelstock schnell ausgedehnte Massenbestände. Die Pflanze wird vom Weidevieh gemieden, eignet sich aber dennoch zur Verfütterung als gemähtes Grünfutter. In einigen Gegenden, etwa in der Rhön, werden die jungen Blätter wie Spinat verwendet.

Randring-Perlmuttfalter > 162

2 | **Akeleiblättrige Wiesenraute** *Thalictrum aquilegifolium* —Hahnenfußgewächse Ranunculaceae

0,4–1,5 m
Mai–Juli

MERKMALE Ausdauernde Pflanze mit aufrechtem, verzweigtem Stängel; Grundblätter und Stängelblätter 2–3fach gefiedert, mit ziemlich dünnen, rundlichen bis eiförmigen Fiederblättchen, an der Stielbasis mit kleinen, knorpeligen Nebenblättchen; Blüten in einer endständigen, weit verzweigten Rispe, ohne Kronblätter, Kelchblätter grünlich, 4–6 mm lang, meist schon beim Aufblühen abfallend, dafür sind die zahlreichen, unter den Staubbeuteln keulig verdickten Staubfäden als rosa bis lila, manchmal weiß gefärbter Schauapparat entwickelt.
VORKOMMEN Vorwiegend auf kalk- und nährstoffreichem, feuchtem Untergrund, etwa in Auwäldern, in bachbegleitenden, lockeren Gebüschen und auf Streuwiesen am Rand von Mooren; in den Kalkgebieten der Mittelgebirge, im Alpenvorland und in den Alpen nicht selten, im übrigen Gebiet sehr zerstreut bis fehlend.
WISSENSWERTES Die auffälligen Blüten werden vor allem von Pollen sammelnden Bienen sowie von Pollen fressenden Käfern und Fliegen besucht. Andere Wiesenrauten-Arten mit unscheinbareren Blüten haben sich auf Windbestäubung umgestellt.

Eisenhut-Höckereule > 262
Wiesenrauten-Goldeule > 262

3 | **Mittlerer Lerchensporn** *Corydalis intermedia* —Erdrauchgewächse Fumariaceae

5–15 cm
März–Mai

MERKMALE Ausdauernde Pflanze mit unterirdischer, kugeliger Knolle und aufrechtem, unverzweigtem Stängel, dieser am Grund mit einer bleichen, bis 2 cm langen Blattschuppe, aus deren Achsel ein weiterer Spross abzweigen kann; Blätter sehr zart, aus 3 wiederum 3-teiligen Teilblättern zusammengesetzt **(3a)**; Blüten purpurrot, zu 1–8 am Ende des Stängels in einer zur Blütezeit meist deutlich überhängenden Traube mit ganzrandigen, lanzettlichen Tragblättern **(3b)**.
VORKOMMEN Vor allem an feuchtkühlen Stellen im Bergland, etwa in Schluchtwäldern und Laubmischwäldern; in Süddeutschland z. B. auf der Schwäbischen Alb stellenweise nicht selten, im übrigen Gebiet sehr zerstreut.
WISSENSWERTES Die Art ist sehr schwer zu finden, da die kleinen Blüten meist unter den Blättern verborgen sind. Man findet sie am leichtesten, wenn man nach auffällig nickenden Pflanzen sucht. Die schwärzlichen, kugeligen Samen tragen ein hell gefärbtes Anhängsel, das durch seine weißliche Färbung sehr auffällt und gern von Ameisen gefressen wird. Sie verschleppen die Samen und lassen sie irgendwo liegen, nachdem sie die Anhängsel entfernt haben. Auf diese Weise sorgen sie für die Verbreitung der Art.
ÄHNLICHE ART Der viel häufigere **Hohle Lerchensporn** (*Corydalis cava*) wächst an ähnlichen Stellen und besitzt aufrechte Blütentrauben mit roten oder weißen Blüten.

Schwarzer Apollo > 118

1

2

3A

3B

1 | **Wildes Silberblatt** *Lunaria rediviva* —Kreuzblütengewächse Brassicaceae

0,3–1,5 m
Mai–Juli

MERKMALE Ausdauernde Pflanze mit aufrechtem oder aufsteigendem Stängel; Blätter lang gestielt, herzförmig und in eine lange Spitze ausgezogen, am Rand ungleichmäßig spitz gezähnt; Blüten 1–2 cm im Durchmesser, rotviolett bis weißlich, in einer kurzen, oft verzweigten Traube am Ende des Stängels; Frucht eine flache, 3–7 cm lange und bis 35 mm breite Schote.
VORKOMMEN An luftfeuchten und nährstoffreichen, meist schattigen Orten, besonders in Schluchtwäldern und feuchten Laubwäldern; in den Mittelgebirgen, dem Alpenvorland und den Alpen meist nicht selten, sonst nur vereinzelt.
WISSENSWERTES Nach dem Zerfallen der Schoten verbleiben die silbrigen Scheidewände noch lange Zeit als „Silberblätter" an der Pflanze.

Aurorafalter > 122 | Grünader-Weißling > 128

2 | **Wiesenschaumkraut** *Cardamine pratensis* —Kreuzblütengewächse Brassicaceae

15–50 cm
April–Juni

MERKMALE Ausdauernde Pflanze mit einer grundständigen Blattrosette und aufrechtem, meist unverzweigtem Stängel; Grundblätter gefiedert mit eiförmigen, Stängelblätter fiederschnittig mit linealen Blattabschnitten; Blüten 1–2 cm im Durchmesser, rosa oder violett, seltener weiß, am Ende des Stängels in einer lockeren Traube; Frucht eine 2–4 cm lange, nur etwa 1 mm dicke Schote.
VORKOMMEN Vor allem auf feuchten, nährstoffreichen Wiesen, in lichten Wäldern und an Gewässerufern, bei uns fast überall häufig.
WISSENSWERTES An der Pflanze saugen oft die Larven der Wiesenschaumzikade (*Philaenus spumarius*). Der Name der Pflanze erklärt sich aus den schaumigen, als „Kuckucksspeichel" bekannten Ausscheidungen dieser Pflanzensauger.

Aurorafalter > 122 | Grünader-Weißling > 128

3 | **Großer Wiesenknopf** *Sanguisorba officinalis* —Rosengewächse Rosaceae

0,3–1,2 m
Juni–September

MERKMALE Ausdauernde Pflanze mit einer grundständigen Blattrosette und aufrechtem, im oberen Bereich verzweigtem Stängel; Blätter unpaarig gefiedert, mit eiförmigen, am Rand grob gezähnten Teilblättchen; Blüten dunkelrot, 2–3 mm im Durchmesser, in 1–3 cm langen, dichtblütigen Köpfchen am Ende des Stängels und seiner Seitenäste.
VORKOMMEN Auf Feuchtwiesen und am Rand von Gräben, meist auf etwas saurem Untergrund, bei uns weit verbreitet.
WISSENSWERTES Die Pflanze besitzt wie alle Arten der Gattung keine Kronblätter, hat aber die dunkelroten Kelchblätter als Schauapparat entwickelt. Die Blüten werden vorzugsweise von Schwebfliegen und verschiedenen Schmetterlingen bestäubt (**3**, mit Dunklem Wiesenknopf-Ameisenbläuling, *Maculinea nausithous*, bei der Eiablage).

Dunkler Wiesenknopf-Ameisenbläuling > 150
Mädesüß-Perlmuttfalter > 166

4 | **Rotklee** *Trifolium pratense* —Schmetterlingsblütengewächse Fabaceae

10–50 cm
Juni–September

MERKMALE Ausdauernde (bei Kultursorten auch nur 2–3-jährige) Pflanze mit tief gehender Pfahlwurzel und grundständiger Blattrosette, Stängel meist wenig verzweigt; Blätter 3-zählig, mit bis 5 cm langen Teilblättern, oft mit heller Winkelzeichnung; Blüten purpurrot bis rosa, 12–15 mm lang, in vielblütigen, kugeligen oder eiförmigen Köpfchen am Ende des Stängels und seiner Seitenäste.
VORKOMMEN Vorwiegend an Wegrändern und auf Wiesen, regelmäßig auch als Nahrungspflanze angebaut; überall sehr häufig.
WISSENSWERTES Der Rotklee ist nicht nur ein wichtiges Viehfutter, sondern zugleich auch eine gute Bienenweide; ebenso wichtig ist er als Nektarquelle für Hummeln und verschiedene Schmetterlinge.

Rotkleebläuling > 154 | Scheck-Tageule > 260
Braune Tageule > 260 | Gammaeule > 264

1

2

3

4

1 | **Futter-Esparsette** *Onobrychis viciifolia* —Schmetterlingsblütengewächse Fabaceae

30–60 cm
Mai–Juli

MERKMALE Ausdauernde Pflanze mit oft über 1 m tief hinabreichender, kräftiger Pfahlwurzel und aufrechtem oder aufsteigendem, am Grund ästig verzweigtem Stängel; Blätter 5–15 cm lang, unpaarig gefiedert, mit 5–12 Paar schmal elliptischen bis linealischen Fiedern; Blüten 8–14 mm lang, rosa mit dunklerer Aderung, zu 20–50 in 10–20 cm lang gestielten, ähren- bis traubenförmigen Blütenständen, die die Blätter deutlich überragen (**1a**, mit Aurorafalter, *Anthocharis cardamines*); Hülse 5–8 mm lang, abgeflacht, rundlich, mit stark vortretender, netzartiger Skulptur und spitz gezähntem, flügelartigem Rand, nur mit einem Samen **(1b)**.
VORKOMMEN Auf kalkreichen, trockenen Böden, z. B. auf Trockenrasen und an Wegrändern, gelegentlich auch als Nahrungspflanze angebaut; in den Kalkgebieten weit verbreitet und vielerorts häufig, im übrigen Gebiet seltener.
WISSENSWERTES Die ziemlich konkurrenzschwache Pflanze ist an ihren Standorten auf mäßig beweidete, offene Flächen angewiesen. Bei zu starker Beweidung und entsprechendem Verbiss verschwindet sie ebenso wie bei länger ausbleibender Beweidung durch das Aufkommen höher wüchsiger Gebüsche.

Esparsettenwidderchen > 50
Kleines Fünffleckwidderchen > 58 | Kleespinner > 78
Grüner Zipfelfalter > 142 | Streifen-Bläuling > 158
Alpen-Dickleibspanner > 220 | Ginster-Streckfuß > 284

2 | **Bunte Kronwicke** *Securigera varia* —Schmetterlingsblütengewächse Fabaceae

0,3–1,3 m
Juni–September

MERKMALE Ausdauernde Pflanze mit dickem, verzweigtem Wurzelstock und niederliegendem bis aufsteigendem, oft im Gebüsch hochrankendem Stängel; Blätter 5–10 cm lang, unpaarig gefiedert, mit 5–11 schmal eiförmigen bis linealischen Fiederpaaren; Blüten rosa bis hell violett, 10–15 mm lang, in 12–20-blütigen, 5–12 cm lang gestielten Dolden; Frucht eine zwischen den Samen etwas eingeschnürte, 3–4 cm lange Hülse.
VORKOMMEN Am Rand von Gebüschen, auf Trockenrasen und besonders an Straßenrändern; in den kalkreichen Gebieten Süd- und Mitteldeutschlands weit verbreitet, in Norddeutschland selten.
WISSENSWERTES Die Bunte Kronwicke enthält ein Glycosid, das in früheren Zeiten oft als harntreibendes Mittel, aber auch als Herzmittel verwendet wurde. Da mit der Anwendung oft Vergiftungserscheinungen verbunden waren, wird die Pflanze heute im Allgemeinen nicht mehr als Heilpflanze genutzt.

Veränderliches Widderchen > 54
Hufeisenklee-Widderchen > 56
Beilfleckwidderchen > 56
Dunkler Dickkopffalter > 108
Schmalflügel-Weißling > 122
Trockenrasen-Gelbling, Wander-Gelbling > 130
Argusbläuling > 154 | Kronwickenbläuling > 154
Silber-Bläuling > 158

3 | **Indisches Springkraut** *Impatiens glandulifera* —Balsaminengewächse Balsaminaceae

0,5–2 m
Juni–Oktober

MERKMALE Einjährige Pflanze mit meist unverzweigtem, aufrechtem Stängel. Blätter schmal lanzettlich, 10–25 cm lang und 2,5–5 cm breit, am Rand meist deutlich gezähnt; Blüten 25–40 mm lang, rosa bis hell purpurrot, mit einer weiten, sackförmigen Blütenröhre, die hinten in einen ziemlich kurzen und schmalen, nach unten gebogenen Sporn übergeht, im oberen Teil des Stängels zu 5–20 in traubenförmigen Blütenständen; Frucht eine keulenförmige, 3–5 cm lange Kapsel, die bei Berührung die Samen fortschleudert (>Rührmichnichtan, S. 384).
VORKOMMEN Auf feuchten bis nassen, nährstoffreichen Böden, etwa an Gewässerufern, in Auwäldern und Kiesgruben; bei uns inzwischen in vielen Gegenden häufig und z. T. ausgedehnte Massenbestände bildend.
WISSENSWERTES Die recht attraktiv wirkende Pflanze wurde etwa 1930 aus dem Himalaja nach Europa zunächst als Zierpflanze eingeführt, hat sich später bei uns dann aber invasionsartig an vielen Stellen ausgebreitet und z. T. großflächige Reinbestände entwickelt. Durch ihre Raschwüchsigkeit und die große Wuchshöhe hat sie dabei vielerorts die heimische Vegetation stark zurückgedrängt.
ÄHNLICHE ART Beim ebenfalls asiatischen, viel zierlicheren **Balfours Springkraut** (*Impatiens balfourii*), sind die Blüten oben weiß und unten rosa. Es ist z. B. in den Südalpen verwildert.

Mittlerer Weinschwärmer > 106

1A

1B

2

3

1 | Reiherschnabel *Erodium cicutarium* —Storchschnabelgewächse Geraniaceae

5–40 cm
April–Juli

MERKMALE Ein- bis zweijährige Pflanze mit gabelig verzweigtem Stängel; Blätter unpaarig gefiedert oder fiederspaltig mit wiederum fiederspaltigen Teilblättern; Blüten 12–18 mm im Durchmesser, zu 3–8 in einer lang gestielten Dolde; Früchte storchschnabelartig, 3–4 cm lang.
VORKOMMEN An trockenen, sandigen oder steinigen, offenen Stellen, z. B. an Wegrändern und auf Ödland; in Mitteleuropa fast überall häufig.
WISSENSWERTES Die zugespitzte, in eine lange Granne verlängerte Frucht, die den Samen einschließt, bleibt leicht im Fell von Tieren hängen und wird so verbreitet. Am Boden bohrt sie sich mit einer durch Feuchtigkeit ausgelösten spiraligen Aufrollbewegung der Granne immer tiefer ins Erdreich hinein.

Kleiner Sonnenröschenbläuling > 152

2 | Kleiner Storchschnabel *Geranium pusillum* —Storchschnabelgewächse Geraniaceae

10–30 cm
Mai–Oktober

MERKMALE Ein- bis zweijährige Pflanze mit ästig verzweigtem, aufrechtem Stängel; Blätter rundlich, fächerartig in 5–7 Lappen geteilt, die wiederum meist in 3 Zipfel gespalten sind; Blüten 5–9 mm im Durchmesser, rosa bis violett, mit an der Spitze ausgerandeten Kronblättern, meist zu zweit an einem gegabelten Stiel; Frucht storchschnabelartig, etwa 1 cm lang.
VORKOMMEN Vorwiegend an nährstoffreichen und kalkarmen, offenen Stellen, z. B. an Wegrändern, am Rand von Äckern und in Weinbergen; in den meisten Gegenden nicht selten.
WISSENSWERTES Bei der Reife krümmen sich die an den Früchten sitzenden Grannen bogig zur Seite und schleudern dabei die sich ablösenden, den Samen umschließenden Früchte fort.

Kleiner Sonnenröschenbläuling > 152

3 | Sumpfstorchschnabel *Geranium palustre* —Storchschnabelgewächse Geraniaceae

30–70 cm
Juni–September

MERKMALE Ausdauernde Pflanze mit aufsteigendem, gabelig verzweigtem Stängel; Blätter 10–12 cm breit, zu etwa 5/6 fächerförmig in unregelmäßig gekerbte Blattabschnitte geteilt; Blüten 25–35 mm im Durchmesser, hell rotviolett, jeweils zu zweit an einem gegabelten, langen Stiel; Frucht storchschnabelartig, 2–2,5 cm lang.
VORKOMMEN An feuchten bis nassen, kalkhaltigen und nährstoffreichen Stellen, etwa in Auwäldern, an Ufern von Gewässern und auf Feuchtwiesen; in den kalkhaltigen Mittelgebirgen und im Alpenvorland meist nicht selten, im übrigen Gebiet nur vereinzelt.
WISSENSWERTES Bei der Fruchtreife krümmen sich die Grannen nach außen und rollen sich uhrfederartig ein. Dabei öffnen sich die Fruchtfächer, und die Samen werden bis etwa 1 m weit fort-geschleudert.

Storchschnabelbläuling > 152

4 | Blutstorchschnabel *Geranium sanguineum* —Storchschnabelgewächse Geraniaceae

20–60 cm
Mai–September

MERKMALE Ausdauernde Pflanze mit niederliegendem oder aufsteigendem, meist gabelig verzweigtem Stängel; Blätter 3–6 cm breit, bis fast zum Grund in 7 schmale, meist 3-zipflige Blattabschnitte geteilt; Blüten 3–4 cm im Durchmesser, karminrot bis purpurrot, jeweils einzeln an langen Stielen; Frucht storchschnabelartig, 3–4 cm lang.
VORKOMMEN An kalkreichen, warmen Stellen, etwa in lichten Trockenwäldern, an sonnigen Waldsäumen und auf Trockenrasen; in den kalkreichen Mittelgebirgen weit verbreitet und im Allgemeinen nicht selten, im übrigen Gebiet nur vereinzelt.
WISSENSWERTES Die Art zeigt im Herbst eine schöne Rotfärbung der Blätter.

Storchschnabelbläuling > 152

1

2

3

4

1 | **Wegmalve** *Malva neglecta* —Malvengewächse Malvaceae

10–40 cm
Juni–September

MERKMALE Einjährige oder ausdauernde Pflanze mit niederliegendem oder aufsteigendem, ästig verzweigtem Stängel; Blätter rundlich-nierenförmig, undeutlich 5–7-lappig; Blüten 15–25 mm im Durchmesser, Blütenblätter rosa mit dunklerer Streifung, an der Spitze abgestutzt und leicht ausgerandet, meist einzeln in den Blattachseln.
VORKOMMEN Vorwiegend an offenen, nährstoffreichen Stellen, etwa an Wegrändern, auf Ödland und auf Schuttplätzen; bei uns weit verbreitet und in den meisten Gebieten ziemlich häufig.

WISSENSWERTES Nach dem Aufblühen umschließen zunächst die Staubfäden die aneinander liegenden Narben, und die Staubbeutel öffnen sich. Danach weichen die entleerten Staubgefäße zurück, und erst jetzt gehen die Narben gehen auseinander. Auf diese Weise wird eine Selbstbestäubung weitgehend vermieden.

Malvendickkopffalter > 108

2 | **Moschusmalve** *Malva moschata* —Malvengewächse Malvaceae

0,4–1 m
Juni–August

MERKMALE Ausdauernde Pflanze mit aufrechtem, verzweigtem Stängel; untere Blätter etwa bis zur Hälfte handförmig 5–7-teilig, obere bis zum Grund geteilt, mit tief zerschlitzten, linealischen Teilabschnitten; Blüten 4–6 cm im Durchmesser, Blütenblätter rosa, an der Spitze abgestutzt und leicht ausgerandet, in lockeren Trauben im oberen Stängelabschnitt.
VORKOMMEN Vorwiegend an Straßenrändern, in lockeren Gebüschen und auf Magerrasen; im südlichen und mittleren Deutschland nicht selten, in Norddeutschland nur vereinzelt.

WISSENSWERTES Die Art ist offenbar in Südwesteuropa heimisch und hat sich vor allem entlang von Straßen und Bahnlinien nach Mitteleuropa ausgebreitet.

Malvendickkopffalter > 108 | Distelfalter > 168

3 | **Schmalblättriges Weidenröschen** *Epilobium angustifolium* —Nachtkerzengewächse Onagraceae

0,5–1,8 m
Juni–August

MERKMALE Ausdauernde Pflanze mit weit kriechendem Wurzelstock und meist unverzweigtem, aufrechtem Stängel; Blätter schmal lanzettlich, 5–15 cm lang und 1–2,5 cm breit, ganzrandig; Blüten 2–3 cm im Durchmesser, mit 4 rotvioletten, eiförmigen Kronblättern und ebenso gefärbten, aber viel schmäleren Kelchblättern; Frucht eine bis 8 cm lange, stumpf 4-kantige, schmale Schote.
VORKOMMEN Vor allem auf Waldlichtungen, Schlagflächen und Windwurfflächen; bei uns fast überall häufig.

WISSENSWERTES Die Fruchtschoten enthalten zahlreiche, mit langen Haarbüscheln besetzte Samen. Diese werden mit dem Wind verbreitet und gelangen so schnell auf neu entstandene Freiflächen in Wäldern.

Nachtkerzenschwärmer > 102
Labkrautschwärmer > 104
Mittlerer Weinschwärmer > 106

4 | **Blutweiderich** *Lythrum salicaria* —Weiderichgewächse Lythraceae

0,5–2 m
Juni–September

MERKMALE Ausdauernde Pflanze mit aufrechtem, meist verzweigtem Stängel; Blätter lanzettlich, bis 12 cm lang, gegenständig; Blüten 15–25 mm im Durchmesser, 6-zählig, rotviolett, jeweils zu mehreren in den Achseln der oberen Blätter.
VORKOMMEN Auf feuchtem bis nassem Untergrund, besonders am Ufer stehender und fließender Gewässer sowie auf Sumpfwiesen; bei uns fast überall ziemlich häufig.

WISSENSWERTES Die Blüten treten nach der Länge der Staubgefäße und der Griffel in 3 verschiedenen Typen an jeweils verschiedenen Pflanzen auf. Die einzelnen Blütentypen können nur vom Pollen anderer Blütentypen bestäubt werden.

Mittlerer Weinschwärmer > 106
Gartenbläuling, Faulbaumbläuling > 146

1

2

3

4

1 | Fuchsie *Fuchsia* sp.
—Nachtkerzengewächse Onagraceae

0,3–1,5 m
Juli–Oktober

MERKMALE Ausdauernde, meist aufrecht wachsende Pflanze; Blätter eiförmig bis lanzettlich, ganzrandig oder am Rand gezähnt; Blüten 4-zählig, mit schmalen, abgespreizten, roten Kelchblättern und roten, weißen oder blauen, zu einer Röhre zusammengerollten Kronblättern, nickend an langen Stielen in den Achseln der oberen Blätter.
VORKOMMEN Aus Süd- und Mittelamerika stammende Zierpflanze, die in verschiedenen Arten eingeführt und züchterisch verändert wurde; bei uns als Gewächshauspflanze sowie als sommerliche Kübelpflanze weit verbreitet, aber etwas frostempfindlich und daher kaum verwildert.
WISSENSWERTES Die Gattung ist nach Leon-hard v. Fuchs benannt, einem süddeutschen Arzt und Botaniker, der im 16. Jahrhundert zu den bedeutendsten Pflanzenkundlern gehörte. Nach ihm wurden noch zahlreiche weitere Pflanzen benannt (so z. B. das hier ebenfalls vorgestellte *Senecio ovatus*).

Mittlerer Weinschwärmer > 106

2 | Ackerwinde *Convolvulus arvensis*
—Windengewächse Convolvulaceae

20–80 cm
Mai–September

MERKMALE Ausdauernde Pflanze mit unterirdisch kriechendem Wurzelstock und niederliegendem oder windendem, ästig verzweigtem Stängel; Blätter pfeilförmig, 1–4 cm lang; Blüten trichterförmig, 2,5–4 cm im Durchmesser, weiß oder rosa, oft mit 5 oder mehr weißen Streifen, einzeln auf 1–4 cm langen Stielen in den Achseln der mittleren und oberen Blätter.
VORKOMMEN Vorzugsweise am Rand von Äckern, auf Schuttplätzen, an Straßenrändern, an Weinbergsmauern und ähnlichen offenen, trockenen Standorten; bei uns allgemein verbreitet und fast überall häufig.
WISSENSWERTES Die Ackerwinde klettert gern an anderen Pflanzen empor. Die wachsende Triebspitze beschreibt hierzu Drehbewegungen im Uhrzeigersinn, bis sie auf einen Gegenstand stößt, der umschlungen werden kann. Für eine vollständige Umwindung benötigt die Pflanze 8–12 Stunden. Sie kann aber nur Gegenstände von höchstens 2–4 cm Durchmesser umschlingen. Die Verbreitung erfolgt weniger über Samen (die nur in wärmeren Regionen regelmäßig ausgebildet werden) als vielmehr über abgerissene Triebe, die sich leicht wieder bewurzeln. Sie kann sich auf Flächen mit Herbizidbehandlung gut behaupten.

Federgeistchen > 66 | Windenschwärmer > 94

3 | Gefleckte Taubnessel *Lamium maculatum*
—Lippenblütengewächse Lamiaceae

15–60 cm
April–September

MERKMALE Ausdauernde Pflanze mit aufsteigendem bis aufrechtem, 4-kantigem Stängel; Blätter gegenständig, eiförmig zugespitzt, am Rand deutlich gezähnt, bis 6 cm lang und 5 cm breit; Blüten rosa oder purpurrot, mit helmförmiger Oberlippe und 3-teiliger, rot gefleckter Unterlippe, ihr Mittellappen wiederum mit 2 seitlich umgeschlagenen Zipfeln **(3b)**, in quirlförmiger Anordnung in den Achseln der oberen Blätter **(3a)**.
VORKOMMEN An etwas feuchten, meist halbschattigen Stellen, z. B. an Waldrändern, in lockeren Gebüschen, an Ufern und im Randbereich von Siedlungen; bei uns fast überall häufig.
WISSENSWERTES Der Nektar am Grund der langröhrigen Blüten ist nur für Schmetterlinge, langrüsslige Bienen und Hummeln auf legalem Wege erreichbar. Oft beißen aber kurzrüsslige Arten die Blütenröhre auf. Die Früchte tragen einen hell gefärbten, stärkehaltigen Anhang, das Elaiosom, das sehr gern von Ameisen gefressen wird. Diese holen die Früchte sogar aus den Kelchen heraus, tragen sie in ihr Nest und sorgen so für die Verbreitung der Art.
ÄHNLICHE ARTEN Die ebenfalls purpurrot blühende **Purpur-Taubnessel** (*Lamium purpureum*) besitzt nur 10–20 mm lange Blüten, die **Stängelumfassende Taubnessel** (*Lamium amplexicaule*) breite, den Stängel umfassende Tragblätter und noch kleinere Blüten. Beide kommen fast überall häufig an Wegrändern und auf Äckern vor.

Fleckenspanner > 216 | Messingeule > 264
Schwarzer Bär > 312

1

2

3A

3B

1 | **Wilder Dost** *Origanum vulgare* —Lippenblütengewächse Lamiaceae

20–90 cm
Juli–September

MERKMALE Ausdauernde Pflanze mit aufrechtem, verzweigtem Stängel; Blätter gegenständig, eiförmig oder lanzettlich, bis 4 cm lang und 2,5 cm breit; Blüten hellrosa, 2-lippig mit 3-lappiger Unterlippe und 4–7 mm langer Blütenkrone, am Ende des Stängels und der Seitenzweige in dichten, reichblütigen Köpfchen (**1**, mit saugender Schafgarben-Silbereule, *Macdunnoughia confusa*).
VORKOMMEN Auf meist kalkhaltigem, steinigem Untergrund an offenen Stellen, z. B. auf Trockenrasen und an Wegrändern; im südlichen und mittleren Deutschland weit verbreitet und vielerorts häufig, im Norden selten.

WISSENSWERTES Der Wilde Dost reagiert empfindlich auf Düngung, Mahd und starke Beweidung und fehlt daher auf allen intensiver genutzten Flächen. Die auch als Wilder Majoran bekannte Pflanze ist als „Oregano" ein beliebtes Gewürz, zusammen mit dem verwandten *Origanum heracloeticum* aus dem Mittelmeergebiet. Außerdem wird sie als Heilpflanze u. a. bei Verdauungsstörungen, Keuchhusten und nervösen Beschwerden verwendet.

Purpurbär > 310

2 | **Rossminze** *Mentha longifolia* —Lippenblütengewächse Lamiaceae

30–70 cm
Juli–September

MERKMALE Ausdauernde Pflanze mit aufrechtem, verzweigtem Stängel; Blätter eiförmig bis lanzettlich, 3–9 cm lang und 1–3 cm breit; Blüten 2-lippig, lila bis rosa, mit einfacher Oberlippe und 3-lappiger Unterlippe, die 3 Lappen dabei etwa jeweils gleich groß wie die Oberlippe, in dichten, ährenförmigen Blütenständen an den Enden des Stängels und der Seitenäste.
VORKOMMEN Vorwiegend auf kalkreichem, feuchtem bis nassem Untergrund, etwa an Graben- und Bachufern, in Auwäldern und auf Feuchtwiesen, bisweilen auch an trockeneren Weg- und Ackerrändern; in Mitteleuropa vor allem im Bergland weit verbreitet und vielerorts häufig, in den übrigen Gebieten seltener.

WISSENSWERTES Die Art besitzt wie alle Minzen einen starken aromatischen Geruch, der von ätherischen Ölen hervorgerufen wird. Das getrocknete Kraut findet Anwendung in der Volksmedizin u. a. bei Magenbeschwerden und Kopfschmerzen.
ÄHNLICHE ART Die an feuchten Orten fast überall häufige **Wasserminze** (*Mentha aquatica*) be-sitzt kugelige Blütenköpfchen an den Stängelspitzen und meist darunter 1–2 weitere, quirlartige Blütenstände. Sie bildet nicht selten mit der Rossminze Kreuzungen.

Fleckenspanner > 216

3 | **Geflügelte Braunwurz** *Scrophularia umbrosa* —Braunwurzgewächse Scrophulariaceae

0,5–1,2 m
Juni–August

MERKMALE Ausdauernde Pflanze mit 4-kantigem, an den Kanten breit geflügeltem Stängel; Blätter länglich eiförmig, am Rand scharf gesägt; Blüten 5-zählig, etwa 7 mm lang, weit bauchig mit 2 Kronblättern über, je 1 Kronblatt neben und einem weiteren unter der rachenförmigen Öffnung, grün, ± stark purpurrot überlaufen **(3b)**, am Ende des Stängels in einem rispigen Blütenstand **(3a)**.
VORKOMMEN Auf meist kalkhaltigem, nassem Untergrund, besonders am Ufer von Gräben, Bächen und Teichen; bei uns weit verbreitet und in den meisten Gegenden ziemlich häufig, nur in ausgesprochen kalkarmen Gebieten und im höheren Bergland selten.
WISSENSWERTES Die Attraktivität der eigentlich nicht besonders auffälligen Blüten wird dadurch erhöht, dass allein die helle Unterlippe stark das (nur für Insekten sichtbare) ultraviolette Licht reflektiert. Als Bestäuber fungieren fast ausschließlich Staaten bildende Faltenwespen, die sich, durch die Blütenform bedingt, an ihrer Bauchseite mit dem Blütenstaub einpudern.
ÄHNLICHE ART Die in den meisten Gegenden noch häufigere **Knotige Braunwurz** (*Scrophularia nodosa*) besitzt scharf vierkantige, aber nicht geflügelte Stängel. Sie wächst vorzugsweise an halbschattigen bis schattigen Stellen in Laubwäldern und Gebüschen.

Braunwurzmönch > 266 | Brauner Mönch > 266

1

2

3A

3B

1 Feld-Thymian *Thymus pulegiodes* —Lippenblütengewächse Lamiaceae

5–20 cm
Juni–September

MERKMALE An der Basis schwach verholzte, ausdauernde Pflanze mit aufrechten oder bogig aufsteigenden Trieben; Stängel etwas abgeflacht, mit 4 scharfen, dicht behaarten Längskanten. Blätter bis 2 cm lang, eiförmig, kurz gestielt, nur am Rand schwach behaart. Blüten um 6 mm lang, rosa-purpurn, Kelch und Krone 2-lippig, in einem dichten, aus Quirlen zusammengesetzten Blütenstand.
VORKOMMEN Auf steinigen oder sandigen, nährstoffarmen Böden, besonders gern auf aus Erde gebauten Ameisenhügeln; bei uns weit verbreitet und fast überall häufig.

WISSENSWERTES Der Feld-Thymian ist sehr schwer von einigen z. T. erst seit kurzem als eigene Arten eingestuften Verwandten zu unterscheiden. Diese dürften aber von allen am Feld-Thymian fressenden Raupen ebenfalls als Nahrung akzeptiert werden. Die Pflanze wird in der Volksmedizin als Hustenmittel sowie bei Magen- und Darmbeschwerden verwendet.

Purpur-Widderchen, Thymian-Widderchen > 52
Westlicher Thymian-Bläuling > 148
Hellgebänderter Steinspanner > 228
Englischer Bär > 316

2 Tauben-Skabiose *Scabiosa columbaria* —Kardengewächse Dipsacaceae

20–70 cm
Juni–Oktober

MERKMALE Ausdauernde Pflanze mit aufrechtem, verzweigtem Stängel; Blätter 1–2fach fiederspaltig, die oberen mit 1–3 mm breiten, schmal lanzettlichen, die unteren mit breiteren Blattabschnitten, außerdem nicht blühende Blattrosetten mit ungeteilten, am Rand gekerbten Blättern; Blüten in einem endständigen, schirmartigkopfigen Blütenstand, rötlich violett, Randblüten asymmetrisch, mit vergrößerten nach außen gerichteten Kronblättern, innere Blüten symmetrisch.
VORKOMMEN Auf trockenen, nährstoffarmen, kalkreichen Böden, besonders auf Trockenrasen und an Wegrändern, auch an trockenen Stellen in Moorgebieten; in den Kalkgebieten der Mittelgebirge und in den großen Stromtälern stellenweise ziemlich häufig, in den übrigen Gebieten selten.
WISSENSWERTES Die Früchte der Tauben-Skabiose besitzen einen schirmartig verbreiterten, durchscheinenden Außenkelch, mit dessen Hilfe sie durch den Wind verbreitet werden.

Goldener Scheckenfalter > 180
Flockenblumen-Scheckenfalter > 184

3 Kleiner Baldrian *Valeriana dioica* —Baldriangewächse Valerianaceae

15–35 cm
Mai–Juni

MERKMALE Ausdauernde, 2-häusige Pflanze mit aufrechtem, schwach verzweigtem Stängel **(3a)**; Grundblätter eiförmig, ganzrandig oder am Rand gezähnt, Stängelblätter gegenständig, unpaarig gefiedert, mit 2–4 Paar schmalen Seitenfiedern und deutlich größerer Endfieder; Blüten 5-zählig, rosa, männliche Blüten **(3b)** etwa 4 mm, weibliche **(3c)** nur 2 mm im Durchmesser, in einem aus mehreren schirmartigen Teilen zusammengesetzten, doldenähnlichen Blütenstand am Ende des Stängels und der Seitenäste.
VORKOMMEN Auf nassen Wiesen, in Quellmooren und am Ufer von Gewässern, auf meist kalkarmen, torfigen Böden; vom norddeutschen Flachland bis zu den Alpen weit verbreitet und gebietsweise nicht selten, aber mit dem allgemeinen Rückgang der Feuchtgebiete vielerorts schon fast verschwunden.
WISSENSWERTES Die wohlriechenden Blüten werden besonders von Schwebfliegen und Bienen besucht. Die etwa 3 mm langen, länglich-eiförmigen Früchte besitzen am oberen Ende einen etwa 6 mm langen, gefiederten Haarkranz; sie werden damit durch den Wind verbreitet.
ÄHNLICHE ART Beim deutlich höher wüchsigen (bis 1,5 m hohen) **Arznei-Baldrian** (*Valeriana officinalis*) sind auch die Grundblätter fiederschnittig. Seine Blüten sind zwittrig. Die ausgesprochen formenreiche Sammelart wird neuerdings in mehrere Kleinarten unterteilt, die sich vor allem in der Blattform unterscheiden. Die getrocknete Wurzel ist ein altbekanntes bewährtes Heilmittel und dient vor allem als Beruhigungsmittel bei Erregungszuständen und Einschlafstörungen, auch bei nervös bedingten Herzbeschwerden und Beschwerden im Magen-Darm-Bereich.

Baldrian-Scheckenfalter > 184

1

2

3A

3B

3C

1 | **Rote Pestwurz** *Petasites hybridus* —Korbblütengewächse Asteraceae

10–100 cm
Februar–Mai

MERKMALE Ausdauernde Pflanze mit erst nach der Blütezeit erscheinenden, herz- bis nierenförmigen, bis über 60 cm großen, grundständigen Blättern, diese am Rand leicht eingebuchtet und gezähnt (1b); Blüten in 5–10 mm großen, rötlichen Körbchen in einer Traube am Ende eines mit Schuppenblättern besetzten Stängels (1a), dieser zur Fruchtzeit stark verlängert.

VORKOMMEN An feuchten, offenen oder halbschattigen Orten, besonders an Gewässerufern, in Kiesgruben und in Schluchtwäldern; bei uns allgemein verbreitet und in den meisten Gebieten ziemlich häufig.

WISSENSWERTES Die einzelnen Pflanzen dieser Art bilden stets zwittrig angelegte Blüten aus, bei denen aber immer entweder nur die männlichen oder nur die weiblichen Organe funktionstüchtig sind, sodass es prinzipiell rein männliche und rein weibliche Individuen gibt. Die Art ist somit, wie die anderen Pestwurz-Arten auch, funktionell zwei-häusig. Die Blätter sind leicht mit denen des Huflattichs zu verwechseln. Sie werden aber meist deutlich größer und besitzen an den Randzähnen keine schwarzen Spitzen. Im Zweifelsfall geben oft die bis über einen Meter hohen Fruchtstände einen sicheren Hinweis.

Blutbär > 318

2 | **Gemeine Kratzdistel** *Cirsium vulgare* —Korbblütengewächse Asteraceae

0,5–1,5 m
Juli–Oktober

MERKMALE Zweijährige Pflanze mit aufrechtem, ästig verzweigtem, stark bestacheltem Stängel; Blätter bis fast zur Mittelrippe fiederteilig, mit schmalen, z. T. wiederum fiederteiligen Blattabschnitten, die jeweils in einem langen Stachel enden; Blüten purpurrot, in 3–4 cm langen und bis 3,5 cm breiten, aufrechten Körbchen am Ende des Stängels und der Seitenzweige.

VORKOMMEN Auf nährstoffreichen, meist trockenen Böden, etwa an Wegrändern, auf Ödland und Waldlichtungen; bei uns weit verbreitet und fast überall häufig.

WISSENSWERTES Die Einzelblüten besitzen eine 16–18 mm lange, sehr schmale Kronröhre. Der an ihrem Grund verborgene Nektar ist nur langrüssligen Insekten zugänglich, außer Bienen und Hummeln vor allem Schmetterlingen. Zu den besonders regelmäßigen Besuchern gehören außer dem Kaisermantel vor allem der Admiral und das Tagpfauenauge.

ÄHNLICHE ART Die **Wollige Kratzdistel** (*Cirsium spinosissimum*) besitzt bis 7 cm breite, außen spinnwebenartig wollig behaarte Körbchen. Sie kommt nur auf Kalkböden vor.

Distelfalter > 168
Flockenblumen-Scheckenfalter > 184
Purpurbär > 310

3 | **Gemeine Flockenblume** *Centaurea jacea* —Korbblütengewächse Asteraceae

10–70 cm
Juni–Oktober

MERKMALE Ausdauernde Pflanze mit aufrechtem, ästig verzweigtem Stängel; Blätter im unteren Stängelabschnitt schmal eiförmig, obere lanzettlich, ganzrandig oder am Rand gezähnt; Blüten rosa bis purpurrot, alle röhrenförmig, in 2,5–4 cm breiten Körbchen mit strahlenförmig vergrößerten Randblüten am Ende des Stängels und der seitlichen Äste (**3**, mit Schachbrett, *Melanargia galathea*).

VORKOMMEN Auf trockenen wie feuchten Wiesen, auch auf Waldlichtungen, an Wegrändern und auf steinigen Hängen; bei uns allgemein verbreitet und fast überall häufig, in den Alpen bis auf etwa 2 000 m Höhe.

WISSENSWERTES Die vergrößerten Randblüten sind steril und stellen reine Schauapparate dar. Sie sind aber im Gegensatz zu den randständigen Zungenblüten vieler anderer Korbblütler nicht flach, sondern schief trichterförmig aufgebaut und jeweils in 5 lange Zipfel ausgezogen. Die Körbchen werden besonders von Schmetterlingen gern besucht.

ÄHNLICHE ART Die **Skabiosen-Flockenblume** (*Centaurea scabiosa*) besitzt gefiederte Stängelblätter mit länglich-lanzettlichen Blattabschnitten; sie kommt nur auf Kalkböden vor und ist gebietsweise recht häufig.

Wolfsmilch-Ringelspinner > 74
Gewöhnlicher Scheckenfalter > 182
Flockenblumen-Scheckenfalter > 184
Heidespanner > 226 | Ampfer-Rindeneule > 254
Purpurbär > 310

1A

1B

2

3

1 | **Vogelwicke** *Vicia cracca* —Schmetterlingsblütengewächse Fabaceae

0,5–1,3 m
Juni–August

MERKMALE Ausdauernde Pflanze mit einfachem oder verzweigtem, kletterndem Stängel; Blätter paarig gefiedert, mit 5–10 lanzettlichen Fiederpaaren und verzweigter Ranke; Blüten blauviolett, 8–11 mm lang, in 3–8 cm lang gestielten, 15–40-blütigen Trauben in den oberen Blattachseln; Frucht eine 20–25 mm lange und etwa 5 mm breite, etwas abgeflachte Hülse.
VORKOMMEN Vor allem in lockeren Wäldern, an Wegrändern und auf Wiesen; fast überall häufig.
WISSENSWERTES Die Flügel der Blüte sind mit dem Schiffchen fest verbunden und drücken es beim Landen des Insekts herunter, sodass Griffel und Staubbeutel frei liegen. Dieser Mechanismus kann aber nur von Bienen einer bestimmten Gewichtsklasse ausgelöst werden.

Platterbsenwidderchen > 52
Kleines Fünffleckwidderchen > 58
Schmalflügel-Weißling > 122 | Scheck-Tageule > 260
Braune Tageule > 260

2 | **Luzerne** *Medicago sativa* —Schmetterlingsblütengewächse Fabaceae

30–90 cm
Juni–September

MERKMALE Ausdauernde Pflanze mit aufrechtem oder aufsteigendem, verzweigtem Stängel; Blätter 3-zählig mit schmal lanzettlichen Teilblättchen; Blüten 10–12 mm lang, blauviolett, in 5–25-blütigen, kopfig zusammengezogenen Trauben am Ende des Stängels und der Seitenäste; Frucht eine schraubig gewundene Hülse mit 1,5–3 Umgängen, die etwa 5 mm Höhe und Durchmesser erreicht.
VORKOMMEN Als Kulturpflanze feldmäßig angebaut und vielerorts verwildert, besonders an Wegrändern und auf trockenen Wiesen.
WISSENSWERTES Die Luzerne stammt ursprünglich aus dem Nahen Osten, wird aber schon seit dem Altertum als Kulturpflanze verwendet. In die üblichen Kulturrassen ist zu einem geringen Anteil Erbgut vom Sichelklee (>378) mit eingekreuzt.

Wander-Gelbling > 130
Gartenbläuling, Faulbaumbläuling > 146
Gewöhnlicher Bläuling, Hauhechelbläuling > 156
Braune Tageule > 260 | Gammaeule > 264
Weiße Tigermotte > 308

3 | **Gesporntes Veilchen** *Viola calcarata* —Veilchengewächse Violaceae

5–10 cm
Juni–August

MERKMALE Ausdauernde Pflanze mit sehr kurzem, aufsteigendem Stängel; Blätter eiförmig bis lanzettlich, am Rand gekerbt, 2–3 cm lang und bis 8 mm breit, am Grund mit bis 2 cm langen, gezähnten bis fiederteiligen Nebenblättern; Blüte 2,5–4 cm groß, dunkelviolett mit kräftig gelbem, meist hell eingefasstem Saftmal, 3–8 cm lang gestielt.
VORKOMMEN Auf alpinen Matten und Viehweiden, auf kalkhaltigem, aber ebenso auf kalkfreiem Untergrund; in den Alpen in Höhen zwischen ca. 1 600 und 3 000 m stellenweise nicht selten, sehr vereinzelt außerdem im südlichsten Schweizer Jura.
WISSENSWERTES Der wissenschaftliche Artname ist etwas irreführend, da die Art in vielen Regionen der Alpen kalkfreies Gestein bevorzugt.

Veilchenscheckenfalter > 180

4 | **Hundsveilchen** *Viola canina* —Veilchengewächse Violaceae

5–30 cm
April–Juni

MERKMALE Ausdauernde Pflanze mit aufsteigendem Stängel; Grundblätter fehlend, Stängelblätter breit eiförmig mit herzförmigem Grund, 2–3 cm lang und bis 2 cm breit, am Rand gekerbt, Nebenblätter am Rand mit Fransen; Blüten 20–25 mm groß, hell blauviolett mit dunkel gestreiftem unterem Blütenblatt und grünlichem Sporn.
VORKOMMEN Auf kalkarmen, trockenen Böden, z. B. auf Magerrasen, Heiden und in lichten Wäldern; in Gebieten ohne Kalkgestein weit verbreitet und stellenweise nicht selten.
WISSENSWERTES Die Art gehört mit ihren nach unten gerichteten seitlichen Blütenblättern zu den „eigentlichen" Veilchen, das Gesporte Veilchen mit den nach oben gerichteten seitlichen Blütenblättern zum Verwandtschaftskreis der Stiefmütterchen.

Großer Perlmuttfalter > 160
Sumpfwiesen-Perlmuttfalter > 164

1

2

3

4

1 | Raues Veilchen *Viola hirta* —Veilchengewächse Violaceae

5–15 cm
März–Mai

MERKMALE Ausdauernde Pflanze mit kurzem, verzweigtem Erdstock, ohne oberirdischen Stängel; alle Blätter grundständig, breit herzförmig, 1,5–10 cm lang und 1–6 cm breit, manchmal bis 20 cm lang gestielt; Blüten 15–20 mm groß, intensiv blauviolett, mit violettem, aufwärts gebogenem Sporn, 3–12 cm lang gestielt.
VORKOMMEN Vor allem in lichten Wäldern und auf Trockenrasen; im kalkreichen Bergland weit verbreitet und vielerorts häufig, im übrigen Gebiet ziemlich selten.

WISSENSWERTES Die Samen tragen ein von Ameisen gern verzehrtes Anhängsel. Sie tragen die Samen ins Nest und verbreiten so die Art.

Kaisermantel > 160 | Großer Perlmuttfalter > 160
Silberfleck-Perlmuttfalter > 164
Magerrasen-Perlmuttfalter > 164

2 | Sumpfveilchen *Viola palustris* —Veilchengewächse Violaceae

30–90 cm
Juni–September

MERKMALE Ausdauernde, kahle Pflanze mit kriechender Grundachse, die zahlreiche wurzelnde Ausläufer bildet, ohne Stängel; Blätter zu 3–4 in einer grundständigen Rosette, rundlich nierenförmig, mit freien, eiförmigen, am Rand meist gefransten Nebenblättern; Blüten bis 15 mm groß, blass lila, unteres Kronblatt violett geadert, mit 3–5 mm langem, geradem, violettem Sporn.
VORKOMMEN Auf kalkarmen Moorwiesen, in Mooren und Erlenbruchwäldern; bei uns allgemein verbreitet und meist nicht selten, in Kalkgebieten auch über weite Strecken fehlend.

WISSENSWERTES Die Samen besitzen keinen für Ameisen attraktiven Anhang. Die Samenausbreitung erfolgt, indem sie aus der bei der Reife aufspringenden Kapsel herausgeschleudert werden.

Großer Perlmuttfalter > 160
Sumpfwiesen-Perlmuttfalter > 164

3 | Stängelloser Enzian *Gentiana acaulis* —Enziangewächse Gentianaceae

5–10 cm
Juni–August

MERKMALE Ausdauernde Pflanze mit grundständiger Blattrosette und sehr kurzem, unverzweigtem Stängel; grundständige Blätter eiförmig, 3–20 cm lang, Stängelblätter schmäler und kürzer; Blüten 5–6 cm lang, mit innen grün gestreifter, 5-zipfliger Krone, einzeln am Ende des Stängels.
VORKOMMEN Auf alpinen Matten, gelegentlich auch in lichten Wäldern auf kalkarmem Untergrund; fast nur in den Alpen in Höhen zwischen etwa 1 200 und 2 800 m, stellenweise nicht selten, besonders in den Zentralalpen.

WISSENSWERTES Die Art wird auf kalkreichem Untergrund durch **Clusius' Enzian** (*Gentiana clusii*) abgelöst, dem im Innern der Blüte die grüne Zeichnung fehlt. Er kommt stellweise auch außerhalb der Alpen vor.

Goldener Scheckenfalter > 180

4 | Lungenenzian *Gentiana pneumonanthe* —Enziangewächse Gentianaceae

5–30 cm
April–Juni

MERKMALE Ausdauernde Pflanze mit aufrechtem, meist unverzweigtem Stängel; Blätter schmal lanzettlich bis linealisch, bis 8 mm breit; Blüten 35–50 mm lang, mit eng glockiger, 5-zipfliger, kräftig blauer, Krone, innen mit 5 grün punktierten Streifen, am Ende des Stängels und in den Achseln der oberen Blätter.
VORKOMMEN Auf feuchtem, torfigem Untergrund, z. B. in Flachmooren, in Feuchtheiden und auf sumpfigen Wiesen; bei uns weit verbreitet, aber fast überall ziemlich selten, vielerorts durch Trockenlegung von Feuchtgebieten schon ganz verschwunden.

WISSENSWERTES Die Blüten schließen sich wie bei allen Enzian-Arten während der Nacht und bei trübem Wetter; sie öffnen sich erst bei etwa 25 °C vollständig und werden vorzugsweise von Hummeln bestäubt.

Lungenenzian-Ameisenbläuling,
Kreuzenzian-Ameisenbläuling > 150

1

2

3

4

1 | Natternkopf *Echium vulgare* —Raublattgewächse Boraginaceae

30–80 cm
Juni–August

MERKMALE Zweijährige Pflanze mit aufrechtem, verzweigtem Stängel; Blätter lineal-lanzettlich, die grundständigen bis 30, die Stängelblätter bis etwa 10 cm lang; Blüten 14–22 mm lang, schief engglockig-trichterförmig, fast bis zum Grund in 5 Zipfel gespalten, in spiralig gebogenen Trauben (so genannten „Wickeln") in den Achseln der oberen Blätter.

VORKOMMEN Auf nährstoffreichen, trockenen Böden, z. B. an Straßenrändern, in Steinbrüchen und auf Trockenrasen; bei uns weit verbreitet und in den meisten Gebieten häufig.

WISSENSWERTES Der Name „Natternkopf" bezieht sich auf die wie ein offenes Maul wirkende Blüte mit dem herausragenden, gespaltenen und dadurch an eine Schlangenzunge erinnernden Griffel.

Messingeule > 264 | Weiße Tigermotte > 308
Russischer Bär > 316

2 | Wiesensalbei *Salvia pratensis* —Lippenblütengewächse Lamiaceae

30–60 cm
April–August

MERKMALE Ausdauernde Pflanze mit Pfahlwurzel, grundständiger Blattrosette und aufrechtem, nur im Blütenstand verzweigtem Stängel; Blätter eiförmig, 6–12 cm lang und bis 5 cm breit, am Rand gekerbt; Blüten 2–2,5 cm lang, blauviolett, seltener rosa oder weiß, mit lang sichelförmiger Oberlippe und kürzerer, 3-lappiger Unterlippe, zu jeweils 4–8 in mehreren „Stockwerken" am Ende des Stängels und der Seitenäste (**2**, mit saugendem Wander-Gelbling, *Colias crocea*).

VORKOMMEN Vor allem auf Trockenrasen und in blütenreichen Wiesen; in den Kalkgebieten häufig, sonst ziemlich selten.

WISSENSWERTES Die Bestäubung der Blüten erfolgt nach einem Schlagbaummechanismus, der nur durch langrüsslige Bienen und Hummeln ausgelöst werden kann. Sie drücken beim Nektarsaugen gegen einen Hebel, der die Staubbeutel auf ihren Rücken herunterschwenkt.

Großer Sackträger > 38
Kleines Nachtpfauenauge > 86 | Gammaeule > 264
Ginster-Streckfuß > 284 | Gestreifter Grasbär > 300
Purpurbär > 310 | Russischer Bär > 316

3 | Teufelsabbiss *Succisa pratensis* —Kardengewächse Dipsacaceae

15–80 cm
Juli–September

MERKMALE Ausdauernde Pflanze mit aufrechtem, meist verzweigtem Stängel; grundständige Blätter gestielt, eiförmig oder lanzettlich, ganzrandig, Stängelblätter sitzend; Blüten 4-zählig, blauviolett, in halbkugeligen, bis 2,5 cm großen Blütenständen am Ende des Stängels und der Seitenäste.

VORKOMMEN Auf feuchten oder wechselfeuchten, meist torfigen Böden, etwa in Flachmooren, auf Magerwiesen und an quelligen Hängen; in Mitteleuropa weit verbreitet, aber in den meisten Gebieten nicht häufig.

WISSENSWERTES Der Name Teufelsabbiss bezieht sich auf den Wurzelstock, der vom Ende her abstirbt und daher wie „abgebissen" erscheint. Die Wurzel wurde früher vielfach als Blutreinigungsmittel verwendet.

Goldener Scheckenfalter > 180

4 | Großer Ehrenpreis *Veronica teucrium* —Braunwurzgewächse Scrophulariaceae

20–40 cm
Juni–Juli

MERKMALE Ausdauernde Pflanze mit oberwärts verzweigtem Stängel; Blätter lanzettlich, am Rand gezähnt, bis 7 cm lang; Blüten 4-zählig, Krone leuchtend blau, am Grund verwachsen, oberes Kronblatt etwas breiter, das untere etwas schmäler als die seitlichen, zu 10–40 in Trauben am Ende des Stängels und der Seitenzweige.

VORKOMMEN Vorzugsweise an Waldrändern und auf Trockenrasen; in den kalkreichen Gebieten ziemlich häufig, in den übrigen Gebieten nur vereinzelt.

WISSENSWERTES Die Art ist auch als Zierpflanze recht verbreitet und stellenweise aus Gärten verwildert.

Gewöhnlicher Scheckenfalter > 182
Roter Scheckenfalter > 182
Wachtelweizen-Scheckenfalter > 184

1

2

3

4

1 Großer Sauerampfer *Rumex acetosa*
—Knöterichgewächse Polygonaceae

0,3–1 m
Mai–August

MERKMALE Ausdauernde, zweihäusige Pflanze mit verzweigtem Wurzelstock und aufrechtem, oberwärts ästigem Stängel; Blätter meist pfeilförmig mit rückwärts gerichteten Zipfeln, die unteren lang gestielt, die oberen sitzend; Blüten unscheinbar, in Knäueln an endständigen Rispen angeordnet; die 3 Kronblätter der weiblichen Blüten kreisförmig, zur Fruchtzeit vergrößert, 3–3,5 mm im Durchmesser, grünlich mit rotem Rand oder ganz rot, an der Basis mit kleiner Schwiele, umschließen als „Valven" die 3-kantige, deutlich kleinere Frucht, eine einsamige Nuss.
VORKOMMEN Auf nährstoffreichen, meist etwas feuchten Böden, besonders auf Fettwiesen, doch auch an Wegrändern, an Böschungen und auf Ödland; bei uns weit verbreitet und fast überall häufig.
WISSENSWERTES Die Blätter des Sauerampfers werden wegen ihres durch Oxalsäure hervorgerufenen, säuerlichen Geschmacks gern gegessen, vor allem von Kindern, und z. B. auch oft als Salatwürze verwendet. Beim Verzehr größerer Mengen kann es aber auch zu leichten Vergiftungserscheinungen kommen, die sich z. B. durch Erbrechen und starken Durchfall äußern können.

Kleiner Feuerfalter > 134 | Dukatenfalter > 136
Brauner Feuerfalter > 138 | Lilagold-Feuerfalter > 138

2 Kleiner Sauerampfer *Rumex acetosella*
—Knöterichgewächse Polygonaceae

5–40 cm
Mai–August

MERKMALE Ausdauernde, zweihäusige Pflanze mit verzweigtem Wurzelstock und aufrechtem, im oberen Teil verzweigtem Stängel; Blätter spießförmig mit meist zur Seite gerichteten Zipfeln, die unteren gestielt, die oberen sitzend; Blüten in lockerer Rispe; Frucht von eiförmigen, zugespitzten, etwa 2 mm langen Valven umhüllt, die kaum größer als die Nuss und nicht mit ihr verwachsen sind.
VORKOMMEN Auf nährstoffarmen, meist trockenen und vorzugsweise sauren, sandigen Böden, etwa auf Sandwegen, in Heidegebieten, auf trockenen Wiesen und am Rand von Äckern; in Sandgebieten weit verbreitet und fast überall häufig, in Kalkgebieten deutlich seltener und über größere Strecken fehlend.
WISSENSWERTES Auch die Blätter des Kleinen Sauerampfers besitzen durch ihren Gehalt an Oxalsäure einen säuerlichen Geschmack. Die Art wächst oft in dichten Beständen und kann dann z. B. den Wert des Viehfutters stark herabsetzen. Ein hoher Anteil von Sauerampfer im Grünfutter führt beim Vieh zu Durchfallerkrankungen. Der Name „Ampfer" geht auf einen althochdeutschen Wortstamm zurück, der so viel wie „scharf" oder „sauer" bedeutet.

Kleiner Feuerfalter > 134 | Dukatenfalter > 136
Brauner Feuerfalter > 138
Lilagold-Feuerfalter > 138
Gestreifter Grasbär > 300

3 Stumpfblättriger Ampfer *Rumex obtusifolius*
—Knöterichgewächse Polygonaceae

0,5–1,2 m
Juli–August

MERKMALE Ausdauernde Pflanze mit verzweigtem Wurzelstock und aufrechtem, im oberen Teil ästigem Stängel **(3a)**; Grundblätter lang gestielt, breit eiförmig mit herzförmigem Grund, Stängelblätter nach oben immer schmaler und länglicher werdend; Blüten zwittrig, in Knäueln in einer endständigen Rispe angeordnet; Valven 2,5–5 mm lang, länglich dreieckig mit stumpfer Spitze, meist mit einer deutlichen Schwiele und am Rand mit 2–5 Zähnen **(3b)**.
VORKOMMEN Auf nährstoffreichem, etwas feuchtem Untergrund, etwa auf gelegentlich überschwemmten Weiden, auf vernässten Äckern, an Grabenrändern und auch auf regelmäßig mit Gülle gedüngten Grünlandflächen; bei uns überall häufig.
WISSENSWERTES Der Stumpfblättrige Ampfer enthält im Gegensatz zu den Sauerampfern keine Oxalsäure. Seine reifen Früchte lassen sich leicht von den trockenen Stängeln abstreifen und gelten in der Volksmedizin als Heilmittel gegen Durchfall.
ÄHNLICHE ART Der sehr ähnliche **Krause Ampfer** (*Rumex crispus*) besitzt am Rand ungezähnte Valven, von denen eine oder alle drei eine deutliche Schwiele tragen. Er kommt an ähnlichen Stellen vor wie der Stumpfblättrige Ampfer und ist bei uns fast überall häufig.

Kleiner Feuerfalter > 134 | Großer Feuerfalter > 136
Ampfer-Rindeneule > 254 | Achateule > 270
Weißfleckwidderchen > 298

1

2

3A

3B

1 Hopfen *Humulus lupulus* —Hanfgewächse Cannabaceae

3–6 m
Mai

MERKMALE Zweihäusige Schlingpflanze mit ausdauerndem Wurzelstock; Blätter rundlich oder eiförmig, meist in 3–7 Lappen geteilt, an Spitzen weiblicher Pflanzen ungeteilt; männliche Blüten in hängenden Rispen in den Blattachseln, weibliche Blüten in beblätterten Ähren, die zur Fruchtzeit zu 15–25 mm dicken Zapfen heranwachsen.

VORKOMMEN An etwas feuchten Stellen in Gebüschen und Auwäldern; in Mitteleuropa weit verbreitet und fast überall ziemlich häufig, besonders in den Flusstälern; in einigen Gegenden feldmäßig angebaut, vor allem auf Sandböden.

WISSENSWERTES Der Hopfen gehört zu den wenigen heimischen Lianen. Im Gegensatz zur Waldrebe sind seine Stängel rechtswindend. Die weiblichen Blüten enthalten ätherische Öle und Bitterstoffe, die beim Bierbrauen Verwendung finden. Angebaut werden nur weibliche Pflanzen, deren Blüten etwa einen Monat nach der Blütezeit (die bei den Kultursorten im Hochsommer liegt) geerntet werden. Beim Anbau muss sehr sorgfältig darauf geachtet werden, dass in der Nähe keine männlichen Wildpflanzen wachsen, da die Pflanzen keine Samen bilden sollen.

C-Falter > 172

2 Große Brennnessel *Urtica dioica* —Brennnesselgewächse Urticaceae

0,3–1,5 m
Juni–Oktober

MERKMALE Ausdauernde, zweihäusige Pflanze mit verholztem Wurzelstock und aufrechtem, meist unverzweigtem, vierkantigem Stängel; Blätter gestielt, gegenständig, bis 15 cm lang und 8 cm breit, länglich eiförmig und in eine lange Spitze ausgezogen, am Rand grob gesägt; Blüten sehr unscheinbar, in achselständigen Rispen, die männlichen aufwärts gerichtet bis waagerecht, die weiblichen **(2)** nach der Blütezeit hängend.

VORKOMMEN An nährstoffreichen, sonnigen bis halbschattigen Standorten, etwa an Wegrändern, in Wäldern und im Kulturgelände; typischer Überdüngungszeiger, der bei uns fast überall zu den häufigsten Pflanzen gehört.

WISSENSWERTES Die Große Brennnessel gehört zu den wichtigsten krautigen Futterpflanzen für Schmetterlingsraupen (siehe Kasten). Allerdings nutzen viele Schmetterlingsarten nur Pflanzen ganz bestimmter Standorte. Die Art wurde vor allem in Notzeiten wie Spinat als Gemüse zubereitet und diente außerdem als Heilmittel gegen Rheumatismus und zur Blutreinigung. Die Brennwirkung beruht auf etwa 1–2 mm langen, durch Einlagerung von Kieselsäure versteiften Haaren mit kugelförmigem, leicht abbrechendem Köpfchen. Die abgebrochenen Haarspitzen dringen gleich Kanülen in die Haut ein und injizieren den aggressiven, säurehaltigen Zellsaft.

Admiral > 168 | Distelfalter > 168
Tagpfauenauge > 170 | Kleiner Fuchs > 172
C-Falter > 172 | Landkärtchen > 174
Gammaeule > 264 | Messingeule > 264
Schwarzes Ordensband > 270 | Achateule > 270
Purpurglanzeule > 272
Gothica-Kätzcheneule > 276 | Flohkrauteule > 276
Hausmutter > 278 | Gelbe Bandeule > 278
Gelber Fleckleibbär > 308 | Weiße Tigermotte > 308
Rotrandbär > 310 | Brauner Bär > 314
Russischer Bär > 316 | Schönbär > 318

3 Kleiner Wiesenknopf *Sanguisorba minor* —Rosengewächse Rosaceae

20–60 cm
Mai–Juni

MERKMALE Ausdauernde Pflanze mit aufsteigendem oder aufrechtem, verzweigtem Stängel **(3a)**; grundständige Blätter 10–20 cm lang, unpaarig gefiedert mit 4–12 eiförmigen, gezähnten Fiederpaaren; Blüten 1–3 mm im Durchmesser, grün, in kugeligen oder eiförmigen Köpfchen am Ende des Stängels und der Seitenäste, im oberen Teil weibliche, darunter männliche Blüten **(3b)**.

VORKOMMEN Vorwiegend auf kalkhaltigen, trockenen Böden, z. B. auf Trockenrasen, an Wegrändern und auf ungedüngten Wiesen; auf Kalkböden weit verbreitet und vielerorts häufig, im übrigen Gebiet nur vereinzelt und stellenweise auch fehlend.

WISSENSWERTES Die unscheinbar grünen Blüten produzieren keinen Nektar und werden normalerweise auch nicht von Insekten besucht. Sie sind vielmehr auf Windbestäubung ausgerichtet. Hierzu sind die Staubfäden stark verlängert und die Narben pinselartig vergrößert **(3b)**.

Wolfsmilch-Ringelspinner > 74 | Brombeerspinner > 76
Roter Würfeldickkopf > 110
Kleiner Würfeldickkopf > 110 | Russischer Bär > 316

1

2

3A

3B

1 | Ähriges Tausendblatt *Myriophyllum spicatum* —Seebeerengewächse Haloragaceae

0,2–1,8 m
Juni–August

MERKMALE Ausdauernde, untergetauchte Wasserpflanze mit im Grund verwurzelten, verzweigten Stängeln; Blätter in 4-zähligen Quirlen, tief fiederteilig mit 25–35 fadenförmigen Blattzipfeln; Blüten unscheinbar, an über den Wasserspiegel hinausragenden Triebspitzen in 4-zähligen Quirlen, die oberen männlich, die unteren weiblich.
VORKOMMEN In stehenden und langsam fließenden Gewässern, z. B. in Teichen, Seen und Altwassern; bei uns meist häufig.

WISSENSWERTES Die Pflanze überwintert mit keulenförmigen, verdickten Endknospen, den Turionen. Diese bilden sich im Spätsommer und sinken im Herbst zu Boden.

Weißer Wasserzünsler > 68

2 | Alpen-Frauenmantel *Alchemilla alpina* —Rosengewächse Rosaceae

5–30 cm
Juni–August

MERKMALE Ausdauernde Pflanze mit grundständiger Blattrosette und niederliegendem oder aufsteigendem, verzweigtem Stängel; Grundblätter fingerförmig 5–9-teilig, an der Unterseite dicht silbrig behaart, Stängelblätter 3–5-teilig; Blüten mit meist 4 gelbgrünen Kelchblättern, ohne Kronblätter, in einer geknäuelten Rispe am Ende des Stängels und der Seitenzweige.
VORKOMMEN Auf kalkarmen, alpinen Matten und Zwergstrauchheiden in Höhen zwischen etwa 1 500 und 2 800 m; in den Alpen weit verbreitet und über kristallinen Gesteinen meist nicht selten.

WISSENSWERTES Die sehr formenreiche Art wird inzwischen in zahlreiche Kleinarten aufgeteilt. Sie pflanzt sich vielfach apomiktisch fort, also durch Samen, die ohne Geschlechtsvorgänge aus normalen, diploiden Zellen gebildet werden. Da es hierbei nicht zum Austausch von Erbgut kommt, wird die Bildung von lokalen Formen sehr begünstigt.

Alpiner Ringelspinner > 76 | Streifenbär > 304
Matterhornbär > 304 | Engadiner Bär > 314

3 | Spitzwegerich *Plantago lanceolata* —Wegerichgewächse Plantaginaceae

10–40 cm
April–September

MERKMALE Ausdauernde Pflanze mit grundständiger Blattrosette; Blätter schmal lanzettlich, ganzrandig, aufgerichtet, 10–20 cm lang und bis 2 cm breit; Blüten unscheinbar, mit etwa 5 mm langer, 4-zipfliger, bräunlich violetter Krone und weit herausragenden Staubgefäßen, in einer 1–4 cm langen Ähre am Ende des unverzweigten, blattlosen Stängels.
VORKOMMEN An nährstoffreichen Stellen, z. B. auf Fettwiesen, an Wegrändern und auf Weiden; bei uns fast überall sehr häufig.

WISSENSWERTES Die getrockneten Blätter werden in der Volksmedizin gegen zahlreiche Beschwerden eingesetzt, etwa bei Keuchhusten.

Großer Sackträger > 38 | Brombeerspinner > 76
Gewöhnlicher Scheckenfalter > 182
Roter Scheckenfalter > 182
Wachtelweizen-Scheckenfalter > 184
Ampfer-Rindeneule > 254 | Weißfleckwidderchen > 298
Weißer Grasbär > 300 | Zimtbär > 306
Wegerichbär > 306 | Purpurbär > 310 | Rotrandbär > 310
Schwarzer Bär > 312 | Englischer Bär > 316

4 | Alpen-Wegerich *Plantago alpina* —Wegerichgewächse Plantaginaceae

5–15 cm
April–August

MERKMALE Ausdauernde Pflanze mit grundständiger Blattrosette; Blätter schmal lanzettlich bis linealisch, 3–10 cm lang und bis 5 mm breit; Blüten unscheinbar, mit 2–3 mm langer, 4-zipfliger, weißlicher Krone und weit herausragenden Staubgefäßen, am Ende des unverzweigten, blattlosen Stängels in einer 1,5–3 cm langen Ähre.
VORKOMMEN Auf kalkarmen alpinen Matten, vorzugsweise in Höhen zwischen 1 000 und 2 500 m; in den kristallinen Zentralalpen allgemein verbreitet und vielerorts häufig, in den Kalkalpen seltener.
WISSENSWERTES Die Blüten mit den weit herausragenden Staubgefäßen werden überwiegend vom Wind bestäubt.

Veilchenscheckenfalter > 180 | Streifenbär > 304
Matterhornbär > 304 | Engadiner Bär > 314

1

2

3

4

1 | **Kanadische Wasserpest** *Elodea canadensis* —Froschbissgewächse Hydrocharitaceae

1–3 m
Mai–August

MERKMALE Ausdauernde, untergetauchte, 2-häusige Wasserpflanze mit stark verzweigtem, im Boden wurzelndem Stängel; Blätter dunkelgrün, länglich oval bis lanzettlich, 6–13 mm lang und 1–5 mm breit, an der Stängelbasis gegenständig, sonst in meist 3-zähligen Quirlen; in Europa nur weibliche Bestände, Blüten einzeln nahe der Sprossspitze an 2–5 cm langen, flutenden Stielen auf der Wasseroberfläche schwimmend; Krone ca. 5 mm im Durchmesser, mit 3 weißen oder hell rötlichen Kronblättern und 3 Kelchblättern.

VORKOMMEN In stehenden und fließenden Gewässern aller Art; stammt aus Nordamerika, vor über 150 Jahren eingeschleppt und mittlerweile fast überall häufig.

WISSENSWERTES Die Art breitete sich in Europa so explosionsartig aus, dass sie vielfach die Fischerei und sogar die Schifffahrt behinderte.

Weißer Wasserzünsler > 68

2 | **Schwimmendes Laichkraut** *Potamogeton natans* —Laichkrautgewächse Potamogetonaceae

0,6–2 m
Mai–August

MERKMALE Ausdauernde Schwimmblattpflanze mit kriechendem Wurzelstock und wenig verzweigtem Stängel; im Frühjahr bis 50 cm lange, zur Blütezeit abgestorbene, binsenartige Unterwasserblätter; Schwimmblätter eiförmig, am Grund meist herzförmig ausgeschnitten, 4–12 cm lang; Blüten in einer 4–5 cm langen Ähre auf einem über die Wasseroberfläche hinausragenden, bis 10 cm langen Stiel; Blütenhülle fehlend; Blüten dafür mit 4 kronblattartigen Staubblattanhängseln.

VORKOMMEN In stehenden, seltener in fließenden, meist nährstoffarmen Gewässern, z. B. in Teichen, Tümpeln und Altwassern; bei uns überall häufig.

WISSENSWERTES Die Art verträgt problemlos die Austrocknung ihrer Gewässer und bildet dann vorübergehend Landformen aus.

Laichkrautzünsler > 68

3 | **Kleine Wasserlinse** *Lemna minor* —Wasserlinsengewächse Lemnaceae

2–6 mm
Mai–Juni

MERKMALE Ausdauernde, auf der Wasseroberfläche schwimmende Pflanze; Sprossglieder 2–4 mm lang und 1–3 mm breit, beiderseits flach, an der Unterseite jeweils eine 1–4 cm lange Wurzel, einzeln oder zu 2–6 zusammenhängend; Blüten selten ausgebildet, 2 männliche, jeweils nur aus einem Staubblatt bestehende und eine weibliche, aus einem Fruchtknoten bestehende Blüte bilden dabei einen winzigen Blütenstand **(3)**.

VORKOMMEN In stehenden und fließenden, oft verschmutzten Gewässern; überall häufig.

WISSENSWERTES Die Art bildet keine besonderen Überwinterungsstadien, sondern überwintert mit etwas kleineren Sprossgliedern.

Laichkrautzünsler > 68 | Wasserlinsenzünsler > 68

4 | **Einfacher Igelkolben** *Sparganium emersum* —Igelkolbengewächse Sparganiaceae

20–60 cm
Juni–Juli

MERKMALE Ausdauernde Wasserpflanze mit aufrechtem, unverzweigtem Stängel; grundständige Blätter bis 50 cm lang und 1 cm breit, steif aufragend und am Rücken deutlich gekielt, Stängelblätter am Grund scheidenförmig verbreitert; Blüten getrenntgeschlechtlich, in kugeligen Köpfchen, unten 2–5 weibliche, darüber 3–8 männliche; Früchte lang geschnäbelt.

VORKOMMEN In Gräben und Tümpeln, auch in langsam fließenden Gewässern, meist auf schlammigem, kalkarmem Untergrund; allgemein verbreitet, doch nur gebietsweise häufig.

WISSENSWERTES Die Art kommt in verschiedenen Standortmodifikationen vor; stellenweise bildet sie z. B. im Wasser flutende Stängel mit bis 1,2 m langen Schwimmblättern aus.

Laichkrautzünsler > 68

1
2
3
4

1 Schafschwingel *Festuca ovina*

—Seerosengewächse Poaceae

10–50 cm
Juni–Oktober

MERKMALE Ausdauerndes, horstbildendes Gras mit aufrechten bis bogig aufsteigenden Halmen; Blätter eng zusammengefaltet und dadurch fein haarförmig, kaum 1 mm breit; Blüten in 3–8-blütigen Ährchen in einer bis 12 cm langen, wenig verzweigten Rispe.
VORKOMMEN Auf nährstoffarmen, trockenen und besonnten Standorten, etwa auf Trockenrasen, an Wegrändern und auf Schafweiden.
WISSENSWERTES Der Schafschwingel ist eine sehr formenreiche Sammelart. Eine Unterscheidung der zahlreichen Kleinarten ist im Allgemeinen nur Spezialisten möglich. Er gehört zu den typischen Magergräsern, auf die viele Raupen magerer Standorte angewiesen sind.

Kommafalter > 114 | Mauerfuchs > 196 | Braunauge > 196 | Gewöhnliches Wiesenvögelchen > 198 | Perlgrasfalter > 198 | Großes Ochsenauge > 200 | Rundaugen-Mohrenfalter > 202 | Weißbindiger Mohrenfalter > 202 | Ockerbindiger Samtfalter > 206 | Weißer Waldportier > 206 | Berghexe > 206 | Gestreifter Grasbär > 300 | Weißer Grasbär > 300

2 Wiesen-Rispengras *Poa pratensis*

—Süßgrasgewächse Poaceae

10–60 cm
Mai–Juni

MERKMALE Ausdauerndes, durch zahlreiche Ausläufer Rasen bildendes Gras; Blätter bis 30 cm lang, die oberen kürzer als ihre Blattscheiden, am Grund mit kurzem, abgestutztem Blatthäutchen; Ährchen bis 6 mm lang, in einer reichblütigen, pyramidenförmigen Rispe.
VORKOMMEN Vorzugsweise auf Wiesen, an Wegrändern und Straßenböschungen; überall sehr häufig, eines der häufigsten heimischen Süßgräser.
WISSENSWERTES Dieses sehr anspruchslose, strapazierfähige Gras ist meist auch in Samenmischungen für Zierrasen enthalten.

Schachbrettfalter > 194
Gewöhnliches Wiesenvögelchen > 198
Dunkler Waldvogel > 200 | Großes Ochsenauge > 200
Weißlichgelbe Grasbüscheleule > 278

3 Gemeines Knäuelgras *Dactylis glomerata*

—Süßgrasgewächse Poaceae

0,3–1,2 m
Mai–Juni

MERKMALE Ausdauerndes, horstbildendes Gras mit schlanken Halmen; Blätter 10–45 cm lang und bis 15 mm breit, mit seitlich stark zusammengedrückter Blattscheide und bis 10 mm langem, zungenförmigem Blatthäutchen; Ährchen 5–9 mm lang, zu dichten Knäueln vereint in einer im Umriss dreieckigen, wenig verzweigten Rispe mit nahezu waagerecht abstehendem, unterem Rispenast.
VORKOMMEN Besonders an Straßenrändern, auf Fettwiesen, an Waldrändern und auf Ödlandflächen, bei uns überall sehr häufig.
WISSENSWERTES Die hochwüchsige Art hat eine große Bedeutung als eines der wichtigsten Futtergräser in der Landwirtschaft.

Schwarzkolbiger Braundickkopffalter > 112
Gelbfleckiger Dickkopffalter > 112
Großer Braundickkopffalter > 114
Mauerfuchs > 196

4 Aufrechte Trespe *Bromus erectus*

—Süßgrasgewächse Poaceae

30–80 cm
Mai–Oktober

MERKMALE Ausdauerndes, in dichten Horsten wachsendes Gras mit aufrechten Halmen; Blätter bis 30 cm lang und 2–3 mm breit, am Rand 1,5 mm lang bewimpert, Blatthäutchen 0,5–2 mm lang, am Rand gezähnelt; Ährchen 4–14-blütig, lang begrannt und bis 30 mm lang, in einer wenig verzweigten, schlanken Rispe.
VORKOMMEN Vorzugsweise an kalkreichen, trockenen und offenen Standorten, besonders auf Trockenrasen, an Wegrändern und auf steinigen Abhängen; in den Kalkgebieten allgemein verbreitet und fast überall häufig, sonst ziemlich selten.
WISSENSWERTES Die Aufrechte Trespe ist die namengebende Charakterart des verbreitetsten Trockenrasentyps, des Trespen-Halbtrockenrasens oder *Mesobrometum erecti*, einer Pflanzengesellschaft, die unter dem Einfluss extensiver Schafbeweidung entstanden und heute hochgradig gefährdet ist.

Schachbrettfalter > 194 | Mauerfuchs > 196
Dunkler Waldvogel > 200 | Großes Ochsenauge > 200
Rundaugen-Mohrenfalter > 202
Blauäugiger Waldportier > 204
Großer Waldportier > 204
Ockerbindiger Samtfalter > 206
Weißer Waldportier > 206 | Berghexe > 206 |
Gestreifter Grasbär > 300

1

2

3

4

1 | **Fiederzwenke** *Brachypodium pinnatum* —Süßgrasgewächse Poaceae

0,4–1 m
Juni–Juli

MERKMALE Ausdauerndes, durch unterirdische Ausläufer rasenförmig wachsendes Gras mit aufrechten, unverzweigten, an den Knoten dicht behaarten Halmen; Blätter bis 25 cm lang und 7,5 mm breit, schlaff, am Grund mit abgestutztem, bis 3 mm langem Blatthäutchen; Ährchen schmal, 10–20-blütig und bis 35 mm lang, zu 6–10 2-zeilig angeordnet in einer bis 18 cm langen, lockeren Traube.
VORKOMMEN Besonders auf Trockenrasen sowie an Wald- und Wegrändern; vor allem im Bergland weit verbreitet und vielerorts häufig.
WISSENSWERTES Die Art wird von Schafen meist verschmäht und kann sich deshalb auf beweideten Trockenrasen gut behaupten. Sie ist wegen ihrer unterirdischen Ausläufer auch ziemlich unempfindlich gegenüber Bränden.

Schwarzkolbiger Braundickkopffalter > 112
Großer Braundickkopffalter > 114
Schachbrettfalter > 194 | Waldbrettspiel > 194
Mauerfuchs > 196 | Weißpunkt-Graseule > 270

2 | **Wolliges Honiggras** *Holcus lanatus* —Süßgrasgewächse Poaceae

0,3–1 m
Juni–Juli

MERKMALE Ausdauerndes, dichte oder lockere Horste bildendes Gras mit aufrechten oder unten geknieten Halmen; Blätter bis 25 cm lang und 10 mm breit, dicht und weich behaart, mit 1–2 mm langem, abgestutztem und zerschlitztem Blatthäutchen; Ährchen 2-blütig, 3–5 mm lang, in einer zur Blütezeit ausgebreiteten, sonst zusammengezogenen, etwas rötlich überlaufenen Rispe.
VORKOMMEN Vorzugsweise an etwas feuchten, nicht zu nährstoffreichen Standorten, z. B. am Rand von Mooren, auf frischen Wiesen und Quellhängen; bei uns allgemein verbreitet und fast überall häufig.
WISSENSWERTES Die Art wird allgemein als Weideunkraut betrachtet, da ihr ein eher geringer Futterwert zukommt.

Braunauge > 196 | Perlgrasfalter > 198

3 | **Landreitgras** *Calamagrostis epigejos* —Süßgrasgewächse Poaceae

1–1,8 m
Juli–August

MERKMALE Ausdauerndes, dicht rasenförmig wachsendes Gras mit unterirdischen Ausläufern und aufrechtem, unverzweigtem Stängel; Blätter bis 70 cm lang und 10 mm breit, am Rand stachelhaarig, Blatthäutchen bis 8 mm lang, oft zerschlitzt; Ährchen 1-blütig, 5–6 mm lang, hellgrau, oft etwas rötlich, in einer bis 30 cm langen, reichblütigen Rispe, die nur während der Blütezeit ausgebreitet ist.
VORKOMMEN Besonders auf sandigen, in der Tiefe feuchten Standorten, etwa auf Kahlschlägen und an Flussufern; fast überall häufig.
WISSENSWERTES Die Art neigt zur Ausbildung großflächiger, dichter Bestände, die z. B. auf Sanddünen andere wertvolle Arten zurückdrängen.

Schwarzkolbiger Braundickkopffalter > 112
Gelbfleckiger Dickkopffalter > 112
Großer Braundickkopffalter > 114
Waldbrettspiel > 194 | Braunauge > 196
Dunkler Waldvogel > 200
Großes Ochsenauge > 200
Blauäugiger Waldportier > 204
Weißpunkt-Graseule > 270

4 | **Rohrglanzgras** *Phalaris arundinacea* —Süßgrasgewächse Poaceae

0,5–3 m
Juni–August

MERKMALE Ausdauerndes Gras mit langen, unterirdischen Ausläufern und steif aufrechten Halmen; Blätter blaugrün, 8–15 mm breit, am Rand etwas rau; Blattgrund mit einem 3–6 mm langen, meist stark zerschlitzten Blatthäutchen; Ährchen 5–7 mm lang, dicht geknäuelt in einer zur Blütezeit ausgebreiteten, später zusammengezogenen, meist rot überlaufenen Rispe.
VORKOMMEN Am Ufer stehender und fließender Gewässer, auf nassen Wiesen und in Auwäldern, meist auf nährstoffreichen, etwas sauren Böden; allgemein verbreitet und fast überall häufig.
WISSENSWERTES Die Art trägt wegen ihrer langen Ausläufer gut zur Uferbefestigung bei. Sie ist recht unempfindlich gegenüber Gewässerverschmutzung.

Grasglucke > 80 | Ried-Weißstriemeneule > 254

1

2

3

4

1 | Schilfrohr *Phragmites australis* —Süßgrasgewächse Poaceae

1–4 m
Juli–September

MERKMALE Ausdauerndes Gras mit weit kriechendem Wurzelstock und langen, ober- und unterirdischen Ausläufern; Halm steif aufragend, bis 2 cm dick; Blätter graugrün, flach und am Rand schneidend, bis 30 cm lang und 3 cm breit; Blattgrund anstelle des Blatthäutchens mit einem Haarkranz; Ährchen 10–15 mm lang, 3–8-blütig, in einer 20–50 cm langen, vielblütigen, oben etwas überhängenden Rispe.

VORKOMMEN In Röhrichten stehender und langsam fließender Gewässer, auch auf Feuchtwiesen und in feuchten Wäldern; bei uns überall häufig.

WISSENSWERTES Die Art kann noch in bis zu 2 m Wassertiefe wachsen.

Grasglucke > 80 | Ried-Weißstriemeneule > 254
Schilf-Bürstenspinner > 290

2 | Pfeifengras *Molinia caerulea* —Süßgrasgewächse Poaceae

0,2–1 m
Juli–August

MERKMALE Ausdauerndes, in dichten Horsten wachsendes Gras mit aufrechten, unbeblätterten Halmen; Blätter blaugrün, bis 40 cm lang und 3–10 mm breit, anstelle des Blatthäutchens mit einem kurzen Haarkranz; Ährchen 4–9 mm lang, 1–4-blütig, in einer bis 40 cm langen, schmal zusammengezogenen, purpurn überlaufenen Rispe.

VORKOMMEN Vorzugsweise auf Moorwiesen und abgetorften Moorflächen, aber auch auf Waldlichtungen und Heideflächen in oft dichten Beständen; bei uns weit verbreitet und in den meisten Gegenden häufig, in ausgesprochenen Kalkgebieten aber fehlend.

WISSENSWERTES Die langen Halme besitzen nur am unteren Ende dicht übereinander 3–4 Knoten. Sie wurden daher früher mit Vorliebe zum Putzen von Pfeifen verwendet.

Kleespinner > 78 | Grasglucke > 80
Gelbfleckiger Dickkopffalter > 112
Großer Braundickkopffalter > 114
Waldbrettspiel > 194 | Dunkler Waldvogel > 200
Weißbindiger Mohrenfalter > 202
Blauäugiger Waldportier > 204
Weißpunkt-Graseule > 270

3 | Blaugras *Sesleria albicans* —Süßgrasgewächse Poaceae

10–50 cm
März–Juli

MERKMALE Ausdauerndes, horstbildendes Gras mit dünnen, aufrechten Halmen; Blätter bis 25 cm lang und 3 mm breit, Blatthäutchen nur etwa 5 mm lang, zerschlitzt; Ährchen meist 2-blütig, 4,5–7 mm lang, in einer länglich eiförmigen, bläulich überlaufenen, 10–30 mm langen Ährenrispe.

VORKOMMEN Auf kalkreichem, meist durchlässigem Untergrund, vorzugsweise an steinigen oder felsigen Standorten, etwa auf Steinschutthalden und Felsköpfen, auf lückigen Trockenrasen und steinigen Alpenmatten, doch auch an nassen Stellen in Quellmooren und auf Streuwiesen; im kalkhaltigen Bergland Süddeutschlands und in den Alpen stellenweise nicht selten, im übrigen Gebiet sehr vereinzelt.

WISSENSWERTES Das Blaugras gehört zu den sehr charakteristischen Pflanzen auf Kalkschutthalden, den nach ihm benannten Blaugrashalden.

Weißbindiger Mohrenfalter > 202
Ockerbindiger Samtfalter > 206 | Berghexe > 206

4 | Waldsegge *Carex sylvatica* —Riedgrasgewächse Cyperaceae

20–90 cm
April–Mai

MERKMALE Ausdauerndes, Rasen bildendes Sauergras mit aufrechtem, 3-kantigem, oben oft überhängendem Stängel; Blätter gelbgrün, 3–8 mm breit; Blüten in schmalen, 3–5 cm langen Ähren, oben 1–2 mit männlichen, darunter 2–6 mit weiblichen Blüten, die männlichen Ähren aufrecht, die weiblichen lang gestielt und nickend.

VORKOMMEN Vor allem in lockeren Wäldern, auch an schattigen Waldwegen; bei uns allgemein verbreitet und in den meisten Gebieten ziemlich häufig.

WISSENSWERTES Sauergräser werden nur von wenigen Schmetterlingsraupen gefressen. Die Waldsegge steht hier als Beispiel für verschiedene Arten, die gelegentlich als Nahrung genutzt werden.

Waldbrettspiel > 194 | Dunkler Waldvogel > 200
Weißbindiger Mohrenfalter > 202
Ried-Weißstriemeneule > 254

1

2

3

4

Register

M

N

Register

Impressum

Mit 1164 Farbfotos, davon 833 von Heiko Bellmann aus der 1. Auflage 2003.
Weitere Fotos von: **Bellmann/Hecker (14):** 46/3a, 52/3a, 54/2c, 100/1a, 104/1d, 134/1a, 174/1e, 174/1b, 174/1c, 178/1a, 178/1d, 178/1f, 178/1g, 192/2b, 204/1a; **György Csoka (9):** 60/1b, 218/1b, 224/3a, 226/2a, 226/2b, 242/2c, 248/2b, 274/2b, 280/1b; **Jochen Köhler (10):** 60/1b, 60/2b, 208/2b, 210/1a, 210/1b, 234/1a, 244/2b, 270/1b, 294/1b, 302/1b; **Andreas Kolossa (4):** 20, 32/33, 130/3a, 138/1b; **Frank Hecker (2):** 104/1d, 174/1b; **Michael Leipnitz (7):** 214/1b, 214/3b, 216/3b, 220/1b, 224/3b, 226/1c, 227/3a; **Hans G. Lussi (6):** 46/2a, 112/1a, 138/2b, 150/2b, 154/3c, 202/2b; **Edgar Müller:** 9/5; **Winfried Rupp (1):** 310/2a; **Axel Steiner (5):** 210/2a,248/1a, 260/1b, 266/1a, 274/2a; **Roland Steiner (3):** 154/1c, 154/2b, 198/2b, 204/2b; **Ronny Strätling (4):**118/1a, 118/2b, 148/2a, 154/1b; **Rainer Ulrich (215):** 2, 4, 13/11, 14/12, 17, 21, 22/20, 46/3b, 48/1a, 48/2a, 48/3b, 50/1a, 50/2a, 50/2c, 54/1b, 54/1c, 56/1a, 56/2a, 56/3a, 58/1a, 66/1a, 66/2a–d, 70/1a, 70/1d, 74/2d, 76/2a–c, 78/2c, 78/2d, 84/1a, 84/1b, 92/1a, 106/1a, 106/1c, 108/2a, 108/2b, 110/1a, 110/2a, 112/2, 112/3a, 114/1b, 114/1c, 114/2a, 116/1a–d, 116/2b, 120/1a–c, 120/2b, 120/2c, 122/2a, 122/2b, 122/2c, 124/1c, 126/1a, 126/1c, 126/2a, 126/2b, 126/2c, 128/1a, 128/1b, 128/2a, 128/2b, 130/2a, 130/4a, 130/4b, 132/1a–c, 132/1e, 134/1b, 136/1a, 136/1c, 136/2b, 138/1a, 138/1c, 140/1d, 142/2a, 144/1a, 144/2b, 146/1a, 146/2a, 146/2b, 148/1a, 148/1c, 148/2b, 150/2a, 152/2a, 154/2a, 154/3a, 156/1a, 156/1b, 156/2a, 158/1a, 160/1a, 162/1a, 162/1c, 162/2b, 164/2b, 166/1a, 166/1b, 166/2a, 166/2b, 168/1b, 168/1c, 168/1d, 168/2a, 170/1a, 170/1c, 170/1d, 170/1f, 172/1a, 172/2b, 174/1a, 176/2a, 180/1a, 180/1b, 180/1c, 180/1e, 182/1a, 182/1b, 182/2a, 182/2c, 184/1a, 184/1b, 184/2a, 184/2b, 184/3c, 186/1d, 188/1a, 188/1d, 188/2a, 190/1a, 190/1b, 194/1a, 194/1c, 194/2a, 194/2c, 196/1b, 196/2a, 198/1a, 198/2a, 200/1a, 200/1b, 200/1c, 200/2a, 200/2b, 200/2c, 202/1a, 202/2a, 202/3a, 202/4, 204/1c, 204/2a, 206/1a, 206/2b, 216/1a, 216/1b, 216/2b, 216/3a, 218/1b, 218/2b, 226/1a, 226/1b, 230/1a, 232/2a–d, 260/1a, 260/2a, 264/1b, 270/2a, 282/2e, 286/1d, 298/3a, 300/1a, 306/2b, 310/2c, 314/1d, 316/2a, 318/2a, 318/2b, 326/2a, 336/3b, 340/1, 342/2, 344/3, 346/1a, 354/3b, 358/2, 362/1, 262/2, 364/1, 366/1, 366/3a, 372/3, 398/1, 400/2, 400/3, 402/1a, 410/1, 414/3, 420/2, 422/1.

26 Vignetten und 7 Illustrationen von Wolfgang Lang

Umschlaggestaltung von Jorge Schmidt unter Verwendung eines Fotos von Rainer Ulrich.
Es zeigt einen Russischen Bär.

Alle Angaben in diesem Buch erfolgen nach bestem Wissen und Gewissen. Sorgfalt bei der Umsetzung ist indes geboten. Verlag und Autoren übernehmen keinerlei Haftung für Personen, Sach- und Vermögensschäden, die aus der Anwendung der vorgestellten Materialien und Methoden entstehen könnte. Dabei müssen geltende rechtliche Bestimmung und Vorschriften berücksichtig und eingehalten werden.

Unser gesamtes Programm finden Sie unter **kosmos.de**
Über Neuigkeiten informieren Sie regelmäßig unsere Newsletter,
einfach anmelden unter **kosmos.de/newsletter**

Gedruckt auf chlorfrei gebleichtem Papier

ISBN 978-3-440-18071-6
Redaktion: Ben Boden
Satz: typopoint GbR, Ostfildern
Produktion: Markus Schärtlein
Druck und Bindung: Printer Trento, Trento
Printed in Europe / Imprimé en Europe

FSC
www.fsc.org
MIX
Papier | Fördert gute Waldnutzung
FSC® C015829

Eulenspinner, Sichelspinner und Spanner

1 Roseneule	*Thyatira batis*	> Seite 208
2 Heller Sichelflügler	*Drepana falcataria*	> Seite 212
3 Birkenspanner	*Biston betularia*	> Seite 222
4 Großer Frostspanner	*Erannis defoliaria*	> Seite 224
5 Olivgrüner Bindenspanner	*Chloroclysta siterata*	> Seite 230
6 Grünes Blatt	*Geometra papilionaria*	> Seite 230
7 Kleiner Kreuzdornspanner	*Philereme vetulata*	> Seite 232